संस्कृतवाङ्मये कृषिविज्ञानम्

संस्कृतवाङ्मये कृषिविज्ञानम्

डॉ. (श्रीमती) इला घोष
पूर्वप्राचार्या, शासकीयः तिलकस्नातकोत्तरमहाविद्यालयः
कटनी (म. प्र.)

BOOK EASTERN EBL LINKERS

ईस्टर्न बुक लिंकर्स

दिल्ली : : (भारत)

प्रकाशक :

ईस्टर्न बुक लिंकर्स

H.O. : 5825, न्यू चन्द्रावल, जवाहर नगर, दिल्ली–110007

फोन : 23850287, 9811232913

Showroom : 4806/34, भरत राम रोड, दरियागंज, दिल्ली–110002

फोन : 23285413

e-mail : eblindology@gmail.com
eblinfo76@gmail.com

Website: www.eblindology.com

प्रथम संस्करण : 2017

मूल्य : ₹ 950.00

ISBN : 978-81-7854-325=3

संस्कृतवाङ्मये कृषिविज्ञानम्

लेखिका **: डॉ. इला घोष**

टाईप सैटिंग : अजय प्रिंटिंग वर्क्स, नई दिल्ली–110085

मुद्रक : आर. के. प्रिन्ट सर्विसेज

समर्पणम्

अस्माकमग्रजायै
अभिप्रेरिकायै
प्रो. सुषमाकुलश्रेष्ठमहोदयायै

—डॉ. इलाघोष

पुरोवाक्

यवं वृकेणाश्विना वपन्तेषं दुहन्ता मनुषाय दस्रा।
अभिदस्युं वकुरेणाधमन्तोरुज्योतिष्चक्रथुरर्याय।।

ज्ञायतेऽनेन ऋग्वैदिकमन्त्रेण यदश्विदेवौ कृषेः प्रथमोपदेष्टारौ; मनवे कृषिविज्ञानस्य प्रयोगिकं ज्ञानं प्रदत्तवन्तौ। कर्षणपद्धत्या भूमितो धान्य-शाक-कन्द-मूल-फल-कार्पासादिसस्योत्पादनक्रिया कृषिरिति निगद्यते। कृषिमधिकृत्य प्रवर्तितं विज्ञानं 'कृषिविज्ञानमिति'।

कृषिविज्ञानन्तु, जीवनस्याधारभूतं विज्ञानं यतः मानवजीवमन्नायत्तं खलु। जगत्यस्मिन् वर्तन्ते ये प्राणिनस्तेषां सर्वेषामाहारोपलब्धिस्तु प्रत्यक्षरूपेणाऽप्रत्यक्षेण वाऽन्नेनैव भवत्यतोऽन्नमहत्त्वप्रतिपादकानि-'अन्नं ब्रह्म', 'अन्नं वै विराड्,' 'अन्नं वै प्राणा' इति वचनानि प्रकारान्तरेण कृषिमहिमामेवोद्घोषयन्ति।

जनपदानां मानवीयावासानां वा निवेशिकाऽपि भवति कृषिः। प्रागैतिहासिक-यायावरजीवनतो मुक्तिर्मानवजातेः कृषिकर्मणैव। ग्राम-नगर-जनपद-समाज-परिवाराणां संरचना सभ्यता-संस्कृत्योर्विस्तारश्च कृष्याश्रितसमाजव्यवस्थयैवाभूतामतो ऋग्वैदिकस्तुतयोऽपि वाजस्य कृते, यज्ञधर्म शस्यचक्रप्रवर्तनाय च। कृषिविज्ञानेन राष्ट्रस्य प्राकृतिकसंसाधनानामपि भवति सम्यग्दोहनम्। '**उर्वरा,**' 'उर्वी,' रत्नगर्भादिनामधरा धरित्री खनिभिः रत्नं क्षेत्रैः सस्यञ्च प्रसूय सार्थकतां भजते। पृथिव्या जगद्धारणक्षमता मातृत्वं धातृत्वं वाऽन्वर्थतां व्रजते कृषिकर्मणैव। विफलाः स्युः वृष्टयो वाजिनीवत्यो नद्यश्च यदि पृथिव्यामन्नोत्पादनं न भूयात्।

अद्यत्वेऽनुदिनमुपचीयमाना जनसंख्या भारतराष्ट्रस्यैका सर्वग्रासिनी समस्या वर्तते। सर्वेषां कृते पौष्टिकाहारो वस्त्रमावासः स्वास्थ्यञ्च स्युरिति राष्ट्रस्य प्राथमिकं कर्तव्यं सर्वोपरि लक्ष्यञ्च। विश्वमङ्गलसाधकं प्रयोजनमिदं समीक्ष्यैव बहुधास्तुता कृषिः कृषितन्त्रज्ञैः-'कृषिर्धन्या कृषिर्मेध्या जन्तूनां जीवनं कृषिः' इति। 'सर्वे भवन्तु सुखिनः सर्वे सन्तु निरामयाः' इति लक्ष्यन्तु कृषिसम्वर्द्धनेनैव सफलं भवितुं शक्यते।

साम्प्रतिके युगे एकाऽन्याऽपि राष्ट्रव्यापिनी समस्या परिलक्ष्यते। भारतदेशस्य महाराष्ट्र-

मध्यप्रदेश–उत्तरप्रदेश–बिहार–कर्णाटकादिप्रान्तेषु प्रतिवर्षं बहुलसंख्यया कृषकैः क्रियतेऽऽत्मघातः। कृषिफलवैफल्यं, सस्यविनाशो, ऋणग्रस्तता, दारिद्र्यमादीनि कारणान्यत्र।

कृषिसम्वर्द्धनाय राष्ट्रसमृद्धये च पुरातनभारतीयकृषिविज्ञानस्य ज्ञानमनर्हं प्रदीपभूतञ्चेति नास्ति संदेहलेशः। प्राचीनभारते सर्वाऽपि ज्ञान–विज्ञान–शाखाः संस्कृतभाषायामेव निबद्धा आसन् यतः भाषैषा सर्वेषां जनानां व्यावहार–भाषा आसीत्। ख्रीष्टपूर्वदशसहस्रवर्षादारभ्य वर्तमानयुगपर्यन्तं रचिते समृद्धसंस्कृतवाङ्मये वैदिके लौकिके च कृषिविज्ञानविषयक तथ्यानामन्वेषणं, विश्लेषणं, तदनु भारतस्यावदानं विश्वेषां कृत उन्मीलनं भारतीयमनीषाया वैभवप्रतिष्ठापनं वर्तमानकृषिपद्धतेः परिष्करणं चास्माकं लक्ष्याणि सन्ति। प्रयत्नेऽस्मिन् कियत् साफल्यमित्यत्र विद्वांसः प्रमाणम्।

विदुषां मूर्धन्या अस्माकं गुरुवर्या डॉ. कृष्णाकान्त चतुर्वेदमहाभागाः राष्ट्रपतिसम्मान–सम्पूजिता अस्माकं प्रेरणास्वरूपा देहलीनगरस्था कालिदास–ललितकला–अकादेम्याः संस्थापिका यशः शरीरा डॉ. सुषमा कुलश्रेष्ठमहाभागा च सविशेषं धन्यवादार्हा, येषामाभिप्रेरणैर्ग्रन्थोऽयं प्राकाश्यमागतः तान् प्रति प्रणामाञ्जलिं कृतवेदिताञ्च ज्ञापयामि। प्रयासोऽयं विदुषां सुमेधसां चेतसि लभतां स्थानलवमिति प्रार्थयते।

गणतंत्रदिवसः
26.1.2017

विदुषां विधेया
डॉ. इला

विषयानुक्रमणिका

पुरोवाक् vii

१. संस्कृतवाङ्मये कृषिविज्ञानम्—विज्ञानस्य स्वरूपं महत्त्वञ्च, विज्ञानशाखाः कृषिविज्ञानम्, वृष्टिविज्ञानम्, वृक्षायुर्वेदः, पशुपालनविज्ञानम्; वेदेषु कृषिविज्ञानम्, ब्रह्मणग्रन्थेषु कृषिविज्ञानम्, उपनिषत्साहित्ये कृषिविज्ञानम्, रामायणमहाभारतपुराण-महाकाव्यादिषु कृषिविज्ञानम्, अर्थनीति-धर्मज्योतिषायुर्वेदादिशास्त्रेषु कृषिविज्ञानम्, स्वतन्त्रग्रंथाः—कृषिपाराशरः, कृषिपद्धतिः, वृक्षायुर्वेदः, प्राचीनभारतीयकृषेः कृषिविज्ञानस्य वा वैशिष्ट्यम्। 1

२. कृषिविज्ञानस्योद्भवो विकासश्च—उद्भवः-वैदिकसन्दर्भाः पौराणिकसन्दर्भाः, कृषिविज्ञानस्य विकासः-वैदिककाले कृषिविज्ञानस्य विकासः—रामायणकाले कृषिविज्ञानस्य विकासः—सूत्रकाले कृषिविज्ञानस्य विकासः—स्मृतिकाले कृषिविज्ञानस्य विकासः स्मृतिपरिवर्तिकाले। 23

३. कृषेः परिभाषा स्वरूपञ्च— परिभाषा, शस्यचक्रम्, कृषेः स्वरूपम्; कृषिस्वरूपाधायकव्यापाराः क्षेत्रकर्षणम्, हलयोजनम्, वाहनियोजनम्, हलप्रसारणम्, नक्षत्रादिविचारः शुभाशुभतिथयः देवपूजनम्, भूमौ विलेखनम्, शुभाशुभशकुनानि, क्षेत्रकर्षणप्रयोजनानि, बीजवपनम्, बीजोपचारः, बीजवपनाय योनिनिर्माणम्, तिथिनक्षत्रलग्नविचारः, बीजवपन-विधिः, मन्त्रप्रयोगः, बीजमुष्टिप्रकीर्णनम्, 41

मयिकादानम्, सहभोजनम्, बीजरोपणम्, धान्यकट्टनम्, धान्यं निस्तृणीकरणम्; भाद्रे जलमोक्षणम्; धान्यव्याधिखण्डनम्; जलरक्षणं शस्यसेचनम् सेचनविधय; नलरोपणम्; मुष्टिग्रहणम्; मेधिरोपणम्, पुष्ययात्रा, धान्यलवनम्, मर्दनम्, धान्यागारे धान्यस्थापनम्, राजकोशे धान्यसंग्रहणम्।

४. कृषि-साधनानि:— भौतिकसाधनानि-भूमिः-भूमिगुणाः, कृष्यभूमिविवेकः, क्षेत्रविचारः, भूमिपरीक्षणम्; जलम्-परिभाषा स्वरूपञ्च, जलमहत्त्वं, जलगुणाः, जलभेदाः, कृषिकर्मण्युपयोगः, वृष्टिविज्ञानम् वर्षाजलमापनम्ः, वायुः-स्वरूपं गुणधर्मौ च, वायुमहत्त्वं, वायुसूचकयंत्रेण वार्षिकं जलज्ञानम्ः तेजः-तेजोनिधिः सूर्यः, कृषिकर्मणि सूर्यस्य भूमिका, आकाश-महत्त्वम्; कालः ऋत्वादीनां स्वरूपं महत्त्वञ्च। जैविकसाधनानि-बीजम्-परिभाषा, महत्त्वम्, गुणाः, भेदाः, उर्वरकः-महत्त्वम्, प्रकाराः, पशुः-कृषिकर्मणि पशु संसाधनस्य महत्त्वम्, गोलक्षणम्, क्षेत्रकर्षणे गवां योजना, पोषणञ्च, मानवसंसाधनम्-कृषकः, कृषकगुणाः, कृषकधर्म, कृषिसहायाः, स्त्रियः, कृषिश्रमिकाः यान्त्रिकसाधनानि-लाङ्गलम्-हलमहत्त्वं, हल-अङ्गानि, हल-काष्ठम्, फालः, खनित्रम्, दात्रम्, अष्ट्रादयाः। 59

५. कृष्यपदार्थाः— कृष्यपदार्थानां वर्गीकरणम्, **धान्यम्**-शालिधान्यम् शूकधान्यम्-यवः, गोधूमः, शिम्बीधान्यम्-मुद्गः, मकुष्ठः, मसूरः, कलायः, तिलः, सर्षपः, क्षुद्रधान्यम्- 121

चीनाकः, श्यामाकः, नीवारः, यावनालः, **शाकम्**-पत्रशाकानि-वास्तुकम्, पोतकी, पालक्या, लोणी, पुष्पशाकानि-मोचा, शोभाञ्जनम्, फलशाकानि-कूष्माण्डम्, कर्कटी, कारवेल्लम्, पटोलः शिम्बी, वृन्ताकम्, नालशाकनि-सार्षपनालम्, कन्दशाकानि-सूरणम्, आलुकम्, मूलकम्, गृञ्जनम्, शिलीन्ध्रम्, **फलम्**—आम्रः, पनसः, कदली, चिभिट्म कालिन्दम्, त्रपुसम्, नारङ्गः, दाडिमः, सेवम्, बीजपूरः, जम्बीरम्, निम्बूकम्, अम्लिका, जम्बूफलम्, प्रियालः, नारिकेलः, तालः, गुवाकः, पद्माक्षम्, मखान्नम्, श्रृङ्गाटकम्, खर्जूरी, वातादः, अक्षोटः, द्राक्षा, इक्षुः-इक्षुभेदाः, **उपस्कराः**—आर्द्रकम्, पिप्पली, मरिचम्, जीरकः, कालाजाजी, धान्यकम्, शतपुष्पा, मिश्रेया, मेथिका, हिङ्गु, हरिद्रा, पलाण्डुः, एला, लवङ्गम्, जातीफलम्, दारुसिता, पत्रकम्, नागकेसरम्, कुङ्कुमम् ताम्बूलम्ः **सुगन्धितद्रव्याः**—चन्दनम्, अगुरुः, कर्पूरः, गुग्गुलुः उशीरम्, **सारदारुः**—शाकः, तिनिश, अर्जुनः शालः, सरलः, पद्मकम्, **ओषध्यः**—हरीतकी, जीवन्ती, बिभीतकः, आमलकी, बिल्वः गम्भारी, एरण्डः निम्बः, करवीरः काञ्चनारः, कोविदारः, अपराजिता सिन्दुवारः, कुटजः, करञ्जः, शतावरी, अश्वगन्धा, कुमारी, पुनर्नवा, भृङ्गराजः, मेश्रश्रृङ्गी, शङ्खपुष्पी, **पुष्पम्** कमलम्, कुमुदम्, स्थलकमलम्, सप्तच्छदः, शेफालिका, नवमालती, बन्धूकपुष्पम्, अशोकः, कर्णिकारः, नवमल्लिका,

	अतिमुक्तक: बकुल:, तिलक: शिरीष:, पाटल:, कदम्ब:, केतक:, यूथिका।	
६. कृषिलाभा:—	विश्वेभ्यो भोजनम्, जनपदनिवेश: वृत्तिलाभ:, प्राकृतिकसंसाधनानां समुचितं दोहनम्, राष्ट्रपोषणं राष्ट्रकोशवर्द्धनम्, राष्ट्रिय-आयसम्वर्द्धनम्, यज्ञादिधर्म-साधनम्, वाणिज्यविकास:, उद्योगानां विकास:।	173
७. कृषिसंरक्षणम्—	कृषिसाधनानां संरक्षणम्-भूमिसंरक्षणम्-क्षरणत: मृदासंरक्षणम्, मृद: उर्वरतासंरक्षणम्, क्षेत्रसंरक्षणम्: जलसंरक्षणम्-प्रत्यक्षोपाया: केदारेषु वर्षा-जलसंरक्षणम्, प्रदूषणतो जलस्रोतसां संरक्षणम्, तलखननम्, जीर्णसरोवरतडागादीनामुद्धार:, अप्रत्य-क्षोपाया: यजनम्, वनसंरक्षणम्, जल-मूल्यावबोध:, बीजसंरक्षणम् नवबीजानां संग्रह:, निधानपूर्वसंस्कार:, निधानशोधनम्, सुरक्षितभाण्डागारे बीजस्थापनम्, गोसंरक्षणम्:, कृषिफलसंरक्षणम् कृषिफलोपघातका:, अग्नित: शस्यसंरक्षणम्, अनावृष्टित: कृषे: कृषकस्य च संरक्षणम्, अतिवृष्टित: कृषिसंरक्षणम्, व्याधिभ्य: कृषिसंरक्षणम्, पादपचिकित्सा, कीट-पतङ्ग-मूषक-खग-पशु-व्यालादिभ्यो शस्य-संरक्षणम्, कीटनियन्त्रणम्, कीटनाशकानां प्रयोग:, उपचरितशुद्धबीजवापनं, कृषे: शासकीयसंरक्षणम्।	185
८. कृषिसम्वर्द्धनम्—	संसाधनसम्वर्द्धकोपाया: भूमिसम्वर्द्धनम्-भूमिच्छिद्रविधानम्, जलसम्वर्द्धनम्-वर्षाजल-सञ्चय:, सेतुबन्धेन जलावरोध: जलसञ्चयश्च, नवजलस्रोतसां प्रवर्तनम् शस्यसम्वर्द्धनम्-उन्नतबीजानां प्रयोग:,	212

	बीजोपचारः बीजपरीक्षणम्, बीजवपने कालतिथिनक्षत्रादीनां विचारः सारप्रदानम् शस्यसेचनम्, वर्षा-प्रमाणुनरूपा शस्ययोजना, ग्रहनक्षत्रैः वृष्टिज्ञानम्, धान्यं निस्तृणीकरणम्, सस्यसम्वर्द्धनस्याधिदैविकोपायाः-यजनं, सस्यसम्वर्द्धनाय यज्ञमहत्त्वम्, यज्ञप्रभावस्य वैज्ञानिक-परीक्षणम्, पूजनं, स्तवनं, नैवेद्यप्रदानम्ः, मनोवैज्ञानिकोपायाः पुष्ययात्रा, सावधानतया कृषिकर्मविक्षणम्।	
९. कृषिवानिकी—	परिभाषा,प्रयोजनानि, प्रतिरूपाणि, एकस्मिन् क्षेत्रे शस्योत्पादनं वृक्षरोपणञ्च, एकस्मिन्, क्षेत्रे वृक्षरोपणं पशुपालनञ्च, एकैव क्षेत्रे शस्योत्पादनं वृक्षरोपणं पशुपालनञ्च, ग्राम्यवृक्षारोपणम्, द्रव्यवनसंरक्षणम्, नववनप्रवर्तनम्।	241
१०. कृष्यौद्यानिकी—	स्वरूपं, प्रयोजनानि, उपवननिवेशः, रोपणीया वृक्षा लतागुल्माश्च, वृक्षरोपणाय भूमिनिर्माण्, बीजरोपणविधिः, काण्डरोपणम्, पादपप्ररोपणम्, पादपविरोपणम्, रोपणनक्षत्राणि, पादपसेचनम्, वृक्षचिकित्सा बन्ध्यवृक्षाणां चिकित्सा, केचन् विस्मयजनकप्रयोगाः, बीजतः सपुष्प-पादपोत्पादनम्, एकेनैव दिवसेन फलदायकपादपजननम्, कपित्थवल्ली-करणम्, अकालपुष्पोद्गमः, अधुनातन-प्रयोगाः।	251
११. कृष्यौद्योगिकी—	माल्योद्योगः-पुष्पाभरणनिर्माणम्, गन्धयुक्तिः—गन्धोदकम्, कल्क-कषाय-अङ्गरागाः, शिरःस्नानम्, अनुलेपः, पटवासः मुखवासः, पुष्प-वासः, धूपः, गन्धतैलम्,	264

विदलकर्म-सान्नाह्य, वस्त्रम्, आसनम्, वेत्रपट्टिका, करण्डः,पिटकः, पिञ्जरः, यष्टिः, नलिका तितउना, शूर्पः, वस्त्रनिर्माणम् - कौशेय-कीटपालनम्, मधुमक्षिकापालनं मधूत्पादनं च लाक्षाकीटपालनं-लाक्षोत्पादनम्।

१२. कृषिप्रबन्धनम्— अभिप्रायः, प्रयोजनम्, सैद्धान्तिकं पक्षम्-नियोजनम्, नीतिनिर्धारणम्, योजनानिर्माणम्, संगठनम्, अभिप्रेरणम्, नियन्त्रणं, पर्यवेक्षणम्, व्यावहारिकं पक्षम्-श्रमिक-कर्षक प्रायग्रामनिवेशः, कृषि-ऋणनियमाः, कृषि-विवादानामुपशमनम्, आपत्-प्रतिकारः, पण्यव्यवस्था। 279

सन्दर्भ-ग्रन्थानुक्रमणिका 297

1

संस्कृतवाङ्मये कृषिविज्ञानम्

शिल्प—शास्त्रविषयकमभिप्रमाणितं लोकहितकरं व्यावहारिकं ज्ञानं विज्ञानमिति, यथा परिभाषितममरकोशकारेण—**'मोक्षे धीर्ज्ञानमन्यत्र विज्ञानं शिल्पशास्त्रयोः।'**[1] विज्ञानस्यैकमङ्गं कृषिविज्ञानम्। कर्षणपद्धत्या भूमितो धान्य-पुष्प-फल-शाक-कन्द-मूल-क्षौम-कार्पासादिसस्योत्पादनक्रिया कृषिरिति निगद्यते। कृषिमधिकृत्य प्रवर्तितं विज्ञानं कृषिविज्ञानमिति।

अस्यां पृथिव्यां जीवनाय यथा प्राणवायुरावश्यकं, पिपासानिवृत्तये जलमावश्यकं तथा क्षुधापनोदनार्थ भोजनमप्यावश्यकम्। भोजनप्राप्तिर्मुख्यतया धान्य-कन्द-मूल-फल-शाकैरेव भवति। एतत्सर्वं भक्ष्यजातं सामान्यरूपेणान्नमित्यभिधीयते। अन्नैनैव जीवः पोषणं, बलं, रेतः, शक्तिश्च लभतेऽतो निगदितम्,—

'अन्नं वै प्राणाः', 'अन्नं ब्रह्म', 'अन्नं वै प्रजापतिः' इति।

अन्नोत्पादनन्तु कृषिकर्मणैव साध्यमतः कृषिविज्ञानं मानवजीवनस्याधारभूतं महत्त्वावहं विज्ञानम् मतम्।

देववाण्यां संस्कृते निबद्धं समग्रमपि साहित्यं वैदिकं लौकिकञ्च पौरुषेयमपौरुषेयं वा संस्कृतवाङ्मयमिति कथ्यते। भारोपीयभाषापरिवारे परिगणिता संस्कृतभाषा विश्वस्य सर्वासु भाषासु प्राचीनतमा सर्वोत्तमसाहित्यसंयुक्ता च। प्राचीनसमये भारतदेशे भाषैषा सर्वसाधारणस्य व्यवहारभाषा आसीत् फलतः ज्ञानविज्ञानयोः सर्वासां शाखानां निबन्धनमपि संस्कृतभाषायामेवाभूत्। खीष्टपूर्वदशसहस्रवर्षादारभ्य वर्तमानयुगपर्यन्तं रचिते समृद्धसंस्कृतवाङ्मये कृषिविज्ञानविषयकतथ्यानामन्वेषणं विश्लेषणं तदनु भारतस्यावदानं विश्वेषां कृत उन्मीलनं भारतीयमनीषाया वैभवप्रतिष्ठापनं वर्तमानकृषिपद्धतेः परिष्करणञ्चास्माकं लक्ष्याणि सन्ति।

विज्ञानस्य स्वरूपं महत्त्वञ्च—

'वि' इत्युपसर्गपूर्वात् 'ज्ञा' धातोः 'ल्युट्' प्रत्ययेन निष्पन्नो 'विज्ञानशब्दः' 'विशिष्टं ज्ञानम्' इत्यर्थे प्रयुज्यते। ज्ञानन्तु चेतनस्य धर्म। ज्ञानार्जनसाधनेषु प्रत्यक्षादिप्रमाणानां

1. अमरकोशः /1/5/6

परिगणना भवति। 'प्रत्यक्षादिप्रमाणैः प्रमाणितं सूक्ष्मेक्षिकया प्रयोगेण च सुपरीक्षितं युक्तियुक्तं सत्यापितं विशिष्टं ज्ञानं विज्ञानमिति।'

विज्ञानसहितं ज्ञानमेव कल्याणकरं भवतीत्युद्घोषितं योगिराजकृष्णेन—

इदं तु ते गुह्यतमं प्रवक्ष्याम्यनसूयवे।
ज्ञानं विज्ञानसहितं यज्ज्ञात्वा मोक्ष्यसेऽशुभात्।।[1]

न केवलं ज्ञानयुक्तोऽपितु विज्ञानयुक्त एव योगी (कर्मषु कुशलः) इत्युच्यते— **ज्ञानविज्ञानतृप्तात्मा कूटस्थो विजितेन्द्रियः। युक्त इत्युच्यते योगी ......।।**[2]

उपनिषत्स्वपि दृश्यते विज्ञानस्य महिमा। तत्र विज्ञानं सर्वविधज्ञातव्यानां ज्ञानसाधनं मतम्—

विज्ञानेन वा ऋग्वेदं विजानाति . . . देवविद्यां भूतविद्यां . . . दिवं च पृथिवीं च वायुं चाकाशं चापश्च तेजश्च देवाँश्च मनुष्याँश्च पाशूँश्च वयाँसि च तृणवनस्पतीञ्छ्वा-पदान्याकीटपतङ्गपिपीलिकं . . . .सत्यं चानृतं च साधु चासाधु च . . . अन्नं च रसं चेमं च लोकममुं च विज्ञानेनैव विजानाति।[3] इत्थमन्नविषयकं ज्ञानमन्नोत्पादनकौशलञ्च द्वयमपि साध्यते विज्ञानेनैव।

सृष्टिविकासेन सहैव विज्ञानस्याविर्भावस्तया **मानवीयजिज्ञासया अभूत्** या खलु प्रेरयति धीमन्तं जनं सृष्टिरहस्यान्यवगन्तुम्, यथा प्रतिपादितं ऋग्वेदे—

'सुविज्ञानं चिकितुषे जनाय।'[4]

इदं शोभनं कल्याणकरं विज्ञानं तेषां कृते ये खलु ज्ञातुमिच्छन्ति। 'ऋतस्य तन्तुर्विततः पवित्रः,[5] ऋतस्य वैज्ञानिकनियमस्य ये तन्तवोऽस्मिन् विश्वब्रह्माण्डे वितातास्तान् सञ्चित्यैव ऋषिभिर्निहिताधारशिला विज्ञानस्य।

कृषिविज्ञानम्

'ब्रह्माण्डेऽस्मिन् यत्किञ्च जातं स्थावरं जङ्गमं वा तत्सर्वमेव भूतम्। भूतानधिकृत्य प्रवृत्तं विज्ञानं भूतविज्ञानमिति। छान्दोग्योपनिषद्युल्लेखोऽस्य 'भूतविद्या' इति नाम्ना प्राप्यते।

---

1. भगवद्गीता /9/1/
2. भगवद्गीता / 6 / 8 /
3. छान्दोग्योपनिषद् / 7 / 7 / 1 /
4. ऋग्वेदः / 7 / 10 / 12 /
5. ऋग्वेदः / 9 / 73 / 9

भूतविज्ञानं द्विविधं—जीवविज्ञानं भौतिकं विज्ञानञ्च। कृषिविज्ञानं जीवविज्ञानस्यैवाङ्गं यतो वनस्पतयोऽपि प्राणवन्त एव। अस्मिन् धान्य-शाक-कन्द-मूल-वाल्लिक्य-कार्पासेक्षु-ओषध्यादिशस्यानामध्ययनं भवति।

शस्यकर्षणविषयकं विज्ञानं 'कृषिविज्ञानम्' इति निगद्यते। संस्कृतवाङ्मये कृषिविज्ञानस्य निरूपणं 'वार्ता' इति शास्त्रे भवति—

कृषिपशुपाल्ये वाणिज्या च वार्ता,[1] इति कौटिल्यः।

कृषिः पशुपालनं वाणिज्यं च मुख्यतया जीवनवृत्तिप्रदायकानि कर्माणि सन्त्यतो वृत्तिहेतुत्वाद् वर्तनहेतुत्वाद् वास्य शास्त्रस्य 'वार्ता' इति संज्ञाऽन्वर्था खलु। वार्ताशास्त्र-जीविनो न केवलं स्वकीयं परिवारं भरन्त्यपितु समस्तमपि विश्वं भ्रियते तैः यतो जगतः कृतेऽन्नोत्पादनं तु तैरेव क्रियते। कृषिविज्ञानस्यैकमभिधानं '**कृषितन्त्रम्**' अपि। कौटिल्यमते सीताध्यक्षः (कृषिविभागस्याध्यक्षः) कृषितन्त्रज्ञः स्यात्।[2]

कृषितन्त्रे कृषिविज्ञाने वा बीजसंग्रहणादारभ्य भाण्डारे सस्यसंरक्षणं यावन्नाना प्रक्रियाणां समावेशो भवति, यथा—कृष्यक्षेत्रचयनं मृदापरीक्षणं, क्षेत्रे बन्धरचनया वृष्टिजलसंरक्षणं, क्षेत्रकर्षणं, हलप्रसारणं वा, सारविमोचनं, बीजोपचारो, बीजवपनं मयिकादानं, सस्यसेचनं, धान्याकट्टनम्,धान्यं निस्तृणीकरण, धान्यव्याधिखण्डनं, कीटनाशनं, नलरोपणं, मुष्टिग्रहणं, मेधिरोपणं धान्यलवनं, धान्यमर्दनम्, कण्डनं, कुट्टनं, मापनं, भाण्डारे धान्यस्थापनं, यथालाभं प्रबन्धनञ्च।

यथा प्रोक्तं कृषिपाराशरे—

मर्द्दयित्वा यथायोगमाढकेन प्रमापयेत्।
सुप्रमाप्य च तद्धान्यं यथालाभं प्रबन्धयेत्।।

एवं नाना प्रक्रियाणां समायोगात् कृषिः 'कर्मयोगः' खलु।

आनुषङ्गिकानि विज्ञानानि सन्ति—

(i) **ज्योतिर्विज्ञानम्—**

आकाशीयपिण्डानां ग्रहनक्षात्राणां गतिरयनमुदयास्तं तेषां शुभाशुभफलानि च यस्मिन् विज्ञानेऽधीयन्ते तद् विज्ञानं ज्योतिर्विज्ञानमिति। भारतीयविश्वासानुसारेण ग्रहनक्षत्राणां गतिभिर्निर्धार्यन्ते सस्यसम्पदोऽतः कर्षण-वपन-मुष्टिग्रहणादि सर्वासु कृषिप्रक्रियासु ग्रह-नक्षत्र-तिथि-लग्न-वासरादीनां विचारः करणीयः यथा हलप्रसारणविषये निर्देशः

1. अर्थशास्त्रम् / 1/ 3/ 1 /
2. अर्थशास्त्रम् / 2 / 24/ 1/

कृषिपाराशरे—

वृषे मीने च कन्यायां युग्मे धनुषि वृश्चिके।
एतेषु शुभलग्नेषु कुर्याद्धलप्रसारणम्।
हलप्रसारणं कार्यं कृषकैः शस्यवृद्धये।
शुक्रेन्दुजीववारेषु शशिजस्य विशेषतः।।[1]

कौटिल्येनापि कृषिफलसिद्धये ज्योतिष्पुञ्जानां महत्त्वं स्वीकृतम्—सूर्याद्बीजसिद्धिः। वृहस्पतेः सस्यानां स्तम्बकारिता। शुक्राद्वृष्टिरिति।[2]

संहिताग्रंथेषु फलमेषां विस्तरेण विनिर्दिष्टम्, यथा गर्गसंहितायां शुक्रस्य विशिष्टासु वीथिषूदयास्तफलम्—

उदयास्तमयं कुर्यान्मार्गमुत्तरमाश्रितः।
सुभिक्षं चैव सुवृष्टिं च योगक्षेमं विनिर्दिशेत्।।
उदयास्तमयं कुर्याद् दक्षिणमार्गमाश्रितः।
धान्यस्य संग्रहं कृत्वा केदारेषु तिलान् वपेत्।।[3]

एवं ज्योतिर्विज्ञानं ग्रह—कालादिगणनया सुभिक्षं-दुर्भिक्षं, वृष्टिमनावृष्टिं बीजनाशं सस्यवधं सस्यसमृद्धिं वा निर्दिशन् कृषिविज्ञानस्योपकारकं विज्ञानं भवति।

(ii) **वृष्टिविज्ञानम्**—वृष्टेः पूर्वानुमानं तदनुरूपा कार्ययोजना वर्षाजलस्याधिकतमोपयोगश्च वृष्टिविज्ञानस्य लक्ष्याणि सन्ति। भारतदेशे कृषिस्तु वृष्ट्याश्रितैव तथ्यमिदं बहपूर्वमेव विज्ञातं ऋषिभिरतो ऋग्वेदस्य वहवो मन्त्रा जलविषयकप्रार्थनाश्रिता एव। यदाऽश्विभ्यां मनवे (मानवजातेः पूर्वपुरुषाय) कृषिविज्ञानं शिक्षितं तदा दिव्यजलेनैव साधितमिदं कर्म—

दशस्यन्ता मनवे पूर्व दिवि यवं वृकेण कर्षथः।।[4]

शस्योत्पादनाय वर्षाजलस्य महत्त्वं प्रतिपादयन् कथितं कृषिशास्त्रेषु—

द्यौः पुमान् धरणी नारी अम्भोबीजन्दिवश्च्युतम्।।
द्युधात्रीतोयसंयोगादन्नादीनां हि सम्भवः।।
आपो मूलं हि सर्वस्य सर्वमप्सु प्रतिष्ठितम्।

---

1. कृषिपाराशरः / 3/ 44, 49/
2. अर्थशास्त्रम् / 2/ 24/ 8 /
3. गर्गसंहिता/
4. ऋग्वेदः / 8/ 22/ 6/

अतोऽमृतरसा ह्याप आपः शुक्रं बलं महः ।।

जलतत्त्वेनैव सर्वविधबीजाङ्कुरणाद् 'वृष्टिविज्ञानं' कृषिविज्ञानस्य सहायकं विज्ञानं मतम्। कृषिसम्पल्लाभाय कृषकाणां कृते वृष्टिविज्ञानस्य ज्ञानमप्यावश्यकं भवति यथोक्तं पराशरेण—

वृष्टिमूलाः कृषिः सर्वा वृष्टिमूलं हि जीवनम्।
तस्मादादौ प्रयत्नेन वृष्टिज्ञानं समाचरेत् ।।[1]

वृष्टिविज्ञाने ग्रहनक्षत्रीयगति-मेघगर्भधारण-गर्भलक्षण-मेघस्वरूप-प्रवर्षणलक्षण सद्योवृष्टिलक्षण—**वृष्ट्यनुमापनादिविषयाणामध्ययनं भवति**। वत्सरराजा-मन्त्री-मेघ-सलिलाढका-दिज्ञानेन वार्षिकं मासिकञ्चवृष्टिं पूर्वतोऽनुमाय तदनुरूपा शस्ययोजना कर्षकेण कर्तुं शक्यते, यथा गुरुशुक्रादिग्रहणां नृपत्वफलमाह पराशरः—

गुरौ च शोभना वृष्टिर्भार्गवे वृष्टिरुत्तमा।
पृथिवी धूलिसम्पूर्णा वृष्टिहीना शनौ भवेत् ।।
यस्मिन् संवत्सरे चैव चन्द्रो राजा भवेद् ध्रुवम्।
कुर्यात् शस्यान्वितां पृथ्वीं नैरुज्यं चापि मानवे ।।[2]

वायुदिशामापकयन्त्रेणापि वार्षिकं मासिकञ्च वृष्टिज्ञानं शक्यम्—

सार्द्धं दिनद्वयं मानं कृत्वा पौषादिना बुधः।
गणयेन्मासिकीं वृष्टिमवृष्टिं वानिलक्रमात् ।।

पौषमाघादिमासेषु मेघवर्षावायुदशादिभिरपि वात्सरिकं वृष्टिज्ञानं शक्यम्—

यदा पौषे सिते पक्षे नभं मेघावृतं भवेत्।
तोयावृता धरित्री च भवेत् संवत्सरे तदा ।।
माघस्य सितसप्तम्यां वृष्टिर्वा मेघदर्शनम्।
तदा संवत्सरो धन्यः सर्वशस्यफलप्रदः ।।
श्रावणे मासि रोहिण्यां न भवेद्वर्षणं यदि।
विफलारम्भसंक्लेशास्तदा स्युः कृषिवृत्तयः ।।[3]

बृहत्संहितागर्गसंहितादिग्रन्थेष्वपि सस्यसमृद्धिदृष्टया वृष्टिविज्ञानं निरूपितम्।

(iii) **वृक्षायुर्वेदः**—वृक्षायुर्वेदस्तु वनस्पतीनां दीर्घायुष्यस्य चिकित्सायाश्च

1. कृषिपाराशरः / 2/ 1/
2. कृषिपाराशरः / 2/ 5, 7/
3. कृषिपाराशरः / 2/ 21, 27, 29, 55/

विज्ञानम्। 'कृष्युद्यानिकी' इति कृषिविज्ञानस्य शाखा, फल-पुष्पोदत्पादनमुपवननिवेशश्च वृक्षायुर्वेदस्याङ्गानि सन्ति। कृषिकर्मण्यस्योपगितानेनैव द्योत्यते यत् कौटिल्येन सीताध्यक्षस्य तत्सहयोगिनश्च कृते वृक्षायुर्वेदस्य ज्ञानमावश्यकं मतम्—

सीताध्यक्षः कृषितन्त्र-शुल्बवृक्षायुर्वेदज्ञस्तज्ज्ञसखो वा।[1]

भूमिपरिकर्म, उपवननिवेशाय भूमिचयनं, जाङ्गलानूपदेशानुरूपं वृक्षरोपणयोजना, वृक्षरोपणायावश्यकान्तरनिर्धारणं, गर्तखननं, बीजोपचारः रुग्णवन्ध्यवृक्षाणां चिकित्सा, काण्डनिर्माणं, दोहददानमकालपुष्पफलोत्पादनञ्च वृक्षायुर्वेदस्य प्रतिपाद्यानि सन्ति।[2]

(iv) **पशुपालनविज्ञानम्**—गवादिपशवः कृषेः जैविकसंसाधनेषु परिगण्यन्ते। प्रागैतिहासिककालतोऽद्यावधिः कृषिः सामान्यतया हलेषु वाहयोगेनेव साध्यतेऽतो गोरक्षा गोपालनं वा कृषिसहायभूतं वार्ताशास्त्रस्याङ्गं वणिजकर्म एव मतम्। गोपालनविज्ञानं कृषिविज्ञानस्याङ्गरूपेण निबद्धं कृषिविज्ञानग्रन्थेषु। तत्र कृषिकर्मणि वृषाणाम् योगदानं निरूपयन् कथयन्त्याचार्याः—

य उत्पाद्येह शस्यानि सर्वाणि तृणचारिणः।
जगत्सर्वं धृतं यैस्तु पूज्यन्ते किन्न ते वृषाः।।
पाल्या हि यत्नतस्ते वै वाहनीया यथाविधिः।
स याति नरकं घोरं यो वाह्यत्यपालयन्।।
पाल्या वै यत्नतः सर्वे पालयन् शुभमाप्नुयात्।
अन्नार्थमेतानुक्षाणः ससर्ज परमेश्वरः।।

शुभाशुभगोलक्षणं, गोमूल्यनिर्धारणं, गोशाला निर्माणं, गोशालायाः परिमार्जनं स्वच्छता च, गोचारणनियमाः, कर्मानुरूपं गवां भोजननिर्धारणम्, पेयजलव्यवस्था, गोचरभूमि-व्यवस्था, गोपालकस्य कर्तव्यनिर्धारणं, हले वाहप्रसारणनियमा, गोदोहनियमा, गोपर्व, गोपूजादिविषया गोपालनविज्ञाने प्रतिपादिताः।[3]

कृषिकर्मणि वाहनियोजने गोपालने वा सर्वत्र सहानुभूतिपूर्णमानवीयदृष्टिः स्यादतो वाहपीडार्जितं शस्यं गर्हितं मतं भारतीयपरम्परायाम्। गोहिते गोशाला शुचिः स्यादिति निर्देशः पराशरस्य—

गोशाला सुदृढा यस्य शुचिर्गोमयवर्जिता।

---

1. अर्थशास्त्रम् / 2/ 24/ 1/
2. बृहत्संहिता / वृक्षायुर्वेदः/ अ. 54/
3. अर्थशास्त्रम्/ 2/ 29/, कृषिपाराशरः / 3/ 6-30/

तस्य वाहा विवर्द्धन्ते पोषणैरपि वर्जिताः।।
गोशकृन्मूत्रलिप्ताङ्गा वाहा यत्र दिने दिने।
निःसरन्ति गवां स्थानात् तत्र किं पोषणादिभिः।।[1]

इत्थं गोपालनविज्ञानं कृष्युपकारकं विज्ञानमेव।

संस्कृतवाङ्मये कृषिविज्ञानम्—

कृषिविज्ञानस्य प्राचीनतमं वाचिकं साक्ष्यं संस्कृतवाङ्मयं ननु। भारतीयसंस्कृतेः ज्ञानविज्ञानस्य च प्रतिनिधिभूते संस्कृतसाहित्ये कृषिविज्ञानमधोलिखितेषु रूपेषु **लभ्यते**—

(i) **विकीर्णसन्दर्भाः**—वेदब्राह्मणारण्यकोपनिषदादिवैदिकग्रन्थेषु,कल्प—निरुक्तज्योतिषादिवेदाङ्गेषु, नाट्य—महाकाव्यकथाऽऽख्यायिकादिलौकिककाव्येष्वित-स्ततो विकीर्णं कृषिविषयकं ज्ञानम्।

(ii) **अध्यायः परिच्छेदो वा**—अर्थ-नीति-ज्योतिषभिधानकोशायुर्वेदप्रभृति-शास्त्रेष्वानुषङ्गिकरूपेण निबद्धं कृषिविज्ञानम्, यथा—कौटिलीयेऽर्थशास्त्रे 'सीताध्यक्षो' नामाध्यायः (2/24); बृहत्संहितायां 'वृक्षायुर्वेदो' नाम पञ्चपञ्चाशततमोऽध्यायः।

(iii) **स्वतंत्रग्रन्थाः**—स्वतन्त्ररूपेण कृषिमधिकृत्य रचिता कृषिविज्ञानग्रन्था, यथा—पराशरस्य कृषिपाराशरः, वृक्षायुर्वेदः (अड्यारग्रन्थालये, मद्रासे), मानववृक्षायुर्वेदः (वल्लभवैष्णवग्रन्थालये नाथद्वारायाम्) श्रीमिश्रचक्रपाणिकृत विश्ववल्लभः (तथैव नाथद्वारायाम्) सुरपालस्य वृक्षायुर्वेदः, वाटिकाविधिः (गङ्गानाथझाशोधसंस्थाने प्रयागे) वृक्षदोहदः कौतुकचिन्तामणिश्च (सरस्वतीमहलग्रन्थालये तञ्जावुरे),उपवनविनोदः (भाण्डारकरग्रन्थालये पूनायां) लभ्यन्ते। एवमेव पराशरस्य कृषिपद्धतिः जीवनाथकृत वनमाला, वृक्षारोपणशुभाशुभविचारश्च लभ्यन्ते पाण्डुलिपिग्रन्थालयेषु।

क्रमशः संक्षिप्तविवरणं प्रस्तूयते—

(1) **वेदेषु कृषिविज्ञानम्**—ज्ञानविज्ञानयोः क्षेत्रे भारतदेशः सभ्यताया उषः कालादेवाग्रणी आसीत्। वेदवाङ्मयन्तु भारतदेशस्य वैज्ञानिकज्ञानस्य महत्तमं स्रोतो यज्ज्ञानराशित्वाद् 'वेद' इत्यन्वर्थसंज्ञा लभते। वेदेषु ऋग्वेदः प्राचीनतमोऽत ऋग्वेदे प्राप्तसन्दर्भाः कृषिविज्ञानस्य प्राचीनतमसन्दर्भाःसन्ति।

ऋग्वेदे इतस्ततो विकीर्णरूपेण स्वतंत्ररूपेण निबद्धेन सूक्तद्वयेन च कृषिविज्ञानस्य तत्त्वानि लभ्यन्ते। धन-धान्यसमृद्धये कृषिवृत्तेः महत्त्वं प्रतिपादयन् कथयति वैदिकऋषिः—

1. कृषिपाराशरः / 3/ 9-10/

कृषिमित् कृषस्व वित्ते रमस्व बहुमन्यमानः।[1]

ऋग्वैदिके युगे यवादिधान्यकर्षणं कृषिपद्धत्या भवति स्म। अश्विदेवौ कृषेः प्रथमोपदेष्टारौ याभ्यां मानवजातेः पूर्वपुरुषाय मनवे कृषिविज्ञानस्य प्रायोगिकं ज्ञानं प्रदत्तम्।[2]

कृषिविज्ञानदृष्ट्या ऋग्वेदस्य द्वे सूक्तेऽतिमहत्वपूर्णे खलु—क्षेत्रपतिसूक्तं (4/57) सीरायुञ्जन्ति सूक्तञ्च (10/101) प्रथमस्य ऋषिः वामदेवो गौतमो द्वितीयस्य सोमपुत्रो बुधः। इत्थमाद्यकृषिविज्ञानस्य प्रवर्तकौ एतौ द्वौ ननु। क्षेत्रपतिसूक्ते कृष्यक्षेत्रस्याधिष्ठातृ-देवरूपेण क्षेत्रपतेः लाङ्लपद्धतेः कृषेर्वाऽधिष्ठात्रीरूपेण सीतायाः स्तुतयो लभ्यन्ते। अस्मिन्नेव सूक्ते कृषेरुपादेयता, प्रयोजनं कृषिसंसाधनानि च प्रतिपादितानि। हलेन कृष्टा सीता उत्तरामुत्तरां समाम् अन्नरूपं पय दुह्यात्, सुभगा सुफला च भूयात्। क्षेत्रपतेरनुग्रहेण जनाः सस्यसमृद्धिं पशुसमृद्धिं च प्राप्नुयुः,क्षेत्रपतिः मधुमानस्तु, व्रीहिप्रियङ्ग्वादयो ओषध्यो गावः आपश्च मधुमत्यो भवन्तु, अन्तरिक्षं मधुमद्भवतु। वाहाः शुनं (सुखं यथा भवति तथा) हलं वहन्तु, कर्षकाः लाङ्गलेन शुनं कृषन्तु। वाहबन्धनाय प्रयुक्ता वरत्रा, वाहप्रेरणाय प्रयुक्ता अष्ट्राश्च वाहानपीडयन्नेव कृषिकर्म सम्पादयन्तु। शुनासीरौ (वायुरादित्यौ इन्द्रवायू वा) दिव्येन पयसा भूमिं सिञ्चताम्। अन्तिमे मन्त्रे निष्कर्षरूपेण निबद्धया सौभाग्यप्रार्थनया—

शुनं नः फाला विकृषन्तु भूमिं शुनं कीनाशा अभियन्तु वाहैः।
शुनं पर्जन्यो मधुना पयोभिः शुनासीरा शुनमस्मा सुधत्तम्।।[3]

कृषिविज्ञानस्य सौख्यप्रदायित्वं सूच्यते। फाल-भूमि-वाह-कीनाशादि-कृषिसाधनानां, विकर्षणादिकृषिप्रक्रियाणां परिज्ञानमपि भवत्यनेन सूक्तेन।

'सीरायुञ्जन्तिसूक्तम्' इषोत्पादनाय सामूहिककृषेः निदर्शनं प्रस्तौति। सूक्तेऽस्मिन्-कृषिप्रक्रियाणां एवं समुल्लेखः—

(i) क्षेत्रकर्षणाय सीर-युग-फालादीनामरं (अलं) करणम्।

(ii) हलप्रसारणम्—'युनक्तसीरा वि युगा तनुध्वम्'।

---

1. ऋग्वेदः/ 10/ 34/ 7/
2. ऋग्वेदः / 1/ 117/ 21/
3. ऋग्वेदः/ 4/ 57/ 8/

(iii) कृते योनौ बीजवपनम्—'कृते योनौ वपतेह बीजम्'।

(iv) हविभि: मन्त्रैश्च सस्यसम्वर्द्धनम्—'गिरा च श्रुष्टि: सभरा असन्नो'।

(v) कूपजलै: सस्यसेचनम्—'सिञ्चामहा अवतमुद्रिणं वयं सुषेकमनुपक्षितम्'।

(vi) पशून् जलपायनम्—'निराहावान् कृणोतन'। अत्र आहाव–वरत्र–अवत–द्रोण–अश्मचक्र–अंसत्र–कोश–नृपाण (निपान) आदि सेचनसाधनानामुल्लेख:।

(vii) दात्रेण पक्वसस्यस्य लवनम्—'नेदीय इत्सृण्य: पक्वमेयात्'।

(viii) रथेन अनसेन वा धान्यं गृहं प्रति नयनम्—'प्रीणीताश्वान्हितं जयाय स्वसितवाहं रथमित्कृणुध्वम्'।[1]

इत्थं भारतीयकृषिविज्ञानस्य स्वरूपनिर्धारणन्तु ऋग्वैदिकयुग एव जातम्।

यजुर्वेदे 'सुसस्यता'[2] कृषिविज्ञानस्य **लक्ष्यमासीत्।** सस्यसम्वर्द्धनाय यज्ञविज्ञानस्य प्रयोगोऽपि बहुलतया भवति स्म।[3] 'देहि मे ददामि ते' इत्यादानप्रदानोपरि आश्रितमासीत् कृषिदर्शनम्।[4]

अथर्ववेदे सुस्पष्टतया प्रतिपादितं यत् कृषि: मनुष्याणां जीवनमस्ति—ते कृषिं च सस्यं च मनुष्या उपजीवन्ति।[5] अत्रापि संकलितं सीरायुञ्जन्ति सूक्तं यत् ऋग्वेदस्य सीरायुञ्जन्तिसूक्तस्य संवर्द्धितं रूपम् वर्तते। व्रीह्यादिधान्यं सुपिप्पलं (सुफलं) स्यादिति प्रार्थना ऋषे: विश्वामित्रस्य—

शुनासीरा हविषा तोषमाना सुपिप्पला ओषधी: कर्तमस्मै।[6]

अथर्ववेदे व्रीहियवादिधान्यानां अश्वत्थदर्भवीरुधादीनामौषधीयं महत्त्वं विशेषेण प्रतिपादितम्—

अश्वत्थो दर्भो वीरुधां सोमो राजामृतं हवि:।
व्रीहिर्यवश्च भेषजो दिवस्पुत्रावमर्त्यौ।।
मधुमन्मूलं मधुमदग्रमासां मधुमन्मध्यं वीरुधां बभूव।

---

1. ऋग्वेद:/ 10/ 101/ 2–7 /
2. शुक्लयजुर्वेद: / 4 / 10/
3. शुक्लयजुर्वेद: / 18/ 9/
4. शुक्लयजुर्वेद: / 3/ 50/
5. अथर्ववेद: / 8/ 5/ 5/
6. अथर्ववेद: / 3 / 17/ 5/

मधुमत्पर्ण मधुमत् पुष्पमासां।[1]

ऊर्जं पुष्टं बिभ्रत्यन्नभागमस्माकमियं धरित्री प्राणिनां जीवनधारणस्थानं भवति यतोऽस्यां कर्षणं संभवति—

यस्यामन्नं कृष्टयः यस्यामिदं जिन्वन्ति प्राणदेजत।[2]

पृथिव्यां मर्त्यानां जीवनमन्नेनैव। शरीरिष्वन्नेनैव प्राणमायुर्बलं च दधाति पृथिवी—

भूम्यां मनुष्या जीवन्ति स्वधयाऽन्नेन मर्त्याः।
सा नो भूमिः प्राणमायुर्दधातु जरदिष्ट मा पृथिवी कृणोतु।।[3]

इत्थं ऋषेरन्नविषयकप्रार्थनाः कृषिविज्ञानस्य महत्त्वमुपादेयतां च प्रतिपादयन्ति।

(2) **ब्राह्मणग्रन्थेषु कृषिविज्ञानम्**—वेदव्याख्यानभूतानामैतरेयशतपथगोपथादि-ब्राह्मणग्रन्थानां यज्ञीयविधि-विधानेषु निःस्यूतानि कृषिविज्ञानतत्त्वानि। तत्र सर्वप्रथमं कृषेर्यल्लक्ष्यम्—अन्नं, तस्यान्नस्य महत्त्वं प्रतिपादयन्नुद्घोषयन्ति ब्रह्मणग्रन्था—**'अन्नं वै विशः' 'अन्नं वै प्राणाः'**[4] इति।

शतपथब्राह्मणे कृषिसाध्यमन्नं कर्षणव्यापारश्च समीकृते—**'अन्नं वै कृषिः**[5] इति कथयता ऋषिना कृषेर्लक्ष्यमन्नोत्पादनमेव स्वीकृतम्।

शतपथब्राह्मणे उपाख्यानेनैकेन प्राणिनां मृत्युकारणमनशनं बुभुक्षा वेति प्रतिपादयन् अन्नोत्पादनस्यानिवार्यता सूचिता—

प्रजापतिरीक्षां चक्रे। कथं नु मे प्रजाः सृष्टाः पराभवन्तीति स हैतदेव ददर्शानशनतया वै मे प्रजाः पराभवन्तीति स आत्मन एवाग्रे स्तनयोः पय अध्याञ्चक्रे . . . । तद्वै पय एवान्नम्। . . . तदु वा अन्नादेव सम्भवन्ति तस्मादन्नमेव प्रजाः।[6]

अतः पृथिव्यां सर्वेषां प्राणिनां कृते जन्मग्रहणकालादेवान्नमावश्यकम्—

यदा वै रेतः सिक्तं प्रजायतेऽथ तदीडितमिवान्नमिच्छमानं चरति।[7]

प्राणिनां प्राथमिकाः क्रिया अन्नमभिलक्ष्यैव प्रवर्तन्ते।

---

1. अथर्ववेदः / 8/ 54/ 1/ 12, 20/
2. अथर्ववेदः/ 12/ 1/ 3/
3. अथर्ववेदः / 12/ 1/ 22
4. शतपथब्राह्मणम् / 5/ 1/ 2/ 3/
5. शतपथब्राह्मणम्/ 7/ 2/ 2/ 6/
6. शतपथब्राह्मणम् / 2/ 5/ 1/ 3, 6/
7. शतपथब्राह्मणम्/ 1/ 5/ 4/ 3/

तत्र पृथिव्यां द्वे जीवनसाधने भवतः पशव ओषध्यश्च—

द्वयं वाऽइदं जीवनं मूलि चैवामूलं च। · · · पाश्वोऽमूला ओषध्यो मूलिन्यः। · · · मूलिनीर्जग्ध्वापः पीत्वा तत एष रसः सम्भवति।[1]

एवमन्नरूपपयदोहनात् पृथिवी पृश्निगोरूपेण वर्णिता शतपथे-इयं वै वशा पृश्निर्यदिदमस्यां मूलि चामूलं चान्नाद्यं प्रतिष्ठितं तेनेयं वशा पृश्निः।[2]

यस्मिन् देशे ओषधिबाहुल्यं भवति स एव देश उपजीवनीयः सम्पद्यते मानुषाणाम्।।[3] राष्ट्रसमृद्धिरप्यन्नभूयस्त्वेनैव संसूच्यते—

यत्र वाऽअत्तुरन्नभूयो भवति तद्राष्ट्रं समृद्धो भवति तदेधते।[4]

इत्थं राष्ट्रसमृद्धयेऽन्नोत्पादनमभिलक्ष्य प्रवर्तितं कृषिविज्ञानम् ब्राह्मणेषु।

(iii) **उपनिषत्साहित्ये कृषिविज्ञानम्**—उपनिषत्स्वपि प्रतिपादितमन्नमहत्त्व-मन्नोत्पादनाय कृषेर्महत्त्वञ्च। '**अन्नं ब्रह्मेति व्यजानात्। अन्नाद्ध्येव खल्विमानि भूतानि जायन्ते। अन्नेन जातानि जीवन्ति**'[5] इति तैत्तिरीयोपनिषदः साक्ष्यं जीवनायान्नस्यानिवार्यतां प्रतिपादयति। कृषिविनाशस्य दुर्भिक्षस्य वा विभीषिकाऽपि परिज्ञातासीदुपनिषत्कारान्। छान्दोग्ये ऋषेः उषस्तिचक्रायणस्य कथा प्राप्यते। **ऋषिना मटचीहतेषु कुरुषु,** भिक्षां चरन् हस्तिपालादुच्छिष्टकुलमाषान्प्राप्य स्वप्राणा रक्षिताः।[6]

अत उपनिषत्सु सर्वेषां भरणायातिथिसत्काराय च '**अन्नं बहु कुर्वीत। यया कया च विधया बह्वन्नं प्राप्नुयाद्**'[7] इति न केवलं लक्ष्यरूपेणापितु व्रतरूपेण, निर्धारितं प्रयोजनं कृषिविज्ञानस्य।

इयं भूमिः पृथिवी वा अन्नोत्पादानस्थानमतः '**पृथिवी वा अन्नम्**'[8] इत्यपि निगदितम्। '**अन्नं न निन्द्यात् तद् व्रतम्**'[9] आदिभिर्वचनैरन्नं प्रति ऋषीणां सम्मानाभिव्यक्तिः।

(iv) **रामायण-महाभारत-पुराण-महाकाव्यादिषु**—एषु ग्रन्थेष्वितस्ततः

---

1. शतपथब्राह्मणम्/ 2/ 3/1/ 10/
2. शतपथब्राह्मणम्/ 5/ 1/ 2/ 3/
3. शतपथब्राह्मणम्/ 1/ 3/ 3/ 10/
4. शतपथब्राह्मणम्/ 6/ 1/ 2/ 25/
5. तैत्तिरीयोपनिषद् /भृगुवल्ली / 2 /
6. छान्दोग्योपनिषद् / 1/ 10/ 1-11/
7. तैत्तिरीयोपनिषद् / भृगुवल्ली/ 9-10/
8. तैत्तिरीयोपनिषद् / भृगुवल्ली/ 9/
9. तैत्तिरीयोपनिषद् / भृगुवल्ली / 7-8/

विकीर्णानि कृषिविज्ञानतत्त्वानि। '**वार्तायां संश्रितस्तात लोकोऽयं सुखमेधते**'[1] इति वचनेन रामायणे प्रजाया सुखसमृद्धिकारणं वार्ताशास्त्रमेव मतम्। महाभारतेऽपि राजधर्मनिरूपण-सन्दर्भे कृषेर्महत्त्वं प्रतिपादितम्।

ग्रामनगरजनपदानां विकासकारणं प्रजासंस्थितिहेतुश्च कृषिरेवेति मतं पुराणानाम्, यथा वायुपुराणे—

न हि पूर्वविसर्गे वै विषमे पृथिवीतले।
प्रविभागः पुराणां वा ग्रामाणां वापि विद्यते।।
न सस्यानि न गोरक्षा न कृषिर्न वणिक्पथः।[2]

एवं जिनसेनस्य आदिपुराणे—

कोसलादीन् महादेशान् साकेतादिपुराणि च।
सारामसीमानिगमान् खेटादींश्च न्यवेशयत्।।
मध्ये जनपदं रेजुः राजधान्यः परिष्कृताः।
ग्रामादीनां निवेशोऽभूद् यथाभिहितलक्ष्मणाम्।
असिर्मषिः कृषिर्विद्या वाणिज्यं शिल्पमेव च।
कर्माणीमानि षोढा स्युः प्रजाजीवनहेतवः।।[3]

वस्तुतो मानवीयसभ्यताया विकासक्रमे कृषिस्तु सा प्रथमा पद्धतिर्ययाऽऽखेट-जीव्यादिममानवः सभ्यो भूत्वा संस्कृतिनिर्माता सञ्जातः। पुराणेषु पृथुवैन्यस्य प्रसङ्गे कृषेरिदमेव स्वरूपं परिलक्ष्यते।

लौकिकसंस्कृतवाङ्मये, कालिदासीये साहित्ये सर्वाधिकाः कृषिविषयकोल्लेखा दृश्यन्ते। भारतसदृशे देवमातृके देशे कृषिफलं कृषकपरिवाराणां सुख—दुःखाशानिराशाश्च मेघाधीना एव इति तथ्यं तु बहुपूर्वमेवावगतं महाकविकालिदासेन। भारतदेशस्य भौगोलिकवर्णनेन सह तत् तद्देशीयानां शस्यानामपि वर्णनं, कृषिविज्ञानसंदर्भे कालिदासीयसाहित्यस्य विशिष्टम्,योगदानमिति। कथाऽऽख्यायिका-नाट्यादिग्रन्थेषु प्रमदवनवर्णनप्रसङ्गे वृक्षायुर्वेदस्य परिचयः प्राप्यते। प्राचीनभारतस्योपवननिवेश-विज्ञानम् अकालपुष्पोद्गमकौशलं च बहुशो निबद्धमेषु ग्रन्थेषु। वृक्षदोहदविज्ञानेन एकस्मिन्नेव काले षड्ऋतूनां पुष्पशोभा सम्पाद्यते स्म। सहकार-तिन्तिडी-कपित्थादिलतानां विकासोऽपि वृक्षायुर्वेदेनाभूत्।

---

1. रामायणम् / अयोध्या / 100/ 47/
2. वायुपुराणम् / अ- 62
3. आदिपुराणम् / 16/ 151, 162, 163, 179/

(v) **अर्थ-नीति-धर्मज्योतिषादिशास्त्रेषु कृषिविज्ञानम्**—कौटिल्यस्यार्थशास्त्रम् (खीष्टपूर्वचतुर्थशताब्दी) दण्डनीतिविद्यायाः प्रतिनिधिर्ग्रन्थोऽस्ति। ग्रन्थेऽस्मिन् जनपद-निवेशप्रसङ्गे (2/1) अध्यक्षप्रचारे सीताध्यक्ष्यस्य (2 /24) कर्तव्यनिरूपणावसरे च कृषि-विज्ञानं विवेचितम्। कृषिप्रबन्धनस्य सुस्पष्टस्वरूपमपि परिलक्ष्यतेऽत्र। अर्थरूपपुरुषार्थस्य प्राप्तिर्जीविका प्राप्तिः धनधान्यकोशसमृद्धिश्च कृषिफलान्यत्र। कौटिल्येन जनपदेषुशूद्र-कर्षकप्रायग्रामान् निवेश्य, कृषकपरिवारान् शस्योत्पादनाय भूमिमनुग्रहपरिहाराञ्च प्रदाय, सेतुबन्धादादिसस्यसेचनसाधनानां विकासं कृत्वा, शासकीयभूमिषु राजकीयकृषिं कृष्ट्वा, भूमिच्छिद्रविधानेन अनुर्वरखिल्यभूमेरपि सार्थकोपयोगं विधाय, वणिक्पथानां विस्तारं च कृत्वा हरितक्रान्तेः समुन्नतार्थव्यवस्थायाश्च सूत्रपातः कृतः। अर्थशास्त्रस्य जनपदनिवेशाध्यायः कृषिप्रबन्धनस्य, सीताध्यक्षाध्यायः कृषिविज्ञानस्य च श्रेष्ठतममुदाहणे स्तः। तत्र सर्वविधबीजसंग्रहणादारभ्य भाण्डारे धान्यस्थापनं यावत् सर्वासामपि कृषिप्रक्रियाणां वैज्ञानिकं विवेचनं प्राप्यते। अन्नस्यैकैकं कणमपि राष्ट्रपोषणे प्रयुक्तं भवेदिति दृष्टिराचार्यस्य—(खले) प्रशीर्ण पुष्पफलं देवकार्यार्थं व्रीहियवमाग्रयणार्थं श्रोत्रियास्तपस्विनश्चाहरेयुः।

यथाकालं च सस्यादि जातं जातं प्रवेशयेत्।
न क्षेत्रे स्थापयेत् किञ्चित् पलालमपि पण्डितः।।[1] इति कौटिल्यः।

आचार्यशुक्रस्यशुक्रनीतिरपि राजधर्मनिरूपणावसरे कृषिविज्ञानसूत्राणि निबध्नाति। शुक्रनीत्यां नदीमातृका कृषिरुत्तमा वृत्तिर्मता सस्यसमृद्धिप्रदायकत्वेन—

स देशो प्रवरो यत्र कुटुम्बपरिपोषण्।
कृषिस्तु चोत्तमा वृत्तिर्या सरिन्मातृका मता।।[2]

राष्ट्रस्य कृषिव्यवस्थासमीक्षणाय, सम्वर्द्धनाय, शासकीये भाण्डारे सस्यसंग्रहणाय च नियोजितस्य धान्याधिपस्य गुणा इत्थं प्रोक्ताः—

जाति तुलां च मौल्यं च सारं भोगं परिग्रहम्।
सम्मार्जनं च धान्यानां विजानाति स धान्यपः।।[3]

एवमारामाधिपतेरपि लक्षणं निर्दिष्टम्—

फलपुष्पवृद्धिहेतुं रोपणं शोधनं तथा।
पादपानां यथाकालं कर्तुं भूमिजलादिना।।
तद्भेषजं च संवेत्ति ह्यारामाधिपतिश्च सः।[4]

---

1. अर्थशास्त्रम् / 2/ 24/ 25-27/
2. शुक्रनीतिः 3/ 176/
3. शुक्रनीतिः 2/ 157/
4. शुक्रनीतिः 2/ 159-160/

ज्ञायतेऽनेन यद्धान्याधिपस्य कृते कृषिविज्ञानस्य आरामाधिपस्य कृते च वृक्षायुर्वेदस्य ज्ञानमावश्यकमासीत्।

कृषिसमृद्धये राष्ट्रे जलसंसाधनानां व्यवस्था, पर्यावरणसंरक्षणाय ग्रामे ग्राम्यवृक्षाणां वने वन्यवृक्षाणां रोपणं पोषणञ्चात्र प्रशासनस्य प्राथमिकं कर्तव्यं मतम्—

यथा तथा ह्यनेकाश्च राष्ट्रे स्याद्विपुलं जलम्।
नदीनां सेतवः कार्या विबन्धाः सुमनोहराः।।
कूपवापीपुष्करिण्यस्तडागाः सुगमास्तथा।
कार्या खाताद् द्वित्रिगुण-विस्तारपदधानिकाः।।[2]
ग्रामे ग्राम्यान् वने वन्यान् वृक्षान् संरोपयेन्नृपः।
अजाविगोशकृद्भिर्वा जलैर्मांसैश्च पोषयेत्।।[3]

कृषिकार्ये वृष्टिमहत्त्वमपि जानन्त्याचार्याः तेषां मते—

काले वृष्टिः सुपोषाय भवत्यन्यथा विनाशिन्येव।[4]

कृषिस्तु सैवोत्तमा मता यया राजभागं दत्त्वाऽपि द्विगुणो लाभः स्यात्—

राजभागादि व्ययतो द्विगुणं लभ्यते यतः।
कृषिकृत्यं तु तच्छ्रेष्ठं तन्न्यूनं दुःखदं नृणाम्।।[5]

इत्थं शुक्रमते राष्ट्रसमृद्धिना सह प्रजासमृद्धिरपि कृषिविज्ञानस्य लक्ष्यमासीत्।

वराहमिहिरस्य बृहत्संहिता ज्योतिष्—विद्यायाः प्रतिनिधिर्ग्रन्थोऽस्ति। ग्रन्थेऽस्मिन् कृषिविज्ञानमपि निरूपितमानुषङ्गिकरूपेण। अत्र वार्षिकं वृष्ट्यनुमानं, जलमापनं, वायुदिशाज्ञानेन जलानुमानं, मेघगर्भलक्षणं, सूर्यनक्षत्रादीनां उदयास्तफलं, स्वाति-रोहिण्यादियोगानां फलं, भूमिगतजलज्ञानं (दकार्गलम्), शस्यजातकं, वृक्षायुर्वेदादिविषयाः सविस्तरं वर्णित। ज्ञानमेषामनिवार्यं खलु कृषिफलसिद्धये।

अन्नसमृद्धये वृष्टिविज्ञानस्य महत्त्वं प्रतिपादयन् कथयन्ति वराहमिहिरः—

अन्नं जगतः प्राणाः प्रावृट्कालस्य चान्नमायत्तम्।
यस्मादतः परीक्ष्यः प्रावृट्कालः प्रयत्नेन।।

---

1. शुक्रनीतिः लोकधर्मः 63-64/
2. शुक्रनीतिः 4/ लोकधर्मः 46-47
3. शुक्रनीतिः 1/ 286/
4. शुक्रनीतिः 4/ कोशनिरूपणः 111/

गर्गपराशरकाश्यपवज्रादिमुनीनां विज्ञानपरम्पराऽपि निर्दिष्टाऽऽचार्येण।

तल्लक्षणानि मुनिभिर्यानि निबद्धानि तानि दृष्ट्वेदम्।
क्रियते गर्गपराशरकाश्यपवज्रादिरचितानि।।[1]

बृहत्संहितायां विवेचितं शस्यजातकं कुसुमलताशुभाशुभफलानि च कृषकाणां कृते शस्ययोजनायै हितकराणि ननु। प्रस्तूयन्तेऽन्त्र निदर्शनानि कतिपयानि।

(i) ग्रैष्मिकशस्यवृद्धये ग्रहाणामवस्थितिः—

भानोरनिलप्रवेशो केन्द्रैस्तस्माच्छुभग्रहाक्रान्तैः।
बलवद्भिः सौम्यैर्वा निरीक्षिते ग्रैष्मिकविवृद्धिः।।
अष्टमराशिगतेऽर्के गुरुशशिनोः कुम्भसिंहसंस्थितयोः।
सिंहघटसंस्थयोर्वा निष्पत्तिर्ग्रीष्मसस्यस्य।।

(ii) शस्यविनाशः—

अर्थस्थाने क्रूरः सौम्यैरनिरीक्षितः प्रथमजातम्।
सस्यं निहन्ति पश्चादुप्तं निष्पादयेद् व्यक्तम्।।

(iiii) शारदीयसस्यानामपि योजना ग्रहगतिं परिलक्ष्यैव कर्तव्या—

विधिनानेनैव रविर्वृषप्रवेशशरत्समुत्थानम्।
विज्ञेयः सस्यानां नाशाय शिवाय वा तज्ज्ञैः।।[2]

(iv) वनस्पतीनां फलपुष्पसमृद्धिरपि सस्य-सुलभतां दुर्लभतां वा व्यनक्ति।

शालेन कलमशाली रक्ताशोकेन रक्तशालिश्च।
पाण्डूकः क्षीरिकया नीलाशोकेन सूकरकः।।
न्यग्रोधेन तु यवकस्तिन्दुकवृद्ध्या च षष्टिको भवति।
अश्वत्थेन ज्ञेया निष्पत्तिः सर्वसस्यानाम्।।
जम्बूभिस्तिलमाषाः शिरीषवृद्ध्या च कङ्गुनिष्पत्तिः।
गोधूमाश्च मधूकैर्यववृद्धिः सप्तपर्णेन।
अतिमुक्तककुन्दाभ्यां कर्पासं सर्षपान् वदेदसनैः।
बदरीभिश्च कुलत्थांश्चिरबिल्वेनादिशेन्मुद्गान्।।[3]

आयुर्वेदेऽपि कृषिविज्ञानतत्त्वानि प्राप्यन्ते। चरकसंहिता-सुश्रुतसंहिता-

---

1. बृहत्संहिता / 21// 1-2/
2. बृहत्संहिता/ 39/2-3, 9, 12/
3. बृहत्संहिता / 29/ 2-5/

अष्टाङ्गहृदय—भावप्रकाशादिग्रन्थेषु वारिवर्गे जलभेदानां निरूपणम्। भावमिश्रस्य 'भावप्रकाशः' दृष्ट्यानेनातिमहत्त्वपूर्णं खलु। अत्र देशविभाजनम् आहारनिरूपणं, फलपुष्पकर्पूरगुडूचिधान्यदार्वादिवर्गाः कृषिविज्ञानस्योपकारका भवन्ति।

कोशग्रन्थेषु कृषिविषयकपदानां संग्रहो लभ्यते, यथा—अमरकोशे। अमरकोशस्य वैश्यवर्गे संगृहीतैः पदैरधोलिखितानां तत्त्वानां परिज्ञानं भवति—

(i) आजीवो जीविका वार्ता वृतिर्वर्तनजीवनादिवृत्तिनामानि। कृषिसिः पशुपाल्यं वाणिज्यं चेति वैश्यवृत्तयः। सेवा श्ववृत्तिः कृषिरनृतम् उञ्छशिलं ऋतम् इति कथ्यन्ते।

(ii) क्षेत्राजीवः कर्षकः कृषकः कृषीवलो वाऽभिधीयते।

(iii) कृष्यभूमिः क्षेत्रं, खननसाधनम् खनित्रमवदारणम् वा, लवनसाधनं दात्रं लवित्रं वा, कर्षणसाधनं लाङ्गलं हलं गोदारणं सीरो वा, लाङ्गदण्डः ईशा, लाङ्लपद्धतिः सीता, खले पशुबन्धनाय न्यस्तं दारु मेधिः,हरितयवः तोक्मः, शस्यशूकं किंशारु, शस्यमञ्जरी कणिशं, धान्यगुच्छः स्तम्बः, काण्डो नाडी नालं वा, निष्फलः काण्डः पलालः धान्यत्वक्तुषः, क्षेत्रस्थितं फलं सस्यं, सतुषं धान्यं, नीवाराः तृणधान्यानीति कथ्यन्ते।[1]

राजशेखरस्य काव्यमीमांसायां (१० श.) देशकालविभागप्रसङ्गे कृषिभूगोलस्य परिचयः प्राप्यते। तत्र भारतदेशस्य चतुर्दिक्षु—अवस्थितानां जनपदानां नदी-पर्वत-उत्पादादीनां वर्णनम्। दिङ्मात्रमुदाह्रियतेऽत्र—

तत्र वाराणस्याः पुरतः पूर्वदेशः। यत्राङ्गकलिङ्गकोसलतोसलोत्कलमगधमुद्गरविदेह नेपालपुण्ड्रप्राग्ज्योतिषताम्रलिप्तकमलदमल्लवर्त्तकसुह्मब्रह्मोत्तरप्रभृतयो जनपदाः। बृहद्गृहलोहितगिरिचकोरदर्दुरनेपालकामरूपादयः पर्वताः। शोणलौहित्यौ नदौ। गङ्गाकरतोयाकपिशाद्यश्च नद्यः। **लवलीग्रन्थिपर्णकागुरुद्राक्षाकस्तूरिकादीनामुत्पादः**।[2]

एवं कालविभागे ऋतुवर्णनसन्दर्भे नानासस्यानां धान्य-पुष्प-फल-शाकेक्ष्वादीनां पाककालो वर्णितः—यथा हेमन्ते कोशीधान्यानां पाकः, इक्षु—नाराङ्गादिषु माधुर्यवृद्धिः, शिशिरे सर्षपपाकः, वसन्ते रोहीतकाम्रातकमोचा—मधूकशोभाञ्जनादीनां पुष्पसमृद्धिश्च—

रोहीतकाम्रातककिङ्किराता मधूकमोचाः सह माधवीभिः।
जयन्ति शोभाञ्जनकश्च शाखी सकेसरः पुष्पभरैर्वसन्ते।।[3]

---

1. अमरकोशः/ 2/ 9/ 1-25/
2. काव्यमीमांसा / 17/ पृ. 226
3. काव्यमीमांसा/ 18/ पृ. 248-252/

अत्र कतिपयानां कृषिवैज्ञानिकतत्त्वानामपि निर्देशः, यथा

(i) द्रुमाणां पुष्प-फल-क्रमश्चक्रो वा चतुर्णां मासानां भवति वल्लीफलानान्तु द्वयोर्मासयोः केवलम्।

यत्प्राचि मासे कुसुमं निबद्धं तदुत्तरे बालफलं विधेयम्।
तदग्रिमे प्रौढिधरं च कार्यं तदग्रिमे पाकपरिष्कृतं च।।
द्रुमोद्भवानां विधिरेष दृष्टो वल्लीफलानां न महाननेहा।
तेषां द्विमासावधिरेव कार्यः पुष्पे फले पाकविधौ च कालः।।

(ii) पुष्पाणां षोढोपयोगो भवति—

शोभान्धोगन्धरसैः फलार्चनाभ्यां च पुष्पमुपयोगि।

(iii) फलानि षड्विधानि भवन्ति—

अन्तर्व्याजं बहिर्व्याजं बाह्यान्तर्व्याजमेव च।
सर्वव्याजं बहुव्याजं निर्व्याजं च तथा फलम्।।
लकुचाद्यन्तर्व्याजं तथा बहिर्व्याजमत्र मोचादि।
आम्राद्युभयव्याजं सर्वव्याजं च ककुभादि।।
पनसादि बहुव्याजं नीलकपित्थादि भवति निर्व्याजम्।।[1]

इत्थमन्यविषयकशास्त्रेषु विकीर्णाः कृषिविज्ञानसंदर्भा यद्यपि सूत्ररूपेण दृष्टान्तरूपेण वा निबद्धास्तथापि प्राचीनभारतीयकृषिविज्ञानस्य पोषका एव भवन्ति।

कृषिविज्ञानस्य सर्वाङ्गस्वतन्त्रग्रन्थाः—

कृषिपाराशरः—संस्कृतवाङ्मये पराशरमुनेः कृषिपाराशरः कृषिविज्ञानस्य विश्रुततमः प्रामाणिकः सर्वाङ्गपूर्णश्च ग्रन्थो मतः। कृषिपाराशरः खीष्टाब्दे: षष्ट्युत्तरैकोनविंशतिमिते एशियाटिक-सोसायटीकलिकातातः प्रकाशितः। सम्पादकौ गिरिजाप्रसन्नो मजूमदारः सुरेशचन्द्रो बनर्जी च आस्ताम्। ग्रन्थेऽस्मिन् त्रिचत्वारिंशदुत्तरद्विशतं पद्यानि सन्ति। सम्प्रति ग्रन्थोऽयं मोतीलनालबनारसीदास-इति प्रकाशनतोऽपि प्राकाश्यं नीतः।

कौटिल्योत्तरसाहित्ये कृषिविद्याप्रवर्तकरूपेणाचार्य-पराशरो बहुसम्मानपूर्वमुल्लिखिताः। वाचस्पत्यमिति बृहदभिधानकोशे पराशरः 'सत्यवतीपुत्र' इति कथितः, कृषिपाराशरश्च कृषिकर्तव्यताविधायकपशरमतानुसारिनिबन्धभेदश्च निरूपितः। तत्रैव बृहत्पाराशरसंहितादीनामपि संदर्भः। प्रतीयते यत् पराशररचितबृहद्ग्रन्थस्य परवर्तिलघुसंस्करणमेव वर्तमानकृषिपाराशर' इति ग्रन्थः।[2]

1. काव्यमीमांसा / 18/ पृ. 262-263/
2. वाचस्पत्यम् / पृ. 2001, 2010

कृषिपाराशरः त्रिषु खण्डेषु विभक्तः—प्रास्ताविकम्, वृष्टिखण्डः कृषिखण्डश्च।

तत्र प्रास्ताविकमिति प्रथमे खण्डे मङ्गलश्लोके ग्रन्थकर्तुः नामोल्लेखेन सह कृषिशास्त्रस्य प्रवर्तनं कृषीवलानां हिताय—

प्रजापतिं नमस्कृत्य कृषिकर्मविवेचनम्।
कृषकाणां हितार्थाय ब्रूते ऋषिपराशरः।

अत्र कृषिमाहात्म्यं कृषिप्रयोजनञ्चैवं निरूपिते—

चतुर्वेदान्तगो विप्रः शास्त्रवादी विचक्षणः।
अलक्ष्म्या गृह्यते सोऽपि प्रार्थनालाघवान्वितः।।
एकया च पुनः कृष्या प्रार्थको नैव जायते।
कृष्यन्वितो हि लोकेऽस्मिन् भूयादेकश्च भूपतिः।।

'कृषेः प्रयोजनमन्नोत्पादनम् तेन जगत्तर्पणञ्च' अतो मनुष्यः सर्वं परित्यज्य कृषिकर्म समाचरेत्—

अन्नं हि धान्यसञ्जातं धान्यं कृष्या विना न च।
तस्मात् सर्वं परित्यज्य कृषिं यत्नेन कारयेत्।।

देवासुरमनुष्याश्च सर्वेऽन्नोपजीविन एव, अतिथीनां पूजनमपि अन्नेनैवातः कृषिकर्मणा हिंसादि दोषयुक्तोऽपि नरो दोषमुक्तः पुरुषोत्तम एव भवति—

तेनार्चितं जगत् सर्वमतिथिर्येन पूजितः।
अर्चितास्तेन देवाश्च स एव पुरुषोत्तमः।[1] इति पराशरः।

वष्टिखण्डे कृष्यै वृष्टेर्महत्त्वं पतिपादयन् कथयन्ति पराशरः—

वृष्टिमूला कृषिः सर्वा वृष्टिमूलं च जीवनम्।
तस्मादादौ प्रयत्नेन वृष्टिज्ञानं समाचरेत्।।

तत्र पौषे माषे वातसूचकयंत्रेण वायुदिशाज्ञानेन वार्षिकवृष्टिज्ञानस्यातिसहजविधिं वर्णयन्त्याचार्याः—

सार्द्धं दिनद्वयं मानं कृत्वा पौषादिना बुधः।
गणयेन्मासिकीं वृष्टिमवृष्टिं वानिलक्रमात्।।[2]

अनावृष्टिलक्षणमपि निगदितमत्र—

---

1. कृषिपाराशरः/ प्रास्ताविकम् / 1-9/
2. कृषिपाराशरः/ 2/ 1, 21/

कुजपृष्ठगतो भानुः समुद्रमपि शोषयेत्।
सद्यो निकृन्तयेद्वृष्टिं चित्रामध्यगतो भृगुः।
अङ्गारको यदा सिंहे तदाङ्गारमयी मही।।[1]

कृषिखण्डे कृषिसिद्धिरहस्यं निबध्नन् कथयन्ति पराशरः—

फलत्यवेक्षिता स्वर्णं दैन्यं सैवानवेक्षिता।
कृषिपुराणज्ञ इत्युवाच पराशरः।।
समर्थेनैव कृषिः कार्या लोकानां हितकाम्यया।
असमर्थो हि कृषको भिक्षां प्राप्नोति मानवः।।[2]

अत्रान्येऽपि कृषिरहस्या उद्घाटिता, यथा—

नित्यं दशहले लक्ष्मीर्नित्यं पञ्चहले धनम्।
नित्यं तु त्रिहले भक्तं नित्यमेकहले ऋणम्।।
आत्मपोषणमात्रं तु द्विहलेन च सर्वदा।
पितृदेवातिथीनाञ्च नान्नदाने भवेत् क्षमः।।[3]

अत्र क्षेत्रकर्षणादारभ्य भाण्डारेऽन्नभण्डारणं यावत् सर्वाः कृषिक्रिया विस्तरेण निरूपिताः। पराशरस्य कृषिपद्धतिरपि कृषिविद्याप्रतिपादको ग्रन्थो यः पाण्डुलिपिरूपेण लभ्यते।

गर्ग—कश्यप-हारीत-देवल-बलभद्रप्रभृत्याचार्यैः न्यूनाधिकं पराशरोक्तमेव मतं वर्णितम्, यथा कृष्यारम्भविषये देवलः—

गुरुसोमसूर्यशुक्राः क्षेम्याः सम्पत्कराः शुभाः।
बुधार्किभूमिपुत्राश्च न भवन्ति फलप्रदाः।।
कृष्णौ वृषौ नियोक्तव्यौ नवनीतैर्घृतेन वा-
मुखपार्श्वौ तयोर्लिप्यात् फालाग्रं कनकैः स्पृशेत्।
उत्तराभिमुखो भूत्वा क्षीरेणार्घ्यं प्रदापयेत्।
ततः शुभकरः श्रीमान् कृषिकर्म समाचरेत्।।

कृषिविज्ञानस्य शाखैका 'वृक्षायुर्वेद' इति। वृक्षायुर्वेदविषयकग्रन्थेषु सुरपालस्य

---

1. कृषिपाराशरः / 2/ 67–68
2. कृषिपाराशरः/ 3/ 1, 4/
3. कृषिपाराशरः/ 3/ 19–20/

'वृक्षायुर्वेदः प्रसिद्धः। ग्रन्थेऽस्मिन् चतुर्विंशत्युत्तरत्रिशतमितैः पद्यैर्वृक्षाणां रोपण-रक्षण-चिकित्सा-दोहदप्रदानादिविधयो निरूपिताः।

पुरातनभारतीयकृषेः कृषिविज्ञानस्य वा वैशिष्ट्यम्—

(1) कृषिस्तु 'कर्मयोग' इति, अस्मिन् कर्मयोगे सिद्धयेऽवधानं-ज्ञानं-विज्ञानं-सामर्थ्यम्-कौशालञ्च सर्वमप्यपेक्षते।

(2) प्राणरूपान्नोत्पादनेन कर्षणं लोकहितकरं श्रेष्ठतमं कर्म इति मत्वा 'कृषिर्धन्या कृषिर्मेध्या जन्तूनां जीवनं कृषि' इत्युक्तमाचार्यैः।

(3) देव-नृप-मानव-पशु पक्षिभ्योऽन्नभागं प्रदाय कृषको भूविदारण-प्राण-नाशनजन्यदोषेभ्यो विमुच्यते।

(4) लोकहिताय भूमि-जल-तापादिप्राकृतिकसंसाधनानां दोहनस्य प्रथमसंकल्पना ऋग्वेदे प्राप्यते।

(5) कृषिस्तु सर्वदेवात्मिका खलु। इन्द्र-वायु-पर्जन्य- प्रजापति-भूम्यादि देवानामनुग्रहः कृषिफलसाधको भवत्यतः सर्वेभ्यो देवेभ्यो हविप्रदानस्य निर्देशो ब्राह्मणग्रन्थेषु—

(i) सर्वदेवत्या वै कृषिरेताभ्यो देवताभ्यः सर्वकामान्धुक्ष्व।[1]

(ii) वाजस्य नु प्रसवे मातरं महीमित्यन्नं वै वाजोऽन्नस्य नु प्रसवे मातरं महीमिति।[2]

(6) पृथिव्यां शस्यचक्रस्यानुवर्तनं द्यावापृथिव्योःपरस्परानुग्रहेणैव साध्यम्। यज्ञधर्म अस्य चक्रस्य पोषको भवति।[3]

(7) अन्नप्रजनने भूमिः शाश्वद्योनिः इति मता द्यौः गर्भनिषेककर्ता पिता च स्मृतः—

द्यौः पुमान् धरणी नारी अम्भोबीजन्दिवश्च्युतम्।
द्युधात्रीतोयसंयोगादन्नादीनां हि सम्भवः।।

1. शतपथब्राह्मणम्/ 7/ 2/ 2/ 12/
2. शतपथब्राह्मणम्/ 5/ 1/ 3/ 4/
3. भवगद्गीता/ 3/ 14, 16

(8) ऋग्वैदिके युगेऽपि बुभुक्षादिसमस्या आसन्—प्राणनाशिनी-क्षुधाविषये कथयन्ति भिक्षुर्नाम आङ्गिरस ऋषिः—

न वा उ देवाः क्षुधामिद्वधं ददुः ।[1]

यः पुरुषः स्वयमन्नवानपि दारिद्रयेणोपहताय गृहमागताय याचकाय न दादात्यन्नमसौ तु सर्वथा निन्द्यनीय एव। प्रमाण्यतेऽनेन यद् बुभुक्षानिवारणाय कृषिविज्ञानस्य प्रादुर्भावः।

(9) ऋग्वैदिकयुगे परस्परं सम्भूय यज्ञभावनया कृषिकर्मसाधनस्य निर्देशः सीरायुञ्जन्ति सूक्ते।

(10) कृषिकर्मणि वृष्टिजलस्य सर्वोत्तमोपयोगो, नदी-अवत-आवाह-निपानसेत्वादिजलसंसाधनानां समुचितविकासश्च परिलक्ष्यते ऋग्वैदिके भारते।

(11) पृथिव्यामन्नोत्पादनायेश्वरेण सृष्टाः पशवोऽतस्ते सर्वदा पूज्या अवध्याश्च।

(12) सस्योत्पादनाय जैविकसार एव प्रयोक्तव्यः। अजाऽविगोशकृतमाष-कुलत्थ-घृत-दुग्ध-मधु-मत्स्यमाँसास्थि-आदिसार-रूपेण सस्यसंवर्द्धका भवन्ति। कीटानाशाय जैविकौषधयः स्नुहीक्षीरादिप्रयोक्तव्यमनेन भूमिप्रदूषणस्य समस्या न जायते।

(13) सर्वत्र कृषिकर्मणि वाहान् प्रति कृषिश्रमिकांश्च प्रति सहानुभूतिपूर्णा मानवीयभावना स्यात् भूमिजलादिप्राकृतिकसंसाधननां प्रति पूज्यभावना संरक्षणभावना च।

(14) कृष्यारम्भे ग्रह-नक्षत्र-तिथि-वारादिविचारणीयाः। ज्योतिर्विज्ञानं वृष्टिविज्ञानञ्च कृषिविज्ञानस्योपकारकेऽविचारेऽनयोः दारिद्रयमेव फलं कृषेः।

(15) सर्वाण्येव कर्षणसाधनानि यथाविधिः निर्मितानि स्युः फालः सुदृढो निश्तिश्च स्यात् यतःलाङ्गलं पवीरवदिति लाङ्गलं रयिमत्[2] (भवति)।

(16) यथा बीजं तथा फलमिति। कृषाणसारकेदारवृषनीरदसञ्चयाः बन्ध्यत्वमागते बीजे सर्वेऽपि बन्ध्यतां यान्ति। बीजे यत्नमतः कुर्याद् बीजमूलाः फलश्रियः।

(17) सर्वविधशस्यानामुत्पादनं कर्तव्यम् न केवलमेकस्यैव।

कृषकाणां कृते सन्देशः पराशरमुनेः—

गोहितः क्षेत्रगामी च कालज्ञो बीजतत्परः।
वितन्द्रः सर्वशस्याढ्यः कृषको नावसीदति।।[3]

---

1. ऋग्वेदः / 10/117/1/
2. शतपथब्राह्मणम्/ 7/ 2 / 2/ 11/
3. कृषिपाराशरः / 3/ 5/

(18) कृषिसंरक्षणं-संवर्द्धनं समग्रस्यापि राष्ट्रस्य प्रशासनस्य च कर्तव्ये। राजा प्रथमं कृषकान् कृषिं च यत्नेन पोषयेत् तदनु भागं गृह्णीयात्। भागविषये शासकीया नीतिः मालाकार इव स्यात्

मालाकार इव ग्राह्यो भागो नाङ्गारकारवत्।
बहुमध्याल्पफलस्तारतम्यं विमृश्य च।।
वृक्षान् संपुष्य यत्नेन फलं पुष्पं विचिन्वति।
मालाकार इवात्यन्तं भागहारस्तथाविधः।।[1]

(19) इत्थं सर्वैरपि सुपालिता कृषिर्बह्वन्नप्रसविनी राष्ट्रसमृद्धिकारिका राष्ट्रपालिका च भवति, यथा निरूपितं शतपथब्राह्मणे—

यत्र वाऽअत्तुरन्नभूयो भवति तद्राष्ट्रं समृद्धं भवति तदेधते।[2]

1. शुक्रनीतिः / 4/ कोशनिरूपणप्रकरणम् / 110, 2/ 173/
2. शतपथब्राह्मणम् / 6/ 1/ 2 / 25/

2

कृषिविज्ञानस्योद्भवो विकासश्च

लक्ष—लक्षवर्षपूर्वं पृथिव्यां जन्मग्रहणादारभ्याद्यावधिः निरन्तरं प्रगतिपथमारूढैः मानवैः भौतिकविज्ञान—रसायनविज्ञान—अन्तरिक्षविज्ञान—अभियान्त्रिकीविज्ञान—चिकित्साविज्ञानादिभिः सह कृषिविज्ञानस्यापि विकासः कृतः।

कृषिविज्ञानस्योद्भवः—कृषिविज्ञानस्योद्भवस्तु तस्मिन्नेवादिमे युगेऽभूत् यदा बुभुक्षानिवृत्तयेऽधिगतं मानवेन शस्योत्पादनकौशलम्। मानवीयसभ्यतायाः प्रथमे चरणे पाषाणयुगे आदिमानवो वन्य-कन्दमूलफलसंग्रहेण प्रस्तरमयास्त्रेण मृगयावृत्तिना च स्वोदरभरणं चकार। द्वितीये चरणे पशुमारको मानवो बुद्धिबलेन पशुपालकः शस्योत्पादकश्च जातः। इत्थं प्रस्तरयुगीनमृगयावृत्तिं यायावरीयवन्यजीवनञ्च परित्यज्य मानवेन यदा शस्योत्पादनवृत्तिश्शालीनं ग्राम्यजीवनञ्चाङ्गीकृते तदा प्रभृत्येवोद्भवः कृषिविज्ञानस्य इति मतमधुनातनैतिहासिकानाम्।

(1) **वैदिकसन्दर्भाः**—देववाण्यां निबद्ध ऋग्वेदस्तु न केवलं भारतदेशस्यापितु समग्रस्यापि जगतः प्राचीनतमो ग्रन्थः। अत्र संकलिताः कृषिविषयकमन्त्राः कृषिविज्ञानस्य प्राचीनतमाः सन्दर्भा ज्ञेयाः। ऋग्वेदस्य साक्ष्येण ज्ञायते यद् अश्विदेवौ शस्योत्पादनस्य विज्ञानं मानवाय प्रदत्तवन्तौ—एतद्विषयकौ द्वौ सन्दर्भौ ऋग्वेदसंहितायां प्राप्येते—

प्रथमः प्रथममण्डले—

यवं वृकेणाश्विना वपन्तेषं दुहन्ता मनुषाय दस्रा।
अभिदस्युं बकुरेणाधमन्तोरुज्योतिष्चक्रथुरार्याय।।[1]

दर्शनीयावश्विनौ मनुष्याय (वृकेण) लाङ्गलेन कृष्टदेशे (यवं) यवाद्युपलक्षितं सर्वं धान्यजातं वपन्तौ, इषं तत्कारणभूतमुदकं (वृष्टिम्) च दुहन्तौ (दस्युं) उपक्षयकारिणं असुरपिशाचादिकं (वकुरेण) भासमानेन वज्रेण अभिधमन्तौ स्वकीयं तेजः महात्म्यं च दर्शिवन्तौ।

---

1. ऋग्वेदः / 1 / 117 / 21 /

तीयसन्दर्भोऽष्टमे मण्डले प्राप्यते—

दशस्यन्ता मनवे पूर्व्यं दिवि यवं वृकेण कर्षथः।[1]

आश्विदेवौ द्युलोके स्थितमुदकं मनवे—मानवजातेः पूर्वपुरुषाय प्रयच्छन्तौ लाङ्गलेन वनामकं धान्यं कर्षतः।

एते सन्दर्भाः कृषिविज्ञानस्योद्भवदृष्ट्याऽतिमहत्वपूर्णाः खलु। एभिरधोलिखितानां थ्यानां ज्ञानं भवित—

(i) कृषिविज्ञानन्तु सनातनमेव विज्ञानं यत् प्रतिकल्पे सृष्ट्यारम्भे दिव्यशक्तिभिरा-विष्क्रियते मानवाय, प्रजापोषणाय।

(ii) बुद्धियुक्तः कर्मणिकुशलो मानवः प्रकृत्याः सूक्ष्मनिरीक्षणेनानुभवेन परीक्षणेन च विज्ञानं शिक्षते। आदिमे युगे मानवेन जलवायुबीजभूम्यादितत्त्वैः, भूमिषु स्वयमेव सस्यानि पादपानि च परीक्षितानि, तदन्वाविष्कृतानि कृषिविज्ञानतत्त्वानि। तेनाभिलक्षितं यदा पर्जन्यो वर्षति तदा पृथिव्यामोषधय उद्गच्छन्ति[2] बहुकालं यावदेतदभिलक्ष्य मानवेन स्थापितः सम्बन्धो जलशस्ययोर्भूमि-बीजयोश्च। इत्थं मानवेतरमेघजलभूम्या-दिशक्तिभिरधिगतं कृषिविज्ञानमुद्भावितमस्माकं पूर्वपुरुषैः परम्परया हस्तान्तरितञ्च सन्ततिषु।

अथर्ववेदे कथितं यत्पृथी वैन्यो नाम राजा हलेन भूमिं कृष्ट्वा कृषिविद्यामा-विश्चकार—

विराड् वा इदमग्र आसीत्। . . . सोदक्रामत्। सा अग्नि-अन्तरिक्ष-देव-पितृ-असुर-मनुष्यादिषु न्यक्रामत्। तां मनुष्या उपाह्वयन्त-इरावत्येहीति। तदा इरादोहनसमये मनुर्वैवस्वतो वत्स आसीत् पृथिवी पात्रम्। तां पृथी वैन्योऽधोक् तां कृषिं च सस्यं चाधोक्। ते कृषिं च सस्यं च मनुष्या उपजीवन्ति।[3]

उपाख्यानेनानेन संसूच्यते यत्

(i) भूमिरूपपात्रे मानवीयप्रयासेन विराडुर्वराशक्तेर्दोहनस्य प्रक्रिया कृषिरिति।

(ii) कृष्या भवति दोहनमिरायाः। इरा मानवजीवनस्याधारोऽस्ति।

(2) पौराणिकसन्दर्भाः

(i) पुराणेषु कृषिविषयकोऽयमेव सन्दर्भः सविस्तरं वर्णितः। तत्र धरण्यामाद्यो

---

1. ऋग्वेदः / 8 / 177 / 6 /
2. ऋग्वेदः / 5 / 83 / 4 /
3. अथर्ववेदः 8 / 5 / 5 / 9–12 /

नृपतिर्बभूव वैन्यः पुथुः योह्यश्मबहुलां नतोन्नतामुर्वी कृष्ट्वा समां कृषियोग्यां चकार। कर्मणाऽनेन तस्यैव नाम्ना भूमिः 'पृथ्वी' इति बभूव।[1]

वायुपुराणे कथितं—पूर्वेषु मन्वन्तरेषु वसुंधरा विषमासीद् विषमे पृथिवीतले पुराणां ग्रामाणां वा प्रविभागोऽपि नासीत्—

मन्वन्तरेष्वतीतेषु विषमासीद्वसुन्धरा।
स्वभावेनाभवंस्तस्यां समानि विषमाणि च।।
न हि पूर्वविसर्गे वै विषमे पृथिवीतले।
प्रविभागः पुराणां वा ग्रामाणां वा विद्यते।।
न सस्यानि न गोरक्षा न कृषिर्न वणिक्पथः।।

वैवस्वतेऽन्तरे यत्र-यत्र भूमयः समा आसन तत्र-तत्र प्रजा निवसन्ति स्म किन्तु तेषां फलमूलरूपाहारः कृच्छ्रेणैवाभवत्। तस्मिन् युगे कृषिविज्ञानस्य ज्ञानं नासीत् फलतः प्रजाभिः कन्दमूलफलादिभक्षणैः प्रनष्टाष्वोधीषु पृथुः पृथिवीं सस्यानि दुदोह—

सस्यानि तेन दुग्धानि वैन्येन तु वसुन्धरा।
मनुं च चाक्षुषं कृत्वा वत्सं पात्रे च भूमये।।
तेनान्नेन तदा ता वै वर्तयन्ते प्रजाः सदा।।[2]

इत्थं कृषेः प्रवर्तकः कृषिविज्ञानस्योद्भावको वा बभूव वैन्यः पृथुः।

(ii) श्रीजिनसेनस्य आदिपुराणे कथितम् यत् सृष्ट्यारम्भे कल्पवृक्षैः प्रजानामावश्यकता पूर्यते स्म। कालान्तरे कल्पवृक्षाणां लोपे सति अकृष्टपच्याभिरोषधीभिः प्रजानां निर्वाहो बभूव। किन्तु ता अपि कालात् प्रक्षीणशक्तिका जाताः। इत्थं—

सस्यान्यकृष्टपच्यानि यान्यासन् स्थितये नृणाम्।
प्रायस्तान्यपि कालेन ययुर्विरलतां भुवि।।

ततः क्षुत्पिपासादिव्याकुलिताः प्रजा जीवितकाम्याया भगवानादिनाथान्तिकं जग्मुः। ततस्तेन चिन्तितं यथा विदेहेषु षट्कर्माणि वर्णाश्रमस्थितिः ग्रामगृहादीनां सन्निवेशाः सन्ति तथात्रापि प्रवर्तनीयाः—

कर्मभूरद्य जातेयं व्यतीतौ कल्पभूरुहाम्।
ततोऽत्र कर्मभिः षड्भिः प्रजानां जीविकोचिता।।

ततस्तेन अदेवमातृक-देवमातृक-साधारणादिदेशानां नगर-जनपदादीनां सन्निवेशः

1. भागवतपुराणम् / 4 / 16-23 अध्यायाः।
2. वायुपुराणे-आदिराजपृथुचरितम् / अ. 62 /

कृतः। शूद्रकर्षकभूयिष्ठाः सारामाः सजलाशयाः सम्पन्नसस्यसुक्षेत्राः प्रभूतयवसोदका ग्रामा निवेशिताः।

ततो भगवान् मतिकौशलात् प्रजानां वृत्तिमुपादिशत्—

असिर्मषिः कृषिर्विद्या वणिज्यं शिल्पमेव च।
कर्माणीमानि षोढा स्युः प्रजाजीवनहेतवः॥[1]

इत्थं जिनसेनमते भगवानादिनाथः कृषेरुपदेष्टा कृषिविज्ञानस्य च प्रयोक्ता बभूव।

उपर्युक्तैः सन्दर्भैः कृषिविज्ञानस्योद्भवकालः, वैशिष्ट्यं प्रयोजनानि चैवं ज्ञायन्ते—

(i) ऋग्वेदे कृषिविज्ञानस्य दैवीयोत्पत्तिविषयकः सिद्धान्तः प्रतिपादितः। कृषिविद्यायाः प्रथमोपदेष्टारौ बभूवतुरश्विनौ देवौ। ताभ्याम् मानवजातेः पूर्वपुरुषं मनुं सर्वाङ्गमिदं विज्ञानं प्रयोगपूर्वकं प्रशिक्षितम्। तस्मिन्नाद्ये युगे समुत्पादितं प्रथमं शस्यं यवमासीत्। दिव्यं वृष्टिजलं प्रयुक्तं कृषिकार्ये। वाहेषु लाङ्गलयोजनेन क्षेत्रकषर्णमभूत्। कृष्टे क्षेत्रे बीजवपनं जातम्। कृष्युपघातकतत्त्वानां निरसनमपि कृतमश्विभ्याम्।

(ii) बुभुक्षादिबाधायुक्तत्वात्प्राणधारणाय इरोत्पादनं मानवस्य प्राथमिकं कर्तव्यमासीत्। निःशेषे सत्यकृष्टपच्यास्वोषधीषु मानवेन कृष्टपच्यानामुत्पादनं कृतम्, इति ज्ञायतेऽथर्ववेदेन।

(iii) पौराणिकैः साक्ष्यैः ज्ञाप्यते यत् पृथिव्यां मानवजातेराविर्भावकाले भूमिरियं नतोन्नता गिरिपर्वतसमाकुलाऽरण्यबहुला चासीत्। किञ्चित् समभूभागेषु विरलरूपेण मानवीयावासा बभुवुः। अरण्ये स्वयंजातकन्दमूलफलैः मानवानां भरणमभूत्। कालान्तरे भोजनाभावात् समुत्पन्नेषु प्राणसङ्कटेषु भोजनान्वेषिमानवसङ्घानामितस्ततः स्थानान्तरणमभूत् सङ्केतोऽस्य ऋग्वेदेऽपि, सुयवसं देशं प्रति गन्तुं कामनाऽत्र

अभि सूयवसं नय न नवज्वारोऽध्वने[2]। सङ्घनेतारः कृषेः प्रर्वतका, ग्राम्यसंस्कृतेः संस्थापका बभूवुः। जनपदानां निवेशेन सहैव कृषिविज्ञानस्य विकासो जातः। इत्थं मानवीयसभ्यताया द्वितीये चरणे कृषिविज्ञानस्य उद्भवः।

कृषिविज्ञानस्य विकासः—भारतदेशे कृषिविज्ञानस्य विकासो 'वार्ता' इति शास्त्रस्याङ्गरूपेण वैश्यकर्मरूपेण च जातः। मानवीयसमाजसंरचनायाः प्रारम्भिके युगे यदा वर्णव्यवस्था श्रमविभाजनञ्च नास्ताम् तदा कृषिः जनसामान्यस्य कर्म आसीत्। यद्यपि ब्राह्मणादिचातुर्वर्णीयसमाजव्यवस्थाया उद्भवस्तु ऋग्वैदिकाल (10/90/12) एव तथापि श्रमविभाजनं, वृत्तिनिर्धारणमनतिरूढरूपेणैव परिलक्ष्येते। ब्राह्मणेषु

1. आदिपुराणम् / षोडशं पर्वम्/ 130–180 /

2. ऋग्वेदः 1 / 42 / 8

'अन्नं वै विशः' इति वचनेन जनसमूहस्य पोषणं विशेनान्नोत्पादनं च सूच्येते। युगेऽस्मिन् विश्शब्दो वैश्यार्थे प्रचलितो नासीत्।

कालान्तरे सुदृढे सति वर्णव्यवस्थायां कृषिस्तु वैश्यकर्मरूपेण परिगृहीता **'वणिक्पशुकृषिर्विशः। वार्ता कर्मैव वैश्यस्य।'** इति मनुः। स्मृतिकाले कृषिगोरक्षजीविनां पृथग् वर्गः सुसंगठितः। कृषिविज्ञानं वार्ताशास्त्रयाङ्गभूतविज्ञानरूपेण स्वीकृतं चतसृषु विद्यासु—

आन्वीक्षिकी त्रयी वार्ता दण्डनीतिश्चेति विद्याः।
कृषिपशुपाल्ये वाणिज्या च वार्ता।[1]

कृषिविज्ञानं वार्ताशास्त्रान्तर्गतमेवाध्येतव्यमासीत्। राष्ट्रे जनपदनिवेशेन सह राष्ट्रवृद्धिकरस्य वाताशास्त्रस्यापि विकासोऽभूत्।

वैदिककाले कृषिविज्ञानस्य विकासः

प्रागैतिहासिकयुगतो वैदिककालं यावद् यदा सामाजिकवर्णव्यवस्था रूढ़ा नासीत् तदा कृषिस्तु सर्वेषामेव मानवानां कर्म वृत्तिर्वा बभूव। वेदेषु[2] मनुष्यपर्य्यायः 'कृष्टि'[3] रिति शब्दः प्रमाणमस्य। तत्र पञ्चकृष्टीनां[4] समुल्लेखो ये पञ्चनद प्रदेशषु सप्तसिन्धुप्रदेशेषु वा नदीतटेषु वसन्ति स्म। ऋग्वेदे हलप्रयोक्तारः 'कवयो' 'धीरा' आदिसम्मानसूचकैः पदैः सम्बोधिताः।[5] यजुर्वेदीयभाष्ये महीधरेण 'कवय' इति पदस्य 'कृषिकर्मभिज्ञा' इत्यर्थः कृतः।

ऋषयोऽपि कृष्यक्षेत्रस्य स्वामिनो भवन्ति स्म यथा ज्ञायते ब्रह्मवादिन्या अपालायाः साक्ष्येन

इमानि त्रीणि विष्टपा तानीन्द्र वि रोहय।
शिरस्ततस्योर्वरामादिदं म उपोदरे।।[6]

अत्र इन्द्रं देवं प्रति ऋषिकायाः प्रार्थना स्वापितुः क्षेत्रस्योर्वरतायै।

ऋग्वैदिके युगे कृषेरार्यधर्म रूपेण प्रतिष्ठाऽऽसीत् यथा सूच्यते ऋषेः कवषैलूषस्य वचनेन—

---

1. अर्थशास्त्रम् / 1/ 1/ 1/ 3/ 1/
2. ऋग्वेदः / 1/ 36/ 19, ऋग्वेदः 6/ 18/ 2 /
3. निघण्टुः / 2/ 1/
4. ऋग्वेदः / 2 / 2/ 10
5. ऋग्वेदः / 1/ 101 / 4/
6. ऋग्वेदः / 8/ 91/ 5/

अक्षैर्मा दीव्यः कृषिमित् कृषस्व
वित्ते रमस्व बहुमन्यमानः।
तत्र गावः कितव तत्र जाया।
तन्मे विचष्टे सवितायमर्यः।।[1]

सर्वेषां प्रेरयिता सविता देवता तथा प्रतिदिवसमाकाशमुद्गच्छन् चराचरं स्वालोकेनोद्भासयन् धर्म पालयन्ति तथा मानवानामपि धर्म कृषिकर्म इति।

ऋग्वैदिकाले समुत्पादितं मुख्यं शस्यं 'यव' इत्यासीत्। यवोपयोगो यज्ञीयहविष्येष्वपि बभूव। यज्ञीयान्नस्य संज्ञा 'यज्वरी इषः' (1/3/1) इत्यासीत्। क्षीरपाकोदनम् (8/77/10) अपूपं[2] करभम्[3] धाना[4] (भृष्टो यवः) आदि खाद्यपदार्थानामुल्लेखो ऋग्वेदे।

ऋग्वैदिकयुगे समुन्नतकृषेः, क्षेत्रकर्षणं[5] बीजवपनं[6] मन्त्रप्रयोगैरुर्वरतावर्द्धनं[7] सस्येचनं[8] क्षेत्ररक्षणं[9] सस्यलवनं[10] सस्यमर्दनं[11] स्थिविषु संग्रहणमादिसर्वासामेव[12] कृषिक्रियाणां सन्दर्भाः प्राप्यन्ते।

युगेऽस्मिन् देवमातृका-अदेवमातृकाश्च द्विविधैव कृषिर्बभूव। पञ्चक्षितीनां वसुः इन्द्राधीनमेव (1/176/3) इत्यादि कथितम्। तत्र शस्यसमृद्धये यथा दिव्यं पयः काम्यमासीत्—

यद्दिवि चक्रथुः पयः तेनेमामुपसिञ्चतम्।।[13]

तथा नदीजलम् अवतजतलमपि प्रयोज्यमासीत्। शस्यसेकाय पर्याप्तजलयुक्तानां

---

1. ऋग्वेदः / 10 / 34/ 3/
2. घृतवन्तमपूपम् / 10 / 45 / 9 /
3. ऋग्वेदः / 1/ 187 / 9-10 /
4. जक्षीयाद्धाना उत सोमं पपीयात् /ऋग्वेदः / 10 / 28/ 1/
5. ऋग्वेदः / 8 / 22/ 6/
6. ऋग्वेदः / 10 / 94/ 13/
7. ऋग्वेदः / 10 / 104/ 3/
8. ऋग्वेदः / 10 / 101/ 5-6/
9. ऋग्वेदः / 1 / 117/ 21 / 10 / 68/ 1/
10. हस्ते दात्रं चना ददे . . . पूर्धि यवस्य काशिना। ऋग्वेदः / 8/ 78/ 10/
11. खले न पर्षान्प्रतिहन्मि। ऋग्वेदः / 10/ 48 /7 /
12. ऋग्वेदः /10 / 68/ 3 /
13. ऋग्वेदः /4/ 57/ 5/

गहनकूपानामुपयोगो भवति स्म। कूपेभ्यो वार्याकर्षणमश्मचक्रेण रज्जुनिबद्धकोशेभ्यो वाहमाध्यमेन कुर्वन्ति स्म कर्षका:। ततः काष्ठनिर्मिते 'आहाव' नामके पात्रे जलसञ्चयो भवति स्म (10/101/6-7)। पशूनाम् पानार्थं कुल्याभिः शस्यसेकाय च जलमिदं प्रयुज्यते स्म (8/69/12)।

'सिञ्चामहा अवतमुद्रिणं वयं सुषेकमनुपक्षितम्।।'[1]

जलमूल्यावबोधोऽपि परिलक्ष्यते ऋग्वेदे—

अनु स्वधामाक्षरन्नापो।[2] स्वधाम् अन्नम् अनु अभिलक्ष्य आपः क्षरन्तु इति प्रार्थना ऋषेः।

ऋग्वेदे सामूहिककृषेर्निदर्शनमपि प्राप्यते। एकस्मिन्नेव क्षेत्रेऽनेकैः सीरैः क्षेत्रकर्षणं भवति स्म यथा ज्ञायते मन्त्रेनानेन—

सीरा युञ्जन्ति कवयो युगा वि तन्वते पृथक्।[3] ऋग्वेदस्य 'सीरायुञ्जन्ति' सूक्तम् नानाजनैः मिलित्वा कृषिकर्मसाधनस्य सर्वोत्तमं निदर्शनम् वर्तते।

ऋग्वेदे नानासन्दर्भैः क्षेत्रस्य व्यक्तिगतस्वामित्वमपि[4] सूच्यते। कृष्यभूखण्डाय प्रयुक्तं 'क्षेत्रम्' इति पदमेव अद्यत्वे 'खेत' इति रूपे पर्यवसितम्। तस्मिन्नपि युगे क्षेत्राणि सुमिमीतानि[5] बभूवुः। उर्वरक्षेत्रं, शस्यसम्पद् गोधनं च सर्वेषामेव काम्यान्यासन्। तत्कालीनार्थव्यवस्थायाः, यज्ञधर्मस्य समाजव्यवस्थायाश्च नाभिकं कृषिरेवासीत्।

यजुर्वेदे विस्तारो यज्ञधर्मस्य तत्र यज्ञधर्मः कृषेरप्युद्भावको मतः। 'सर्वविधधान्यानि ओषध्यश्च यज्ञेन कल्पन्ताम्' इति प्रार्थना ऋषे। शुक्लयजुर्वेदस्य वाजसनेयिसंहितायां व्रीहियवमुद्गमाषादिद्वादशधान्यानामुल्लेखः—

व्रीहयश्च मे यवाश्च मे माषाश्च मे तिलाश्च मे मुद्गाश्च मे खल्वाश्च मे प्रियङ्गवश्च मेऽणवश्च मे श्यामाकाश्च मे नीवाराश्च मे गोधूमाश्च मे मसूराश्च मे यज्ञेन कल्पन्ताम्।[6]

अयं तु कृषिलभ्यानां नानाधान्यानां प्राचीनतमः साहित्यिकसन्दर्भः।

ऋग्वेदस्य 'सीरायुञ्जति' सूक्तम् किञ्चित्परिवर्तनेन विस्तारेण च संकलितं यजुर्वेदे।

---

1. ऋग्वेदः / 10 / 101/ 5/
2. ऋग्वेदः / 1/ 33/ 11/
3. ऋग्वेदः / 1/ 101/
4. ऋग्वेदः / 8 / 91 / 5 /
5. ऋग्वेदः / 1/ 110/ 5/
6. शुक्लयजुर्वेदः / 18/ 12/

कृष्यङ्गानामुपकरणानाञ्च विकासः परिलक्ष्यतेऽत्र पवीरवत् लाङ्गलमेव धनसम्पत्प्रदायकं भवतीति निशितदृढलाङ्गलप्रयोगायोपदेशः।[1]

यजुर्वेदे खननक्रिययालभ्यमानानां नानाविधरोगनिवारकौषधीनामपि संग्रहः।[2] तैत्तिरीयसंहितायां संवत्सरे जायमानयोर्द्वयोः शस्ययोरुल्लेखः।[3] शालिधान्यानां वर्षारम्भे वापः शरदि पाकः, यावानां शरदि वपनं ग्रीष्मे पाकश्च।[4]

अथर्ववेदे गोमयसार इरोत्पादनायानर्हो मतः—**करीषिणीं फलवता स्वधामिरां च नो गृहे।**[5] अत्र गोपुष्टिकामाय अन्नसमृद्धये च औदुम्बरमणेः प्रयोगविधानम्—

देवो मणिः सपत्नहा धनसा धनसातये।
पशोरन्नस्य भूमानं गवां स्फातिं दधातु मे।।[6]

अन्नसमृद्धये नक्षत्रज्ञानस्योपयोगोऽपि दृश्यतेऽथर्ववेदे—**अन्नपूर्वारासतां मे आषाढा ऊर्जं देव्युत्तरा आ वहन्तु।**[7]

कृष्युपघातकानां प्रतिकारायाथर्ववेदे लभ्यन्ते नानाविधाभिचारीयप्रयोगाः[8] वर्णन मेषामर्थशास्त्रेऽपि। युगेऽस्मिन् बृहत्कायसीरेषु चतुर्विंशतिर्गवांयोजना भवतिस्म।[9] अनेनोत्तरवैदिके युगे क्रमशः कृषिप्रविधेर्विकासः सूच्यते।

ब्राह्मणग्रन्थेषु अन्नाधिपतित्वलाभाय वाजपेययज्ञस्य विधानम्—

अन्नं वा एष उज्जयति यो वाजपेयेन यजतेऽन्नपेयं ह वै नामैतद् यद्वाजपेयम्।[10]

शतपथब्राह्मणे कृषिकर्मणि ऋतुमहत्वं प्रतिपादयन् कथितं यत् यदा ऋतवोऽसुरान्

---

1. लाङ्गलं पवीरवत्सुशेवं सोमपित्सरु।
   तदुद्वपति गामविं प्रफर्व्यं च पीवरी प्रस्थावद्रथवाहणम्।। शुक्लयजुर्वेदः /12/ 71/
2. शुक्लयजुर्वेदः / 12 / 83–100 /
3. तैत्तिरीयसंहिता / 5/ 1/ 7/ 3/
4. तैत्तिरीयसंहिता / 7/ 2/ 10 / 2 /
5. अथर्ववेदः / 19 / 31/ 3/
6. अथर्ववेदः / 19/ 31/ 8/
7. अथर्ववेदः 19/ 7/ 4/
8. अथर्ववेदः 6/ 50, 142/ 7/ 11/
9. काठकसंहिता / 15 / 2 /
10. शतपथब्राह्मणम् / 5/ 1/ 5/ 25 /

प्रपेदे तदाऽकृष्टपच्या इवौषधयोऽनायासेनैव पेचिरे।[1]

कृषिकर्मणि पशुधनस्य महत्त्वं समीक्ष्यात्र स्पष्टशब्देन गोवधस्य गोमाँसभक्षणस्य च निषेधः—

स धेन्वै चानडुहश्च नाश्नीयाद्धेन्वनडुहौ वा इदं सर्व बिभृतः।[2]

ब्राह्मणेषु उपनिषत्सु च कृषितत्त्वानां सूक्ष्मवैज्ञानिकं विवेचनं लभ्यते तथा कठोपनिषदि सततजायमानस्य शस्यचक्रस्य निरूपणं छान्दोग्ये वनस्पतीनां जीवत्वकल्पना च—

अस्य सोम्य महतो वृक्षस्य यो मूलेऽभ्याहन्याज्जीवन् स्रवेद्यो मध्येऽभ्याहन्याजीवन्स्रवेद् . . . एष जीवेनात्मनानुप्रभूतः पेपीयमानो मोदमानस्तिष्ठति।[3]

अस्य यदेकां शाखां जीवो जहात्यथ सा शुष्यति, द्वितीयां जहात्यथ सा शुष्यति, . . . सर्वं जहाति सर्वः शुष्यति · · ·।[4]

एवं बीजे अणुरूपेण वृक्षप्रजनकभ्रूणस्य स्थितिः—

यं वै सौम्य एतमणिमानं न निभालयस एतस्य वै सौम्यैषोऽणिम्न एव महान न्यग्रोधस्तिष्ठति।[5]

इत्थं वैदिकयुगे नाना संदर्भैः कृषिविज्ञानस्योन्नतिः प्रजायाः शस्यसमृद्धिश्च द्योत्येते। तदा कृष्यक्षेत्रेषु जातं प्रभूतं धान्यम् अनसहवाह्यं भवति स्म—

भूमा हि वा वाऽनस्तस्माद् यदा बहु भवत्यनोवाह्यमभूदित्याहुः।[6] 'सुशस्या कृषिः' 'बह्वन्नोत्पादनं,' 'सर्वेषाम् कृते भोजनं,' 'स्वस्थनिरामयसमाजनिर्माणं वैदिकराष्ट्रस्य लक्ष्याण्यासन्। '**अन्नानां पतये नमः। क्षेत्राणां पतये नमः**' इति व्याहरन्[7] श्रुतिः कृषिविज्ञानं प्रति स्वकीयां श्रद्धामेव ज्ञापयति।

रामायणकाले कृषिविज्ञानस्य विकासः—

रामायणे कृषिविज्ञानं वार्ताशास्त्ररूपेण लोकवर्द्धकं जनप्रियं विज्ञानमित्युक्तम्। भरतं

1. शतपथब्राह्मणम् / 1/ 6/ 1/ 3/
2. शतपथब्राह्मणम् / 3/ 1 / 2/ 21/
3. कठोपनिषद् / 1/ 6/
4. छान्दोग्योपनिषद् / 6/ 11/ 1–2/
5. छन्दोग्योपनिषद् / 6/ 12/ 2/
6. शतपथब्राह्मणम् / 1/ 1/ 2/ 6/
7. शुक्लयजुर्वेदः 16/ 18/

प्रति श्रीरामस्य प्रश्नेनानेन—

कच्चित् ते दयिताः सर्वे कृषिगोरक्षजीविनः ।
वार्तायां संश्रितस्तात लोकोऽयं सुखमेधते ।।[1]

कृषिविज्ञानस्य महत्त्वं ज्ञाप्यते। तस्मिन् युगे राजानोऽपि लाङ्गलेन क्षेत्रकर्षणं बीजवपनञ्च कुर्वन्ति स्म यथा सूच्यते सीताजन्मवृत्तान्तेन। विस्तृतेषु क्षेत्रमण्डलेषु राजकीया कृषिः भवति स्म ।[2] प्रहृष्टनरनारीकाः सुकृष्टिसीमापशुमन्तोऽदेवमातृकाः स्फीता जनपदा[3] राष्ट्रसमृद्धेः परिचायका आसन्, यथा कोशलवत्समगधादिजनपदाः ।

रामायणकाले कृषिविज्ञानस्य विकासे लोककल्याणकारिशासकानां महत्त्वावहं योगदानं परिलक्ष्यते। जनपदस्य सर्वविधसमृद्धिस्तु सुशासनाश्रितैवातोऽराजके जनपदे विनश्यति कृषिपद्धतिः—

नाराजके जनपदे विद्युन्माली महास्वनाः ।
अभिवर्षति पर्जन्यो महीं दिव्येन वारिणा ।
नाराजके जनपदे बीजमुष्टिः प्रकीर्यते ।
नाराजके जनपदे धनवन्तः सुरक्षिताः
शेरते विवृतद्वाराः कृषिगोरक्षजीविनः ।।[4] इति वाल्मीकिः ।

राष्ट्रस्य कृषिनीतेः निर्धारणं शासनेनैव भवति स्म। राज्ञा ज्ञेयेषु विषयेषु अष्टवर्गान्तर्गता कृषिरप्यासीत् ।[5]

कृषिसंरक्षणं, कृषिवाधानिवारणादिभिः कृषिसम्वर्द्धनं कृषकभरणं च राजकीय-कर्तव्यमित्यासीत्—

तेषां गुप्तिपरिहारैः कच्चित् ते भरणं कृतम्
रक्ष्या हि राज्ञा धर्मेण सर्वे विषयवासिनः ।।[6]

शासनेन धान्यकोषस्य स्थापनाऽपि क्रियते स्म ।[7] रामायणे कृष्यधान्येषु यवेन सह

1. रामायणम्/ अयोध्याकाण्डम् / 100 / 47/
2. तस्य लाङ्गलहस्तस्य कृषतः क्षेत्रमण्डलम् ।
   अहं किलोत्थिता भित्त्वा जगतीं नृपतेः सुता। —रामायणम् / अयोध्या 18/28/
3. रामयणम्/ अयोध्या 100 / 44, 46 /
4. रामयणम्/ अयोध्या 67 / 9, 10, 18 /
5. रामयणम्/ अयोध्या 100 / 68 /
6. रामयणम्/ अयोध्या 100 / 48 /
7. धान्यकोशश्च यः कश्चिद् धनकोशश्च मामकः/ —रामायणम् / 2/ 36/ 7/

गोधूमस्यापि उल्लेखः प्राप्यते। खर्जूरपुष्पाकृतितण्डुलपूर्णधान्यमञ्जरीणां वर्णनमपि लभ्यतेऽत्र।[1]

मुष्टिना बीजवपनम्,[2] केदारेषु जलावरोधेन धान्योत्पादनं[3] वर्षाजलेन कलमक्षेत्रानां समृद्धि[4] रादिभिः सन्दर्भैः रामायणकाले कृषेरुन्नतिः संसूच्यते।

सूत्रकाले कृषिविज्ञानस्य विकासः—

षड्वेदाङ्गेषु परिगणितानां कल्पसूत्राणां, सूत्रशैल्यां रचितानाम् अर्थशास्त्रकामसूत्रा-दिग्रन्थानां रचनाकालः सूत्रकाल इति कथ्यते। आश्वलायन-पारस्करप्रभृतिभिः सूत्रकारैः कृषिः सुस्पष्टतया वैश्यवृत्तिरूपेण गृहस्थधर्मत्वेन चाङ्गीकृता। चतुर्णामपि वेदानां सूत्रग्रन्थेषु गृहस्थधर्मनिरूपणे, कृषिकर्मप्रसङ्गे ऋग्वेदीयस्य 'सीरायुञ्जति' सूक्तस्य विनियोगो लभ्यते। पारस्कर[5] काठक[6] गोभिला[7] दिगृह्यसूत्रेषु कृष्यारम्भे हलप्रसारणकाले सीतायज्ञस्य विधानं प्राप्यते। तत्र क्षेत्रेषु देवेभ्यः स्थालीपाकाऽर्पणस्य नियमः। क्षेत्रस्योत्तरे पूर्वस्यां वा दिशि लाङ्गलाकृष्टे शुद्धौ भूमौ अग्न्यां घृताहुतिभिः सह सीतादेवीं प्रति सस्यसमृद्धये प्रार्थना क्रियते स्त्रीपुरुषैः। गृह्यसूत्रेषु-बीजवपनयज्ञ-प्रलवनयज्ञ-खलयज्ञ-तन्त्रीयज्ञ-पर्य्ययणयज्ञादि- कृषिप्रकियाविषयकयज्ञानां विधानेन कृषिसम्वर्द्धनाय यज्ञमहत्वं प्राचीनभारतीय कृषिविज्ञानस्य वैशिष्ट्यञ्च ज्ञाप्येते।

कौटिल्यविरचितमर्थशास्त्रम् राजधर्मप्रतिपादकोऽर्थनीतेः प्रतिनिधिर्ग्रन्थः। अत्र 'अर्थसंज्ञकपुरुषार्थप्राप्तये भूम्याधिपत्यं भूमितो लब्धं द्रविणञ्च महत्त्वावहं खलु। तत्र भूमिः, खनिभिः रत्नं, क्षेत्रैः शस्यञ्च प्रसूय ओषधिसारदारुवल्कादिभिश्च कोशसमृद्धिमावहति।

कौटिल्येन स्पष्टशब्देन कृषिः वैश्यवृत्तिः इति कथिता '**वैश्यस्याध्ययनं यजनं दानं कृषिपशुपाल्ये वाणिज्याच।**' तथापि शूद्रैरपि कृषिकर्म कर्तुं शक्यते, इत्यपि ज्ञायते कौटिल्यस्यैवाग्रिमसूत्रेण-**शूद्रस्य द्विजातिशुश्रुषा वार्ता कारुकुशीलवकर्म च।**[8]

1. रामायणम् / अरण्यकाण्डम् / 16/ 17-18/
2. रामायणम् / अयोध्या / 8/ 29/
3. रामायणम् / युद्धकाण्डम् / 5/ 11/
4. प्रसूतं कलमक्षेत्रं वर्षेणेव शतक्रतुः/ रामायणम् / 4/ 14/ 16/
5. पारस्करगृह्यसूत्रम् / 2/ 17/
6. काठकगृह्यसूत्रम् / 17 / 1-7/
7. गोभिलगृह्यसूत्रम् / 4/ 4/ 30/
8. अर्थशास्त्रम् / 1/ 2/ 3

अर्थशास्त्रे कृषेः निरूपणं जनपदनिवेशेऽध्यक्षप्रचारे च सीताध्यक्षस्य कर्तव्यनिरूपणावसरे विस्तरेण जातम्। अर्थशास्त्रेण कृषिविज्ञानस्य विकास विषयेऽधोलिखितानि तथ्यानि ज्ञायन्ते—

(i) कृषिविज्ञानस्य विकासो जनपदनिवेशेन सह जातः। जनपदेषु ग्रामाः शूर्द्रकर्षकप्रायाः भवन्ति स्म। ग्रामेषु शासनेन भूमिप्रदानेन शष्योत्पादनाय कृषक-परिवाराणां विनिवेशः क्रियते स्म। तत्र शस्यसेकसाधनानां सेतुबन्धादीनां विकासः शासनेन, जनसहयोगेन व्यक्तिशो वा भवति स्म। दण्डविष्टिकराबाधैरुपहतां कृषिं संरक्षणं, स्तेनव्यालविषग्राहैर्व्याधिभिश्च पशुव्रजरक्षणं राज्ञः धर्म कर्तव्यं वाऽऽस्ताम्।[1]

(ii) नगरेष्वपि सीमान्तभागेषु कृष्यक्षेत्राणि पुष्पफलवाटाश्च भवन्ति स्म। तत्र शासनानुज्ञया कुटुम्बा कर्षणमकुर्वन्। दशकुलीवाटं (विंशतिर्हलैः कृष्टे क्षेत्रे) भूमिं सेचनाय कूपमेकं भवति स्म।[2]

(iii) सीताध्यक्षेण यथाकालं सर्वविधधान्यपुष्पफलशाककन्दमूलवालिक्य क्षौमकार्पासबीजानां संग्रहणं शासकीयभूमिषु दासकर्मकरदण्डप्रतिकर्तृभिर्वापनञ्च क्रियते स्म। इत्थं न केवलं धान्योत्पादनमपितु कन्दमूलफलवल्कादीनामुत्पादनमपि कर्षणविधिना सम्पाद्यते स्म[3]।

(iv) भूमिच्छिद्रविधानायापेक्षाकृदनुर्वरभूमेरुपयोगः, तपोवननिवेश-विवीत-अभयारण्यस्थापन-द्रव्यवननिवेश-हस्तिवनविकासादिकोशसमृद्धिकरेषु कार्येषु धार्मिकप्रयोजनेषु वा भवति स्म। अकृष्यभूमेरुपयोगस्य कृष्यभूमेर्विस्तारस्य विज्ञानं 'भूमिच्छिद्रविधानम्' इति नाम्ना वर्णितमर्थशास्त्रे।[4]

(v) बीजोपचार-बीजसंरक्षण-कीटनाशन-दोहददान-शस्यसंवर्द्धनादेरुन्नतः प्रविधिः परिलक्ष्यतेऽर्थशास्त्रे।[5]

(vi) ग्रहनक्षत्रगतिभिः सांवत्सरिकवर्षायाः पूर्वज्ञानं शस्यसमृद्धेर्वानुमानम् कृषितन्त्रस्याङ्गभूतविज्ञानरूपेण विकसितमर्थशास्त्रकाले।[6]

(vii) कैदारं हैमनं ग्रैष्मिकमिति त्रिविधशस्यानामुल्लेखोऽर्थशास्त्रे। पूर्ववाङ्मये

---

1. अर्थशास्त्रम् / 2/ 4/ 7/
2. अर्थशास्त्रम् / 2/ 4/ 7/
3. अर्थशास्त्रम् / 2/ 24 / 1–2/
4. अर्थशास्त्रम् / 2/ 2/
5. अर्थशास्त्रम् / 2/ 24/ 20/
6. अर्थशास्त्रम्

वर्णितं द्विविधमेव शस्यं-वासन्तिकं शारदञ्च। शस्यवैविध्यमप्यत्रपरिलक्ष्यते, यथा नानाशस्यानां वापकालस्थानादिनिरूपणावसरे शालिव्रीहिकोद्रवतिलप्रियङ्गुदार-कवरकमुद्‌गमाष-शैम्बीकुसुम्भमसूरकुलत्थयवगोधूमकलायातसीसर्षपवल्लीफल-पिप्पलीमृद्वीकेक्षुशाकहरितकोशीरह्रीबेरपिण्डालुकादीनां संग्रहः।।[1]

(viii) कृषिवानिकी कृष्युद्यानिक्यादिकृषिपद्धतीनां विकासोऽपि अर्थशास्त्रे परिलक्ष्यते। तत्र कृषिवानिक्या लब्धोत्पादानां विस्तृता सूची लभ्यते। सारदारुवेणुवल्लीवल्कपत्र-पुष्पमुञ्जकन्दमूफलौषधिविषादीनि वन्यपशूनां चर्मास्थिपित्तस्नायुदन्तास्थिशृङ्गखुर-पुच्छादीनि कालायसताम्रकांस्यादिलोहानि, विदलमृत्तिकामयं भाण्डम् अङ्गारतुषभस्मानि मृगपशुपक्षिव्यालवाटाः काष्ठतृणवाटाश्च वननिवेशस्य लाभाः।[2]

(ix) सीताषण्डवाटसेतुवनविवीतभाण्डशुल्कदौहृदादीनां विशिष्टेऽर्थे प्रयोगोऽर्थशास्त्रे, यथा सेतुवनादि शब्दानामभिप्रायस्तत्र—

(1) पुष्पफलवाटषण्डकेदारमूलवापाः सेतुः।

(2) पशुमृगद्रव्यहस्तिवनपरिग्रहो वनम्।[3]

(3) सीताध्यक्षोपनीतः सस्यवर्णकः सीता।[4]

(x) कृष्युत्पादानां गुणवत्तापरीक्षणं, राजकोशे संग्रहः, पण्यव्यवस्था, कृष्युत्पादाश्रितोद्योगानां प्रबन्धनमादिकं विस्तरेण प्रतिपादितमर्थशास्त्रे। कृषिप्रबन्धनविज्ञानं कृषेर्व्यावसायिकस्वरूपञ्च सूत्रकाले मौर्ययुगे वा कृषिविज्ञानस्य प्रोन्नतिं सूचयतः।

वात्स्यायनरचिते कामसूत्रे, कृषिकार्ये पशुपालने च जातिवर्णनिर्विशेषेण स्त्रीणां नियोजनम् महत्त्वपूर्णसामाजिकोपलब्धिरस्ति। तत्र भार्यावृत्तप्रकरणे—

कृषिपशुपालनचिन्ता वाहनविधानयोगा मेषकुक्कुटलावकाद्यवेक्षणं दैवसिकायव्यय पिण्डीकरणमादिजातं भार्याकर्तव्यमिति कथितम्।

भवनस्य गृहवाटिकायां नानाविधपुष्प-फल-मूल-कन्दौषधि शाकादीनामुत्पादनम-भिलक्ष्यते तस्मिन् युगे। यथा निर्दिष्टं वात्स्यायनेन—

मूलकालुकपालङ्की-दमनकाम्रातकैर्वारुकत्रपुसवार्ताककूष्माण्डालाबूसूरण-

---

1. अर्थशास्त्रम् / 2/ 24/ 12, 19/
2. अर्थशास्त्रम् / 2 / 17/
3. अर्थशास्त्रम् / 2/ 6/ 5–6/
4. अर्थशास्त्रम् / 2/ 15/ 2/

शुकनासास्वयंगुप्तातिलपर्णिकाग्निमन्थलशुनपालाण्डुप्रभृतीनां सर्वौषधीनां च बीजग्रहणं काले वापश्च।[1]

कृष्युत्पादानां धान्य-तिल-इक्षु-वल्कादीनां दुग्धादीनाञ्च गृहोद्योगेषूपयोगविधिरपि वर्णितः कामसूत्रे।[2]

स्मृतिकाले कृषिविज्ञानस्य विकासः—मनुयाज्ञवल्क्यनारदादिस्मृतिग्रंथेषु वर्णधर्मनिरूपणसन्दर्भे कृषिवृत्तेरुल्लेखो जातः। तत्र वृत्तित्वेन कृषेः गुणदोषविवेचनं स्मृतिग्रन्थानां वैशिष्ट्यम्। सर्वाऽपि स्मृतयः स्वरेणैकेन कृषिं वैश्यवृत्तिमेव स्वीकुर्वन्ति यथा—

'वणिक्पशुकृषिर्विशः'[3] वणिकपथं, कुसीदं च वैश्यस्य कृषिमेव च[4] इति मनुः। कुसीदकृषिवाणिज्यपशुपाल्यं विशः स्मृतम्,[5] इति याज्ञवल्क्यः, कृषिगौरक्ष्यवाणिज्यं वैश्यकर्मस्वभावजम्,[6] इति भगवद्गीता च। सर्वसत्वभरणात् त्रिवर्गपरिपोषणात् कृषिरेकतो बहुप्रशंसिताऽन्यतोऽयोमुखेन फालेन भूमिस्थजीवानां प्रणनाशनान्निन्दिता च—

कृषिः साध्विति मन्यन्ते सा वृत्तिः सद्भिगर्हिता।
भूमिं भूमिशयांश्चैव हन्ति काष्ठमयोमुखम्।।

यदा नखैर्विलेखनेऽपि भूमेः ब्रूयुर्दोषं मनीषिणः तदा सीरविदारेण किन्नु पापं भवेत्। यदा तृणैकच्छेदमात्रेण प्रोच्यते क्षयमायुषः तदासंख्यकन्दमूलानां छेदनात् किमायुषो विनाशो नो भवेत्। इदमपि कथितम्—

वधकानाञ्च यत्पापं यत्पापं मृगयोरपि।
कदर्य्याणाञ्च यत्पापं तत्पापं कृषिजीविनाम्।।

तत्र हिंसाबाहुल्यं पराधीनता च कृषेः दोषौ। ब्राह्मणक्षत्रियौ यदि स्व-स्वधर्मेण जीवननिर्वाहेऽसमर्थौ तर्हि वैश्यजीविकासमाश्रयणमुचितं किन्तु तत्रापि कृषिवृत्तिस्तु परित्याज्यैव—

---

1. कामसूत्रम् / 4/ 1/ 29/
2. कामसूत्रम् / 4/ 1/ 29/
3. मनुस्मृतिः /10 / 79/
4. मनुस्मृतिः / 1/ 90/
5. याज्ञवल्क्यस्मृतिः /1/ 119/
6. भगवद्गीता/ 18/ 44/

वैश्यवृत्त्यापि जीवंस्तु ब्राह्मणः क्षत्रियोऽपि वा।
हिंसाप्रायां पराधीनां कृषिं यत्नेन वर्जयेत्।।[1]

इत्यभिमतं मनोः। अनेनैव हिंसादोषेन कर्षणम्, 'अनृतम्'[2] 'प्रमृतम्' वा कथिम्—

ऋतमुञ्छशिलं ज्ञेयममृतं स्यादयाचितम्।
मृतं तु याचितं भैक्ष्यं प्रमृतं कर्षणं स्मृतम्।।[3]

तथापि आपद्धर्मरूपेण ब्राह्मणाय कर्षणमप्यनुमतम्—

उभाभ्यामप्यजीवंस्तु कथं स्यादिति चेद्भवेत्।
कृषिगोरक्ष्यमास्थाय जीवेद्वैश्यस्य जीविकाम्।।[4]

तत्र कृषिकर्मणि वाहपीडा मा स्यादिति कृत्वा ब्राह्मणादिकृतेऽधिकतमवाह-नियोजनस्य निर्देशः शुक्रनीत्याम्—

सीरभेदैः कृषिः प्रोक्ता मन्वाद्यैर्ब्राह्मणादिषु।
ब्राह्मणैः षोडशगवं चतुरूनं तथापरैः।।[5]

इत्थं धर्मशास्त्रेषु दया-अहिंसादिधर्मदृष्ट्यावर्णधर्मदृष्ट्या च कृषेर्विवेचनं लभ्यते। परिवर्तिकाले कृषिदोषपरिमार्जनस्य महिमामण्डनस्य च प्रयासो जातो, यथा दृश्यते बृहत्पाराशरसंहितायाम्-षट्कर्मसहितो विप्रः कृषिवृत्तिं समाश्रयेत्। कृष्या तूत्पाद्य धान्यानि खलयज्ञं समाप्य च सर्वसत्वहितोद्युक्त इहामुत्र सुखी भवेत्। न सुखं कृषितोऽन्यत्र यदि धर्मेण कर्षति। लाभस्यांशप्रदानञ्च सर्वेषां शुद्धिकृद्भवेत्। राज्ञो दत्त्वा च षड्भागं देवतानां च विंशकं त्रयस्त्रिंशच्च विप्राणां कृषिकर्मा न लिप्यते।'

इत्थं देवद्विजनृपभूतादिवसर्वसत्वान् पोषयन् कृषको हिंसाजन्यपापैर्न लिप्यते, सीरेण विदारिताऽपि भूतधात्री भूमिः तस्यकृते वरदानदात्री भवति। ये द्विजा धर्मोक्तविधिना कृषिं कुर्युस्ते सुरादिवरप्राप्ताः स्वर्गलोकमवाप्नुयुः इति।'

परवर्तिकाले कृषिविकासः—

कृषिपाराशरादि कृषिविज्ञानग्रन्थेषु वित्तीयलाभदृष्ट्या कृषेर्विवेचनं लभ्यते, यथा कृषिपाराशरे—

---

1. मनुस्मृतिः / 10 / 83–84/
2. अनृतं कृषिः / अमरकोशः / 2/ 9/ 2/
3. मनुस्मृतिः / 4/ 5/
4. मनुस्मृतिः / 10/ 82/
5. शुक्रनीतिः / चतुर्थाध्याये विद्याकलादिनिरूपणप्रकरणम्/ 19/

चतुर्वेदान्तगो विप्रः शास्त्रवादी विचक्षणः।
अलक्ष्म्या गृहयते सोऽपि प्रार्थनालाघवान्वितः।
एकया च पुनः कृष्या प्रार्थको नैव जायते।
कृष्यान्वितो हि लोकेऽस्मिन् भूयादेकश्च भूपतिः।।[1]

कृषिपाराशरे वृष्टिविज्ञानं समाश्रित्य वार्षिकवृष्टेः पूर्वानुमानं तदनुरूपं शालियवादि-धान्योत्पादनस्याधुनातनविधिर्वर्णितः। हलप्रसारण-बीजवपन-मुष्टिग्रहणादिप्रक्रियासु शुभाशुभाग्रहनक्षत्रतिथिवासारादिज्ञानं तेषामनुपालनञ्च प्राचीनभारतेऽनिवार्यतयैव क्रियते स्म कृषकैः सस्यसम्पल्लाभाय। बीजसंरक्षणं, सारप्रदानं, धान्यंनिस्तृणीकरणं, कीटनाशनं धान्यव्याधिखण्डनादिक्रियाणामावश्यकता महत्त्वं विधिश्च सविस्तरं वर्णिताः कृषिपराशरे येऽद्यत्वेऽपि कृषकाणां कृते मार्गदर्शकाः सन्ति।

यद्यपि शुक्रनीत्याम् अर्थ लाभदृष्टया वैश्यवृतिर्मध्यमा मता तथापि-सरिन्मातृका कृषिरुत्तमावृत्तिरिति स्मृता।[2]

तत्र कृषिविकासाय राष्ट्रमदेवमातृकं बहुजलसंसाधनयुक्तं च कर्तुं निर्देशः—

यथा तथा ह्यनेकाश्च राष्ट्रे स्याद्विपुलं जलम्।
नदीनां सेतवः कार्या विबन्धाः सुमनोहराः।

गर्गसंहिता-काश्यपसंहिता-बृहत्संहिताप्रभृतिग्रन्थेषु कृषिसहायभूतं ज्योतिर्विज्ञानं, वृष्टिविज्ञानं वृक्षायुर्वेदश्च पूर्णविकसितावस्थायां लभ्यन्ते। तत्रोपवन-निवेशस्य विज्ञानं 'वृक्षायुर्वेद' इति नाम्ना निबद्धम्। अत्र वृक्षरोपणाय भूमिपरिकर्म-गर्तखनन-बीजोपचार-वृक्षचिकित्सा-वृक्षदोहदादि-विषयानां साङ्गोपाङ्ग निरूपणेन प्राचीनभारते कृषि-विज्ञानस्योन्नतिः द्योत्यते।

कोशग्रन्थेषु संकलितैः कृषिविशयकपदावलीभिरपि सूच्यते कृषिविज्ञान-स्योत्तरोत्तरविकासः। **अमरकोशे शस्योत्पादनपरिमाणादिवैशिष्ट्येन नानाविधक्षेत्राणां परिचयः प्राप्यते,** यथा—शस्यवैशिष्टयेनव्रीहिशाल्युद्भवोचितम् क्षेत्रं व्रैहेयंशालेयम् वा, यवादिभवनं यव्यं यवक्यं वा, षष्टिधान्योचितं षष्टिक्यं, तिलोचितं तिल्यं तैलीनं वा, मुद्गमाषादियोग्यं मौद्गयं माष्यं च। एवं यत्र केवलं कोद्रवमेव जायते तत् क्षेत्रं कौद्रवीणमिति। शाकक्षेत्रं शाकटं शाकिनं वा। अनेन ज्ञायते यत् विशिष्टशस्योत्पादनाय विशिष्टमृत्संरचनायुक्तं भूखण्डं प्रयुज्यते स्म।

---

1. कृषिपाराशरः / 1/ 2-3/
2. कृषिस्तु चोत्तमा वृत्तिर्या सरिन्मातृका मता।
   मध्यमा वैश्यवृत्तिश्च शूद्रवृत्तिस्तु चाधमा।। -शुक्रनीतिः / 3/ 276/

कृषिप्रक्रियावैशिष्ट्येन—उप्तकृष्टं बीजवापोत्तरं कृष्टं वा क्षेत्रं बीजाकृतमिति कथ्यते। कृष्टक्षेत्रं सीत्यं हल्यवद्वा। हलेन त्रिवारं कृष्टं त्रिगुणाकृतं त्रिसीत्यं त्रिहल्यं वा, द्विवारं कृष्टं द्विगुणाकृतंच।

बीजप्रमाणवैशिष्ट्येन—यत्र द्रोणमात्रपरिमाणं बीजमुप्यते तत् द्रौणिकम् आढकपरिमाणमाणमाढकिकम्। खारीवापं खारिकं च। एवं नानऽऽकाराणां क्षेत्राणां परिज्ञानं भवति। क्षेत्रसमूहस्य नाम कैदारकं कैदार्यं[1] वानेन सामूहिककृषेरपि सङ्केतः प्राप्यते।

अमरकोशे भूमिप्रकाराणां मृत्तिकाभेदानामपि निर्देशः—

यथा—मृन्मृत्तिका प्रशस्ता तु मृत्सा मृत्स्ना वा, उर्वरा सर्वशास्याढ्या, स्यादूषः क्षारमृत्तिका, ऊषवानूषरो, अकृष्टा भूमिः स्थली, अप्रहते (कृषि-अयोग्ये) 'खिल' इति।[2] इत्थं मृत्तिकाप्रकाराणां निरूपणेन कृषेर्वैज्ञानिकप्रविधिर्ज्ञाप्यते।

पुराण-महाकाव्य-नाट्यादिग्रन्थेषु इतस्ततो विकीर्णानि कृषिविज्ञानतत्त्वानि, यथा श्रीमद्भागवते वनस्पतिजगतोऽवदानमित्थं स्मृतम्—

निदाघार्कातपे तिग्मे छायाभिः स्वाभिरात्मनः।
आतपत्रायितान्वीक्ष्य द्रुमानाह व्रजौकसः।।
पश्यैतान् महाभागान् परार्थैकान्तजीवितान्।
वातवर्षातपहिमान् सहन्तो वारयन्ति नः।।
अहो एषां वरं जन्म सर्वप्राण्युपजीवनम्।
सुजनस्येव येषां वै विमुखा यान्ति नार्थिनः।।
पत्रपुष्पफलच्छायामूलवल्कदारुभिः।
गन्धनिर्यासभस्मास्थितोक्मैः कामान् वितन्वते।[3]

अतस्तेषां संरक्षणसंवर्द्धनयोः निर्देशः—

प्राणैरर्थैर्धिया वाचा श्रेय एवाचरेत् सदा।[4]

रघुवंशे राष्ट्रसमृद्धिकारणेषु कृषिरपि परिगणितः। तत्र जनपदाः सेतुवार्तागज-बन्धमुख्यैरभ्युच्छ्रिताः।[5] अन्नोत्पादने नदीमातृकदेशानां विशेषसाफल्यं भवति। तत्र धात्रीरूपा

---

1. अमरकोश / 2/ 9/6-11/
2. अमरकोशः / 2/1/ 4-5/
3. श्रीमद्भागवतपुराणम् 10/ 22/ 30-34/
4. श्रीमद्भागवतपुराणम् 10/ 22/ 35/
5. रघुवंशम् / 16 / 2/

नद्यो जनपदं पालयन्ति, यथा सरयूपालितोत्तरकोशला:।[1] यज्ञाविज्ञानेन कृषेः संवर्द्धनं संरक्षणञ्च दृश्येते तत्र—

हविरावर्जितं होतस्त्वया विधिवदग्निषु।
वृष्टिर्भवति सस्यानामवग्रहशोषिणाम्।।[2]

वानस्पतिभस्म सस्यसम्वर्द्धकं भवतीत्यपि सूचितं महाकविकालिदासेन—

कृष्यां दहन्नपि खलु क्षितिमिन्धनेद्धो बीजप्ररोहजननीं ज्वलनः करोति।[3]

देवमातृकेऽस्माकं भारतदेशे कृषिफलन्तु मेघाधीनमेवातो देशे सुवृष्टिः स्यात् सेचनसाधनानां विकासो भूयादेतदर्थं शासनेन जनसामान्येन च प्रयत्नाः करणीयाः।

'किरातार्जुनीयम्' इति महाकाव्ये कुरुजनपदे शासकीयैः प्रयासैः कृषेः समृद्धिः परिलक्ष्यते, यथा निरूपितं महाकविभारविना—

सुखेन लभ्या दधतः कृषिबलैरकृष्टपच्या इव सस्यसम्पदः।
वितन्वति क्षेममदेवमातृकाश्चिराय तस्मिन् कुरवश्चकास्ति।।[4]

अर्वाचीनसंस्कृतकाव्येऽपि कृषितत्त्वानां निरूपणं जातम्, यथा–श्रीहर्षदेवमाधवस्य 'कृषीवलः' शीर्षककविता कृषिकर्मणि मानवीयसंसाधनस्य विशेषतः कृषकस्य महनीयां भूमिकाम् निरूपयति–

तस्य नतकन्धरयोरस्ति देशस्य श्वस्तनसूर्योदयः।
यदा कृषीवलः पञ्चत्वं गमिष्यति,
तदा भविष्यति सः जलदभारनतं व्योम,
सूर्यस्य मसृणातपः तिलपुष्पसुरभिहरः पवनः।
इक्षुदण्डानां रसः अपि च—
प्रथमवर्षास्पर्शपुलकिता क्षेत्रमृत्तिका।[5]

इत्थं संस्कृतवाङ्मये ऋग्वैदिककालतोऽद्यावधिः कृषिविज्ञानस्य विकासशीलपरम्परा परिलक्ष्यते। कृषिसमृद्धिर्बह्वन्नोत्पादनं सर्वेषां कृते भोजनं पोषणं च सर्वेष्वेव कालेषु कृषिविज्ञानसाध्यानि लक्ष्याणि सन्ति येषां प्राप्तये सर्वदैवानुसंधानरतमस्माकं पुरातनं कृषिविज्ञानम् विश्वस्य कृते मार्गदर्शको भविष्यति।

---

1. रघुवंशम् / 14/ 62/
2. रघुवंशम् / 1/ 62/
3. रघुवंशम् / 9/ 80/
4. किरातार्जुनीयम् / 1/ 17/
5. निष्क्रान्ताः सर्वे / पृ. 132/

3

कृषेः परिभाषा स्वरूपञ्च

शस्योत्पादनाय क्षेत्रकर्षणं 'कृषि' इति। 'कृष्' धातोः 'इक्' प्रत्ययेन कृषिरिति शब्दो निष्पाद्यते। धातुपाठे कृष् धातुः विलेखने[1] आकर्षणे[2] च पठितः। इत्थं कृषिकर्मणि द्वौ व्यापारौ मुख्यौ–विलेखनम् आकर्षणञ्च। तत्र अयोमुखेन सीरेण भूमेः क्षेत्रस्य वा विलेखनं भवति बीजतःशस्यादेराकर्षणञ्च। लाङ्गलेन भूमौ विलिखिता रेखा हलपद्धतिर्वा 'सीता' इति कथ्यते। सीतायां बीजमुप्त्वा कर्षको भूमि–बीज–जलयोगेन यथाकालं शस्यसम्पल्लभते।

कृषेः प्रथमोल्लेख ऋग्वेदे। कृषिम्, कृषस्व (10/34/13); कृषन् (10/117/7); चर्कृषत् (1/23/15); कृषतु (4/57/4); विकृषन्तु (4/57/8); कर्षथः (8/22/6); कृषीबलः (10/146/6); प्रभृतिनानारूपेषु 'कृष्' धातुः परिलक्ष्यते ऋग्वेदे। यद्यप्यत्र स्पष्टरूपेण नोपलभ्यते परिभाषा कृषेस्तथापि कृषिविषयकसन्दर्भैः, कृषेः स्वरूपज्ञानं कृषिपरिभाषाया अनुमानञ्च भवतः।

(i) कृषिमित कृषस्व, वित्ते रमस्व बहुमन्यमानः[3] इति प्राचीनतमसन्दर्भेण ज्ञायते यत्–'वित्तोपार्जनसाधनभूतः कर्षणव्यापारः कृषिः' इति।

(ii) यवं वृकेण कर्षथः,[4] गोभिर्यवं च न चर्कृषत्[5] यवं न चर्कृषद्वृषा[6] आदिभिः सन्दर्भैः सूच्यते यद् 'वाहयुक्तलाङ्गलेन यवादिधान्यकर्षणम्' कृषिः इति।

(iii) शुनं नः फाला विकृषन्तु भूमिम्,[7] 'यवं वृकेणाशिवना वपन्तेषं दुहन्ता मनुषाय

1. पाणिनीयधातुपाठः / 5/990, 1286/
2. कृष् विलेखने आकर्षणे च / वाचस्पत्यम् / पृ. 2196/
3. ऋग्वेदः/ 10 / 34/ 13/
4. ऋग्वेदः / 8 / 22/ 6/
5. ऋग्वेदः / 1/ 23/ 15/
6. ऋग्वेदः / 1/ 176 / 2/
7. ऋग्वेदः / 4/ 57/ 8/

दस्रा"[1] आदिभिः मन्त्रैः ज्ञाप्यते यद् 'वृकेण कष्टे भूमौ बीजवपनेन इष्दोहनम्' कृषिः।

(iv) सुसस्याः कृषीस्कृधिः[2] इति यजुषा संसूच्यते यत् 'सस्यं' कृषेः फलं प्रयोजनं वा वर्तते।

(v) 'पृथिवी पात्रं तां पृथी वैन्योऽधोक् तां कृषिं च सस्यं चाधोक्' इति अथर्वछन्दसा ज्ञायते यत् 'सस्याय पृथिवीदोहनं कृषिः' इति।[3]

कृषेः परिभाषा—

(i) अथैनं विकृषति, अन्नं वै कृषिः। इति शतपथब्राह्मणम्।[4] अत्र कृषिकर्म कृष्युत्पादश्च समीकृतः।

(ii) 'कृषिः कर्षकव्यापारविशेषः' इति सायणाचार्यः।[5]

(iii) 'सस्यं व्रीहियवादि तदर्थो भूम्युल्लेखः कृषिः' इति महीधरः।[6]

(iv) 'कृषिर्भूकर्षणे प्रोक्ता' इति आदिपुराणम्।[7]

इत्थं कथयितुं शक्यते, कृषिस्तु सविशिष्टा वृत्तिः यया भूमिं कृष्टवा खनित्वा वा धान्यकन्दमूलफलशाकौषध्यादिबीजवापेन शस्योत्पादनं क्रियते। एवं शस्यचक्रस्य प्रवर्तनं कृषिरित्यवगम्यते।

शस्यचक्रम्—यवव्रीहिकार्पासादिविशिष्टं शस्यमभिलक्ष्य कृषिकर्म सम्पाद्यते कृषकैः। शस्यस्य भवत्येकं निर्धारितं जीवनचक्रम्। यथा प्राणिनो जायन्ते वर्द्धन्तेऽपक्षीयन्ते स्वकीयं जीवनकालं समाप्य विनश्यन्ति च तथैव सस्यमपि जायते वर्द्धते कालानुरूपं पच्यते च, यथा निर्दशितं कठोपनिषदि '**शस्यमिव मर्त्यः पच्यते शस्यमिवाजायते पुनः**'।[8] केषाञ्चित् शस्यानां जीवनावधिः षण्मासं यावद्भवति केषाञ्चिद् वर्षं यावात् केषांचिद्वर्षोत्तरं च। षष्टिकनाम व्रीहिभेदस्तु षष्टिरेव दिवसैः पच्यते। पादपानां वृक्षाणाञ्च जीवनावधिरपेक्षाकृतमधिकं भवति।

1. ऋग्वेदः / 1/117/ 21/
2. शुक्लयजुर्वेदः / 4/ 10/
3. अथर्ववेदः / 8/ 5 / 5/ 12/
4. शतपथब्राह्मणम् / 7/ 2/ 2/ 6/
5. सायणभाष्यम् / अथर्ववेदः / 2/ 4/ 5/
6. महीधरभाष्यम्/ यजुर्वेदः / 4/ 10/
7. आदिपुराणम् / 16/ 181/
8. कठोपनिषद् / 1/ 6/

अतो बीजवपनेन सस्योत्पादनन्तु सततप्रवर्तमानं कर्मैव। अस्यां पृथिव्यां यावदस्तित्वं मानवजातेस्तावत्प्रचलिष्यति कृषिकर्म नास्ति संदेहलेशोऽत्र।

अस्माकं देशे संवत्सरे द्वे[1] शस्ये त्रीणि वा[2] शस्यानि समुत्पाद्यन्ते। यस्मिन् ऋतौ तेषां पाकः लवनञ्च तदनुरूपं नामकरणमेषाम्, यथा—वासन्तिकं शारदं हैमनञ्च।

(i) **वासन्तिकम्**—गोधूमयवचणककुसुम्भमसूरसर्षपालसीकलायादिकं वासन्तिकं शस्यम्। एतेषां वपनं शरदि लवनं वसन्ते।

(ii) **शारदम्**—शालिव्रीहिकोद्रवतिलादि शारदीयं शस्यं, वपनं वर्षापूर्वे लवनं शरदि शिशिरे वा।

(iii) **हैमनम्**—मुद्गमाषशिम्ब्यादि हैमनम्। वपनमेषां वर्षामध्ये लवनं हेमन्ते।

कैदारं हैमनं ग्रैष्मिकं वापि नामान्येतेषाम्। यथोल्लिखितमर्थशास्त्रे—

कर्मोदकप्रमाणेन कैदारं हैमनं ग्रैष्मिकं वा शस्यं वापयेत्।[3]

इत्थं कथयितुं शक्यते यत् कालानुरूपा शस्योत्पादनक्रिया कृषिरिति।

कृषेः स्वरूपम्—

गीतायां भगवता कृष्णेन सर्वेषामेव कर्मणां पञ्च कारणानि स्वरूपाधायकाङ्गानि वा प्रोक्तानि—

अधिष्ठानं तथा कर्ता करणं च पृथग्विधम्।
विविधाश्च पृथक्चेष्टा दैवं चैवात्र पञ्चमम्।।[4]

अधिष्ठानं कर्ता करणं चेष्टा दैवञ्च। तत्र कृषिकर्मणि पञ्चतत्त्वानां निरूपणं प्रस्तूयते—

(1) **अधिष्ठानम्—**कृषेरधिष्ठानं भवति धरणी, धरा भूमिर्वा या सर्वेषामेव बीजानां प्रसवयित्री भूतधात्री च मता यथा निगदितमथर्ववेद—

यस्यामन्नं कृष्टयः सम्बभूव, यस्यामिदं जिन्वन्ति प्राणदेजत् सा नो भूमिः . . .।[5]

पृथु पृथ्वीरूपे पात्रे शस्यदोहनं चकार—

सर्वकामदुधा दोग्ध्री पृथिवी भूतभाविनी।
सैषा धात्री विधात्री च धरणी च वसुन्धरा।।

---

1. वासन्तशारदैर्मेध्यैः / मनुस्मृतिः / 6/ 11/
2. अर्थशास्त्रम् / 2/ 24/ 12/
3. अर्थशास्त्रम् / 2/ 24/ 17/
4. भगवद्गीता / 17/ 14/
5. अथर्ववेदः / 12/ 1/ 3/

दुग्धा हितार्थं लोकानां पृथुना इति श्रुतम्। चराचरस्य लोकस्य प्रतिष्ठा योनिरेव च।।[1]

(2) **कर्ता**—कृषिकर्मण: कर्ता तु बुद्धिकौशलयुक्त: कृषितन्त्रज्ञ: मानवो भवति यो धान्योत्पादनेन धान्यकृत[2] कर्षणव्यापारेण कर्षक: कृषको[3] वा कृषिरूपवृत्तित्वात् 'कृषीवल:[4] (कृषिरस्त्यस्य वृत्तित्वेन वलच् दीर्घ) हलेनायोमुखेन भूमिगतकीटादिजीवानां नाशकत्वात् 'कीनाश'[5] इति वा कथ्यते।

(3) **करणम्**—जलबीजोर्वरकवाहलाङ्गलादिकं कृषिकर्मसाधनत्वात् करणानि भवन्ति।

(4) **चेष्टा**—क्षेत्रकर्षणं, बीजपवनं सारदानं, सस्यसेचनम्, धान्यं निस्तृणीकरणं, धान्यलवनं मर्दनमादिचेष्टा: कृषिकर्मण:।

(5) **दैवम्**—इन्द्रसूर्यवायुपर्जन्यप्रजापतिपृथिवीश्री-आदिदिव्य-शक्तयो ग्रहनक्षत्राणां गति: कालश्च कृषिफलसिद्धये हेतवो भवन्ति। ऋग्वेदस्य क्षेत्रपति सूक्ते (4/57) क्षेत्रपति-शुनासीर सीता इन्द्र-पूषादिदिव्यतत्वानां समुल्लेख: एषां सविस्तरं निरूपणं 'कृषिसंसाधनम्' इत्यध्याये भविष्यत्यत: सूत्ररूपेण निबन्धनमेवात्र। सम्प्रति कृषिस्वरूपनिरूपणप्रसङ्गे कृष्यङ्गभूतव्यापाराणां कृषिघटकानां वा विवरणं प्रस्तूयते।

कृषिस्वरूपाधायकव्यापारा: कृषि पद्धतिर्वा-शस्योत्पादनस्य पद्धति: प्रक्रिया वा कृषि: इति। अस्यां प्रक्रियायां क्षेत्रकर्षणादारभ्य भाण्डारेऽन्नसंग्रहणं यावन्नाना व्यापाराणां समावेशो भवति। शतपथाब्राह्मणे कर्षण-वपन-लवन-मर्दनादिचतुर्णां व्यापाराणा-मुल्लेख:।[6] कृषिपाराशरादिविज्ञानग्रन्थेषु सेचन-सारप्रदान-निस्तृणीकरण-मुष्टिग्रहणाद्य-न्यासामपि क्रियाणामुल्लेख:। कृषिशास्त्रेषु कृषि: 'षट्कर्मा' इति कथिता-षट्कर्मभि: कृषि: प्रोक्ता द्विजानां गृहमेधिनाम्। तत्र षट्कर्माणि सन्ति-कर्षणं वपनं सेचनं सारदानं लवनं मर्दनञ्च।

(1) क्षेत्रकर्षणम्

कृष्यभूमे: क्षेत्रस्य वा कर्षणं कृषिकर्मण: प्रथममनिवार्याङ्गम् येन बीजनिषेकाय योनि:

---

1. वायुपुराणम् / अ. 62/
2. वपन्तो बीजमिव धान्यकृत:/ ऋग्वेद: / 10 / 94/ 13/
3. कृशिपाराशर: / 1/ 1/
4. ऋग्वेद: / 8/ 6/ 4/
5. इरायै कीनाशम्/ शुक्लयजुर्वेद: / 30 / 11/
6. कृषन्तो ह स्मैव पूर्वे वपन्तो यन्ति लुनन्तोऽपरे मृणन्त:/शतपथब्राह्मणम् / 1/ 6/ 1/ 3/

संरच्यते यथोक्तं शतपथब्राह्मणे—

बीजाय वाऽएष योनिष्क्रियते यत्सीता।[1]

यः कृषकः क्षेत्रमकृष्ट्वैव धान्यकर्षणं चरति तस्य कृषिस्तु वृथैव भवतीत्यभिमतं पराशरस्य—

हलप्रसारणं नैव कृत्वा यः कर्षणं चरेत्।
केवलं बलदर्पेण स करोति कृषिं वृथा।।[2]

अयोमुखेन हलेन भूमेर्विलेखनं कर्षणमिति कथ्यते।

तत्र क्षेत्रकर्षणेऽधोलिखितानां व्यापाराणां समावेशो भवति—

(i) **हलयोजनम्**—ईशा–युग–फाल–चल्लिकादिहल–अङ्गानां योजनं हले च वाहानां नियोजनं हलयोजनमिति। हले वरत्रेण वाहान् नियुज्य अष्ट्रया तान् प्रेरयन् कृषीवलो हलेन क्षेत्रं कर्षति यथा वर्णितं ऋग्वेदे—

(*i*) सीरायुञ्जन्ति कवयो युगा वितन्वते पृथक्।[3]

(*ii*) शुनं वाहाः शुनं नरः शुनं कृषतु लाङ्गलम्।
शुनं वरत्रा बध्यन्तां शुनमष्ट्रामुदिङ्गय।।

(*iii*) शुनं कीनाशा अभियन्तु वाहैः।[4]

(ii) **वाहनियोजनम्**—हलेऽष्टगवां योजनं प्रशस्तं षण्णां व्यावहारिकं चतुर्णां नृशंसतासूचकं द्वयोः वाहभक्षकञ्च स्मृतम्। यः कृषको द्विगवेन हलेन कर्षति सः केवलमात्मोदरभरणे क्षमो भवति न तु दानधर्मादिनिर्वहने—

आत्मपोषणमात्रं तु द्विहलेन च सर्वदा।
पितृदेवातिथीनाञ्च नान्नदाने भवेत् क्षमः।[5]

अत्र हले गवां नियोजनसन्दर्भे भूमिसंरचनाऽपि विचारणीया। मृदुभूमौ द्विगवेन कर्षणमनिन्दितमेव, यथाह शुक्रः—द्विगवं सीरं . . . दृष्ट्वा भूमिमार्दवं तथा।[6] कृष्णौ रक्तौ कृष्णलोहितौ वा वृषौ श्लाघ्यौ सर्वशुक्लौ वर्ज्यौ च—

1. शतपथब्राह्मणम् / 7/2/2/5
2. कृषिपाराशरः / 3/73/
3. ऋग्वेदः / 10 / 101/ 40
4. ऋग्वेदः / 4/ 57/ 4, 8/
5. कृषिपाराशरः / 3/ 18, 20/
6. शुक्रनीतिः/ 4/ विद्याकलादिनिरूपणम् / 20/

वृषो व्यर्थकटिर्वर्ज्यश्छिन्नलाङ्गूलकर्णकः।
सर्वशुक्लस्तथा वर्ज्यः कृषकैर्हलकर्मणि।।[1]

नवनीतेन घृतेन वा तयोर्मुखपार्श्वौ प्रलिप्य तौ हले नियोज्यौ, येन रज्जुघर्षणजन्यपीडा मा स्यात्। वाहनियोजनविषये पराशरस्य सुस्पष्टनिर्देशः यत् क्षेत्रकर्षणं कृषिर्वा तादृशी भवेत् येन बाहपीडा न स्यात् वाहानपीडयन्नेव कृषकः कृषिं कुर्यात्।

(iii) **हलप्रसारणम्**—शस्यवृद्धये कृषकैः स्वाती-उत्तरफाल्गुनी-रोहिणी-मृगशिरामूल-पुनर्वसुपुष्यश्रवणादिनक्षत्रेषु शुक्रसोमगुरुवासरेषु विशेषतो बुधवासरे हलप्रसारणं कर्तव्यम्।

(अ) **नक्षत्रतिथिवारलग्नविचारः**—अत्र कृष्यारम्भाय वारविषये देवलमतोऽपि द्रष्टव्यः—

गुरुसोमसूर्य्यशुक्राः क्षेम्याः सम्पत्कराः शुभाः।
बुधार्किभूमिपुत्राश्च न भवन्ति फलप्रदाः।।

हलप्रसारणे लग्नाः तिथयश्च विचारणीयाः। पराशरमतेऽधोलिखिताः तिथयः शुभा भवन्ति—

दशम्येकादशी चैव द्वितीया पञ्चमी तथा।
त्रयोदशी तृतीया च सप्तमी च शुभावहा।।

अशुभाः तिथयः—प्रतिपदि शस्यक्षयो द्वादश्यां बधवन्धनं षष्ठी बहुविघ्नकरी कुहूः कर्षकनाशिनी च। अष्टमी बलीवर्दान् हन्ति नवमी सस्यघातिनी चतुर्थी कीटजननी चतुर्दशी क्षेत्रपतिं हन्ति।

शुभलग्नाः—वृषे मीने कन्यायां युग्मे धनुषि वृश्चिके, एतेषु शुभलग्नेषु कृषको हलप्रसारणं कुर्यात्।

अशुभलग्नाः—मेषलग्ने हलप्रसारणं पशुं हन्ति, कर्कटे जलजाद्भयम्, सिंहे सर्पभयं कुम्भे चौरभयं च। मकरे सस्यानाशः स्यात् तुलायां प्राणशंसयः तस्मात्कृष्यारम्भे प्रयत्नेन लग्नं विचारयेत्।[2]

(ब) **देवपूजनम्**—कृषिविघ्नोपशान्तये सस्यसमृद्धये च श्रद्धाभावेन पृथिवीन्द्रम-रुद्रादिदेवानां पूजनं नैवेद्यप्रदानञ्चावश्यकम्। ऋग्वेदस्य क्षेत्रपतिसूक्ते कृष्य क्षेत्रस्याधिष्ठातृ-

---

1. कृषिपाराशरः / 3/ 56, 61/
1. कृषिपाराशरः / 3/ 43-51/

देवस्य क्षेत्रपतेः पूजने कामनेयमभिलक्ष्यते—

क्षेत्रस्यपतिनां वयं हितेनेव जयामसि।
गामश्वं पोषयित्वा स नो मृडातीदशे।।

तत्र जल-अन्न-वाह-कीनाशादिसर्वेषां कृष्यङ्गानां मङ्गालाय समृद्धये च प्रार्थना। सीता (कृषिफालाकृष्टा भूमिः) अनन्तकालं यावत् शस्यसम्पदं दुह्यात् इति प्रार्थना ऋषेः—

सा नः पयस्वती दुहामुत्तरामुत्तरां समाम्।[1]

कृषिपाराशरेऽपि पृथिवीप्रजापतिदेवग्रहादीन् पूजयित्वा, फालाग्रं मधुना लिप्त्वा स्वर्णसंयुक्तञ्च कृत्वा हलप्रसारणाय निर्देशः—

शुभेऽर्केचन्द्रसंयुक्ते शुक्लयुग्मेन वाससा।
स्नात्वा गन्धैश्च पुष्पैश्च पूजयित्वा यथाविधिः।
पृथिवीं ग्रहसंयुक्तां पृथुं चैव प्रजापतिम्।
अग्नेः प्रदक्षिणां कृत्वा भूरि दत्त्वा च दक्षिणाम्।।
फालाग्रं स्वर्णसंयुक्तं कृत्वा च मधुलेपनम्।
अहेः क्रोडे वामपार्श्वे कुर्याद्धलप्रसारणम्।।[2]

(स) **भूमौ विलेखन्**—हलप्रसारणसमये भूमौ एका त्रिस्रः पञ्च वा रेखाः कर्तव्याः। सर्वाऽपि रेखा अच्छिन्नाः स्युः। रेखानां फलमित्थमाह पराशरः—

एका जयकरी रेखा तृतीया चार्थसिद्धिदा।
पञ्चसंख्या तु या रेखा बहुशस्यप्रदायिनी।।[3]

(द) **हलप्रसारणे शुभाऽशुभशकुनानि**—हलप्रसारणसमये शुभाशुभशकुनानि निपुणतयाऽवेक्षणीयानि। एषां सुविस्तृतं निरूपणं कृषिपाराशरे हलप्रसारणकाले यदि भूमितः कूर्ममुत्पादयेत् तदा अग्निभयं जायते। फालोत्पाते भग्ने वा देशात्यागो भवेत्। ईषाभङ्गो कृषकप्राणनाशकः योत्रच्छेदे रोगः सस्यहानिश्च जायते।

यदा हलप्रवाहमात्रं गौरेको नर्दते नासालीढं च प्रकुर्वीत तदा सस्यं चतुर्गुणं ज्ञेयम्।[4]

(iv) क्षेत्रकर्षणस्य प्रयोजनानि—क्षेत्रकषर्णन्तु क्षेत्रं बीजवापक्षमं करणस्य बीजाय

---

1. ऋग्वेदः / 4/ 57/ 1,8/
2. कृषिपाराशरः / 3/ 52-54/
3. कृषिपाराशरः/ 3/ 63/
4. कृषिपाराशरः / 3/ 70

योनिनिर्माणस्य वा प्रक्रिया वर्तते। बीजवपनात् प्राक् बहुवारं हलेन क्षेत्रकर्षणं स्यादिति निर्देशः कौटिल्यस्य—

सीताध्यक्षः बहुहलपरिकृष्टायां . . . भूमौ . . . वापयेत्।[5]

कर्षणेन साध्यन्ते प्रयोजनानीमानि—

(1) कर्षणेन भूमिः मृदु बीजधारणयोग्या च जायते।

(2) मृदुभुवि प्ररोहमूलानां प्रसारः सुकरो भवति।

(3) मृदुभूमिः जलसंधारणक्षमा भवति।

(4) कर्षणेन सस्यहानिकारककीटतृणादीनां विनाशो भवति।

(5) कर्षणक्रियया मृत्तिकाविपरिवर्तनेन भूमिशोधनमपि संपद्यते।

क्षेत्रकर्षणं मृगकुम्भयोः कर्तव्यम्—

हलप्रसारणं येन न कृतं मृगकुम्भयोः
कुतस्तस्य कृषाणस्य फलाशा कृषिकर्मणि।।[1]

मृगकुम्भयोः (माघफाल्गुने) क्षेत्रकर्षणेनाधोलिखिता लाभा भवन्ति—

(1) माघे फाल्गुने च मृत्तिका मदु भवति फलतः क्षेत्रकर्षणं मृत्तिकापरिवर्तनञ्च सहजतया जायेते।

(2) मृत्तिकातले निहिता वनस्पतयः कीटाश्च उपरितलं समायान्ति।

(3) ग्रीष्मे सूर्यतापेन विनश्यन्ति तृणानि कीटाश्च।

(4) वर्षायां तृणकीटादयो गलित्वा मृत्तिकासह सम्मिश्र्य जैविकसाररूपेण भूमेरुर्वराशक्तिं वर्द्धयन्ति।

इत्थं कर्षणं भूमिसंस्कारस्य मृत्तिकापरिकर्मणो वा प्रक्रिया वर्तते। अनेनैव प्रक्रियया समग्रमपि शस्योत्पादनकर्म कृषिरिति निगद्यते।

(2) बीजवपनम्

सर्वविधशस्योत्पादनस्य मूलकारणन्तु बीजमेव। अस्माकमियं सृष्टिरपि ब्रह्मणो बीजभूतरेतसो जाता। बीजवैशिष्ट्येनैव जगति शस्यवैविध्यं वैशिष्ट्यं च परिलक्ष्यते। शस्योत्पादनाय शस्यबीजसंग्रह–बीजसंरक्षण–बीजोपचार–बीजपरीक्षणादिकर्माणि निष्पादनीयानि भवन्ति येषां निरूपणं कृषिसंसाधन–संरक्षण–संवर्द्धनादिप्रसङ्गेषु विस्तरेण

1. अर्थशास्त्रम् / 2/ 24/ 2/
2. कृषिपाराशरः / 3/ 72/

जातम्। अतः पुनरुक्तिदोषपरिहारायात्र केवलं बीजवपनमेव निरूप्यते।

तत्र भूमिषु बीजवपनं द्विविधं—(i) वपनं (ii) रोपणञ्च।

धान्यबीजानां वपनं भवति काण्डबीजानां रोपणञ्च।[1]

बीजवपनक्रियाऽधोलिखितेषु चरणेषु सम्पाद्यते—

(i) **बीजोपचारः**—बीजवपनात्प्राक् भ्रूणप्रसुप्तिनाशाय प्रजननक्षमतावर्द्धनाय च बीजोपचारः क्रियते। दिवा आतपे शोषणम् रात्रौ तुषारपायनं च सर्वेषां धान्यबीजानामुपचारायालम् भवति। बीजवपनात् प्राक् स्वर्णोदके बीजसंप्लुतिरपि उपचारसाधिका मता।[2]

(ii) **बीजवपनाय योनिनिर्माणम्**—यथा पूर्वमेव प्रतिपादितं हलपरिकृष्टैव भूर्बीजवपनयोग्या भवति, ऋग्वैदिकसाक्ष्यानुसारेण अश्विदेवौ हलपरिकृष्टायामेव भूमौ यवमुप्तवन्तौ—

यवं वृकेणाश्विना वपन्तेषं दुहन्ता मनुष्याय दस्रा।[3]

अन्यत्र सीरेण योनिनिर्माणाय निर्देशः—

युनक्तसीरा वियुगा तनुध्वं कृते योनौ वपतेह बीजम्।[4]

बीजनिषेकाय योनेः महत्त्वप्रतिपादकं वचनमिदं शतपथब्राह्मणे—

बीजाय वाऽएष योनिष्क्रियते यत्सीता यथाह वाऽयोनौ रेतः सिञ्चेदेवं तद्यदकृष्टे वपति।[5]

राजर्षिजनकेनापि सस्योत्पादनाय लाङ्गलेन क्षेत्रं कृष्टमासीत्।[6]

माघे क्षेत्रकर्षणानन्तरं, फाल्गुने प्रतिकेदारे गर्ते गोमयसारं निधापयितव्यं, प्राग्बीजवप—नान्मृत्तिकायां सारविमोचनं कर्तव्यम्।[7]

(iii) **बीजवपने रोपणे च तिथिनक्षत्रलग्नदिवसविचारः**[8]—सस्यसमृद्धयेऽत्या-

---

1. अर्थशास्त्रम् 2/ 24 / 2
2. अर्थशास्त्रम् 2/ 24/
3. ऋग्वेदः / 10/101/ 3
4. ऋग्वेदः / 10 / 101/ 3/
5. शतपथब्राह्मणम्/ 7/ 2 / 2 / 5/
6. तस्य लाङ्गलहस्तस्य कृषतः क्षेत्रमण्डलम् / रामायणम् / अयोध्याका 118/ 28/
7. कृषिपाराशरः / 3 / 32–33/
8. कृषिपाराशरः / 3 / 88–93/

वश्यकमेतत्। तत्र वैशाखे वपनं श्रेष्ठं ज्येष्ठे मध्यममाषाढेऽधमं श्रावणे चाधमाधमम् स्मृतम्।

बीजानां रोपणार्थं शुचौ वपनमुत्तमं श्रावणेऽधमं भाद्रे चैवाधमाधमम् प्रोक्तम्। शुचौ रोपणे कीटादीनां भयं न भवति। शुचौ रोपितं बीजं श्रावणे भाद्रपदे च समुचितजललाभेन शीघ्रमेव परिवर्द्धते। श्रावणे भाद्रपदे चाधिकतमवृष्टित्वात् बीजगलनस्य भयं भवति।

वपने रोपणे च वारयुग्मं विवर्जयेत् इति निर्देशः पराशरस्य। भौमवारे बीजवपने रोपणे वा मूषिकाणां भयम् शनिवासरे शलभकीटयोर्भयं च। तिथिविषयेऽतिहितकरं वचनं पराशरस्य

न वापयेत्तिथौ रिक्ते क्षीणे सोमे विशेषतः।
एवं सम्यक् प्रयुञ्जानः सस्यवृद्धिमाप्नुयात्।।

(iv) **बीजवपनविधिः—**

(अ) **मन्त्रपूर्वकं बीजवपनम्—**कृषकः क्षेत्रपतिर्वा स्वयं शुचिर्भूत्वा इन्द्रदेवं चित्ते समाधाय सुवर्णोदकप्लुतस्य[1] हिमवारिनिशिक्तस्य वा बीजस्य मन्त्रपूर्वकं मुष्टित्रयं वपेत्। बीजवपनमंत्र एवं निर्दिष्टो ऋग्वेदे—

अर्वाची सुभगे भव सीते वन्दामहे त्वा।
यथा नः सुभगाससि यथा नः सुफलाससि।[2]

अर्थशास्त्रे च—

प्रजापतये काश्यपाय देवाय नमः सदा।
सीता मे ऋध्यतां देवी बीजेषु च धनेषु च।।[3]

कृषिपाराशरेपि एवमेव मन्त्रः—हृष्टमानसः कृषको धान्यस्य पुण्याहं कृत्वा प्राङ्मुखःकलशं धृत्वा मंत्रं पठेत्—

वसुन्धरे महाभागे बहुशस्यफलप्रदे।
देवराज्ञि नमोऽस्तु ते सुभगे सस्यकारिणी।।
रोहन्तु सर्वसस्यानि काले देवः प्रवर्षतु।
सुस्था भवन्तु कृषका धनधान्यसमृद्धिभिः।।[4]

(ब) बीजमुष्टिप्रकीर्णनम्—प्राचीनभारते बीजमुष्टिप्रकीर्णनस्य विधिरेव

---

1. अर्थशास्त्रम् 2/ 24/ 24/
2. ऋग्वेदः / 4/ 57/ 6/
3. अर्थशास्त्रम् 2/ 24/ 24/
4. कृषिपाराशरः 3/ 90–100/

प्रचलिताऽऽसीत्। रामायणे रघुवंशे चायमेव विधिः परिलक्ष्यते वपनस्य—

(i) स · · · नरपतिर्मुष्टिविक्षेपतत्परः। (रामा. अयो./118/29)

(ii) नाराजके जनपदे बीजमुष्टिः प्रकीर्यते (रामा. आयो/ 67/10)

(iii) अन्तर्गूढं क्षितिरिव नभो बीजमुष्टिं दधाना। (रघुवंशम् /19/57)

तत्र मुष्टिभिर्बीजप्रकीर्णनं हस्तस्य प्राजापत्यतीर्थेन स्यात् यथाह हारीतः—

कनिष्ठायाः पश्चात् प्राजापत्यमावपनं होमतर्पणे प्राजापत्येन कुर्यात्[1] इति।

(v) **मयिका दानम्**—बीजस्य वपनं कृत्वा कृषकस्तत्र मयिकां दापयेत्। मृत्तिकाभिः बीजाच्छादनमावश्यकमनेन विना बीजानां समाङ्कुरणमशक्यम्।

(vi) **सहभोजनम्**—क्षेत्रे बीजवपनं कृत्वा क्षेत्रपतिः अन्यान् कृषकान् बान्ध्वांश्च घृतपायसैः सुभोज्यैश्च भोजयेत्। एवं सुभोज्येन कृषिः निर्विघ्ना जायते।

(vii) **बीजरोपणम्**—शस्यप्रोहाणां रोपणमपि भवति। तत्र लघु प्ररोहाराणामेव रोपणं कार्यं न तु दृढ़रुक्षाणां च—

न वृक्षरुक्षं धान्यानां बीजाकर्षणमाचरेत्।
न फलन्ति दृढ़ाः सर्वे बीजाः केदारसंस्थिता।।

रोपेणे प्ररोहाणां मध्ये कालानुरूपं व्यवधानं स्यात्—कर्कटे (श्रावणे) हस्तानतरं सिंहे (भाद्रपदे) हस्तार्द्धम् कन्यायां (आश्विने) चतुरङ्गुलं च। रोपणविधौ शस्यसंरक्षणेऽवधानमधिकमपेक्ष्यते यतः—

'वपनं रोगनिर्मुक्तं रोपणं सगदं तथा' इत्यभिमतं पराशरस्य।[2]

(3) धान्यकट्टनम

अनावश्यकधान्यप्ररोहाणां निष्कासनं धान्यकट्टनमिति कथ्यते 'निराई' इति भाषायाञ्च। कृषिशास्त्रज्ञः कृषक आषाढे श्रावणे मासि वा धान्यमाकट्टयेत्। अनाकट्टनेन धान्यं बीजसदृशमेव भवति समृद्धिं नैव प्राप्नोति यथाह पराशरः—

कर्कटे कट्टयेद्धान्यमवृष्टौ कृषितत्परः।
भाद्रे चार्द्धफलप्राप्तिः फलाशा नैव चाश्विने।

यतो हि समुचितकालक्षेपे आश्विने धान्यवृद्धिर्न जायतेऽतो धान्यकट्टनमाषाढे श्रावणे वा कार्यम्।

---

1. वाचस्पत्यम् / पृ. 2209/ उद्धृतम्
2. कृषिपाराशरः / 103–105/
3. कृषिपाराशरः /3/ 106–108/

निम्नभूमिषु धान्यस्य कट्टनं रोपणं न कुर्यात्। सारप्रदानमपि तत्र निष्फलमेव भवति तत्र केवलं तृणशोधनमेव कार्यम्।[1]

(4) धान्यं निस्तृणीकरणम्

धान्यसम्वर्द्धनाय सस्यसम्पल्लाभाय च धान्यं निस्तृणीकरणमत्यावश्यकं कर्म इति मतम्। कृष्यक्षेत्रे धान्येन सह जातानां शस्यहानिकरतृणवनस्पतीनां निष्कासनं धान्यनिस्तृणीकरणमिति कथ्यते। प्रयोजनमस्याह पराशरः—

निष्पन्नमपि यद्धान्यं न कृतं तृणवर्जितम्।
न सम्यक् फलमाप्नोति तृणक्षीणा कृषिर्भवेत्।।

धान्यनिस्तृणीकरणस्य क्रिया नैकेषु चरणेषु सम्पाद्यते—

(i) प्रथमवार कुलीर (श्रावण)—भाद्रयोर्मध्ये धान्यं निस्तृणीकरणमावश्यकं यतो धान्यसम्वर्द्धनाय अयमेव समुचितः कालो भवति। कालेऽस्मिन् यद्धान्यं निस्तृणं भवेत् तद्धान्यं परवर्तिकाले द्विगुणमेव फलं फलति।

(ii) आश्विने मासि पुनः द्विवारं धान्यं निस्तृणं कर्तव्यम्। एवं कृते पाकविहीनं धान्यं माषवद् बहुफलं ददाति।

इत्थं सप्रयत्नेन निस्तृणा कृता कृषिः कृषकाणां कृते कामदुघा भवति।[2]

(5) भाद्रे जलमोक्षणम्

धान्योत्पादनाय केदारेषु बन्धरचनया वर्षाकाले यो जलसञ्चयः क्रियते तज्जलं भाद्रपदे मोक्षणीयम् शतपथब्राह्मणे कथितं यत् वर्षायां क्षुद्रसरीसृपानां वृद्धिर्भवति—

वर्षा इडो यदिदं क्षुदं सरीसृपं ग्रीष्महेमन्ताभ्यां नित्यक्तं भवति तद्वर्षा ईडितमिवान्नमिद्धमानं चरन्ति (1/5/3/11)।

धान्यानां नैरुज्यार्थं केदारे जलं धान्यमूलमात्रार्पित स्यात् भाद्रे यदि जलमोक्षणं न क्रियते तर्हि कृषिः कीटतृणादिनानावाधैरुपहता वाञ्छितफलं न दद्यात्, यथा निर्दिष्टं पराशरेण—

भाद्रे च जलसम्पूर्णं धान्यं विविधवाधकैः
प्रपीडितं कृषाणानां न दत्ते फलमुत्तमम्।।[3]

(6) धान्यव्याधिखण्डम्

वर्षाऽनन्तरमाद्रताऽऽधिक्येन धान्येषु नानाविधकीटानां प्रकोपो भवति। चटकाशलभ

1. कृषिपाराशारः /3/ 106–108/
1. कृषिपाराशरः /3/ 109–112/
2. कृषिपारासरः / 3 / 113–114/

शुकशूकरादिसस्योपघातिनोऽपि सस्यविघ्नं कुर्वन्ति। एषां सर्वेषां विघाताय अलक्त-केनाधोलिखितं मन्त्रं लिखित्वा सस्येषु बन्धयेत्। एवं कृते सति तत्र व्याधिकीटहिंस्राणां क्वचिदपि भयं न भवेत्। धान्यानां व्याधिखण्डनमन्त्रोऽस्ति—

"ॐ सिद्धिः श्रीगुरुपादेभ्यो नमः। स्वस्ति हिमगिरि शिखरशङ्ख कुन्देन्दु धवलशिलातटात् . . . श्रीमद्रामपादा विजयिनः . . . पवनसुतं वातवेगं परचक्रप्रमथनं श्रीमद्हनुमन्तमाज्ञापयन्ति कुशलमन्यस्य . . . ।

शांखीगान्धीपाण्डरमुण्डीधूली शृङ्गवीकुमारीमडकादयः। अजाचटक शुकशूकमृगमहिष वराहपतङ्गादयश्च सर्वे सस्योपघातिनो यदि त्वदीयेन वचनेन तत्क्षेत्रं न त्यजन्ति तदा तान् वज्रलाङ्गूलेन ताडयिष्यसीति ओं आं घां घीं घूं घः।[1]

अयमेव रक्षामन्त्रः किञ्चित् परिवर्तनेनान्येषु ग्रन्थेषु निबद्धः, यथा राजमार्तण्डे—

"सिद्धि . . .समीरणवनोद्देशे श्रीमद्रामभ्रद्रपादाः कुशलिनः . . .समुद्रतटे पवनसुतं . . . श्रीमद्धनूमन्तमाज्ञापयन्ति . . . फडिङ्गैलावानरागरुडा . . . महिषादिरोगं खण्डयत् क्षणमपि विलम्बं मा चरत यदि विलम्बं कारयत तदा युष्मान् शतखण्डं कारयामीति। घ्रां घ्रीं घ्रों श्रीरामाय नमः।"

अयं मन्त्रं विल्वकण्टकेन केतकीदले लिखित्वा कुङ्कुमेन रविवासरे क्षेत्रस्यैशान्यां दिशि सस्यमध्ये मञ्जरीषु बन्धयेत्।

इत्थं रक्षामन्त्रेण कृषकः शस्यं रक्षयेत्।

(7) जलरक्षणम् सस्यसेचनञ्च

'आपो मूलं हि सर्वस्य, सर्वमप्सु, प्रतिष्ठितम्। अमृतरसाहि आपः, आपः शुक्रं बलं महः। सर्वस्य बीजमापो वै सर्वमद्भिः समावृतम्। सद्य आप्यायना ह्यापः आपो ज्येष्ठतरा ह्यतः' इत्थं बहुप्रशंसितं जलं शस्यस्य जीवनमपि भवति।

कृषक आश्विने कार्तिके चैव धान्यसेचनाय जलरक्षणं कुर्यात्। यथा कुलार्थी कुलस्त्रीपरिरक्षणं कुरुते तथा शस्यार्थी कृषकः शरत्काले समागते वारि संरक्षयेत्।[2] आश्विने कार्तिके च धान्यसेचनमावश्यकम्।

शस्यसेचनकालः—वृक्षायुर्वेदे विहिता वृक्षसेकनियमा धान्यादि शस्यानां कृतेऽपि

---

1. कृषिपाराशरः / 3/ 115/
2. कृषिपाराशरः / 3/ 116/ 17

ज्ञातव्याः। तत्र सेकविषये शुक्रनीतिकारस्य मतमिदम् वर्तते—

सायं प्रातस्तु घर्मान्ते शीतकाले दिनान्तरे।
वसन्ते पञ्चमेऽह्नस्तु सेच्या वर्षासु न क्वचित्।।[1]

शस्यसेचनमवततः कुल्याभिः सेतुबन्धैर्वा करणीयम्,यथोद्धृतं ऋग्वेदे—

सिञ्चामहा अवतमुद्रिणं वयं सुषेकमनुपक्षितम्।
द्रोणाहावमवतमश्मचक्रमंसत्रकोशं सिञ्चता नृपाणम्।।[2]

सन्दर्भेणानेन ज्ञायते यदश्मचक्रेण कोशैः कूपतः जलं निष्काश्य आहावे निपाने वा जलसंग्रहः क्रियते तदनु कुल्याभिः क्षेत्रं प्रति नीयते जलम्। अमरकोशेऽपि कूपजलैः पूर्यमाणो जलाशयो निपानमिति कथितं।

सस्यसेचकनदीजलानामपि सन्दर्भः।[3]

सेतुबन्धेन जलरक्षणस्योल्लेखः पुराणेषु कौटिलीयेऽर्थशास्त्रे च, तत्र श्रीमद्भागवते यथा—**केदारेभ्यस्त्वपो गृहणन् कर्षका दृढसेतुभिः**। (10/20/41)

एवमर्थशास्त्रेऽपि—सहोदकमाहार्योदकं वा सेतुं बन्ध्येत् (2/1/10)। बन्धेषु संरक्षितं जलं सस्यसेचने प्रयुज्यते। बन्धेभ्यः जलसेचनं नानारूपेण भवति-हस्तप्रावर्तिमम्-हस्तेन कुम्भादिना जलमाहृत्य सस्यसेचनं, स्कन्धप्रावर्तिमम्, स्रोतोयंत्रप्रावर्तिमम्—यंत्रेण जलमाहृत्य सस्यसेचनञ्च।[4]

जलसेकस्य नानाविधयोऽपि वर्णिताः संस्कृतवाङ्मये—

वलयविधिः आलवालविधिर्वा, नालिकाविधिः कुल्याविधिर्वा।[5]

(8) नलरोपणम्

सर्वा धान्यस्तम्बाः समभावेन पुष्पिता स्युः इति प्रयोजनेन क्षेत्रे नलरोपणं कार्यम्।

कृषकः शुचिः भूत्वा कार्तिकसंक्रान्त्यां क्षेत्रस्य ईशानकोणे नलं रोपयेत्। गन्धै माल्यैः धूपैश्च नलं पूजयित्वा धान्यवृक्षकानपि पूजयेत्। ततो मन्त्रपूर्वकं नलं रोपयेत्। नलरोपणमन्त्र एवं निबद्धः कृषिपराशरे—

बालकास्तरुणा वृद्धा ये चान्ये धान्यवृक्षकाः।
ज्येष्ठा वापि कनिष्ठा वा सगदा निर्गदाश्च ये।।

---

1. शुक्रनीतिः/लोकधर्मनिरूपणम् / 53/
2. ऋग्वेदः /10 /101/ 5/
3. सरस्वती वाजेभिर्वाजिनीवती / ऋग्वेदः / 1/ 3/10/
4. अर्थशास्त्रम् / 2/ 24/ 15-18
5. रघुवंशम् / 1/ 51/, 12/ 3/

आज्ञया हि सुषेणस्य राघवस्य पृथोरपि।
ताडिता नलदण्डेन सर्वे स्युः समपुष्पिताः।।
समपुष्पत्वमासाद्य शीघ्रं फलन्तु निर्भयम्।
सुस्था भवन्तु कृषका धनधान्यसमन्विताः।।

ये कृषका घटसंक्रान्त्यां क्षेत्रे नलं न रोपयन्ति तेषां धान्यजातायोऽसमा बन्ध्यपुष्पाश्च स्युः।[1]

(9) मुष्टिग्रहणम्

क्षेत्रतः धान्यलवनात् पूर्वं मार्गशीर्षे मुष्टिग्रहणमावश्यकं सस्यसम्पल्लाभाय।

शुचिः कृषको मार्गे शुभवासरे गन्धैः पुष्पैः धान्यवृक्षकान् पूजयित्वा सार्द्धं मुष्टिद्वयं धान्यलवनं चरेत्। ततस्तान् मस्तके कृत्वा मौनभावेन स्वगृहम् व्रजेत्। ततः सप्तपादं दत्त्वा मुख्यनिकेतने पूर्वभागे सुपूजितं मुष्टिं स्थापयेत्।

इत्थं मार्गे मुष्टिग्रहो धनधान्यफलप्रदः श्रेष्ठश्च भवति। यः कृषको मार्गे मुष्टिद्वयमच्छित्त्वैव शस्यलवनं चरति—पदे पदे विफलता तस्य, गृहन्तु धान्यशून्यमेव जायते। तत्र मुष्टिग्रहणे निषिद्धा मासाः तिथयो वाराश्च सन्ति—कार्तिकपौषमासौ, व्यतिपातविष्टिरिक्तावैधृतियोगाः, भौमशनिबुधवाराश्च।

मुष्टिग्रहणस्य विधिः सम्भवतः ऋग्वैदिककालेऽपि प्रचलितमासीत्, यथा सूच्यतेऽधोलिखितेन मन्त्रांशेन—

पूर्धि यवस्य काशिना।[2] अत्र 'यवस्य मुष्टिना मम गृहं पूरय' इति प्रार्थना इन्द्रदेवं प्रति।

(10) मेधिरोपणम्

खले वृषबन्धनाय रचितं स्तम्भं 'मेधिः' इति कथ्यते। मार्गशीर्षे शुभेऽहनि कृषकेण क्षेत्रस्यैकभागे गर्तं खनित्वा गोमयेनोपलिप्य यत्नेन मेधिरारोपणीयः। सूर्ये वृश्चिके स्थिते सति कर्षकैः स्त्रीनाम्ना मेधिः कार्यः। पराशरमते, मेधिगुणेन कर्षकः सस्यवृद्धिमवाप्नोति।

मेधिनिर्माणाय प्रयोज्यं काष्ठम्—न्यग्रोध सप्तपर्णगम्भार-शाल्मली-उदुम्बरकाष्ठेन अन्येन वा क्षीरीवृक्षकाष्ठेन मेधी रचनीयः। मेधिः सुदृढः स्यादतः कपित्थविल्ववंशनारि-केलादिकाष्ठेन मेधिः कदापि न करणीयः।

मेधिरोपणस्य शुभाशुभकालः—पौषे मासि क्रूरे दिवसे श्रवणनक्षत्रे च मेधिर्नारोप्यो

---

1. कृषिपराशरः / 3/ 118-125/
2. ऋग्वेदः / 18/ 78/ 10/
3. कृषिपाराशरः / 3/ 134-140/

यतः मार्गे मेधिरोपणम् शस्यवृद्धिकरं पौषे शस्यक्षयकरञ्च मतम्।

मेधिपूजनम्—वैजयन्तीसमायुक्तो निम्बसर्षपरक्षितः धान्यकेशरसंयुक्तस्तृणकर्कट-कान्वितोऽर्चितो गन्धपुष्पाभ्यां मेधिः सस्यसुखप्रदो भवति।[1]

(11) पुष्ययात्रा

धान्यलवणात्पूर्वं पौषे मासि शुभे दिने पारस्परिकसौहार्दवृद्धये कर्षका अन्योन्यं क्षेत्रसन्निधौ पुष्ययात्रां कुर्युः। तत्र क्षेत्र एव नानाविधैः व्यञ्जनैर्मत्स्मांसकैः दधिपायसादिभिः परमान्नं कदलीदले सर्वे जना भोजयेयुः। ततो जनाश्चन्दनचतुःसमादिसुगन्धद्रव्यैः कर्पूरवासितताम्बूलैश्चान्योन्यं सत्कुर्युः। पुष्पाभरणं धृत्वा शचीपतिं नमस्कृत्य गीतैर्नृत्यैर्वाद्यैश्च तत्र महोत्सवं कुर्युः।

ततश्च हर्षिताः सर्वे भास्करं वीक्ष्य हस्तसम्पुटकं कृत्वा श्लोकचतुष्टयं पठेयुः—

क्षेत्रे चाखण्डितधान्ये पुष्ययात्राप्रभावतः।
अस्माभिर्मानिता सर्वैः सास्मान् पातु शुभप्रदा।
कर्मणा मनसा वाचा ये चास्माकं विरोधिनः।
सर्वे त प्रशमं यान्तु पुष्ययात्राप्रभावतः।।

सर्वलोकानां हिताय सुमनोहरा सर्वार्थसाधिकेयं पुष्ययात्रा पराशरेण पुरा कृता साऽद्यत्वेऽपि विधानतः पालनीया सर्वविघ्नप्रशान्त्यर्थं सस्यवृद्धये च।

(12) धान्यलवनम्

कृषकः पुष्ययात्रानन्तरं पौषे मासि शुभे दिने दात्रेण धान्यच्छेदं कुर्यात्। धान्यच्छेदाय प्रयुक्तस्य सृणेः दात्रस्य वा सन्दर्भ ऋग्वेदेऽपि प्राप्यते—

(i) नेदीय इत सृण्यः पक्वमा यवन्।[2]

(ii) यवमन्तो यवं चिद्यथा दान्त्यनुपूर्वं वियूय।[3]

पक्वधान्यस्तम्बानां लवणमेव प्रशस्तं न तु मूलत उत्पाटनम्। मूलोत्पाटनेन मृत्तिकाहानिर्जायते धान्ये मृत्तिकाकणमिश्रणञ्चातः कृषको धान्यं कर्तयेत् धान्यस्तम्बानां पर्शान् (गट्ठर) विधाय किञ्चित् कालं यावत् रौद्रे शोषयेच्च।

---

1. कृषिपाराशरः / 3 / 134-140/
2. ऋग्वेदः / 10/101/ 3/
3. ऋग्वेदः 10/131/2/

(13) मर्दनम्

स्तम्बतो धान्यं पृथक्करणं मर्दनमिति कथ्यते। शुष्कान् पर्शान् खलमानीय बलीवर्दैः साध्यते कर्मेदम्। मर्दनक्रियाया उल्लेख ऋग्वेदेऽपि—

खले न पर्षान्प्रतिहन्मि।[1]

तदनन्तरमुलूखले मूसलेन कुट्टनं धान्यस्य। तुषतो धान्यं पृथक्करणाय वायूपयोगोऽपि दृश्यते शुक्लयजुर्वेदे—

वायुर्वो विविनक्तु देवो।[2]

धान्यशोधकशूर्पतितउप्रभृत्युपकणान्यपि[3] समुद्धृतानि वेदेषु।

खलसुरक्षा—यावदन्नस्य भण्डारणं न भवति तावत् खले धान्यसुरक्षा सावधानतया करणीया। खलेऽग्निभयम् प्रमुखमतः सर्वेऽपि कृषिपरिकर्मिणोऽनग्निका सोदकाश्च स्युरिति कौटिल्यः।[4]

(14) धान्यागारे धान्यस्थापनम्

खलाद् धान्यं शकटेनानसेन वा सामानीय गृहं, धान्यागारे सुरक्षितरूपेण स्थापनीयम्। धान्यस्थापनात् प्रागाढकेन याम्यावर्तेन धान्यमापनमपि कर्तव्यम्।

ऋग्वैदिककाले धान्यागारस्याभिधानम् उर्दरम्[5] स्थिवि[6] इति वा। स्थिविर्धान्यकोष्ठानि वा समुच्छ्रिते स्थाने सुदृढरूपेण निर्मितानि स्युः।[7]

'यथाकालं सस्यादि जातं जातं प्रवेशयेत्'।

न क्षेत्रे स्थापयेत् किञ्चित् पलालमपि पण्डितः।[8] इति निर्देशः कौटिल्यस्य।

धान्यस्थापनाय शुभकालः—हस्ते हरित्रये (श्रवणधनिष्ठाशतभिषगादिषु) पुष्ये रेवत्यां

1. ऋग्वेदः 10/ 48/ 7/
2. शुक्लयजुर्वेदः 1/ 16/
3. क. वर्षवृद्धमुप यच्छ शूर्पूं तुषं . . . तत् विनक्तु। अथर्ववेदः / 12/ 3/ 19/
   ख. सक्तुमिव तितउना पुनन्तो ऋग्वेदः / 10/ 71/ 2/
4. अर्थशास्त्रम् / 2/ 24/ 29/
5. तमूर्दरेण पृणता यवेन / ऋग्वेदः / 2/ 14/ 11/
6. यवमिव स्थिविभ्यः/ ऋग्वेदः / 10/ 68 /3/
7. प्रकाराणां समुच्छ्रायान् वलभीर्वा तथाविधाः।
   न संहतानि कुर्वीत न तुच्छानि शिरांसि च।। अर्थशास्त्रम् /2/ 24/ 28/
8. अर्थशास्त्रम् / 2/ 24/ 27

प्रजापतौ यममूलोत्तरे सौम्ये मघायां पुनर्वसौ च नक्षत्रेषु, जीवे सौम्ये भृगोर्वारि, क्रूरवर्जिते ग्रहे शुभे मीनलग्ने धान्यस्थापनमुत्तममं स्मृतम्।

धान्यरक्षणाय मन्त्रप्रयोगः—धान्यरक्षणाय समुद्धये च निम्नाङ्कितं मन्त्रं लिखित्वा धान्यागारे निक्षिपेत्—

'ओं धनदाय सर्वलोकहिताय देहि मे धनं स्वाहा। ओं नवधुर्यसहे देवि। सर्वकामविवर्द्धिनी कामरूपिणि! देहि मे धनं स्वाहा।'

ततः लक्ष्मीं प्रपूजयेत् कृषकः।[1]

तिलधान्ययवादिशस्योत्पादनस्य विधिरयं सविस्तरं वर्णितः कृषिपाराशरे।

राजकोषे धान्यसंग्रहणम्—राजकोषेऽपि दैनन्दिनोपयोगाय विपदि प्रजासंरक्षणाय च धान्यसंग्रहः कार्यः। धान्यसंग्रहाय धान्यस्य गुणवत्ताऽप्यवेक्षणीया। अस्मिन् विषये निर्देशः शुक्रनीतिकारस्य—

धान्यानां संग्रहः कार्यो वत्सरत्रयपूर्तिदः।
तत्तकाले स्वराष्ट्रार्थं नृपेणात्महिताय च।।
सुपुष्टं कन्तिमज्जातिश्रेष्ठं शुष्कं नवीनकम्।
ससुगन्धवर्णरसं धान्यं संवीक्ष्य रक्षयेत्।।
सुसमृद्धं चिरस्थायी महार्घमपि नान्यथा।[2]

कौटिल्येनापि विहितोऽयमेव नियमः—

शुद्धं पूर्णमभिनवं च धान्यं प्रातिगृह्णीयात्।।[3]

इत्थं शस्याद्युत्पादनस्य विधिः कृषिरिति कथ्यते। कृषिरेका जटिलप्रक्रिया वर्तते यस्यां नानाक्रियाणां समावेशो भवति। यद्यपि कर्षणेन धान्योत्पादनमेव मुख्यं तथापि फलकन्दमूलपुष्पशाकसारदारु-ओषध्योऽपि यदि कर्षणविधिना बृहत्परिमाणे क्षेत्रेषु समुत्पाद्यन्ते तर्हि कृष्या एव भवन्ति।

---

1. कृषिपाराशरः 3 / 159-163/
2. शुक्रनीतिः /चतुर्थाध्याये कोशनिरूपणप्रकरणम् 25-28
3. अर्थशास्त्रम् / 2/ 5/ 9/

4

कृषि-साधनानि

कृषिकर्म साधनसाध्यमेव। सस्योत्पादनं कृषिफलसिद्धिर्वा यैर्भूमिजलबीजलाङ्गल-कृषकादिसाधनैर्भवति तानि कृषिसाधनानीति। एतैर्विना कृषिकर्माशक्यं खल्वत एतानि कृषेरुपादानकारणानि निमित्तकारणानि वा। संस्कृतवाङ्मये कृषिसाधनानामुल्लेख ऋग्वेदकालत एव प्राप्यते। ऋग्वेदस्याधोलिखिते मन्त्रे—

शुनं नः फाला विकृषान्तु भूमिं शुनं कीनाशः अभियन्तु वाहैः
शुनं पर्जन्यो मधुना पयोभिः शुनासीरा शुनमस्मा सुधत्तम्।।[1]

भूमि-पर्जन्य-कीनाश-वाह-फालादिकृषिघटकानामुल्लेखः। अन्यत्र लाङ्गलवरत्र-दात्रोर्वरकबीजादीनां समावेशः। एतान्यधोलिखितेषु वर्गेषु विवेचनमर्हन्ति—

(क) **भौतिकसाधनानि**—प्रकृतिप्रदत्तनैसर्गिकसाधनानि, यथा—भूमिजल-वय्वग्न्या-काशादिपञ्चमहाभूतानि, यन्मयानि सर्वाणि भूतानि,[2] कालश्च।

(ख) **जैविकसाधनानि**—बीजोर्वरकपशुमानवादिसाधनानि।

(ग) **यान्त्रिकसाधनानि**—कृषिकर्मणि प्रयुक्तानि लाङ्गलफालकुद्दालदात्र-खनित्रप्रभृत्युपकरणानि। क्रमशो विस्तृतं विवेचनं प्रस्तूयते।

(क) भौतिक साधनानि—

(1) भूमिः

भूखण्डं कृषिकर्मणस्तत् प्रथमावश्यकमुपादानं यं विना कृषेः कल्पनाप्यशक्या। सर्वबीजप्रकृतिर्भूमिः[3] सस्यजननेऽपिमूलकारणमिति। 'कर्षणेन भूमेरन्ननोत्पादनं कृषिरिति' परिभाषा तु भूमिसंदर्भे चरितार्था खलु। इयं भूमिः भूत्वाज्जायमानत्वाद्वा 'भू' प्रथनात् 'पृथिवी' विस्ताराद् 'दुर्वी' विश्वम्भरणाद् 'विश्वम्भरा' स्वगर्भे विश्वं धारणाद् विश्वगर्भा' रसमयत्वाद् 'रसा,' जगद्धारणाद् 'धरा' 'धरित्री' 'धरणीति' च कथ्यते।

1. ऋग्वेदः / 4/57/8/
2. खं वायुर्ज्योतिरापः पृथिवी विश्वस्य धारिणी। मुण्डकोपनिषद् / 2/1/3/
3. अभिज्ञानशाकुन्तलम् / 1/1

भूमेरिदं वैशिष्ट्यं बहुशो निगदितं स्तुतञ्च काण्व–दीर्घतमा–अगस्त्य–अत्रि–गौतम–वामदेव–भारद्वाज–वशिष्ठप्रभृतिभिर्ऋषिभिः।[1] अन्नस्य कृते भूमिं प्रति प्रार्थना वैदिकऋषेः—

महिश्रवो वाजमस्मे सुवीर्यम् ऊर्जं नो द्यौश्च पृथिवी च पिन्वताम्।[2]

अथर्ववेदेसुस्पष्टं प्रतिपादितं यदियं भूमिः कृषेः फलतः प्राणिनां प्राणधारणस्यापि आधरभूमिरस्ति—

यस्या समुद्र उत सिन्धुरापो यस्यामन्नं कृष्टयः संबभूवुः।
यस्यामिदं जिन्वन्ति प्राणदेजत् सा नो भूमिः पूर्वपेये दधातु।।[3]

भूमिगुणाः

कृषेरनिवार्यतत्त्वरूपेण भूमेः स्वरूपं गुणाश्चावगन्तव्याः। अत्र कृषिविज्ञानदृष्ट्या भूमिगुणा निरूप्यन्ते।

(i) **पृथुता**—पृथुत्वन्तु भूमेस्तद् वैशिष्टयं येन भूः 'पृथिवी' इति निगद्यते। कृष्यै विस्तृतं प्रथितं च भूखण्डमावश्यकम्। पुराणेषु बहुशो निगदितं यत् पृथुः वैन्यो नाम राजा नतोन्नतां पृथिवीं सुविस्तृतां समाञ्च कृत्वा सस्यानि दुदोह।[4] सभ्यताया आदिमयुगतः शिलाजालान्युत्सार्य्य पर्वतान् विदार्य्य मानवसमूहैः सस्योत्पादनाय भूमिरियं 'पृथ्वी' कृता। अनेनैव विस्तारगुणेन भूमिः 'उर्वी' इति कथ्यते। जानन्ति तथ्यमिदमस्माकं ऋषयो यदुर्वी भूमिरेव कृषियोग्या भवत्यतः प्रार्थना वैदिकऋषेः—

उरुं लोकं पृथिवी न कृणोतु।[5]

---

1. ऋग्वेदः / 1/ 22/ 13; 1/ 149; 1/85; 5/84; 4/86; 6/70;
2. ऋग्वेदः / 7/ 53/
3. अथर्ववेदः / 12/ 1/ 3/
4. तत उत्सारयामास शिलाजालानि सर्वशः।
   धनुष्कोट्या ततो वैन्यस्तेन शैला विवर्धिताः।
   पृथुर्दुदोह सस्यानि स्वतले पृथिवीं ततः।
   सस्यानि तेन दुग्धानि वैन्येन तु वसुन्धरा।
   –वायुपुराणम्/आदिराजपृथुचरितम्/अ. 62/
5. अथर्ववेदः/ 12/ 1/ 1

राष्ट्रे कृषियोग्यभूमेर्विस्तारं यावद् भवति तावत्परिमाणेनैवान्नसमृद्धिः परिलक्ष्यतेऽतः पृथुभूखण्डानि राष्ट्रसम्पदेव।

(ii) **बीजधारणक्षमता—**

इयं भूमिस्तु सा योनिः या सर्वान् बीजान् स्वगर्भे धारयति। संस्कृतवाङ्मये भूमेः संकल्पना धात्रीरूपेण जाता द्युलोकस्य बीजनिषेककर्ता पुमान् रूपेण च। क्षेत्रबीजसमायोगादेव सर्वविधान्नादीनां प्रसवः—[1]

द्यौः पुमान् धरणी नारी, अम्भोबीजन्दिवश्च्युतम्।
द्युधात्रीतोयसंयोगादन्नादीनां हि सम्भवः।

भूमिर्न केवलं बीजं धारयत्यपितु बीजप्रसूतं पादपमपि धारयति। पृथिव्या धरातलं स्वमृत्तिकामयविशिष्टसंरचनया प्ररोहमूलानि दृढ़तया धारयितुं क्षममिदं तथ्यं सम्यगेवावेक्षितमथर्ववेदे—

यस्यां वृक्षा वानस्पत्या ध्रुवास्तिष्ठन्ति विश्वहा।[2]

पादपमूलानि भूतलं प्रविश्य मृत्तिकाकणान् परितो गृहणन्ति येन भूसंरक्षणं भवति वृक्षसंरक्षणं च।

(iii) **पोषणक्षमता**—मृत्कणैः संरचितं धरातलं प्राणवायु—लौह-नाइट्रोजन-सोडियम-पोटेशियम-जलादितत्त्वानि धारयति। एभिर्वनस्पतीनां पोषणं परिवर्धनञ्च भवतः। स्वपोषणक्षमतया भूमिर्विश्वेषामोषधीनां 'माता' इति मता—

विश्वस्वं मातरमोषधीनां ध्रुवां भूमिं पृथिवीम्।''[3]

भूमेरुर्वरताऽनुर्वरता वानयैव पोषणक्षमतया निर्धार्य्यते कस्यापि देशस्य सस्यप्रतिरूप-मपि निश्चीयतेऽनेन।

(iv) **रूपविविधता—** भूमिर्नानारूपा नानावर्णाश्च। अस्याः केचित् प्रदेशा उन्नता गिरिपर्वतरूपाः केचिदवनताः समुद्रगर्तखातरूपाः केचित् समाश्च—

यस्यां उद्वतः प्रवतः समं बहु।[4]

पृथिव्यां कुत्रचिद्वनपंक्तीनां विस्तारः कुत्रचित् पर्वतशृङ्खला हिमाच्छादिताः क्वचित्

---

1. मनुस्मृतिः / 9/ 33/
2. अथर्ववेदः/ 12/ 1/ 27/
3. अथर्ववेदः/ 12/ 1/ 17/
4. अथर्ववेदः/ 12/ 1/ 12/

कर्कशशिलाशकलाश्च। क्वचिदियं कृष्णा क्वचिद्बभ्रुवर्णा क्वचिल्लोहितवर्णा वा।[1] इत्थं रूपवैविध्याद्विश्वरूपेयं धरा शस्यविविधताया कारणं भवति। यस्मिन् राष्ट्रे भूमेः स्वरूपवैविध्यं तत्र शस्यवैविध्यमपि, यथा-भारतदेशे।

(५) **ध्रुवता दृढ़ता च—**

ध्रुवत्वगुणेनैव पृथिव्यां मानवावासानां जन्म कृषिपद्धतेश्च विकासः। ध्रुवत्वेनैव दृढत्वमपि भूमेर्वैशिष्ट्यम्। वैशिष्ट्यमिदं बहुशः प्रतिपादितं वेदेषु। जलेष्वपि वनस्पतयो जायन्ते किन्तु सस्योत्पादनं तु ध्रुवायामेव भूमौ। इयं ध्रुवा भूमिरेव ऊर्जं पुष्टमन्नादिभागं धारयति मानवाय—

ऊर्जं पुष्टं बिभ्रतीमन्नभागं धृतं त्वामभिनिषीदेम भूमे।[2]

कृष्यभूमिवेवकः

शस्योत्पादनक्षमा कृषियोग्या भूमिः कृष्यभूमिरिति। कृष्यभूमिविवेकस्तु कृषिविज्ञान-स्यैको महत्वावहः पक्षो समग्रैव पृथिवी कृषियोग्या न भवति, विशिष्टगुणसम्पन्ना भूमिरेव कर्षणयोग्याऽभीष्टफलदा चातः शस्यसम्पत्तिमभिलक्षता राष्ट्रेण कृषकेण च कृष्यभूमिविवेकस्त्ववश्यमेव साधनीयः। संस्कृतवाङ्मयेकृष्यभूमिविवेकाय क्षेत्रनिर्णयसन्दर्भे समुपलभ्यन्ते नाना सूत्राणि।

क्षेत्रविचारः—

क्षेत्राक्षेत्रविचारः समाजदर्शनस्याङ्गभूतत्वेन बहुधा प्रवर्तितः श्रीमद्भगवद्गीतामनु स्मृतिप्रभृतिग्रन्थेषु। यद्यपि विवेचनमिदं वर्णधर्मविषयकं तथापि कृष्यभूमिप्रसङ्गेऽप्यु-पादेयं यतोऽविज्ञायाविवेच्य वा क्षेत्रगुणावगुणौ कृषिकर्मणि साफल्यन्तु सन्देहास्पदमेव। स्थावरजङ्गात्मकं सर्वमपि सत्त्वं क्षेत्र-क्षेत्रज्ञसंयोगाद्धिसञ्जायते।[3] यः कृषकः क्षेत्रं जानाति सः कृषिफलमप्याप्नोति। तर्हि प्रथमन्तावद् ज्ञातव्यं किन्नाम क्षेत्रमिति।

सर्वविधप्रजननस्य योनिः क्षेत्रमुच्यते। कृषिसन्दर्भे कृष्यभूखण्डं क्षेत्रमिति कथ्यते, क्षेत्र—बीज समायोगात् सम्भवः सर्वसस्यानाम्। यद्यपि सस्योत्पादने बीजमपि महत्वपूर्णं

---

1. गिरयस्ते पर्वता हिमवन्तोऽरण्यम् . . .
   बभ्रुं कृष्णां रोहिणीं विश्वरूपाम् . . . /अथर्ववेदः / 12/ 1/ 11/
2. अथर्ववेदः / 12/ 1/ 29/
3. यावन्सञ्जायते किञ्चित्सत्त्वं स्थावरजङ्गमम्।
   क्षेत्रक्षेत्रज्ञसंयोगात्तद्विद्धि भरतर्षभ। भगवद्गीता/ 13/ 26/

तथापि क्षेत्रमहत्त्वमनेन ज्ञायते यदक्षेत्रे उप्तं बीजं शीघ्रमेव विनश्यति न तत्फलति कर्हिचित्।[1] क्षेत्रमहत्त्वं परिज्ञायैव ऋषिभिः परिकल्पितः 'क्षेत्रपतिः' देवता सीरायुञ्जन्ति सूक्तञ्च।[2] त्रिष्वपि वेदेषु किञ्चिद्वैभिन्न्येन संकलितमिदं सूक्तं वैदिकभारते कृष्यभूमेः कृषेश्च महत्त्वं प्रतिपादयति।

सुक्षेत्रे जातमेव सुबीजं संपद्यते बीजवन्तोऽपि क्षेत्रहीनाः बीजफलं न लभन्तेऽतो 'बीजाद्योनिर्गरीयसी' इति मनुः।[3]

कृष्यभूमिविवेकस्तु नानाऽऽधारैः, यथा—भूमिसंरचना—भूमिवर्ण—पोषणक्षमता—जलोपलब्धि—वनस्पति—शस्यप्रतिरूपादिभिः साध्यः।

भूमि-संरचना—

भूपर्पटिका—प्रावार—क्रोडेतित्रिभागात्मिकायाः पृथिव्याः केवलं धरातलमेव, यत् भूपृष्ठमपि कथ्यतेः, कृषिकर्मणि प्रयुज्यते। भूपृष्ठं संरचितं शिला-अश्मा-सिकता-पांसु-मृदादिसंघटकैः—

शिलाभूमिरश्मापांसुः सा भूमिः संधृता धृता।[4]

स्थूलरूपेण त्रिसंस्तरात्मकं भूपृष्ठं—प्रथमं मृदापटलं तदनन्तरं शर्करापटलं तदनु शिला-पटलञ्च। यद्यपि संस्तरेष्वेषु मृदापटलमेव कृषिकर्मक्षमं तथापि मृत्संरचनाया निर्धारकरूपेण शिला-प्रस्तर-शर्करादीनामपि परिज्ञानमावश्यकम्।

(i) **शिला**—खनिजानां समुच्चयाः शिला इति कथ्यन्ते शिलानां समुच्चयाः शैला इति। अस्माकं भूपर्पटिका घनकठोरार्द्धसिलिकसियालशैलैरल्पसिलिकसिम-(सि.—सिलिका, मै.—मैगनेशियम) शैलैश्च रचिता। शैलास्तु मृत्तिकागुणानां निर्धारका, यतः शैलानामपरदिताः सूक्ष्मकणा मृत्तिकापटलस्य संयोजका भवन्ति। यत्र वायु—जलादिकारकैः मृत्तिकाक्षरणं तत्र भूपृष्ठस्य शिलामयी संरचनाऽपि परिलक्ष्यते। ईदृग् भूमिः कृषिकर्मायोग्या 'अहल्या' वा भवति।

(ii) **शर्करा**—नदीप्रवाहजन्यापरदन-ताप-दावादिकारणैर्विदलितानि लघुप्रस्तर-खण्डानि भूपृष्ठे शर्करारूपेण प्राप्यन्ते। शर्कराबहुलभूमौ धारणशीलताऽत्यल्पमात्रया भवति फलतः भूमिरीदृगनुर्वरा वन्ध्या वा मता।

(iii) **सिकता**—शर्कराऽपेक्षया लघुतराः प्रस्तरकणाः सिकता इति कथ्यन्ते।

1. मनुस्मृतिः/ 10/ 71/
2. ऋग्वेदः/ 10/ 101; शुक्लयजुर्वेदः/ 12/ 67/ ; अथर्ववेदः / 3/ 17/
3. मनुस्मृतिः/ 10/ 69/ ; 9/ 52/
4. अथर्ववेदः / 12/ 1/ 26/

नदीपुलिनेषु समुद्रतटेषु च सिकताबाहुल्यं दृश्यते। नदीनां सिकतामयतटेषु उर्वारुकादिवल्लीफलानामुत्पादनं बहुलतया भवति भारत देशे यतः फेनाघतैः परिवर्द्धन्ते फलान्येतानि।[1] यत्र मृत्तिकाकणैः सह सिकतासम्मिश्रणं तत्र भूमिसंरचना व्रीह्युत्पादनाय प्रशस्ता भवति। सिकतामिश्रितभूमिर्मृत्तिका वा 'दोमट' इति संज्ञां लभते। मरुदेशे तु सिकताबाहुल्याज्जलसंधारणक्षमतारहिताभूमिः जलसंसाधनाभावे शस्योत्पादने सर्वथाऽक्षमैव।

(iv) **मृदा**—भूपर्पटिकायाः सर्वोपरितलं मृदा, भूमिः मृत्तिका वा कथ्यते यज्जैविकपदार्थ-वनस्पत्यवशेष—अपरदितशैलखनिजानां च सम्मिश्रणैः संरच्यते। भूपर्पटिकाया अयमेवांशो भूपटलमावृणोति सर्वविधबीजान्प्ररोहयति च। पर्वतेष्वपि ये वनस्पतयो जायन्ते तेषां कारणमिदं मृदावरणमेव। मृदापटलं क्वचित्सघनं भवति क्वचिद्विरलञ्च। देशविशेषस्य जलवायुः मृत्संरचनाश्चावरणसघनतां विरलतां वा निर्धारयन्ति। पर्वतानां सानुदेशेषु वर्षाप्रवाहेण सह मृत्तिकाक्षरणं प्रचुरतया भवति। शुष्कमरुदेशेष्वपि तीव्रवात्याचक्रेण मृत्तिकाक्षरणं क्रियते। तत्र वृष्ट्याभावे मृत्कणानां परस्परसंश्लेषण-शक्तिर्हीयते फलतः मृत्तिकाक्षरणेन बीजधारणपोषणक्षमताऽपि लुप्यते भूमेः। नदीसिञ्चितसमतलेषु आनूपेषु चेदमावरणं पृथुलं कृष्यै हितञ्च भवति सिकता-शर्करा-प्रस्तरखण्डादिरहिता श्लक्षणा मृत् मृत्सा, मृत्स्नेति कथ्यते। मृत्खण्डं लोष्ठमिति।[2] मृत्स्नामयभूमिः गोधूमोत्पादने प्रशस्ता भवति।

भूमि-वर्णः—

वर्णदृष्ट्याऽपि कृष्यभूमिविवेकः साध्यः। सामान्यतया भूमिस्त्रिवर्णा भवति-बभ्रुः कृष्णा लोहिनी च।[3]

(i) **बभ्रुः**—अधुनातनकृषिविज्ञाने भूमिरियं 'दोमट' (Alluvial Soil) इति संज्ञयया ज्ञायते। भरणार्थक 'भृञ्' धातोः निष्पन्नेन 'बभ्रु' शब्देन, सर्वेषां भरणक्षमता ज्ञायते। भारतदेशस्य 7.8 लक्षवर्गकिलोमीटरक्षेत्रे विस्तृतमिदं भूपटलम्। प्रतिवर्षं गङ्गा-सिन्धु-ब्रह्मपुत्र-नर्मदा-ताप्ती-गोदावरी-कावेरीप्रभृतिनदीभिरानीतेय मृदाऽत्युर्वराऽऽर्थिकदृष्ट्याऽतिमहत्वपूर्णा च। अस्यां गोधूमव्रीहीक्षुतिलशणादिकृष्युत्पदाः बहुलमात्रया जायन्ते। स्वोर्वराशक्त्याऽधिकतमसस्योत्पादनादस्या 'बभ्रुः' इत्यभिधानमन्वर्थमेव।

---

1. फेनाघातो बल्लीफलानाम् / अर्थशास्त्रम्/ 2/ 24/ 19/
2. अमरकोशः/ 2/ 1/ 4/
3. अथर्ववेदः/ 2/ 1/ 11

(ii) **कृष्णा**—आग्नेयगिरिनिःसृतभस्मना रचितत्वादियं भूमिः कृष्णवर्णा। भारतदेशस्य प्रायः द्विलक्षवर्गकिलोमीटरक्षेत्रे—महाराष्ट्रदक्कनान्ध्रप्रदेशतामिलनाडु-गुर्जरकाठियाबाडमध्यप्रदेशादिभूभागेषु कृष्णवर्णमृत्तिकाया विस्तारः। सिकतार-हित्वादस्यां मृत्तिकायां जलसंरक्षणस्य क्षमताऽधिकतमा भवति भूगर्भे जलस्रोतसां सन्निधिश्च, यथा प्रतिपादितं वराहमिहिरेण—

मृद्भवति चात्र नीला दीर्घकालं च बहुतोयम्।[1]

'मृत्स्ना' संज्ञा त्वस्या एव मृत्तिकायाः। कार्पासोत्पादनार्थमियमुपयुक्ततमा। अत्राल्पजलेन जलैर्विना वा शुष्ककृषिरपि कुर्तुं शक्यते।

(iii) **लोहिनी**—रक्तवर्णमृदा अधुनातनकृषिज्ञाने 'कंकालीमिट्टी' इति नाम्ना परिज्ञायतेऽस्या क्षेत्रफलं भारतदेशे द्विलक्षवर्गकिलोमीटरं यावत्। मृत्तिकेयं कायान्तरितशर्कराबहुलशैलैः संघटितत्वादनुर्वराऽल्पोर्वरा वा। रक्तवर्णमृदा, महाराष्ट्रोत्तरप्रदेशोडीसातामिलनाडुबुन्देलखण्डमध्यप्रदेशबिहारराजस्थानारावलीपर्वत शृङ्खलाषु च लभ्यतेऽत्र ताम्रादिधातूनां सम्मिश्रणेन रक्तत्वं मृत्तिकायाम् यथा निर्देशितं कौटिल्येन—

पाटलः लोहितो वा ताम्रधातुः।[2]

शर्कराबहुलकर्कशेयं भूमिः कृष्यै अप्रशास्ता मता। अत्र लोध्रपलाशादिद्रुमाणां विरलवनानि दृश्यन्ते[3] ऽथवा कोद्रवादिवन्यधान्यानामुत्पादनं भवति।

शैल-खनिज-धात्वादिभेदेनापि वर्णभेदा मृतिकायाम्। स्थानीयवैशिष्ट्येन परिदृश्यन्ते नानावर्णा मृत्तिकाः, शिलावर्णेन मृत्तिकावर्णं निर्धार्यते—

यत्र आपाण्डुपीतिका मृद् तत्र गोरसवर्णश्च भवति पाषाणः।
यदि मही रक्ता तदा भवति कुरुविन्दवर्णः पाषाणः।[4]

स्वर्ण-रजत-ताम्र-सीस-लौहादिखनिजसंपर्कादपि मृत्तिकानां वर्णवैविध्यं, यथा निदर्शितमर्थशास्त्रे—

---

1. बृहत्संहिता/ 53/ 10/
2. अर्थशास्त्रम्/ 2/ 12/11
3. अधित्यकायामिव धातुमय्यां लोध्रद्रुमं प्रफुल्लम्/ रघुवंशम् / 2/ 29
4. बृहत्संहिता/ 53/ 20, 30/

पीतकास्ताम्रकास्ताम्रपीतका वा भूमिप्रस्तरधातवो . . . सुवर्णधातवः।
भूमिभागो पिङ्गलो हरितः पाटलो लोहितो वा ताम्रधातुः।
काकमेचकः कपोतरोचनवर्णः श्वेतराजिनद्धो वा विस्रः सीसधातुः।
ऊषरकर्बुरः पक्वलोष्ठवर्णो वा त्रपुः धातुः।
पाण्डुरोहितः सिन्दुवारपुष्पवर्णो वा तीक्ष्णधातुः।।
काकाण्डभूर्जपत्रवर्णो वैकृन्तकधातुः।[1]

वर्णपरिवर्तनेन मृत्तिकाया गुणधर्मपरिवर्तनं परिलक्ष्यते तत्रत्यानां जलानामास्वाद-परिवर्तनञ्च

श्वेते कषायं भवति पाण्डुरे चैव तिक्तम्। कपिले क्षारसंसृष्टमूषरे लवणान्वित्।।
कटुकपर्वतविस्तारे मधुरं कृष्णमृत्तिके।[2]

एवं मृत्तिकावर्णज्ञानेनापि संजायते कृष्यभूमिविवेकः। लौहादिधातुवहला भूमिः खनिरूपेण राष्ट्रसमृद्धिकारिका न तु कृष्यभूमिरूपेणाऽतः कृषिकार्ये परित्याज्या।।

षोषणक्षमता—

सस्योत्पादनक्षमता-पोषकता-धारणशीलतादिभदेन भूमिर्द्विधा-उर्वरा-अनुर्वरा च।

(i) **उर्वरा**—या ऊरु सस्यादिकं ऋच्छतीति सा 'सर्वसस्याढ्या उर्वरा[3] इति निगद्यते। उर्वरायामेव भूमौ बीजं रोहति नत्वनुर्वरायाम्।[4] मृदुमृत्तिकाबहुला, शिलाखण्डकर्कश-र्शकरादिरहिता, जलसंधारणशीला, सर्वविधबीजप्रजननक्षमा, सुविस्तृता, सुषमा, स्निग्धा अक्षारीयाऽलवणा च भूमिरुर्वरेति मता। कृष्यभूमेरपरिहार्य्यगुणत्वाद्वेदेषु कृष्यक्षेत्रस्यापि संज्ञा 'उर्वरा' एव, यथा ज्ञायते ऋषिकाऽपालायाः सूक्तेन—

इमानि त्रीणि विष्टपा तानि इन्द्र विरोहय।
शिरस्ततस्योर्वरामादिदं म उपोदरे।।[5]

---

1. अर्थशास्त्रम्/ 2/ 12/ 5, 11-15/
2. चरकसंहिता/सूत्रस्थानम्/जलवर्गः/ 196-97/
3. अमरकोशः/ भूमिवर्गः/2/ 1/ 4/
4. बीजमुर्वरायाम् . . . रोहति/अथर्ववेदः/ 10/ 6/ 33/
5. ऋग्वेदः / 8/ 91/ 5/

उर्वराभूमेः 'अप्नस्वती' इत्याभिधानमपि ऋग्वेदे।[1] अप्नस्वतीष्वेव कृषिकर्म कर्तव्यम्। 'अप्न' इति कर्मनाम।[2] उर्वराभूमिः कर्षणबीजवपनजलसिञ्चनादिकृषिकर्मार्हा भवत्यतोऽप्नस्वतीत्यन्वर्था संज्ञा। कृष्णा बभ्रुवर्णा च मृदा उर्वरत्वादप्नस्वतीत्यभिधान-योग्या।

(ii) **अनुर्वरा-ऊषरा वा—**

अल्पमृत्तिका, पाषाणदिसमाकुला,[3] शर्कराबहुला भूमिरनुर्वरा कृषिकर्मायोग्या च। पोषकतत्त्वरहिता क्षारीयभूमिः 'ऊषः' इति कथ्यते। 'ऊषवानूषरः' इत्यमरप्रति-पादितदिशाऽवन्ध्याऽकृष्या भूमिरूषरा इति कथ्यते। अस्यैकमभिधानं 'खिल' अपि। सतततापाधिक्यमाऽऽर्द्रताऽवृष्टिर्जलशून्यताऽऽदयो भूमेः खिल्यतासाधका। खिल्या भूमिरहल्या, अकृष्या, अनुर्वरा पशुचारणयोग्या भवति, यथा निरूपितं शतपथे—

पशव्यमूषरमित्याह।[5]

स्पर्शो भारश्च—परुषमृदुस्निग्धस्पर्शैः, लघुगुरुभारादिगुणधर्मैरपि कृष्यभूमिविवेकः साध्यः।

(i) **मृद्वी-परुषा च**—सामान्यतया मृद्वी भूमिः सर्वेषामेव वनस्पतीनां कृते हिता मता।[6] यत्र मृत्तिकायां खरपरुषशर्करामिश्रणं बहुलतया भवति तत्र भूमिः परुषा जायते। यत्र मृत्स्नामयभूमिः पत्र-पुष्पादिवानस्पतिकसंमिश्रणञ्च मृत्तिकायां, तत्र भूमौ मार्दववृद्धिः, यथा-आनूपे[7] मृदुभूमौ प्ररोहमूलानां विस्तारः पोषकतत्त्वानां जलप्राणवाय्वादीनां प्राप्तिश्च सुगमतया भवति। जलसंधारणक्षणमता—हीना परुषभूमिर्धारणशीलताया अभावे सस्योत्पादनेऽप्यक्षमा, यथा-मरुभूमिः।

(ii) **लघ्वी-गुर्वी च**—यत्र मृत्तिकायां सिकतामिश्रणं तत्र भूमिः भारे लघ्वी भवति। इयं लघ्वी मृत्तिका शालिधान्येक्षुतिलादीनां कृते प्रशस्ता। यत्र बालुकारहिता मृत्स्नामयभूमिस्तत्र भूमिः भारे गुर्वी भवति। अस्यां भूम्यां गोधूम-कार्पासादयो बहुलतयोत्पाद्यन्ते भारतदेशे। लघुमृत्तिकायां क्षेत्रकर्षणाय लघुलाङ्गलं प्रयुज्यते गुर्व्यां दृढगुरुलाङ्गलञ्च।

---

1. ऋग्वेदः/ 1/ 27/ 6/
2. निघण्टुः/ 2/ 1/
3. शुक्रनीतिः/ 4/ 113/
4. उत खिल्या उर्वराणां भवन्ति। ऋग्वेदः/ 10/ 142/ 3/
5. शतपथब्राह्मणम्/ 2/ 1/ 1/6/
6. मृद्वी भूः सर्ववृक्षाणां हिता/बृहत्संहिता/ 54/ 2/
7. दूर्वावीरणसंयुक्ताः सानूपा मृदु मृत्तिकाः/काश्यपसंहिता/

जलोपलब्धिः—जलन्तु कृषेर्जीवनमेव। कृष्यभूमौ सस्यप्रतिरूपस्य निर्धारणं जलोपलब्धिदृष्ट्यैव भवति। कौटिलीयेऽर्थशास्त्रे जलापूर्तिदृष्टयाऽपि लभ्यते कृष्यभूमिविवेचनम्—

(i) काशीफलालाबूर्वरकादिकृते नदीतटीयं बालुकामयपुलिनमुपयुक्तं यत्र फेनाघातेन वर्द्धन्ते वल्लयः।

(ii) पिप्पलीमृद्वीकेक्षूणां कृते तद्भूभागं फलप्रदं यत्र समीप एव जलपरिवाहः सुलभः—परिवाहान्ताः पिप्पलीमृद्वीकेक्षुणाम्।

(iii) आलुक-पालक-मूलक-सूरणादिकृते कूपपर्यन्तप्रदेशाः समुचिताः।

(iv) हरितकानां तडागसरोवरपर्यन्ताः प्रशस्ताः।

(v) गन्धभैषज्योशीरह्रीबेरपिण्डालुकादीनां पाल्वला (पोखरसमीपस्थभूमिः) बहुफलप्रदा।

अत्र कौटिल्यस्य सुस्पष्टनिर्देशो यत् स्वविवेकेनैव कृषकः सीताध्यक्षो वा स्थाल्या आनूप्याश्चौषधीः वपेद् वापयेद्वा।[1]

देशज्ञानम्—

कृष्यभूमिविवेकाय मृत्तिका-जल-वायु-वनस्पति-जीवादि समग्र कृषिसाधनदृष्ट्या देशज्ञानमावश्यकम्। दृष्टयाऽनेन देशस्त्रिविधः—जाङ्गलः, आनूपः साधरणश्च।

(i) जाङ्गलः—

भूमिः	—	तनुखरपरुषसिकताशर्कराबहुला।
वायुदशा	—	स्थिरशुष्कपवनबलविधूयमानतरुणविटपः प्रवातः प्रचुरातपो देशः
जलम्	—	जलशून्योऽल्पजलो वा प्रततमृगतृष्णिकोपगूढः।
आकाशम्	—	पर्याकाशभूयिष्ठो देशः।
वनस्पतिः	—	कदर-खदिर-असन-अश्वकर्ण-धव-तिनिश-शल्लकी-साल-सोमवल्क-बदरी-तिन्दुकाश्वत्थवट-आमलकीगहनः अनेकशमीककुभशिंशपाप्रायः।
जीव-जन्तवः	—	लावतित्तिरचकोरानुचरितभूमिभागः।
मानवः	—	स्थिरकठिनमनुष्यप्रायो ज्ञेयः।

(ii) आनूपः—

भूमिर्जलञ्च	—	सरित्समुद्रपर्यन्तप्रायः वञ्जुलवानीरोपशोभिततीराभिः

1. अर्थशास्त्रम्/ 2/ 14/ 19/

		सरिद्भिरुपगतभूमिभागः क्षितिधरनिकुञ्जोपशोभितः मृदु-मृत्तिकासमन्वितः।
वायुः	—	मन्दपवनानवीजितक्षितिरुहगहनः।
वनस्पतिः	—	हिन्ताल-तमाल-नारिकेलकदलीवनगहनः अनेक-वनराजिपुष्पितवनगहनभूमिभागः स्निग्धतरुप्रतानोपगूढः।
जीव-जन्तवः	—	हंसचक्रवाकबलाकानन्दीमुखपुण्डरीककादम्बमद्गुभृङ्गराजशतपत्रमत्तकोकिलानुनादिततरुविटपः।
मानवः	—	सुकुमारपुरुषः पवनकफप्रायो देशः ज्ञेयः।

(iii) **साधारणः**—

अनयोरेवद्वयोर्देशयोर्वीरुद्वनस्पतिवान् शकुनिमृगगणयुतः स्थिरसुकुमारसकलवर्णः . . . उपपन्नसाधारणगुणयुक्तपुरुषः संसृष्टलक्षणः साधारणो ज्ञेयः।[1] एवं देशज्ञानं समाधाय कृष्यभूमिविवेकयुक्तः कृषकोऽधिकतमफललाभाय कल्पते।

कृष्यभूमिपरीक्षणम्—

बीजवपनात् प्राक् कृष्यभूमेः परीक्षणमप्यावश्यकम्। क्षेत्रपरीक्षणस्य, —रूप-रस-गन्ध-प्लव-वपन-खनन-आकृति-प्रश्नादिनैका विधयः सन्ति वास्तुशास्त्रे कृषिशास्त्रे च।

तत्र बीजवपनात् भूमिपरीक्षणं—

प्रथमविधिः—

> **फालकृष्टे तथा देशे सर्वबीजानि रोपयेत्।**
> **त्रिपञ्चसप्तरात्रेण यत्र रोहन्ति तान्यपि**
> **ज्येष्ठा मध्या कनिष्ठा भूर्विवर्जनीयेतरा मता।।**[2]

उप्तबीजा भूमिर्यदि त्रिरात्रेण साङ्कुरा स्यात्तर्हि भूमिः प्रशस्ता ज्ञेया, पञ्चरात्रेणाङ्कुरिता मध्यमा, सप्तरात्रेण निन्दिता। अङ्कुररहिता भूमिस्तु सर्वथा वर्जनीया।

द्वितीयविधिः—नानाक्षेत्रेभ्यो मृत्तिकासञ्चयं कृत्वा बीजं वपेत्। यत्रोप्तानि बीजानि समकाले सर्वत्र समानरूपेणाङ्कुरितानि स्युः सा भूमिः प्रशस्ता यत्र विषमेण कालेन

---

1. चकरकसंहिता/कल्पस्थानम्/7-9/; वृष्टिप्रबोधः, पृ. 6-7;
2. मत्स्यपुराणम्

विषमरूपेण सा मध्यमा मध्यमफलप्रदा। यत्र चोप्तानि बीजानि अनङ्कुरितानि सा अधमा निष्फला च।

बीजवपनार्थं हलाग्रेण कर्षणसमये लोष्ठ—मण्डूक–सुवर्ण–रजत–ताम्र–तण्डुलादयः समुत्पद्यन्ते यदि सा भूमिः शुभा पिपीलिकादुःखदारिद्र्यदात्री अङ्गारे तु भयमित्यादि बहुविचारणीयम्।[1]

अत्र कर्षणसमये समुद्गतशुभाशुभद्रव्याणामुल्लेखः। एतैः क्षेत्रगतमृत्संरचना, जलस्रोत सामुपलब्धिर्भूमिवैशिष्ट्यमादिकं ज्ञाप्यन्ते। जलसंधारणक्षमैः मृत्तिकाघटकैरेव लोष्ठानि संरच्यन्ते। कृष्णमृत्तिकायामिदं वैशिष्टयम् सर्वाधिकं संलक्ष्यते तदनु बभ्रुवर्णमृत्तिकायाम्। लोष्ठेन भूमेः रसमयता दीर्घकालं यावज्जलसंधारणक्षमता च सूच्यते।

मण्डूकोपस्थितिः भूगर्भस्थं जलस्रोतः सूचयति यतो मण्डूको जलसूचको मतः दकार्गले (भूमिगतजलविज्ञाने)[2]

एवं पिपीलिका सस्यहानिकरान्टकीटान्ज्ञापयति। स्वर्ण–रजत–ताम्रादीनां समुपस्थितिः भूमेः रासायनिकपरिकर्म कुर्वन्ति यद्बीजपुष्टिकरं भवति। तण्डुलोपस्थितिः व्रीहिवापयोग्यतां सूचयति।

खननविधिः—

क्षेत्रे हस्तमितं खातं विधाय सायं जलेन पूर्य्येत्। यदि प्रातः कालं यावज्जलं तिष्ठति तदा शुभं, पङ्के सति मध्यमम्, स्फुटिते चाधमम्। परिस्रुते जले भूमेरनुर्वरता बीजप्ररोहणाक्षमता च ज्ञायेते

अकृष्यभूमेरपि परिगणनं कृषिविषयकग्रन्थेषु, यत्र वाहैः हलप्रसारणं निषिद्धम्–देवतायतन–उद्यान–निपानस्थान–गोव्रज–सीमा (द्वयोः कृषिक्षेत्रयोर्मध्यवर्तिस्थानम्) श्मशानभूमि–वृक्षाच्छादितभूमि–निखातयूपभमि–नदीपुलिन–ऊषरभूभागादयश्च।[3]

अत्र निषेधमूले क्वचित् पर्यावरणसंरक्षणस्य भावना, क्वचित् पशूनां कृते भूमिसरंक्षणस्य, क्वचिद् धार्मिक–सामाजिकप्रयोजनसिद्धिः क्वचित् कृषकहितसाधनञ्च।

---

1. विश्वकर्मा–वास्तुशास्त्रम्।
2. अ. सर्वेषां वृक्षाणामधः स्थितो दर्दुरो यदा दृश्यः।
   तस्माद्धस्ते तोयं चतुर्भिरर्धाधिकैः पुरुषैः। बृहत्संहिता/ 53 / 30
   ब. वाच्यं जलं नरार्धे तु मण्डूको हरितो भवेत्/सारस्वतग्रन्थे/
3. वाचस्पत्यम्, 2208 पृष्ठे संकलितम्।

कृष्यै कालानुरूपं भूमिमूल्यम्—

वर्षाग्रीष्मशरदादिक्रमेण भूमिमहत्त्वबोधोऽपि कृष्यभूमिविवेके सहायो भवति। कृषि-विज्ञानमते माघे क्षेत्रस्य मृत् सुवर्णसमा भवति फाल्गुने रजतसन्निभा, चैत्रे ताम्रसमा,माधवे (वैशाखे)धान्यतुल्या एव। ज्येष्ठे मृत्समा मूल्यहीना ज्ञेया आषाढे कर्दमान्विता,कर्कटे (श्रावणे) निष्फलैव।[1] अत्र पराशरमुनेर्मतम्—

हेमन्ते कृष्यते हेम वसन्ते ताम्ररूप्यकम्।
धान्यं निदाघाकाले तु दारिद्र्यं तु घनागमे।।[3]

एवं कृष्यभूमिविवेकवानेव पुरुषः सस्यसम्पल्लाभाय समर्थो भवत्यतः कृषकः कृष्यभूमिविवेके यत्नवान् स्यात्।

(2) जलम्

सस्योत्पादनाय द्वितीयमनिवार्यं साधनन्तु जलमेव यत् सर्वविधसर्जनस्याप्याद्यं तत्त्वमभिमतम्—

तमिद्गर्भः प्रथमं दध्र आपो . . .
यस्मिन्विश्वानि भुवनानि तस्थुः।[3]

'सलिलं सर्वमा इदम्, 'अप एव ससर्जादौ तासु बीजमवासृजत्' 'या सृष्टिः स्रष्टुराद्या' इति श्रुतिस्मृतिसाहित्यप्रतिपादितदिशा[4] जलमेव जीवनं सृष्टिप्रक्रियाया अपरिहार्यमुपादानं च ज्ञायते।

जलस्वरूपं परिभाषा च—नानापदार्थसंकुलेऽस्मिन् ब्रह्माण्डे उपलभ्यमानेषु पदार्थेषु जलमन्यतमं वर्तते। संस्कृतवाङ्मये जलं पृथिव्यादिपञ्चमहाभूतेषुविशिष्टमहाभूतरूपेण स्वीकृतिं लभते। वैशेषिकसूत्रे महर्षिकणादेन जलमित्थं परिभाषिताम्—

रूपरसस्पर्शवत्यापो द्रवाः स्निग्धाः।[5]

जलमहत्त्वम्—

अस्यां पृथिव्यां यत्र कुत्रचिदपि जीवनं समृद्धिश्च तत्र येन-केनापि रूपेण जलोपलब्धिस्तु

1. कृषिपाराशरः/कृषिखण्डः/74-75/
2. कृषिपाराशरः/कृषिखण्डः/76/
3. ऋग्वेदः 10/ 82 / 6 /
4. ऋग्वेदः/ 10/ 129/ 3; मनुस्मृतिः/ 1/ 8; अभिज्ञानशाकुन्तलम्/ 1/1/
5. वैशेषिकसूत्रम्/ 2/ 1/ 2/

सुनिश्चिता एवातः ब्राह्मणग्रन्थेषु जलमहत्त्वं सूचितं नानासन्दर्भेषु—

इमा राष्ट्रस्य वर्धनीरिमा राष्ट्रभृतोऽमृताः।।
अमृतं वा एतदस्मिन् लोके यदापः।[1]
आपो वै प्राणाः।[2]

निघण्टुनाम्नि वैदिकपदकोशे संकलितानि—जीवनं भुवनं वनमाद्येकशत-मुदकनामानि[3] जीवनाय जलस्य प्राथमिकतामपरिहार्य्यताञ्च सूचयन्ति।

प्रथमं सृष्टिबीजमङ्कुरितं जलेषु। अद्यावधिः यत्रकुत्रचिदङ्कुरणम् तत्र जलं कारणम्।[4] विश्वंभरेयं धरा प्रतीक्षयत आकुलतया तं वृषभं मेघम्। तस्य मेघस्य श्रवणसुभगेन गर्जितमात्रेण वसुन्धरया शिलीन्ध्रप्रहरोहाणि प्रसूयन्ते।[5]

अद्भ्यो हीदं सर्वं जायते।[6] सर्वविधप्रजननकारणत्वाज्जलानां, सत्यमिदं वेदवचनम् —'आपो वै जनयो' इति।[7]

जलेनैवान्नोत्पत्तिरपि—

अन्नं हि वा आपस्तस्माद्यदेमं लोकमाप आगच्छन्त्यथेहान्नाद्यं जायते।[8] अतः प्रार्थ्यन्त आपोऽन्नसमृद्धये—

अनु स्वधामक्षरन्नापो।[9] स्वधेति अन्ननाम, आपो जलानि। व्रीह्यादिरूपमन्नमनुलक्ष्य क्षरन्तु जलानि इति प्रार्थना।

जलमहत्त्वमवगम्य्य समुचितमेवोक्तं कृषिवैज्ञानिकैः—

आपो मूलं हि सर्वस्य सर्वमप्सु सुप्रतिष्ठितम्।
सर्वस्य बीजमापो वै सर्वमद्भिः समावृतम्।।[10]

---

1. ऐतरेयब्राह्मणम्/ 8/ 2/ 3, 20/
2. शतपथब्राह्मणम्/ 3/8/ 2/ 4/
3. निघण्टुः / 1/ 1/ 2/
4. यदमोघमपामन्तरुप्तं बीजमज त्वया।
   अतश्चराचरं विश्वं प्रभवस्तस्य गीयते।। कुमारसंभवम् /2/ 5/
5. कुमारसम्भवम्/ 5/ 61; मेघदूतम्/ 1/ 11/
6. शतपथब्राह्मणम् / 8/ 8/ 2/ 3/
7. शुक्लयजुर्वेदः/ 12/ 35/
8. शतपथब्राह्मणम्/ 2/ 1/ 1/ 3/
9. ऋग्वेदः/ 1/ 33/ 11/
10. वाचस्पत्यम्/ पृ. 2204/ संकलितम्।

जलगुणाः—सम्प्रति विवेच्यन्ते जलगुणा ये कृष्यै हिता भवन्ति।

(i) रसत्वम्—रसः जलस्य स्वविशिष्टो गुणः। यथोक्तं भगवता मनुना—आपो रसगुणाः स्मृताः।[1] जलस्यानेनैव गुणेन पृथिवी नद्यश्च 'रसा' इति कथ्यन्ते।[2] पृथिव्यां यत्र यत्र सरसता हरितिमार्द्रता च तत्र-तत्र जलस्य रसगुण एव, यथा पर्यवेक्षणं जलतत्त्वज्ञानाम्—'स्निग्धा यतः पादपगुल्मवल्ल्यो निश्छिद्रपत्राश्च ततः शिराऽस्ति।

इति सारस्वतमुनेर्मतम्।

स्निग्धाः प्रलम्बशाखा वामनविटपद्रुमाः समीपजलाः।

सुषिरा जर्जरपत्रा रुक्षाश्च जलेन सन्त्यक्ताः।।[3] इति वराहः।

सस्यवृद्धिः प्रथमन्तु जलेन तदनूर्वरकेण। उर्वरकपोषणमपि रसरूपेणैव गृह्यते वनस्पतिभिः। धरण्याः पोषकतत्त्वानि पादपैः स्वमूलरूपपादैरेव पीयन्ते। सस्यफलेषु मधुराम्लकटुतिक्तादिरसत्वं जलस्य रसगुणेनैव।

(ii) **द्रवत्वम्**—द्रवत्वं जलस्यैकान्तिकमात्यन्तिकं नैसर्गिकञ्च धर्म। अस्त्यत्र वेदस्य प्रमाणम्—**सिन्धो यद्वाजाँ अभ्यद्रवस्त्वम्।**[4]

सिन्धुः वाजान्—अन्नान्यभिलक्ष्य द्रवति। दर्शनशात्रे–आद्यस्यन्दनसमावायिकारणं[5] द्रवत्वम्मतम्। अनेनैव स्यन्दनधर्मेण नद्यः स्यन्दशीला जलस्यैकमभिधानञ्च सुद्रवमिति[6] श्रुतिषु।

द्रवत्वगुणेनैव जलं मृत्तिकाकणान् व्याप्नोति भूगर्भं प्रविशति च।

जलेनानेनैव धर्मेण धार्यन्ते पादपाः। यत्र शुष्ककृषेः प्रचलनम् तत्रेदं मृदाजलमेव संरक्षति संवर्द्धयति च कृषिम्।

(iii) **स्निग्धत्वम्**—स्नेहो जलस्य विशिष्टो गुणो यः केवलमम्भस्येव सन्तिष्ठते नान्यत्र क्वापि। स्नेहश्चिक्कणता। जलमात्रवृत्तिः, कारणगुणपूर्वकः . . . यावद्द्रव्यभावी इति न्यायशास्त्रम्।[7] चूर्णादिपिण्डीभावहेतुः स्नेहोऽतो लोष्ठसंरचनायां जलस्य स्नेहगुण

---

1. मनुस्मृतिः/ 1/ 78/
2. ऋग्वेदः/ 10/121/4/
3. बृहत्संहिता/ 53/49/
4. ऋग्वेदः/ 10/ 75/2/
5. तर्कभाषा/प्रमेयनिरूपणम्/ 13/
6. ऋग्वेदः/ 10/ 28/ 2/
7. तर्कभाषा/प्रमेयनिरूपणम्/ 14/

एव कार्यकारी भवति। मृत्तिकाकणान् परस्परं संयोजयन् स्नेहः मृत्तिकाक्षरणतो भूतलं रक्षति दृढतया धारयति च पादपमूलानि।

(iv) **शैत्यम्**—सर्वेऽपि तत्त्वविशारदा आकपिलं कणादपर्यन्तं जलेषु नैसर्गिकं शैत्यमामनन्ति।[1] शैत्यगुणेनैव वर्षायां ग्रीष्मस्य तापशमनं वायुमण्डलस्य च तापनियन्त्रणम्। अनेनैव गुणेन निदाघग्लापिता मही वर्षाजलेन विगततापा पुनर्नवा च भवति। बीजानामङ्कुरणकाले यत् तापमानमावश्यकं तत्तु जलस्य शैत्यगुणेनैव संभाव्यते।

(v) **क्लेदनक्षमत्वम्**—क्लेदनगुणेनैव जलम् उदकम्[2] उदकसिञ्चनेन उक्षा[3] इति कथ्यते। न चैनम् क्लेदयन्त्यापः[4] इति वचनेन भगवद्गीतायां धर्मस्यास्य समर्थनम्। क्लेदनगुणेनैव जलेन सस्यसेचनं संभवति मृत्स्वावश्यकाऽऽर्द्रतायाः संरक्षणञ्च। जलक्लिन्नबीजमेवाङ्कुरं जनयति न तु शुष्कं बीजम्—

'प्रनूनं जायतामयं . . . तोक्मेव रोहतु' इति श्रुतिः।[5] 'तोक्म' तु जलक्लिन्नबीजमिति सायणाचार्यः। इत्थं जलस्य क्लेदनगुणोऽपि कृषिकर्मणे हितमेव।

जलभेदाः कृषिकर्मण्युपयोगश्च—

एतत्तु सुनिश्चितमेव यज्जलं विना कृषिकर्म अशक्यमतो जलस्रोतसां जलभेदानां वा परिगणनमपि कृषिविज्ञानस्यैकमङ्गम्। ऋग्वेदस्याधोलिखिते मन्त्रे—

या आपो दिव्या उत वा स्रवन्ति
खनित्रिमा उत वा याः स्वयंजाः।।
समुद्रार्था याः शुचयः पावका
स्ता आपो देवीरिह मामवन्तु।[6]

पञ्चविधजलप्रकाराणां निरूपणम्—

(i) **दिव्यानि**—यथा मेघजलानि।

(ii) **स्रवणशीलानि**—नैर्झराणि, प्रस्रवणजलानि च।

(iii) **खनित्रिमाणि**—मानवैः भूमिं खनित्वा भूगर्भतः प्राप्तानि जलानि यथा कूप—वाप्यादीनां जलानि।

---

1. अ. अप्सु शीतता/वैशेषिकसूत्रम्/ 2 / 5/
   ब. उष्णत्त्वमग्न्यातपसंप्रयोगाच्छैत्यं हि यत्सा प्रकृतिर्जलस्य। रघुवंशम्/ 5/ 54/
2. उदकं कस्मात् उनत्तीति सतः/निरुक्तम्/ 2/ 7/
3. कुमारसंभवम्/1/ 54/
4. भगवद्गीता/ 2/ 22/
5. ऋग्वेदः/ 10/62/ 8/
6. ऋग्वेदः/ 7/ 49/ 2/

(iv) **स्वयंजातानि**—स्वयमेव भूमिं भित्त्वा समुद्गतानि—औद्भिदानि जलानि।

(v) **समुद्रार्थानि**—साक्षात्परम्परया वा समुद्रगानां नदीनां जलानि।

सम्प्रति लोक—स्रोत-स्वरूप-गुणधर्मादिभेदैर्निरूप्यन्तेऽत्र जलभेदाः—

(क) लोकानामाधारेण जलभेदाः—

यद्यपि भारतीयपरंपरायां लोकानां चतुर्दशसंख्या अभिमतास्तथापि सामान्यतया त्रय एव लोकाः प्रसिद्धाः—द्युलोकः, पृथिवीलोकः, पाताललोकश्च, अत एतेभ्यो लोकेभ्यो लभ्यानि जलान्यपि त्रिविधानि-दिव्यं, भौमं पातालीयञ्च—

त्रयः कोशास उपसेचनासो मध्वश्चयोतन्यभितो विरप्शम्।[1]

'दिव्याः' दिविभवा अपः उदकानि इति सायणः।

दिव्यमपि जलं चतुर्विधम्—धाराजं, करकाभवं, तौषारं हैमञ्च। एतेषु धारं जलं सर्वप्रयोजनसिद्धिकरत्वाद् गुणैरधिकं स्मृतम्।

(i) धारं जलम्—

यज्जलं मेघेभ्यो वृष्टिधारारूपेण पृथिवीं प्राप्यते तद्धारं जलं, यथा वैदिके लौकिके च वाङ्मये वर्णनम्—

(*i*) दिवो नो वृष्टिं मरुतो ररीध्वं प्रपिन्वत वृष्णो अश्वस्य धारा।[2]

(*ii*) प्रयान्ति मन्दं बहुधारवर्षिणो बलाहकाः श्रोत्रमनोहरस्वनाः।[3]

धारं जलं मेघेभ्यः प्राप्यतेऽतः कृषिफलन्तु मेघाऽऽयत्तमेव इति जानन्त्यस्माकं मुग्धाः कृषकवध्वोऽपि अतःप्रीतिस्निग्धैः लोचनैरभिनन्दनं प्रथममेघस्य समग्रेऽपि भारतदेशे—

त्वय्यात्तं कृषिफलमिति भ्रूविलासानभिज्ञैः।
प्रीतिस्निग्धैर्जनपदवधूलोचनैः पीयमानः॥[4]

अन्नसमृद्धिकारणन्तु धारं जलमेव, प्रजानामानन्दोल्लासा आशानिराशाश्च वृष्ट्याश्रिताः खलु—

---

1. ऋग्वेदः/ 7/ 101/ 4/
2. ऋग्वेदः/5/ 83/ 6/
3. ऋतुसंहारः/ 2/2/
4. मेघदूतम्/ 1/ 16/

यदा सुवृष्टिर्न भवति व्याधीयन्त प्राणा अन्नं कनीयो भविष्यत्यथ यदा सुवृष्टिर्भवत्या-नन्दिनः प्राणा अन्नं बहु भविष्यतीति।[5]

क्षेत्रकर्षणात् प्राक् पश्चाच्च कृषका मेघजलं प्रतीक्षन्ते। जलस्निग्धे क्षेत्रे कर्षणं सुकरं बीजवपनञ्चातो ऋग्वेदस्य क्षेत्रपतिसूक्ते प्रार्थना शुनासीरौ प्रति—

शुनं पर्जन्यो मधुना पयोभिः शुनासीरा शुनमस्मा सुधत्तम्।[2]

उप्ते सति बीजे सस्यप्ररोहणार्थमप्यावश्यकं वृष्टिजलम्। बीजमुष्टिं दधाना क्षितिरपि प्रसवकाङ्क्षया सोत्कण्ठभावेन मेघजलमीक्षते।[3] अनेनैव जलेन प्रपूर्य्यते पृथिव्या जलस्रोतांसि नद्यः सरोवरास्तडागादयश्च। गुणैरपि दिव्यं जलमिदं रसायनभूतमुद्भिजानां कृते।

(ii) करकाभवं जलम्—

वृष्टिजलं धारं जलं वा दिव्यजलस्यैकं रूपं द्वितीयं रूपन्तु करकाजलम्। एतदपि जलं द्युलोकात् पृथ्वीं प्रति यात्यतो दिव्यं जलमेव। आकाशात्पाषाणखण्डवद्या आपः पतन्ति ताः 'करका' (ओला इति भाषायाम्) 'उपला' वा कथ्यन्ते।[4] करकास्तु मेघगर्भस्यातिकठिनं दीर्घकालधृतं रूपं यथा निरूपितं बृहत्संहितायाम्—

गर्भः पुष्टः प्रसवे ग्रहोपघातादिभिर्यदि न वृष्टः।
आत्मीयगर्भसमये करकामिश्रं ददात्यम्भः।।
काठिन्यं याति यथा चिरकालधृतं पयः पयस्विन्याः।।
कालातीतं तद्वत् सलिलं काठिन्यमुपयाति।[5]

करकावर्षिणो मेघा 'औत्पातिकमेघा' इति कथ्यन्ते।[6] एभिर्झञ्झावातेन सह करकावृष्टिः क्रियते येन बहुलपरिमाणेन सस्यहानिर्भवति।

यद्यपि क्षेत्रस्थसस्याय हानिकरं करकावर्षणं तथापि सस्यरहिते क्षेत्रे भूमिगतपरिकर्मकृते करकाभवं जलं हितकरं मतं यथोक्तं बृहत्संहितायाम्—

---

1. छान्दोग्योपनिषद्/ 7/ 10/ 1/
2. ऋग्वेदः/ 4/ 57/ 8/
3. अन्तर्गूढं क्षितिरिव नभो बीजमुष्टिं दधाना। रघुवंशम् / 19/ 57/
4. वर्षोपलस्तु करका। अमरकोशः / 1/ 3/ 12/
5. बृहत्संहिता/ 21/ 35-36/
6. रघुवंशम्/ 14/ 53/

उपचरितं बीजं करकोन्मिश्रमृदि वापितं तत्क्षणमेव जातं फलभारान्विता शाखा भवति—

करकाजलमृद्योगे न्युप्तान्यह्ना।[1]

(iii) तौषारं जलम्—

शीतकाले हेमन्ते शिशिरे वा रात्रौ वायुमण्डलीयतापमानेऽतिन्यूने सति जलवाष्पं तुषाररूपेण वर्षति।[2] तुषारस्तु दिव्यजलस्यातिशीतलं सान्द्रं रूपं 'तुष्, तुस पाला' वा भाषायाम् 'वायवः सान्द्रतुषारशीतलाः' 'तुषारसंघातनिपातशीतला' आदिभिः सन्दर्भैस्तुषारस्य[3] सान्द्रत्वमतिशीतत्वं च ज्ञायेते। तुषारजलमायुर्वेदे प्राणिनां कृतेऽपथ्यं वृक्षजातीयवनस्पतीनां कृते हितं स्मृतम्—

अपथ्याः प्राणिनां प्रायो भूरुहाणान्तु ता हिताः।
तुषाराम्बु हिमं रुक्षं स्याद्वातलमपित्तलम्।।

तुषारेण कोशिकाभित्तिस्फोटनेन शस्यानां क्षतिर्भवति किन्तु बीजोपचाराय तौषारं जलं हितकरमेवातः सर्वैरपि कृषिविशेषज्ञैस्तुषारे बीजनिधानस्य निर्देशः

(*i*) **तुषारपायनमुष्णशोषणं चासप्त रात्रादिति धान्यबीजानाम्।**[4]

(*ii*) **माघे वा फाल्गुने मासि सर्वबीजानि संहरेत्।**
शोषयेदातपे सम्यक् नीहारे विनिधापयेत्।।[5]

(iv) हैमं जलम्—

दिव्यजलस्य कठिनमद्रवरूपं हिममिति। पर्वतानामुच्चशिखरेषु यत्र तापमानं हिमाङ्कतोऽपि न्यूनं भवति तत्र दिव्यं जलं हिमवृष्टिरूपेण पतति। पर्वतेषु हिमपातेन हिमशृङ्गाणि हिमसोपानानि च निर्मीयन्ते।[6] कृषिक्षेत्रेषु हिमपातेन सस्यहानिर्जायते। प्रायः हेमन्ते हिमपातोऽतो हेमन्तऋतुः 'हिमागमकाल' इति स्मृतः।

हिमं शस्यहानिकरं किन्तु हैमं जलं कृषिकर्मणि क्वचिद्धितमपि। बीजपवनकाले

---

1. बृहत्संहिता 54/ 29/
2. विलीनपद्मः प्रपतत्तुषारो हेमन्तकालः समुपागतोऽयम्। ऋतुसंहारम्/ ५/ १/
3. ऋतुसंहारम्/ 5/ 3–4/
4. अर्थशास्त्रम्/ 2/ 24/ 20/
5. कृषिपाराशरः/कृषिखण्डः/ 77/
6. मेघदूतम् / 1/ 64/

हिमजले निषक्तं बीजं वपनीयं इति पराशरमुनेर्विधानम्।[1] हिमलजेनैव गङ्गा-यमुना-ब्रह्मपुत्र-सरयूप्रभृत्यः सदानीरा नद्यो भारतदेशे, याभिः क्षेत्रविशेषस्य नदीमातृकता भवति।

हिमशीतलजलस्यैकं रूपं हिमाम्भः पालेयं तुहिनाम्बु वा ('ओस' इति भाषायाम्)। तृणाग्रेषु तरुपल्लवेषु च पतितमिदं हिमजलं प्रभाते सूर्यरश्मिसंपर्कान्मुक्ताफलमिवाभाति।[2] शुक्लयजुर्वेदे षोडशजलभेदेषु जलमिदं 'वाशीस्थ' इति नाम्ना परिगणितम्—

वाशीस्थ राष्ट्रदा राष्ट्रं मे धत्त।[3]

इमा आपोऽन्ननिष्पतित्तहेतुत्वाज्जनैः उश्यन्ते काम्यन्ते।

'पुष्णन्ति ओषधीः' इति 'प्रुष्वा' अपि नाम प्रालेयजलानाम्।[4]

शरदि इदं जलं सस्यमावश्यकाऽऽर्द्रतां पोषणञ्च प्रयच्छति।

2. भूपृष्ठतः प्राप्तं भौमजलम्—

इयं पृथिवी जलस्यायनमिति वेदवचनम्—इयं वाऽपामयनमस्यां ह्यापो यन्ति।[5] अन्तरिक्षस्य सलिलं (वृष्टिजलं) धरण्यैव धार्य्यते स्वखातगर्तनदीसमुद्रादीष्वतो वैदिकवाङ्मये भूलोकस्यैकमभिधानमम्भाँसि इति,[6] नद्यस्तु धरण्या जीवनरेखा अहोरात्रमप्रमादं क्षरन्ति यासां जलैरन्नं कृषिश्च संभवतः—

यस्यां समुद्र उत सिन्धुरापो यस्यामन्नं कृष्टयः संबभूवुः।
यस्यामापः परिचराः समानीरहोरात्रे अप्रमादं क्षरन्ति।।[7]

(i) देशभेदतो भौमं जलम्—देशभेदात् भूपृष्ठीयं जलं त्रिविधं निगदितम्—जाङ्गलम् आनूपम् साधारणञ्च।

जाङ्गलम्—स्वल्पोदकतृणः प्रवातः प्रचुरातपो देशो जाङ्गलो ज्ञेयः तत्रत्यं जलं जाङ्गलम्। जाङ्गलं जलं क्षारीयं लवणान्वितं वा भवति फलतः कृषिस्तु दुष्करैव।

आनूपम्—नदीपल्वलशैलाढ्यः मृदुवाताऽऽतपान्वितोऽनेकवन-सस्यसमुद्धो देशः 'अनूप' इत्युच्यते तद्भवं जलमानूपमिति। आनूपे जलमतिसुलभत्वात् सुशस्या कृषिः फलति।

1. कृषिपाराशरः/कृषिखण्डः/ 97/
2. रघुवंशम् / 5/ 70/
3. शुक्लयजुर्वेदः/ 10/ 4/
4. शुक्लयजुर्वेदः / 10/4 महीधरभाष्यम्, उव्वटभाष्यञ्च
5. शतपथब्राह्मणम्/ 7/ 5/ 2/ 47/
6. तैत्तिरीयब्राह्मणम्/ 3/ 8/ 18/ 1/
7. अथर्ववेदः/ 12/ 1/ 3, 9/

साधारणम्—संसृष्टलक्षणो देशः साधारणो मतः। अत्र समशीतोष्णजलमारुतश्च।[1]

(ii) आश्रयभेदतो भौमं जलम्—आश्रयभेदतस्तु जलं नानारूपं। तेषां स्वरूपाणि गुणधर्माणि च बहुशो विवेचितानि चरकसुश्रुतादिसंहिताषु राजनिघण्ट्वादिकोशग्रन्थेषु च। अत्र दिङ्मात्रप्रदर्शनम्—

(1) नादेयं जलम्—

नदीनां नदानां वा जलं नादेयमिति। धरातलोपरि प्रवहमाना साक्षात् परम्परया वा समुद्रगा जलधारा नदी[2] इति कथ्यते। अस्यां पृथिव्यामुपयोगयोग्यमधुरजलानां सर्वोत्तमं स्रोतस्तु नदी एव। नदनात् नदी, सरणात् सीरा सरिद्वा, अयनादेनी, वेगेन सत्वरी, स्यन्दनात् सिन्धु, स्रोतसा स्रोतस्विनी, रसेन सरस्वती, पयसा पयस्वती, तरङ्गमालया तरङ्गिणी, तटभ्यां तटिनीति चाऽभिधानैः सम्बोध्यते।

नदीमातृकदेशेषु नदीजलमेव सस्यसेकस्य पोषस्य च साधनं भवति।धेनूरिव नद्योऽपि विश्वेभ्यः दोग्ध्र्यो भवन्ति।

धेनूरिव मनवे विश्वदोहासो जनाय विश्वदोहसः।[3]

सरोवर-तडाग-सेतुबन्ध-कुल्याऽऽदीनामपि परिपोषिका भवन्ति नद्योऽतो वैदिकऋषेः प्रार्थना सरस्वतीं प्रति—

यस्ते स्तनः शशयो यो मयोभूर्येन विश्वा पुष्यसि वार्याणि।
यो रत्नधा वसुविद्यः सुदत्रः सरस्वति तमिह धातवे कः।[4]

(2) नैर्झरं जलम्—

शैलसानुस्रवद्वारिप्रवाहो निर्झरो झरः। पर्वताद्युच्चप्रदेशात्-प्रसृतमुदकं प्रस्रवणम्। पर्वतीयाञ्चलेषु कृषिकर्मणि एतेषामुपयोगो भवति।

(3) सारसं जलम्—

सरसि विद्यमानं जलं सारसम्। अस्य लक्षणं सुश्रुतसंहितायाम्—

नद्याः शैलादिरुद्धाया यत्र संस्रुत्य तिष्ठति
तत् सरो जलजच्छन्नं तदम्भः सारसं मतम्।।

---

1. वृष्टिप्रबोधः 6, 7/
2. साक्षात्परम्पराया वा समुद्रगाः स्रवन्त्यो नद्यः। याज्ञवल्क्यस्मृतिः / 1/ 159, मिताक्षराटीका।
3. ऋग्वेदः/ 1/ 130/ 5/
4. ऋग्वेदः/ 1/ 164/ 49/

सरः सरोवरः सरस्वान् वा भूपृष्ठे जलस्यैको मुख्यं स्रोतः। सरसः संकल्पना विशालजलराशित्वेन कर्तुं शक्यते। भूमिखाते गर्ते वा यदा–नदी–निर्झर–वर्षादीनां जलं संश्रुत्य तिष्ठति तदा भवति जन्म सरोवराणाम्।

बृहत्सरांसि नदीनामपि स्रोतांसि भवन्ति, यथा मानससरः सरयूनद्याः प्रभवस्थानम्। प्रायः पर्वतीयवनभूमिषु सरसामवस्थितिःयथा रामगिर्याश्रमेषु जनकतनयास्नानपुण्योदकानि सरांसि[1] सरोवरशोभिता विन्ध्यभूमिः[2] दण्डकारण्ये पम्पानामसरश्च।[3]

(4) ताडागं जलम्—

प्रशस्तभूमिभागस्थो बहुसंवत्सरोषितो मानवकृतजलाशयस्तडागः तज्जलं ताडागं स्मृतम्। यस्मिन् प्रदेशेषु नदीनामनवस्थितिस्तत्र ताडागं जलमेव जलसंसाधनं भवति। ग्रामेषु प्रायः तडागेभ्यः प्रणाल्यादिभिर्जलमाहृत्य कृषिः क्रियते। कृषिक्षेत्राणां फल–पुष्पवाट–शण्डादीनां सेचनं तडागजलैर्भवति। गिरिनगरे रुद्रदाम्नः प्रस्तराऽभिलेखे सुदर्शनं नाम मानवकृततडास्य वर्णनप्राप्यते यत् सुवर्णशिकतापलाशिनीप्रभृतीनां नदीनां प्रवाहमवरुध्य सतुबन्धेन रचितमासीत्।

(5) पाल्वलं जलम्—

अल्पं सरः पल्वलं स्यात् 'पोखर' इति भाषायाम्, तत्रत्यं जलं पाल्वलम्। ग्रीष्मर्तौ पाल्वलं जलं पङ्कमात्रमवशिष्यते।[4] पाल्वलं जलं भूमिश्च गन्धभैषज्योशीरह्रीबेर–पिण्डालुकादीनां कृते हितं भवति।[5]

(6) निपानजलम्—

लघुजलाशयानामेकमभिधानं निपानमपि। कूपसमीपस्थं जलशयं निपानमित्यमरः।[6] निपानेषु महिषादिग्राम्यपशूनामवगाहनं ग्रामेषु सुलभं दृश्यम्।[7]

(7) कैदारं जलम्—

केदारं क्षेत्रमुद्दिष्टं, कैदारं तज्जलं स्मृतम्। वर्षर्तौ कृषका बन्धादिकृत्वा केदारे वर्षाजलं रुन्धन्ति। जलपूर्णे केदारेषु शालिव्रीह्यादिधान्यानां रोपणं भवति। यथाऽभिहितं

1. मेघदूतम्/ 1/1/
2. स्कन्दपुराणम्/रेवाखण्डम्/ 81/21/
3. रामायणम्/अरण्यकाण्डम्/ 75/ 17/
4. रघुवंशम्/ 19/51/
5. अर्थशास्त्रम्/ 2/ 24/ 19/
6. अमरकोशः/ 1/ 10/ 62/
7. अभिज्ञानशाकुन्तलम्/ 2/ 6/

श्रीमद्भागवते—

केदारेभ्यस्त्वपोऽगृह्णन् कर्षका दृढसेतुभिः।[1]

जलमयकेदारेषु शालिप्ररोहैः सहोत्पलादिजलीयवनस्पतीनां विकासोऽपि परिलक्ष्यते[2] केदारजलस्योपयोगो व्रीह्युत्पादने तु भवत्येव गोधूम–चणक–मसूरादिकृते मृत्तिकायाम् आवश्यकार्द्रता संरक्षणाय अपि बन्धं कृत्वा जलसंग्रहस्य प्रवृत्तिः कृषिक्षेत्रेषु।

(8) **विकिरं जलम्**—

नद्या वालुकामयपुलिनं विकीर्य यज्जलं लभ्यते तद् विकिरं जलमिति, यथोद्धृतं शब्दकल्पद्रुमे—

नद्या निकटे भूमिर्या भवेद्वालुकामयी।
उद्धाव्यते ततो यत्तु तज्जलं विकिरं विदुः।।

इदं विकिरं जलमुर्वारुकादिवल्लीफलानां कृते हितं भवति।

(3) भूगर्भतः प्राप्तं पातालीयं जलम्—

धरातलस्याधोभागे शैलानां छिद्रेषु, रन्ध्रेषु, गर्तेषु शिराषु वा सञ्चितं जलं भूगर्भीयं जलमिति। मानवशरीरे यथा रक्तवाहिन्यो नाडिकाः सन्ति तथैव भूगर्भे जलवाहिन्यः शिराः।।[3] भूगर्भेऽष्टदिगानुसारेणाष्टा मुख्यशिरा भवन्ति मध्ये च महाशिरा नाम्नी नवमी महाशिरा, एताभ्योऽन्या शतशः शिरा निस्सरन्ति।

जनबाहुल्येन जनसंख्याविस्तरेण च सह यदा मानवावासा नदीतो दूरदेशेऽपि स्थापितास्तदा जातः प्रयासो भूगर्भनिहितजलस्रोतांस्यन्वेषणाय। क्रमशः एतद्विषयकं ज्ञानं जलविज्ञानस्याङ्गरूपेण व्यवस्थितम्। वराहमिहिरस्य बृहत्संहितायां लभ्यते विज्ञानमिदं 'दकार्गलमिति' शीर्षकेण चतुःपञ्चाशत्तमेऽध्याये।

अनूप—मरु–जाङगलादित्रिविधदेशेष्वधोलिखितानां ज्ञापकानां सहाय्येन जलस्रोत-सामाविष्करणं शक्यम्—

वनस्पतयो, मृदः, पाषाणखण्डानि, शिला, जन्तवो, वल्मीका भूसंरचना ध्वनिस्तापमानञ्च।

देशभेदानुसारेण भूतलतो जलस्रोतसां दूरत्वमपि वैभिन्न्यं दधाति। मरुदेशस्यचिह्नानि जाङ्गलदेशे न प्राप्यन्ते किन्तु जाङ्गलदेशचिह्नेषु मरुदेशे प्राप्तेषु द्विगुणं खनित्वैव जलस्रोतोपलब्धिः।

---

1. श्रीमद्भागवतम्/ 10/ 20/ 41/
2. अमी पृथुस्तम्बभृतः पिशङ्गतां गता विपाकेन फलस्य शालयः।
   विकासि वप्राम्भसि गन्धसूचितं नमन्ति निघ्रातुमिवासितोत्पलम्। किरातार्जुनीयम्/ 4/ 26/
3. बृहत्संहिता/ 54/1/

पातालीयजलस्याऽऽश्रयभेदेनाधोलिखितानि प्रकाराणि सन्ति—

(i) **कौप्यं जलम्**—

भारतदेशे कूपो ग्रामेषु कृषिक्षेत्रेषु च सुप्रयुक्तो जलाधारोऽस्ति। ऋग्वेदेऽस्य संज्ञा 'अवत' इति। कथ्यते यदश्विनौ तृषिताय गोतमाय मरुदेशेऽवतं रचितवन्तौ। कूपस्य स्वरूपमित्थं वर्णितं शब्दकल्पद्रुमे—

भूमौ खातोऽल्पविस्तारो गम्भीरो मण्डलाकृतिः।
बद्धोऽबद्धः स कूपः स्यात्तदम्भः कौप्यमुच्यते।।

प्रायः क्षेत्रेषु घण्टीयन्त्रेण कूपतो जलमुद्राह्य सस्यसिञ्चनं क्रियते ऋग्वेदकालतोऽद्या-वधिः। कूपजलेन निपानमपि परिपूर्य्यते, यथा ज्ञायतेऽमरकृतोल्लेखेन।

वाप्यं जलम्—वापीसु जलमपि भूमिगतस्रोततः समागच्छति। भारतवर्षस्याल्प-वर्षण-क्षेत्रेषु वाप्यं जलं कृषिसंसाधनत्वेन प्रयुज्यते। वापीलक्षणमित्थं ज्ञेयम्—

पाषाणैरिष्टकाभिर्वा बद्धकूपा बृहत्तरा।
ससोपाना भवेद्वापी तज्जलं वाप्यमुच्यते।।

औद्भिदं जलम्—भूतलं स्रावितं जलं यदा द्वयोरपारगम्यशैलस्तरयोर्मध्ये पारगम्यशैलेन निर्मिते स्थालीसदृशतले सञ्चितं भवति तदाऽधस्तलसंचितं जलं जलीयदावशाद्धरातलं भित्त्वा निःसरति। इदं जलमौद्भिदमिति कथ्यते भूमिं भित्त्वा निःसरणात्—

विदार्य्य भूमिं निम्नां यन्महत्या धारया स्रवेत्
तत्तोयमौद्भिदं नाम वदन्तीति महर्षयः।।

जलस्रोतसां द्विविधं वर्गीकराम्—

विवेचनेनाऽनेन ज्ञायते यत् स्थूलदृष्टया जलस्रोतांसि द्विविधानि भवन्ति[1]—कृतानि-अकृतानि च।

(i) **अकृतानि**—वर्षा-नदी-सरोवर-निर्झरादिनिसर्गतः प्रसृतानि।

(ii) **कृतानि**—मानवरचितानि दीर्घिका-कूप-वापी-कुल्या-निपान-बन्ध-तडागादीनि।

यथाकालं यथादेशमेतेषमुपयोगोऽधिकतमफललाभाय तु कृषिप्रबन्धस्य विषयः।

---

1. बृहत्संहिता/ 56/ 3/

जलसंसाधनदृष्ट्या देशविभाजनम्—

कृषिकार्येषूपलब्धजलसंसाधनदृष्ट्या देशो द्विविधो मतः—

(i) देवमातृकः

(ii) अदेवमातृकः नदीमातृको वा

ये देशाः कृष्यै केवलं वर्षाजलाश्रितास्ते 'देवमातृका' इति कथ्यन्ते यतः तेषां पोषणं मातृभूतेन पर्जन्यदेवेन क्रियते। यैर्विकसितानि स्वकीयसस्यषेकसाधनानि कूप—तडाग—वाप्यादीनि ते देशा अदेवमातृका, नदीसिञ्चितदेशा नदीमातृकाश्च—

देशो नद्यम्बुवृष्ट्यम्बुसंपन्नव्रीहिपालितः।
स्यान्नदीमातृको देवमातृकश्च यथाक्रमम्।।[1]

नदीमातृकदेशेषु कुल्याप्रणालीसेतुबन्धादिजलसंसाधनैः वर्षाव्यतिरिक्तेष्वपि ऋतुषु सस्योत्पादनं भवति। सर्वविधसस्योत्पादनक्षमत्वाद्बहुफलप्रदानेन देशेषु एषु कृषिरुत्तमावृत्तिरितिमता।[2]

यत्र नदीनामभावे कूप-वापी-तडागादिजलैः कृषिः सम्पद्यते तेऽदेवमातृका देशा कूपमातृका तडागमातृकाऽऽदि कथ्यन्ते।[3] अदेवमातृकदेशेषु कृषिवलैरनायासेनैव सस्यसम्पदः लभ्यते, यथा कुरुजनपदे—

सुखेन लभ्या दधतः कृषीवलैरकृष्टपच्या इव सस्यसम्पदः।
वितन्वति क्षेममदेवमातृकाश्चिराय तस्मिन् कुरवश्चकास्ति।।[4]

यद्यपि केषुचित् प्रदेशेषु विकसितानि जलसंधनानि तथापि सामान्यरूपेण भारतवर्षस्तु देवमातृको देश एव। अस्माकं देशे 'कृषिः वर्षाऽऽश्रितं द्यूतम'(मानसून का जुआ) इति कथ्यते। इदं तथ्यन्तु बहुसहस्रवर्षपूर्वमेव विज्ञातमस्माकं ऋषिभिर्यत्, 'यदा पर्जन्यो रेतसा (स्वजलेन) धरणीं रक्षति तदैव विश्वस्मै भुवनाय इरा जायतेऽन्यथा तु अन्नाभाव एव।[5] अतः भारते कृषिविज्ञाने आनुषङ्गिकरूपेण वृष्टिविज्ञानमपि विवेचितम्।

वृष्टिविज्ञानम्—

कृषिपाराशरे वृष्टिविज्ञानस्य महत्त्वं प्रतिपादयन् पराशरः कथयति—

---

1. अमरकोशः/भूमिवर्गः /2/1/12/
2. शुक्रनीतिः/ 3/ 276/
3. शुक्रनीतिः/ 4/ 112/
4. किरातार्जुनीयम्/ 1/17/
5. ऋग्वेदः /5/83/ 4/

वृष्टिमूला कृषिः सर्वा वृष्टिमूलं च जीवनम्।
तस्मादादौ प्रयत्नेन वृष्टिज्ञानं समाचरेत्।।[1]

नानाजलभेदेषु वृष्टिजलमेव कृष्यै सर्वाधिकं हितकरं भवति। संवत्सरे जलवर्षण-कालो वर्षाकालः प्रावृट्कालो वर्षात्रृतुर्वा कथ्यते।

जगतः प्राणा अन्नं, अन्नञ्च प्रावृट्कालायत्तमतः गर्ग-पराशर-काश्यप-वज्र-वराहादिवैज्ञानिकैः, ग्रहनक्षत्रगति-आकाशदशा-वायुदिशा-मेघस्वरूपादिभिः प्रयत्नेन परीक्षितोऽयं कालः।

पराशरमते वृष्टिज्ञानाय चत्वारि तत्त्वानि शोधनीयानि—

वत्सरराजा, वत्सरमन्त्री, मेघः सलिलाढकञ्च।

क्रमशः सूर्यादिग्रहाणां राजत्वफलम्।[2]

सूर्यो राजा	—	सामान्यवृष्टिः
चन्द्रो राजा	—	उग्रवृष्टिः
भौमो राजा	—	मन्दा वृष्टिः, शस्यहानिः, शस्यशून्या मेदिनी।
बुधो राजा	—	उत्तमा वृष्टिः सर्वशस्या मेदिनी, सुभिक्षं क्षितिमण्डले।
गुरुःराजा	—	शोभना वृष्टिः, सर्वा वसुमती मही
शुक्रो राजा	—	उत्तमा वृष्टिः, सर्वशस्यं, धन-धान्यादिकञ्च।
शनिः राजा	—	अनावृष्टिः वातवृष्टिर्वा धूलिसम्पूर्णा पृथिवी।

अथ मेघज्ञानम्—वर्षाजलस्य स्रोतस्तु 'मेघ' एव। मेघो जलानामसौ सञ्चरणशीलोत्सो यस्य जन्म आकाशेऽन्तरिक्षे वा।[3] अयं, मेहति सिञ्चति वर्षणेन भूमिमिति मेघः, जीवनं मुञ्चतीति जीमूतः, कं जलं बध्नातीति कबन्धः, वरं जलमाहरतीति वराहः जलं ददातीति जलदः, जलं धारयतीति जलधरः पयो वहतीति पयोवाहः,प्रार्जयिता रसानामिति पर्जन्यश्चाऽभिधीयते।

मेघस्तु प्रकृतिमातुः 'ऊधः' (पयोधरः) एव येन पुष्यते जगत्सर्वम्।[4] यदायं महान्कोशो विमुच्यते तदा स्यन्दन्ति नद्यो धरायाम्।[5]

मेघानां गर्भधारणकालः—

मेघगर्भधारणकालविषये मतवैभिन्न्यमाचार्येषु, केचिद्वदन्ति कार्तिकशुक्लान्तमतीत्य

1. कृषिपाराशरः/वृष्टिखण्डः/ 2/
2. कृषिपाराशरः/वृष्टिखण्डः/ 3-13/
3. नभोजां परित्रिततुं विचरन्तमुत्सम्/ऋग्वेदः10/30/9/
4. ऋग्वेदः/ 10/ 30/ 11/
5. महान्तं कोशमुदचा-निषिञ्च स्यन्दन्तां कुल्या विषिताः पुरस्तात्/ऋग्वेदः/5/ 83/ 8/

गर्भदिवसाः स्युः। अत्र गर्गवराहादीनां मतम्—

मार्गशीर्षमासे शुक्लपक्षप्रतिपदायां यदा चन्द्रः पूर्वाषाढानक्षत्रे व्यवस्थितस्तदा मेघगर्भधारणकालोऽवगन्तव्यः।

गर्भ-पुष्टिः—

मेघे जलरूपगर्भस्य पोषकानि पञ्चतत्त्वानि सन्ति।

पवनसलिलविद्युद्गर्जिताभ्रान्वितो यः।
स भवति बहुतोयः पञ्चरूपाभ्युपेतः।।

एभिः पञ्चनिमित्तैः शतयोजनं वर्षति मेघः प्रसवकाले।

प्रसवकालः—

गर्भधारणकालतो पञ्चनवतिदिनशते (195 दिने) प्रसवकालो ज्ञेयः।

यन्नक्षत्रमुपगते गर्भश्चन्द्रे भवेत् स चन्द्रवशात्।
पञ्चनवते दिनशते तत्रैव प्रसवमायाति।।

वर्षानुरूपं जलवर्षणम्—

गर्भधारणकाले मेघानां यो वर्णः परिलक्ष्यते तदनुरूपं प्रसवकाले जलवर्षणम्।

गर्भकाले मुक्ता—रजतसदृशोज्ज्वलशुभ्रवर्णे नीलोत्पलाञ्जनवन्नीलवर्णे जलचरसत्व-सदृशाऽऽकारे सति प्रसवकाले मेघेषु प्रभूतजलं भवति।

गर्भस्रावः—

उल्काशनिपांशुपात-दिग्दाह-क्षितिकम्पखपुरकीलक-केतुग्रहयुद्ध-निर्घाताद्युत्पातैः मेघानां गर्भस्रावोऽपि परिलक्ष्यते। गर्भसमयेऽकारणमेवाऽतिवृष्टिरपि गर्भनाशाय भवति—

विसृजति यदि तोयं गर्भकालेऽतिभूरि।
प्रसवसमयमित्वा शीकराम्भः करोति।।[1]

मेघप्रकाराः—संरचना-वर्ण-आकारादिलक्षणैः चतुर्विधो मेघः—आवर्तः संवर्तः पुष्करः द्रोणश्च। 'आवर्त एकदेशे वर्षति संवर्तः सर्वत्र समरूपेण, पुष्करः जलहीनोऽल्पजलो वा भवति, द्रोणो बहुनीरं धारयत्यनेन मही बहुजला क्रियते' इति पराशरः।[2]

---

1. बृहत्संहिता/ 21/ 7, 23, 25, 26, 37/
2. एकदेशेन चावर्तः संवर्तः सर्वतो जलम्।
   पुष्करे दुष्करं वारि द्रोणे बहुजला मही।। कृषिपाराशरः/वृष्टिखण्डः/16/

प्रवर्षणज्ञानम्—

प्रथमवर्षणेन वर्षाकाले वृष्ट्यनुमानं प्रवर्षणज्ञानमिति। ज्यैष्ठायां समतीतायां पूर्वाषाढादिनक्षत्रेषु यत्प्रमाणं जलं वर्षति तदनुरूपंशस्यादिशुभाशुभं ज्ञेयम्—

प्रवर्षणे यदा वृष्टं दशयोजनमण्डलम्।
वर्षकालं समासाद्य वासवो बहु वर्षति।। –इति देवलः

आषाढादिषु वृष्टेषु योजनाद्वादशात्मके।
प्रवृष्टे शोभनं वर्षं वर्षाकाले विनिर्दिशेत्।। –इति गर्गः

हस्तपूर्वाषाढामृगशिराचित्रादिनक्षत्रानुसारं प्रवर्षणजलप्रमाणं विस्तरेण निरूपितं बृहत्संहितायाः प्रवर्षणाध्याये।[1]

जलाढकमानेन वृष्टिज्ञानम्—

प्रथमम् आढकमानं ज्ञातव्यम् तदनु चन्द्रसूर्ययोः राशिज्ञानम्। 'शतयोजनविस्तीर्णं त्रिंशद्योजनमुच्छ्रितमाढकं भवेत्' इति पराशरः। इदं मानं भविष्यद्वृष्टि–ज्ञानाय न तु अन्नादि मापनाय।

चन्द्रराशिः	**सूर्यराशिः**	**आढकमानेन जलवर्षणम्**
मिथुन–मेष–वृष–मीनगते	कर्कटे	शताढकं जलम्।
चन्द्रे	हरिकार्मुके	पञ्चाशताढकं जलम्।
	कन्यामृगयोः	अशीति–आढकं जलम्।

अनेन मानेन वत्सरस्य जलं निरूप्य कृषकैः कृषिकर्म कार्यम्।[2]

वार्षिकवृष्टिज्ञानम्—नक्षत्र–राशि–मास–पक्ष–तिथि–वासर–ग्रहसञ्चार–सूर्यसंक्रमण–सूर्यचन्द्रपरिवेष–धूलि–आकशदशा–दिग्विभाग–आतप–वातपरिणाम–गति–मेघस्वरूप –विद्युत– स्तनित–जलपरिणामादिलक्षणैः वार्षिकवृष्टिज्ञानं साध्यम् तदनुरूपं शस्यानुमानञ्च—

मास–पक्ष–तिथिः	**मेघ–वृष्टि–तडिद् वातादिलक्षणानि**	**फलम्**
माघस्य सितसप्तम्याम्,	वृष्टिर्वा मेघदर्शनम्	संवत्सरो धन्यः सर्वशस्यफलप्रदः।

1. बृहत्संहिता/24/ 7/
2. कृषिपाराशरः/वृष्टिखण्डः/ 17–19/

माघेबहुलसप्तम्याम्		
फालगुनस्य बहुलसप्तम्याम्,	चाण्डवातः	शोभना प्रावृट्,
चैत्रे शुक्लतृतीयाम् वैशाखे	तडिद्वृष्टिर्वा	शस्यवती मही
प्रथमेऽहनि		
माघे	प्रालेयतोयागमो	
फाल्गुने	मेघयुक्तवायुः	रवेस्तुलागमनं
चैत्रे	मेघाच्छन्नो नभः	यावद्वृष्टिः
वैशाखे	करकावृष्टिः	
ज्येष्ठो	सततं प्रण्डातपः	

चैत्रमासे वारानुक्रमेण वष्टिज्ञानम्=

मासः	पक्षः	तिथिः	वारः	फलम्
चैत्रः	शुक्लः	प्रतिपदा	रविवारः	वर्षे चित्तला (खण्ड)वृष्टिः
			सोमवारः	अविरलपृथुधारासान्द्रवृष्टिप्रवाहै धर्रणीतलमशेषं प्लाव्यते
			मङ्गलवारः	अल्पवृष्टिः
			बुध–गुरु–शुक्राः	सस्यसम्पत्, प्रजासु प्रमोदः
			शनिवासरः	अनावृष्टिः, जलनिधिरपि शोषं याति, धरित्री धूलिजालैरदृश्या भवति।

नक्षत्रलक्षणैर्वृष्टिज्ञानम्—

मासः	नक्षत्रम्	आकाशदशा	फलम्
ज्येष्ठः	चित्रा–स्वाति–विशाखाः	निरभ्रता	बहुशस्यफलप्रदः संवत्सरो धन्यः
श्रावणः	– –,,—	वृष्टिः	
श्रावणः	रोहिणी	अवर्षणम्	विफलः कृषिश्रमः[1]

सद्योवृष्टिज्ञानम्—

वराहपराशरगर्गवशिष्ठप्रभृतिराचार्यैः सूक्ष्मनिरीक्षणैरभ्यासैश्च सद्योवृष्टिज्ञानमपि

---

1. कृषिपाराशरः/वृष्टिखण्डः/29–48

साधितम्। पिपलिका-दर्दुर-नकुल-शलभ-मयूर-सर्प-झिञ्झीरवाद-जलचरविहग-धूलिभः सेतुबन्धनं कुर्वतो बालका जलविषयकप्रश्नाश्च अस्य ज्ञापकानि भवन्ति।[1]

वर्षाजलमापनम्—

वर्षाजलमापनस्य सस्यफलकथनस्य च नैका विधयः कथितानि शास्त्रेषु-पात्रेण जलमापनम्, कुम्भे जलमापनम् दण्डेन जलमापनञ्च।

(i) **पात्रेण जलमापनम्**

प्रथमवर्षायामेकहस्तप्रमाणं (हस्तैकविस्तृतमेकहस्तगहनञ्च) पात्रं प्राङ्गणे निधातव्यम्। यदि पात्रं जलेन परिपूर्णं स्यात्तर्हि पञ्चाशतपलजलेनाढकमेकं ज्ञातव्यम्।[2] प्रवर्षणकाले यस्मिन्नक्षत्रे यावत्परिमाणं जलं वर्षति प्रसवकालेऽपि तावत्परिमाणं जलं ज्ञेयम्।

(ii) **कुम्भेन जलमापनम्**

रोहिणी-चन्द्रयोगे प्रथमवर्षणसमये उत्तरपूर्वदक्षिणादिचतुर्दिक्षु श्रावणभाद्रपदादिमासनामाङ्कितान् चतुर्कुम्भान् प्रदक्षिणक्रमेण स्थापयेत् मासाङ्कितो यो कुम्भः पूर्णस्स्यान्मासे तस्मिन् वृष्टिरुत्तमा, रिक्तस्यमासे वर्षाभावोऽल्पे जले जलाल्पता च।[3] अत्र किञ्चिद्-वैभिन्न्येन गर्गमतोऽपि द्रष्टव्यः—

सौम्ये तु श्रावणं विन्द्यात् पूर्वे भाद्रपदं वदेत्।
दक्षिणेऽश्वयुजो ज्ञेयः पश्चिमे कार्तिकं विदुः।।

---

1. उत्तिष्ठत्यण्डमादाय यदा चैव पिपीलिका।
भेकः शब्दायतेऽकस्मात् तदावृष्टिर्भवेद् ध्रुवम्।।
विडाला नकुलाः सर्वा ये चान्ये वा विलेशयाः।
धावन्ति शलभा मत्ताः सद्यो वृष्टिर्भवेद् ध्रुवम्।।
जलस्थो जलहस्तो वा निकटेऽथ जलस्य वा
पृष्टा पृच्छति वृष्टयर्थं वृष्टिः संजायतेऽचिरात्।।
कुर्वन्ति बालका मार्गे धूलिभिः सेतुबन्धनम्।
मयूराश्चैव नृत्यन्ति सद्यो वृष्टिर्भवेद् ध्रुवम्।।
पक्षयोः शोषणं रौद्रे खगनामम्बुचारिणाम्।
झिन्झीरवस्तथाकाशे सद्यो वर्षलक्षणम्।। -कृषिपाराशरः/वृष्टिखण्डः/56-61/
2. हस्तविशालं कुण्डकमधिकृत्याम्बुप्रमाणनिर्देशः/
पञ्चाशत्पलमाढकेन मिनुयाज्जलं पतितम्/बृहत्संहिता /25/2/
3. बृहत्संहिता/ 24/ 26/

सर्वे कुम्भाः सुपूर्णाः स्युरभग्नाः कान्तिसंयुताः।
चतुरो वार्षिकान् मासान् सर्वान् वर्षति वासवः।।
सर्वस्रुतैरवृष्टिः स्यादर्धेमध्यमवर्षणम्।
द्रवैस्तथाविधा वृष्टिः वक्तव्या जलमानतः।।

(iii) **दण्डेन जलमापनम्**—वैशाखमासे बार्षिकं वृष्टिज्ञानाय विधिरयं वर्णितः कृषिपाराशरे-वैशाखशुक्लप्रतिपत्तिथौ 'ऊं सिद्धिरिति' मन्त्रेण सिद्धम् अङ्कितं च दण्डं निशि अङ्कतुल्ये प्रवाहयुक्ते नदीजले क्षिपेत्। प्रातः काले भविष्यज्जलज्ञानाय तदङ्कं निरूपयेत्। चिह्नसमे जले गतवर्षवद्वारि ज्ञेयं, न्यने न्यूनमधिके द्विगुणञ्च जलमवगन्तव्यम्।[1]

देशभेदेन कृष्यै आवश्यकं जलपरिमाणम्—

देशभेदेन कृष्यै आवश्यकं जलपरिमाणमपि वैभिन्न्यं दधाति। "जाङ्गलेषु शस्यवापाय षोडशद्रोणमपेक्षितमानूपेषु तदध्यर्द्धमश्मकेषु (दक्षिणप्रदेशेषु) अर्द्धत्रयोदशम् अवन्तीषु त्रयोविंशतिः, अपरान्तेषु (पश्चाप्रान्तेषु) अमितम्, हैमन्यानां कुल्यावापानां च कालतः," इति कौटिल्यः।[2]

इत्थं कृषिविज्ञानस्याङ्गभूतमिदं वृष्टिविज्ञानं कस्यापिराष्ट्रस्य कृते शस्योत्पादनायाति हितकरं भवितुं शक्यते। अनेन पूर्वत एव वार्षिकं जलपरिमाणं ज्ञात्वा शस्यचयनं क्षेत्रकर्षणं वीजवपनं सस्यलवणं सस्यसंग्रहणमादिकृषियोजनानां प्रबन्धनं क्रियान्वयनं च फलदायकं भवत्यन्यथा बीजवपनान्तरमवृष्टे सति पर्जन्ये मुधैव कृषिफलाशा। अवर्षणेऽतिवर्षणे च विफलारम्भसंक्लेशास्स्युः कृषिवृत्तयः।

आपदां पूर्वानुमानं कृषिसंरक्षणायापत्प्रतिकाराय च हितं भवति। शास्त्रेषु वृष्टिविज्ञानस्य विस्तृतं निरूपणं कृषिसाधनत्वेन जलस्य महत्त्वमपि सूचयति।

(3) वायुः

पञ्चमहाभूतेषु परिगणितः प्राणिनां प्राणभूतो वायुः सस्यानामपि श्वासप्रश्वासहेतुत्वात्कृषेरपरिहार्य्यमुपादानम्। अस्माकमियं पृथिवी यैः आवरणैः परिवृता तेषु वायुमण्डलमप्येकम्—

त्रीणि च्छन्दांसि कवयो वि येतिरे पुरुरूपं विश्वचक्षणम्।
आपो वाता ओषधयस्तान्येकस्मिन् भुवन अर्पितानि।।

---

1. अङ्काधिक्ये च द्विगुणा वृष्टिर्वन्या च जायते।
   इति पराशरेणोक्तं भविष्यद्वृष्टिलक्षणम्।। कृषिपाराशरः/वृष्टिखण्डः/ 42/
2. अर्थशास्त्रम्/ 2/ 24/ 5/

देवा जगन्निर्वाहाय त्रीणि छन्दांसि कृतवन्तः—जलम् वायुरोषधयश्च एतानि त्रीणि जगदाच्छादयन्ति।

वायुस्वरूपं गुणधर्मौ च—

धरातलतोऽन्तरिक्षं यावद् वायुमण्डलस्य विस्तारः। अस्मिन्विस्तारे श्वसन-स्पर्शन-मातरिश्वामरुत्-वात्-पवन-पवमान-समीर-गन्धवहादि बहूनि नामानि वायोः कार्याणि च। स्पर्श-परिमाण-पृथकत्व-संयोग-विभाग- वेगादिवायुगुणाः। वायुस्तु स्पर्शादनुमेयः त्वगिन्द्रियप्राणवातादिप्रभेदः।[1]

पवनः—द्विधा गतिर्भवति वायोः—क्षैतिजगतिः ऊर्ध्वाधारगतिश्च। क्षैतिजगतिष्व-नुकूल-दशायां धरातलस्य समानान्तरं प्रवहतो मन्दवायोः 'पवन' इत्यभिधानं भवति।[2] अस्माकं देशे मानसूनपवनेनानीयते वृष्टिः इति तु सुविदितमेव।[3]

वातः—औत्पातिकः प्रवलवायुः 'वात' इति कथ्यते—यथा झञ्झावात्-चक्रवात-वात्याचक्रादयः। एते वायोरूर्ध्वाधारप्रबलगतेः परिचायकाः। वर्षाकाले विद्युद्गर्जनेन सह प्रवाता वान्ति, ग्रीष्मे धूलिभिर्दिग्दिगन्तान् पूर्यन्तः स्वघोषैर्गिरिगह्वाणि प्रतिनादयन्तः, पर्वतानपिप्रकम्पयन्तश्चण्डवाता वहन्ति।[4]

मरुत्—यदा वायुराशीनां घात-प्रतिधातेन वायुतरङ्गाणि सृज्यन्ते तदा वायोः संज्ञा 'मरुदिति'। मेघस्थं जलं धरातलं प्रत्यानयने सर्वाधिकसहयोगस्तु मरुतानामेवातः प्रार्थना वैदिकऋषेः मरुद्गणं प्रति—

दिवो नो वृष्टि मरुतो ररीध्वं
प्रपिन्वत वृष्णो अश्वस्य धाराः।[5]

मरुतः पर्वताकारान् मेघान् विदार्य्य जलवर्षणे पर्जन्यदेवस्य सहाया भवन्ति। ते 'वीराः' वृष्टेः प्रेरयितारः, घनीभूतान् मेघान् श्रथयन्ति।

---

1. तर्कभाषा/प्रमेयनिरूपणम्/ पृ. 180/
2. अ. मन्दं मन्दं नुदति पवनश्चानुकूलो यथा त्वाम्/ मेघदूतम्/ 1/ 9/
   आ. शान्तानुकूलपवनश्च शिवश्च पन्थाः/अभिज्ञानशाकुन्तलम्/ 4/ 11/
3. त्वामारूढं पवनपदवीम्/मेघदूतम्/ 1/ 8/
4. अ. प्रावाता वान्ति पतयन्ति विद्युत्/ऋग्वेदः/ 5 / 83/ 4 /
   आ. वातस्य नु महिमानं रथस्य रुजन्नेति स्तन्यन्नस्य घोषः।
   दिवि स्पृग्यात्यरुणानि कृण्वन्नुतो एति पृथिव्या रेणुमस्यन्।। ऋग्वेद/ 10/169/ 1/
5. ऋग्वेदः /5/ 83/ 6/

कृष्यै वायुमहत्त्वम्—

कृषिकर्मणि यथा जलमावश्यकं तथा वायुरपि। सर्वेऽपि पादपा वायुनैव श्वसनक्रियां सम्पादयन्ति। यथापूर्वमेव कथितं जलचक्रनिर्धारकतत्त्वेषु वायुरप्येकः। सम्प्रति भाषायां सुप्रचलिते 'जलवायु' इति पदे जलेन सह वायोः सम्बद्धता, जलानां वायोश्चान्योन्याश्रितं सहसम्बन्धं सूचयति। सम्बन्धोऽयमत्र संक्षेपेण निरूप्यते।

(1) द्वयोः सम्बद्धता सुविदितासीद् वेदेष्वप्यतः ऋषिभिः प्रायशः स्तुतो वायुः जलवर्षकेन्द्रेण सह 'इन्द्रवायू' 'इन्द्रमरुतः' इति रूपेण—

(i) इन्द्रवायू इमे सुता उपपयोभिरागतम्।[1]

(ii) वर्धीं वृत्रं मरुत इन्द्रियेण।[2]

(2) वर्षादशा, वर्षणमात्रा, वेगः प्रकारश्च प्रायः वायुना निर्धार्य्यन्ते। पवन सलिलादिपञ्चरुपोपेतो मेघ एव बहुतोयो भवति।

(3) सूर्यरश्मिभिः सह जलशोषे वायोरपि वर्तते योगदानम्-'द्वा वृबूकं वहतः पुरीषम्' इति श्रुतिः।[3] रवि-दग्धं जलं (जलवाष्पं) वायुमण्डलेनैव धार्य्यतेऽन्तरिक्षे नीयते च।

(4) मेधगर्भधारणं मृदुपवनेन। गर्भपुष्टिरपि ह्लादिमृदुपवनेन।[4]

(5) जलकणानां मेघेषु संघननं पुनश्च जलरूपेणागमनपि वायुसहाय्येनैवातः दिवि जलसंरचनायां वायोरवदानं बहुधा स्तुतमृग्वेदे—

शुनासीराविमां वाचं जुषेथां यद्दिवि चक्रथुः पयः।[5] अत्र शुनो वायुः सीर आदित्यः सरणात्, तयोर्वायुसूर्ययोरेषा स्तुतिः।

(6) मरुद्बलेनैव मेघा मरुष्वपि झञ्झाविहीनवर्षणे समर्थाः—

धन्वञ्चिदा रुद्रियासः मिहं कृणवन्त्यवाताम्।[6]

(7) किन्तु यदा झञ्झावातस्य प्रकोपस्तदा वृक्षवनस्पतिसस्यादीनां हानिः। यस्यां वातो मातरिश्वेयते रजांसि कृण्वंश्चयावयंश्च वृक्षान्।[7]

---

1. ऋग्वेदः/ 1/2/ 4-6; 135/ 4-8/
2. ऋग्वेदः/ 1/ 165/ 8; 1/ 165/ 1-15; 1/ 171/ 3-6; 1/ 6/ 5, 7/
3. ऋग्वेदः/ 10/ 27/ 23/
4. बृहत्संहिता/ 22/ 1; 21/ 14/
5. ऋग्वेदः/ 4/ 57/ 5/
6. ऋग्वेदः/ 1/ 38/ 7/
7. अथर्ववेदः / 12/ 1/ 51/

(8) परागण-बीजोद्वहनादिकृषिक्रियाष्वपि सहायो वायुः। मानवीयसभ्यताया विकासक्रमे नव-नव सस्यप्रजातीनां परिचयोऽनेन माध्यमेनापि 'ओघवाताहृतं बीजं यस्य क्षेत्रे प्ररोहति, क्षेत्रिकस्यैव तद्बीजम्' इति मनुः।[1]

(9) तुषेभ्यो धान्यस्य पृथक्करणं वायुसहाय्येन[2]

(i) वायुर्वो विविनक्तु देवो।

(ii) अयं वै वायुर्योऽयं पवत।

वायुसूचकयंत्रम्—

मासविशेषे वायुसूचकयन्त्रेण वायुदिशाज्ञानेन वर्षायाः पूर्वानुमानं प्राचीनभारते वैज्ञानिकप्रविधिरूपेण सुप्रचलितमासीत्। वराहमते रोहिणीचन्द्रयोगे दण्डप्रमाणां श्लक्षणाम् (चीनांशुकादिनिर्मिताम्) असितां पताकां त्रिगुणोच्छ्रिते दण्डे संयोज्य भूमौ स्थापयेत् तदनु वायुदिशाप्रमाणप्रकारादिज्ञानेन जलज्ञानमाचरेत्।[3]

वर्षानुमानं कृषकेभ्यो हितत्वात्कृषि पाराशरेऽपि वायुसूचकयंत्रेण पौष्यादिवृष्टिज्ञानम् निदर्शितम्—

सार्द्धं दिनद्वयं कृत्वा पौषादिना बुधः।
गणयेन्मासिकीं वृष्टिमवृष्टिं वानिलक्रमात्।।

उत्तरपश्चिमयोर्वायुर्वृष्टेः पूर्वदक्षिणयोरवृष्टेश्च सूचकौ, निर्वाते वृष्टिहानिः, संकुलेऽव्य-वस्थितं जलम्। अत्र पौषस्य 2-1/2 दिवसाः =वर्षस्यैको मासः 2 घटिका =मासस्यैको दिवसः, प्रथमघटिका दिवसस्य सूचिका द्वितीया रात्रेः। यदि घटिकाद्वये प्रथमायामुत्तरतः पश्चिमतो वा वायुप्रवाहस्तर्हि मासस्य तत्सम्बद्धे दिवसे वृष्टिः, द्वितीयायां वायुप्रवाहेण रात्रिवृष्टिर्ज्ञेया।[4]

अथ दिक्क्रमेण वायुप्रवाहस्य फलाफलम्[5]

तिथिः—आषाढी पूर्णिमा, समयः — सूर्यास्तकालः

1. मनुस्मृतिः/ 9/ 54/
2. शुक्लयजुर्वेदः/ 1/16; शतपथब्राह्मणम्/ 1/ 2/ 1/ 22/
3. श्लक्ष्णां पताकामसितां विदध्याद्दण्डप्रमाणां त्रिगुणोच्छ्रितां च।
   आदौ कृते दिग्ग्रहणे नभस्वान् ग्राह्यस्तया योगगते शशाङ्के।।
   तत्रार्द्धमासाः प्रहरैर्विकल्प्या वर्षानिमित्तं दिवसास्तदंशैः।
   सव्येन गच्छन् शुभदः सदैव यस्मिन् प्रतिष्ठा बलवान् स वायुः।।
   -बृहत्संहिता / 24/ 9-10/
4. कृषिपाराशरः/वृष्टिखण्डः/ 21-24/
5. बृहत्संहिता/ 27/ 3-11/

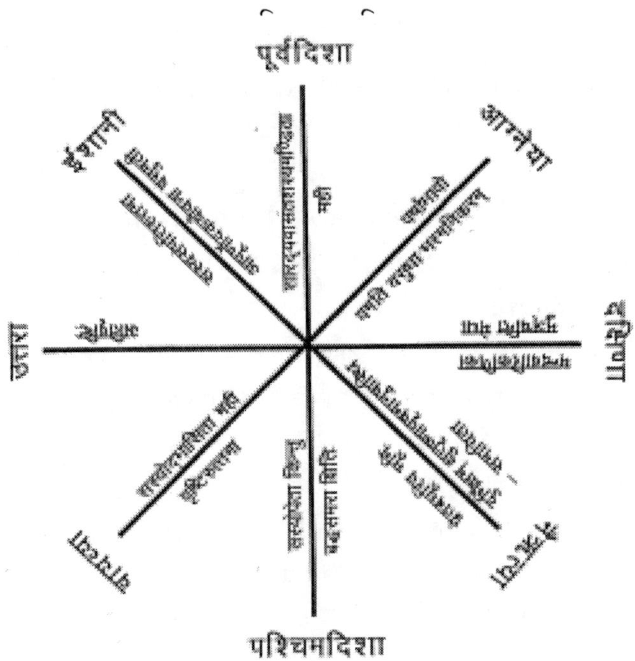

एवं वायुदिक्सूचकयंत्रेणाहर्निशमवधानेन वायुगतिं समीक्ष्य पताकामाध्यमेन मासिकी वृष्टिर्विज्ञेया तदनुरूपा सस्ययोजना च कार्या।

(4) तेजः

बीजप्ररोहणाय सस्यादिफलपाकाय च सुनिश्चितं तापमानमप्यावश्यकम्। तापस्तु तेजसः धर्म। पञ्चमहाभूतत्वेन कल्पितं तेजत्वसामान्यवत् तेजः चक्षुः शरीरस-वितृसुवर्णवह्नि—विद्युदादिप्रभेदम्, क्वचिदुद्भूतरूपस्पर्शं क्वचिदनुद्भूत-रूपस्पर्शञ्च उद्भूतरूपस्पर्शं यथा—सौरादितेजः, पिण्डीभूतम् तेजो वह्न्यादिकम्।[1] अस्यां पृथिव्यां सर्वेष्वेव पदार्थेषु अग्निरूपेण तेजसः समुपस्थितिः—

अग्निर्भूम्यामोषधीष्वग्निमापो विभ्रत्यग्निरश्मसु।
अग्निरन्तः पुरुषेषु गोष्वश्वेष्वग्नयः ।।[2]

तेजोनिधिः सूर्यः—तेजसः केन्द्रभूतो सूर्योऽग्निगोलकरूपेण द्युलोके तपन् स्वरश्मि-

---

1. तर्कभाषा/प्रमेयनिरूपणम्/ पृ.117/
2. अथर्ववेदः/ 12/ 1/ 19/

भिश्चराचराय तापमूष्मां प्रकाशञ्च वितरति। सूर्यतो विकीर्णोर्जाया यो भागः पृथिवीं प्रति प्रवहति स 'सूर्यातप' इति कथ्यते। सूर्यरश्मिभिरातपोपलब्धिः अमृत भूतः प्राणिभ्यः।

येभ्यो ज्योतिरमृतं मर्तेभ्य उद्यन्तसूर्यो रश्मिभिरातनोति।[1]

अनेनैव कारणेन सर्वस्य प्रसविता 'सविता' 'जगतः स्थुषश्च आत्मा' इति मतः।

कृषिकार्ये सूर्यातपस्य महत्त्वम्—

(1) हिमाच्छादितध्रुवप्रदेशेषु यत्र तापमानं हिमाङ्कतोऽपि न्यूनं तत्र दुर्लभमेव कृषिफलम्। फलपाको बीजसिद्धिश्च समुचित तापमनेनैव भवतः, यथा निदर्शितं कौटिल्येन सूर्याद्बीजसिद्धिरिति।[2] अग्नितत्त्वमेव सम्यक्पाकेन सर्वाण्यन्नानि स्वादूनि करोति, पक्वमेवान्नं प्रजायै पोषणं दधाति।[3]

(2) इदन्तु सर्वविदितमेव यद्वनस्पतयः सूर्यातपे स्वभोजनमुत्पादयन्ति। वनस्पतिषु सर्वत्र यद्धरितिमा तत्र हेतुः सूर्यातप एव। ते प्रकाशाभिमुखमेव रोहन्ति, मूलैर्जलं गृह्णन्ति पल्लवकोशिकाभिरातपञ्च।

(3) सूर्यातपे पादपरोगनाशस्य शक्तिरपि विद्यते। समुचितातपाभावे नानाविध-कीट-संक्रमणं जायते सस्येषु—**श्यामेऽर्के, तापशून्ये मेघाच्छादिते वा कीटभयमिति वराहः।**[4]

प्राणिनां रोगादिशोधनाय स्थापितोऽयं सूर्यो दिवः पृष्ठे—

दिवस्पृष्ठं बर्हणा निर्णिजे कृतो।[5]

कृषिकार्ये सूर्यमहत्त्वम्

(1) जलचक्रस्य नियन्ता तु सूर्य एव। सूर्यपादैराहृतं, सूर्यतापैर्वाष्पीभूतं जलमेव मेघमाध्यमेन पुनः सहस्रगुणं भूत्वा पृथिवीं प्रत्यागच्छति। रसादानं तु सूर्यदेवस्यैव कर्म।[6] सूर्यः स्वकिरणैर्विस्तारयति जलम्।

सहस्रगुणमुत्स्रष्टुमादत्ते हि रसं रविः।[7]

1. अथर्ववेदः/ 12/ 1/ 15/
2. अर्थशास्त्रम्/ 2/ 24/ 7/
3. ऋग्वेदः/ 1/ 66/ 2; 1/ 69/ 3/
4. बृहत्संहिता/ 36/ 29/
5. ऋग्वेद/ 8/9/ 69/ 5/
6. याः सूर्यो रश्मिभिराततान्/ ऋग्वेदः/ 5/ 47/ 4/
7. रघुवंशम्/ 1/ 18/

(2) ऋतुचक्रस्य नियामकोऽपि सूर्यः। असौ प्रतिसंवत्सरं क्रमशो वसन्तादिषड्ऋतून् पुरस्करोति–**षड्युक्ताँ अनुसेषिधत्**।[1] यैः नियम्येते शस्यचक्रं शस्योत्पादनञ्च।

(3) सूर्यानुरूपं शस्यफलमपि विज्ञेयम्, देदीप्यमान्, सुस्निग्धो, दीर्घदीधितिरविकृततनुः वर्णचिह्नभृद्दिवाकरः शिवं करोति सर्वत्र।

एतद्विपरीतं तामसकीलकयुक्तः शिखिपत्रनिभो सूर्योऽशुभः।[2] सूर्यमण्डलस्य शुभवर्णानां समाहारः पराशरेण—

श्वेतः शिरीषपुष्पाभः पद्माभो रूप्यसन्निभः।
वैदूर्यघृतमण्डाभो हेमाभश्च दिवाकरः।।
वर्णैरेभिः प्रशस्तः स्यान्महास्निग्धः प्रतापवान्।
भावनः सर्वसस्यानां क्षेमारोग्यसुभिक्षदः।।

इत्थं सत्यमिदं वेदवचनम् यद्देवमाता अदितिः पृथिव्यां जीवनचक्रस्य शस्यचक्रस्य च नियंत्रणाय मार्तण्डं दिवि स्थापयत्—

प्रजायै मृत्यवे त्वत्पुनर्मार्ताण्डमाभरत्।[3]

(5) आकाशः

आकाशः अन्तरिक्षद्यौव्योमतारापथादिनामभिर्ज्ञायते। आकाशोऽवकाशरूपः। द्वयोः पादपयोर्मध्ये योऽवकाशः (रिक्तोंऽशः) स आकाश एव। पादपानां सम्यक् संवर्धनायायमवकाशोऽनिवार्यः यतः सम्यगवकाशरहिताः परस्परपीडिताः प्ररोहाः स्वस्थफलदानायासमर्था भवन्ति।[4]

आकाशमहत्त्वमनेनापि ज्ञायते यद्बीजपवनं भूमौतथाप्यङ्कुरणन्तु आकाशं प्रत्येव।

सूर्यचन्द्रनक्षत्रवायुमेघादिकृषिनिर्धारकतत्त्वानां सञ्चरणमाकाशे। अन्तरिक्षीय

---

1. ऋग्वेदः / 1/ 23/ 15/
2. गर्भेष्वपि निष्पन्ना वारिमुचो न प्रभूतवारिमुचः।
   सरितो यान्ति तनुत्वं क्वचित्क्वचिज्जायते सस्यम्।।
   वर्षाकाले वृष्टिं करोति सद्यः शिरीषपुष्पाभः।
   शिखिपत्रनिभः सलिलं न करोति द्वादशाब्दानि।। –बृहत्संहिता/ 3/ 16, 28/
3. ऋग्वेदः/ 10/ 72/ 9/
4. अभ्यासजातास्तरवः संस्पृशन्तः परस्परम्।
   मिश्रैर्मूलैश्च न फलं सम्यग्यच्छन्ति पीडिताः।। बृहत्संहिता / 54/ 13/

गतिविधीनामाश्रयस्त्वाकाश एव।[1]

यथाऽन्नोत्पादनेन भूमिर्माता तथा भूमौ रेतस्-रूपगर्भस्थापनेन आकाशः पिता। माता भूमिः पितुः पयः गृह्णाति येन पितापुत्रौ वर्धेते।[2]

अयमाकाशः मेघस्थजलानामाश्रयोऽतोऽन्तरिक्षस्यैकं नाम 'सलिलमपि'। 'द्यौरपां सदनम्' 'अन्तरिक्षमपां सधस्थम्' (सहस्थानम्) इति ब्राह्मणेषु प्रतिपादितम्।[3]

सूर्यरश्मिभी रसमादाय नवमासपर्यन्तं यं गर्भं धारयत्याकाशः तं रसायनरूपेण प्रसूते वर्षाकाले—

नवमासधृतं गर्भं भास्करस्य गभस्तिभिः।
पीत्वा रसं समुद्राणां द्यौः प्रसूते रसायनम्।।[4]

मेघाच्छादिताकाश-आकाशदशाः शस्यसमृद्धेरसमृद्धेर्वा निर्धारका भवन्ति।

(6) कालः

शस्यचक्रस्य नियामकः कालोऽपि। अथर्ववेदे कालस्य महिमां गायन् कथयन्ति महर्षिः भृगुः—

कालादापः समभवन्कालाद्ब्रह्म तपो दिशः।
कालेनोदेति सूर्यः काले नि विशते पुनः।।
कालेन वातः पवते कालेन पृथिवी मही।[5]

निमेषः काष्ठा कला नालिका मुहूर्तः पूर्वापरभागौ दिवसो रात्रिः पक्षो मास ऋतुरयनं संवत्सरो युगमिति कालभेदाः। द्विपक्षो मासः। त्रिंशदहोरात्र प्रकर्ममासः, सार्धः सौरः।

द्वौ मासावृतुः—श्रावणः प्रोष्ठपदश्च वर्षा, आश्वयुजः कार्तिकश्च शरत्, मार्गशीर्षः पौषश्च हेमन्तः, माघः फाल्गुनश्च शिशिरः चैत्रो वैशाखश्च वसन्तः ज्येष्ठामूलीय आषाढश्च ग्रीष्मः।[6]

---

1. आकाशो वाव तेजसोभूयानाकाशे वै सूर्याचन्द्रमसवुभौ विद्युन्नक्षत्राण्यग्निः . . . आकाशे रमत . . . आकाशे जायत . . . आकाशमभिजायत . . .। . . . छान्दोग्योपनिषद् / 7/ 12/ 1/
2. पितुः पयः प्रतिगृभ्णाति माता तेन पिता वर्धते तेन पुत्रः/ऋग्वेदः/ 7/ 10/ 3/
3. शतपथब्राह्मणम्/ 7/ 5/ 2/ 56-57/
4. रामायणम्/ किष्किन्धाकाण्डम्/ 28/ 3/
5. अथर्ववेदः/ 19/ 54/ 1-2/
6. अर्थशास्त्रम्/ 2/ 20/ 13, 26-27/

अथवा हेमन्तग्रीष्मवर्षाश्चेति शीतोष्णवर्षलक्षणास्त्रय ऋतवो भवन्ति, तेषामन्तरेष्वितरे साधारणलक्षणास्त्रयः प्रावृट्शरद्वसन्ताः।

शिशिराद्युत्तरायणम्, वर्षादि दक्षिणायनम्। द्वययनः संवत्सरः। उत्तरायणं तु सूर्यस्यादानकालः, प्रतिदिनं नृणां बलमादत्ते सूर्यः। उतरायणे मार्गस्वाभावतोऽत्यर्थ-तीक्ष्णोष्णरुक्षा आदित्यपवना भुवो गुणान् क्षपयन्ति। दक्षिणायनम् सूर्यस्य विसर्गकालः। अस्मिन् काले रविः हीयते सोमो बलवान् भवति, शीतैर्मेघवृष्ट्यनिलैः शान्तातपे महीतलेऽम्ललवणमधुरा रसाः सञ्जायन्ते।[1]

सूर्यस्यायनानुरूपं ऋतुधर्मपरिवर्तनम्। आद्यसृष्टियज्ञे स्वविशिष्टगुणै वसन्त आज्यमासीत् ग्रीष्म इध्मः शरद्धविः हेमन्तः स्वाहाकारो।[2] ऋतवः समिद्धाः प्रजाः प्रजननत्योषधीश्च पचन्ति।

कृषिकर्मणि ऋतूनां महत्त्वम्—

क्षेत्रकर्षणादारभ्य भाण्डारेऽन्नसंग्रहं यावद् विविधासु कृषिक्रियाषु सहायो भवति ऋतुचक्रः। शतपथब्राह्मणे प्रतीकात्मकाख्यानेन ऋतूनां कृष्यै योगदानमित्थं निरूपितम्—

यदा ऋतवोऽसुरानुपागतास्तदाऽकृष्टपच्या एवौषधयः पेचिरे।[3]

हेमन्तादिऋतूनां सापेक्षिकमूल्यं सस्योत्पादनसन्दर्भे—

हेमन्ते कृष्यते हेम वसन्ते ताम्ररूप्यकम्।
धान्यं निदाघकाले तु दारिद्र्यं घनागमे।।[4]

वसन्तो गोधूमयवादि सस्यानां पाककालः। ग्रीष्मे प्रचण्डभावे तपति सूर्यः तापयति च धरित्रीम्। अयं तु अधिकतमजलशोषस्य कालः। आषाढस्य प्रथमदिवसे मेघदर्शनम्। प्रथमजलवृष्ट्या सद्यः सीरोत्कषणेन मृत्तिकागन्धेन सुरभितानि क्षेत्राणि।[5] वर्षायां जलवर्षणेन सस्यवृद्धिः शरदिविस्तारश्च।[6] व्रीहिशालीक्ष्वादीनां पाककालौ शरद्धेमन्तौ[7]

1. अष्टाङ्गहृदयम्/ सूत्रस्थानम्/ 3/2-6/
2. ऋग्वेदः/ 10/ 90/5/, हेमन्ते म्लायन्त्योषधयो वनस्पतीनां पलाशानि मुच्यन्ते। शतपथब्राह्मणम्/ 1/ 5/4/ 23/
3. शतपथब्राह्मणम्/ 1/6/1/3/
4. कृषिपाराशरः/कृषिखण्डः/ 76/
5. मेघदूतम/ 2, 16/
6. शतपथब्राह्मणम्/ 1/ 5/ 3/ 12/
7. अ. आपक्कशालिरुचिरानतगात्रयष्टिः प्राप्ता शरन्नवधूरिव रूपरम्या।
   आ. प्ररूढशालीक्षुचयावृतक्षितिं कालं शिशिराह्वयम्। -ऋतुसंहारम्/ 3/ 1, 5/1/

मुद्गमाषचणकादीनां शिशिरः।

शस्यानां चयनं बीजपवनं च वर्षाप्रमाणानुरूपं ऋत्वनुरूपं वा कर्तव्यम्। अतीते हि काले सर्वोऽपि कृषिश्रमो विफल एव। एवं काले वृष्टिरेव सुपोषाय भवत्यन्यथा अनिष्टकारिणी मता।

इत्थं भौतिकसाधनरूपेण निरूपितान्येतानि तत्त्वीनि भूमिजलवाय्वग्न्याकाशादीनि सर्वाण्येव कृषिफलसाधकानि किन्त्वत्र एतदपि स्मर्तव्यं यदेतानि सम्मिलितरूपेण न तु स्वतंत्ररूपेण कृषिसमृद्धये कारकाणि भवन्ति, यथा निरूपितमर्थशास्त्राकारेण—

वातमातपयोगं च विभजन् यत्र वर्षति।
त्रीन् कर्षकांश्च जनयंस्तत्र सस्यागमो ध्रुवः।

वात—आतप-वर्षा-ऋतु-कषर्णकालादितत्त्वानां समुचितं समायोजनमावश्यकम्।

(ख) **जैविकसाधनानि—**

कृषिसहायभूताः प्राणवन्तो जीवा जैविकसंसाधनेषु परिगण्यन्ते। स्थावरजङ्मात्म-केऽस्मिन् जगति अंतःसंज्ञासमन्विता उद्भिजाऽपि सचेतनप्राणिन एव। अतः प्रथमं बीज-सारादिजैविकसंसाधनग्रहणं तदनु पशुसंसाधनमन्ते च मानवसंसाधननिरूपणम्।

(1) बीजम्

'बीजं मां सर्वभूतानां विद्धि पार्थ सनातनम्'[1] इति कथयता भगवता श्रीकृष्णेन सर्वविधप्रजननस्य मूलकारणं बीजमित्युद्घोषितम्। विविधाः प्रजाः सिसृक्षुः स्वयम्भूः परमात्मा सृष्टेः प्रागप्सु बीजमेवावासृजत्।[2]

'वि' उपसर्गपूर्वक' जन् धातौ 'ड' प्रत्ययेन निष्पन्नो बीजशब्दः विशेषेण वैविध्येन च स्वकीयां जननक्षमतां द्योतयति। यद्यपि सामान्यतया कस्यापि प्रवर्द्धनशीलकार्यस्य, वस्तुनः, परम्परायाः सृष्टेर्वा मूलकारणं बीजमिति कथ्यते यथा—बीजमन्त्रः, बीजधनं, बीजाक्षरं बीजपुरुषस्तथापि कृषिविज्ञानसंदर्भे—

''सस्यफलेऽन्यस्मिन्कस्मिन्नाङ्गे वाऽन्तर्निहितं पादपप्रजननस्यानिवार्याङ्गं निषेचितं बीजाण्डं बीजमिति कथ्यते यस्मिन् भ्रूणम् (नवपादपप्रजननक्षमता) अदृश्यप्रसुप्तदशायां संरक्षितं भवति।''

आसृष्टेः सनातनसस्यचक्रस्य प्रधानकारणन्तु बीजमेव। बीजं जनयति पादपं, पादपो बीजमतो लोके परस्परं प्रति कार्यकारणभावो 'बीजाङ्कुरन्यायेन' संसूच्यते।

---

1. भगवद्गीता/ 7/ 10/
2. मनुस्मृतिः/ 1/ 8/

बीजमहत्त्वम्—कृषिकार्यार्थं क्षेत्रं (बीजवपनयोग्या भूमिः) बीजञ्च द्वयमप्यपेक्षते। उप्तमक्षेत्रे बीजं फलोत्पत्तेः प्रागेव विनश्यति। बीजविहीनं क्षेत्रञ्चं 'क्षेत्रमिति' न कथ्यते, केवला भूमिः स्थण्डिलं वोच्यते यथा प्रतिपादितं मनुस्मृत्याम्—

अक्षेत्रे बीजमुत्सृष्टमन्तरैव विनश्यति।
अबीजकमपि क्षेत्रं केवलं स्थण्डिलं भवेत्।।

उभयं यत्र समं तत्र सस्यसमृद्धिः परिलक्ष्यते तथापि केचिन्मनीषिणः बीजमेव प्रशंसन्ति यतः 'सर्वभूतप्रसूतिर्हि बीजलक्षणलक्षिता। कालोपपादिते क्षेत्रे यादृशं बीजमुप्यते, स्वैर्गुणैस्तस्मिन् क्षेत्रे तादृगेव बीजं रोहति। तेषां मते बीजं स्वपुष्टिकाले कांश्चित् योनिगुणान् न पुष्यति। कृषीवलैरेकैव केदारे कालोप्तानि बीजानि स्वभावतो नानारूपाणि जायन्तेऽतो बीजस्यैव प्राधान्यम्।[1]

अस्माकं ऋषयः सस्यसम्पदार्थं बीजमहत्त्वं जानन्ति स्म। वैदिकवाङ्मये बीजं प्रति पूज्यभावना दृश्यते। शतपथब्राह्मणे प्रतिपादितं यत् बीजवपनकाले बीजं शीर्षे निधाय शकटं नयन्ति ततः शकटेन क्षेत्रं प्रति वहन्ति।[2]

बीजगुणाः—

बीजमहत्वं परिज्ञाय बीजगुणाऽप्यवगन्तव्यम् यतः—सुबीजं चैव सुक्षेत्रे जातं सम्पद्यते एतदपि स्मर्तव्यं यत् समस्तमेवान्नं बीजार्हं न भवति। यद्यपि सस्यफलमेव बीजं तथापि महदन्तरं बीजान्नयोः। अङ्कुरणक्षमत्वं यत् बीजस्य मानकं तदन्नमानकं न। अन्नोत्पादनेऽधिकतमोत्पादनमेव मुख्यं लक्ष्यं गुणवत्त्वं चात्राऽऽनुषङ्गिकम्। किन्तु बीजोत्पादने गुण एव प्रधानम्।

आचार्यशुक्रोऽन्नसंग्रहप्रसङ्गे बीजगुणान् निर्दिशति। तेषां मते उत्तमबीजस्य परीक्षणं सम्यक् रक्षणञ्चाऽऽवश्यकम्—

सुपुष्टं कान्तिमज्जातिश्रेष्ठं शुष्कं नवीनकम्।
ससुगन्धवर्णरसं धान्यं संवीक्ष्य रक्षयेत्।।[3]

अत्र 'संवीक्ष्य' पदेन सम्यग्वीक्षणं सूच्यते। बीजार्थं धान्यस्य सावधानं परीक्षण-मावश्यकम्।

कृषिपाराशरेऽप्युत्तमबीजस्य गुणाः परिगणिताः। लभ्यन्ते श्रेष्ठबीजेऽधोलिखिता गुणाः—

---

1. मनुस्मृतिः/ 10/ 71; 9/ 35; 9/ 38/
2. महयन्त्यवैनमेतत्तस्मा छीर्ष्णा बीजं हरन्त्यनसोदा वहन्ति/शतपथब्राह्मणम्/ 3/3/3/ 17
3. शुक्रनीतिः/ 4/ 27/

(1) सुपुष्टता—

सुपुष्टं बीजमेव प्ररोहं जनयति सस्यसमृद्ध्यै च कल्पते। बीजसंग्रहकाले बीजस्य सुपुष्टता परिपक्वता वा सम्यक् परीक्षणीया। यदा क्षेत्रतः सस्यं दुग्धयुक्तमृदुगुम्फावस्थायां संगृह्यते तदा बीजं पूर्णतः परिपक्वं न भवति। दृढ़गुम्फावस्थायां ग्रहीतं बीजमेव परिपक्वं भवत्यतः सुपरिपुष्टं मांसलं सुगठितं बीजमेव वपनीयम्।

(2) **शुद्धता—**

शुद्धता द्विविधा—जातिगतशुद्धता भौतिकशुद्धता च।

(i) **प्रजातीयशुद्धता**—प्रजातीयशुद्धतोत्पादनयोश्च वर्ततेऽन्योन्याश्रितो नैसर्गिकः सम्बन्धः।

गर्ग्यमते—

मिश्रितबीजं क्वचिद् भ्रान्त्याऽपि न निर्वपेत्।

अत्र सङ्करबीजस्य निषेधः यतो हि प्रजातिमिश्रणेन सञ्जातं सङ्करबीजं शस्य-समृद्धिकारणन्तु भवति किन्तु बीजप्रजननक्षमं न। अतः सङ्करबीजस्य दृढ़तया निषेधः। सम्प्रत्यधुनातनकृषिवैज्ञानिकाऽपि हतोत्साहाः सङ्करबीजदोषेण। स्वजातावपि श्रेष्ठबीजस्य संकलनम् वपनम् चावश्यकम् अधिकतमस्योत्पादनाय श्रेष्ठबीजप्रजननाय च। अतः कथितमाचार्यशुक्रेण **'बीजं जातिश्रेष्ठं भवेत्'।**

(ii) **भौतिकशुद्धता**—यथासम्भवमन्यजातेरवरबीजैः हानिकारकतृणवन-स्पतिभिश्च सम्मिश्रणं परिहार्यम्। अन्यजातेरवरं बीजं,जलभूम्युर्वरकादिकं गृहणन् प्रवरबीजस्य वृद्धिं सस्य समृद्धिञ्चाल्पीकरोति। हानिकारकतृणानां वृद्धिरपेक्षाकृतं तीव्रगत्या भवति। क्षेत्रस्य पोषकतत्त्वानि तैरेवोपभुज्यन्तेऽतः बीजानां भौतिकशुद्ध-ताऽप्याऽऽवश्यकम् यथा निर्देशितमस्माकं कृषितन्त्रज्ञैः— बीजं निधानसंमिश्रं फलहानि-करं परम्।[1]

(iii) **वर्णाकृतिरूपप्रमाणसमानता**—प्रतिपादपाधिकतमलाभग्रहणाय बीजानां वर्णाकृतिरूपप्रमाणादिसादृश्यमप्यावश्यकम्। बहुधा दृश्यते यदपरिपुष्टं कीटदष्टं वा बीजं हीनवर्णं विकृतवर्णं च भवति तस्य मानमपि परिपक्वबीजापेक्षयाऽल्पतरं भवत्यतो निर्देशितमाचार्यशुक्रेण यत् कान्तिमद्बीजं संग्रहणीयम्। समरूपाणां बीजानां चयनम् एकत्र पुष्टिकासु स्थापनञ्च कर्तव्यम्।

यथोक्तं कृषिपाराशरे—

---

1. कृषिपाराशरः/ 146/

एकरूपन्तु यद्बीजं फलं फलति निर्भरम्।
एकरूपं प्रयत्नेन तस्माद्बीजं समाहरेत्।[1]

(iv) **शुष्कता**— भाण्डारे बीजसंस्थापनात्प्राग्बीजस्यार्द्रतापरीक्षणमनिवार्यं यत: बीजाऽऽर्द्रतया: प्रतिशतं भाण्डारणावधिं निर्धारयति अधुनातनविज्ञानमते यदि बीजे आर्द्रताभाग: 4—13 प्रतिशतपर्यन्तं स्यात् तर्हि तस्य भाण्डारणं षण्मासं यावत् करणीयमतोऽनन्तरं कालक्षेपे तेषु विकृति: सञ्जायते। परिनिष्ठितमानतोऽधिकाऽऽर्द्रता कीटसंक्रमणं जनयति अङ्कुरणक्षमतामवरोधयत्यथ च वृष्ट्युपहितं बीजं भाण्डारगृह एव प्ररोहति। कीटसंक्रमितेषु बीजेषु प्रथमन्त्वङ्कुरा नैव प्रजायन्ते यदि क्वचित्प्रजायन्तेऽपि तर्हि रुजासंक्रान्ता भवन्ति। एते रुग्णपदपा: स्वस्थपादपेष्वपि कीटसंक्रमेण रोगोत्पादका भवन्ति। अत: क्षेत्रत: सस्यलवनानन्तरं सुरक्षितार्द्रता-मापपर्यन्तमातपे तेषां शोषणमावश्यकम्।

(v) **आर्द्रता**—आवश्यकाऽऽर्द्रताविहीनं सर्वथारुक्षं बीजं प्रजननक्षमताविहीनं भवत्यतो दृढ़तया निर्देशितं पराशरेण—

न वृक्षरुक्षं धान्यानां बीजाकर्षणमाचरेत्।
न फलन्ति दृढा: सर्वे बीजा: केदारसंस्थिता:।।[2]

केदाररुक्षानां धान्यानामतिदृढा बीजा न फलन्ति।

यदा धान्यस्तम्बा: स्वहरितभावं परित्यज्य पाण्डुतां यान्ति तदा सस्यस्य दात्रेण लवनं कार्यम्, यथा प्रतिपादितं ऋग्वेदस्य 'सीरायुञ्जन्ति' सूक्ते—

नेदीय इत सृण्य: पक्कमा यवन्।[3]

स्तम्बानां कर्तनमेव कर्त्तव्यम् न तु मूलत उत्पाटनम्। मूलोत्पाटने भूमिहानि: बीजेषु मृत्तिकाकणानामपमिश्रणञ्च। कर्तिता: स्तम्बा मर्दनात्पूर्वमातपे सम्यक् शोषणीया: तदनु उलूखले मूसलेन धान्यं कोषत: तुषतो वा पृथक्करणीयम्।

(vi) **अबन्ध्यता**—बीजे समुपस्थितं भ्रूणं (Embroy) यदि लवन-गलन-जीर्णन-दहन-कीट-संक्रमणादि-केनापि कारणेन क्षतिग्रस्तं भवति तर्हि तस्य प्रजननक्षमताऽपि हीयते। अत: प्रतिपादितं गार्ग्येण—

दीपाग्निधूमसंस्पृष्टं वृष्ट्या चोपहतं च यत्

---

1. कृषिपाराशर:/ 147/
2. कृषिपाराशर:/ 180/
3. ऋग्वेद:/10/ 101/ 3/

वर्जनीयं सदा बीजं यद् गर्तेषुपिधापितम्।।
प्रोथितं मिश्रितं बीजं भ्रान्त्या न निर्वपेत् क्वचित्।
विधान्यं गुडकोन्मिश्रं तद्बीजं बन्ध्यतां व्रजेत्।।[1]

बन्ध्यत्वं सम्प्राप्ते बीजे कृषकाः, क्षेत्राणि, वृषभा जलधराश्च सर्वे बन्ध्यतां यान्ति। सर्वमपि कृषिकर्म वित्तञ्च विफलानि भवन्ति।

बीजभेदाः—

फलवैविध्यकारणानि बीजान्यपि नानाविधानि भवन्ति। कौटिलीयेऽर्थशास्त्रे बीजभेदानां निरूपणम् बीजोपचारसंदर्भे[2]

(1) **धान्यबीजम्—**यवब्रीहिगोधूमादयः स्तम्बेषु प्ररोहन्ति, बीजानि तुषयुक्तानि भवन्ति। ब्रीहिबीजवपनं तुषेणसह भवति तुषेभ्यः पृथक् कृता तण्डुला न प्ररोहन्ति किन्तु गोधूमस्तु तुषरहितः प्रयुज्यते।

(2) **कोशीधान्यबीजम्—**मुद्ग-माश-कलायादिबीजानि कोशेषु जायन्ते। कोशतः पृथक्कृत्वा बीजसङ्ग्रहः क्रियते।

(3) **काण्डबीजम्—**इक्षुः कदलीपादपश्च काण्डप्ररोहिणौ।

(4) **कन्दबीजम्—**सूरण-आलुक-पलाण्डु-लशुणादीनि कन्दतः प्ररोहन्ति।

(5) **अस्थिबीजम्—**दृढ़वल्कयुक्तानि कार्पासतिन्तिड्यादिबीजानि।

(6) **शाखिबीजम्—**आम्रपनसादिफलानां बीजानि।

(7) **अरण्यबीजम्—**अकृष्टे तपोवनभुव्यरण्ये वा स्वयं प्ररूढानि नीवरकोद्रवादिबीजानि अरण्यबीजानिति कथ्यन्ते यथा निरूपितं कुमारसंभवमहाकाव्ये—यत् तपोवनेषु आश्रममृगाणां पोषणमरण्यबीजाञ्जलिना[3] भवति स्म।

अरण्यबीजानां वैशिष्ट्यमिदं यत् वन्यवृक्षलतादिवदरण्यधान्यबीजान्यप्यकृष्टायां भूमावधिरोहन्ति।[4]

यथापूर्वमेव कथितं यत् प्ररोहजननक्षमं पादपाङ्गं बीजमिति। पराशरमुनिना स्थूलरूपेण द्विविधं बीजं प्रोक्तम्—उप्तं रोपितं च—वपनं रोपणं चैव बीजं स्यदुभयात्मकम्।[5]

---

1. कृषिपाराशरः/ 3/84-85/ संकलितम्।
2. अर्थशास्त्रम्/2/ 24/20/
3. कुमारसंभवम्/5/ 15/
4. बीजं च बालेयमकृष्टरोहि/रघुवंशम् /14 / 77/
5. कृषिपाराशरः/ 3/103/

धान्यबीजानां वपनं भवति—

वपन्तं बीजमिव धान्याकृतः ।[1]

काण्डबीजानां रोपणम्। केचित् प्ररोहाः प्रतिरोपणेन फलवृद्धिं प्राप्नुवन्ति,यथा कलमाः—

कलमा ··· फलैः संवर्धयामासुरुत्खातप्रतिरोपिताः ।[2]

शाखापल्लवादिसहितस्य लघुपादपस्यापि रोपणं क्रियते। उद्यानेषु त्वरितफलपुष्प लाभाय प्रायशः पादपानां रोपणं भवति। मूलपादपस्कन्धात् मूलसहिताः शाखा निर्मीयन्ते किन्तु बीजजनितपादपोऽपेक्षाकृतः दीर्घजीवी नीरोगश्च भवति। सर्वथोचितमेव प्रतिपादितं पराशरेण—**वपनं रोगनिर्मुक्तं रोपणं सगदं सदा ।**[3]

एवं बीजस्वरूपवपनविधिकृष्टपच्याकृष्टपच्यादिभेदैः बीजानां नानाप्रकारा भवन्ति।

(2) उर्वरकः

भूमेरुर्वराशक्तिवर्धक उर्वरकः सस्यपोषणक्षमः सारो वा कृषेरावश्यकोपादानत्वात् कृषिसाधनेषु परिगणितः। यथा मानवानां कृते पोषकाहारस्य प्रयोजनं तथा उद्भिजानामपि। इदन्तु सुविदितमेव यदुर्वरायामेव भूमौ बीजं प्ररोहति यतः उर्वराभूमिः प्रयच्छत्याहारं बीजाय। भूमेरुर्वरता निर्धार्य्यते उत्पादनक्षमतया। मृत्तिकायां सन्निहितानि नाइट्रोजन–फौसफोरस–पोटेशियमादितत्वानि सस्यपरिमाणस्योत्पादकाताया वा निर्धारकाणि भवन्ति। एकस्मिन्नेव क्षेत्रेऽनवरतकृषिकर्मणा क्रमशो भूमेरुर्वराशिक्तह्रासेनोत्पादनक्षमता हीयतेऽतः पोषकतत्त्वानां प्रतिपूर्त्या भूमेरुर्वराशक्तिवर्द्धनाय प्राचीनकालतोऽद्यावधिः सारप्रयोगः परिलक्ष्यते समग्रेऽपि जगति कृषिपद्धतिषु।

उर्वरकमहत्त्वम्—

अधिकतमसस्यसम्पल्लाभायाकालफलपुष्पोद्गमाय भूमेरुर्वरतासंरक्षणाय अन्नेष्वास्वाद्य रसवर्द्धनाय चानिवर्यं खलूर्वरकप्रयोगोऽतः सारमहत्त्वप्रतिपादकं वचनमिदं पराशरमुनेः-

विना सारेण यद्धान्यं वर्द्धते तत् फलवर्जितमेव भवति ।[4]

सारेण विना कृषिश्रमस्तु व्यर्थ एव।

---

1. ऋग्वेदः/ 10/94/ 13/
2. रघुवंशम्/ 4/ 37/
3. कृषिपाराशरः/ 3/103/
4. कृषिपाराशरः/ 3/ 33/

उर्वरकप्रकाराः—स्थूलरूपेण द्विविधः खलूर्वरकः-जैविकोऽजैविकश्च।

(1) जैविकः

वनस्पति-पशु-पक्षि-मत्स्यादिजीवेभ्यो लभ्यः जैविकः, यथा-पत्र-पुष्प-फल-त्वक्-काण्डादिवानस्पतिकोर्वरका, ये हरितसारेति कथ्यन्ते, रासायनिकप्रक्रियया मृत्तिकया संमिश्रिताः सन् भूमिं पोषयन्ति। एवं अजा-अवि-गवादिपशूनां शकृदस्थि-मत्स्य-मांसादिपदार्थाः अद्यतनकृषिविज्ञाने एते 'खाद' (Manures) इति संज्ञां लभन्ते संस्कृतवाङ्मये च 'सार' इति। अद्यतनकृषिविज्ञानमते जैविकसारेषु प्राप्यन्तेऽधोलिखितानि पोषकतत्वानि—

सारः	नाईट्रोजन	फौस्फोरस	पोटाश
गोमयः	०.५%	०.२%	०.५०%
अविकाजशकृत्	०.७०%	१.१७%	०.६२%
तिल-अलसीवल्कः	५.५६%	१.४४%	१.२८%
अस्थि	३-४%	२०-२५%	-
रक्तम्	१२%	१-३%	-

(2) अजैविकः—

ताम्र—लौह-रजत-सुवर्णादिधातूनां यौगिका अजैविकाः। एषामुपयोगः सूक्ष्मपोषक (Micro Nutrients) रूपेण भवति।

सम्प्रति निरूप्यन्त एतेषां प्रयोगविधिः कालः प्रयोजनं च।

(1) **हरितसारः—**

मृत्तिकायां नाइट्रोजनादिपोषकतत्त्वानां समावेशाय हरितसारस्य प्रयोगविधिरित्थं वर्णितः बृहत्संहितायाम्—

(i) कृषकः बीजवपनात् प्राक् भूमेः परिकर्मार्थं प्रथमं कृषिक्षेत्रे तिलान् वपेत्। यदा तिलप्ररोहाः पुष्पिताः स्युस्तदा क्षेत्रं कर्षयित्वा तान् मृद्नीयात्।

(ii) वृक्षारोपणात् प्रागुपवनभुवि गर्तं विधाय माष-तिल-यवचूर्णमिश्रितमृत्तिकया तं गर्तं प्रपूरयेत्।[1]

1. मृद्वी भूः सर्ववृक्षाणां हिता तस्यां तिलान् वपेत्।
पुष्पितांस्तांश्च मृद्नीयात् कर्मैतत् प्रथमं भुवः।।
चूर्णीकृतैर्माषतिलैर्यवैश्च प्रपूरयेद् मृत्तिकायान्तरस्थैः। बृहत्संहिता/ 54/ 2, 25/

हरित्सारस्य लाभाः—

(i) परुषापि भूमिरनेन मृद्वी भवति, मृद्वी च भूमिः सर्वेषामेव प्ररोहाणां कृते हिता।

(ii) भूमेर्जलशोषण-धारणक्षमतायां वृद्धिः।

(iii) अम्लक्षारीयमृत्सु पोषकतत्वानां समावेशेनाकृष्याऽपि भूमिः कृषियोग्या भवति।

(2) **वानस्पतिकंभस्म**—

न केवलं हरिद्वनस्पतयोऽपितु वनस्पति-भस्म अपि मृत्तिकासंस्काराय भूमेरुर्वरतावर्द्धनाय च प्रशस्तम्। तथ्यमिदं सूचितं महाकविकालिदासेन—

कृष्यां दहन्नपि खलु क्षितिमिन्धनेद्धो बीजप्ररोहजननीं ज्वलनः करोति।[1]

भारतदेशे जनजातीय कृषिपद्धतिषु सुप्रचलितोऽयं विधिः भूमेः प्रजननक्षमता-संवर्द्धनाय। आरण्यकाः वनखण्डं दग्ध्वा भूमिं कृषिकर्मणि प्रयुञ्जन्ति। कृषिफला-हरणानन्तरं स्तम्बादिसस्यावशेषाणां दहनेन भूमेरिदं परिकर्म साधनीयम् ग्राम्यकृषिक्षेत्रेष्वपि।

(3) गोमयसारः—

गोमयसारस्तु सर्वविधजैविकसारेषु प्रशस्ततमः सर्वसुलभश्च। धान्यादिबीजवपनकाले प्रयोक्तव्योऽयं सारः। अस्य निर्माणविधिः वर्णितः कृषिपराशरे। माघमासस्य शोभने दिवसे नक्षत्रे च श्रद्धयान्वितः कृषकः गोमयकूटं कुद्दालैस्तोलयित्वा रौद्रे संशोषयेत्। शुष्कगोमयं चूर्णीकृत्य फाल्गुने प्रतिकेदारे गर्तं विधाय तत्र सारं विधापयेत्। ततो वपनकाले सारविमोचनं कुर्यात्।

सस्यसम्पदेऽयं सारो बहुमूल्यः खलु।[2]

(4) अविकाजशकृत्सारः—

वृक्षायुर्वेदे वृक्षचिकित्सार्थं प्रयुज्यतेऽयं सारः तिलगोमांसादिपदार्थैः सह। गोमयसारापेक्षयाऽपि पोषकतत्वानामाधिक्यमस्मिन् सारे।[3]

(5) गोऽस्थि-मत्स्यमांसादीनि—

आम्र-पनसादिफलानां कृते गोऽस्थिशकृद्भि काले दौहृदं हितं भवति। बीजवपनान्तरं

---

1. रघुवंशम्/ 9/ 80/

2. कृषिपाराशरः / 3 / 31-33/

3. अविकाजशकृच्चूर्णस्याढके द्वे . . . .।
 वल्मीगुल्मलतानां च फलपुष्पाय सर्वदा।। बृहत्संहिता / 54/ 17-18/

प्ररूढान् प्ररोहान् शुष्ककटुमत्स्यसारप्रदानस्य निर्देशोऽर्थशास्त्रे।[1] मत्स्याम्भसा मांसजलैश्च सेचनमपि फलपोषकरम्।[2]

(6) दुग्ध-घृत-मध्वादीनि—

प्ररूढान् प्ररोहान् स्नुहिक्षीरस्यपायनं प्रशस्तम्,[3] दुग्ध सेकोऽपिवनस्पतीनां कृते पुष्टिकर:,[4] कपित्थवल्लीकरणाय बीजवपनात्प्राग्गर्ते मधुसर्पिप्रलेप: मृत्तिकासंस्कार:[5]।

'घृतेन सीता मधुना समक्ता . . .ऊर्जस्वती घृतवत्पिन्वमाना[6]

इति अथर्ववेदीयमंत्रे घृतमधुनोरुर्वरकरूपेणप्रयोगस्य विधानम्। एतानि पोषकतत्त्वानि मानवीयाहाररूपेण यथा अस्माकं पोषकाणि तथा वनस्पतीनामपि। ऐतरेयब्राह्मण एषां पोषकतत्त्वानां निर्देश:—

रसो वा एष ओषधिवनस्पतिषु यन् मधु, यन् मध्वाऽभिषिञ्चति रसमेवास्मिंस्तद्दधाति तेजो वा एतत्पशूनां यद्घृतं, यद् घृतेनाभिषिञ्चति तेज एवास्मिंस्तद्दधाति।[8]

(7) ताम्र-रजत-सुवर्णादीनि—

एते खनिजा: प्राचीनभारते कृष्यै उर्वरकरूपेण प्रयुज्यन्ते स्म। कौटिलीयेऽर्थशास्त्रे सुवर्णोदकसंप्लुतानां बीजानां वपनस्य निर्देश:सस्यसंपदे।[9]

इत्थं संस्कृतवाङ्मये कृषि कर्मणि नानाचरणेषु भस्म-कल्क-चूर्ण-लेप-घोलादि नानारूपेष्वकृत्रिमोर्वरकाणां जैविकसाराणाम् वोपयोग: कृषिसमृद्धयेऽभूत्। वर्तमानकाले प्रयुक्ता जैविक-रासायनिकोर्वरका: प्रथमन्तु फलसमृद्धिं यच्छन्ति किन्तु क्रमशो मृत्प्रदूषणस्य खाद्यप्रदूषणस्य च प्रजनका भवन्ति। खाद्यान्नेषु शाक-कन्द-मूल-फलेषु च आस्वाद्यरसस्य न्यूनताऽप्यनेनैव कृत्रिमोर्वरकप्रयोगेण। एषामुपयोगोऽस्वास्थ्यकरो घातकरोगजनकश्चात: संस्कृतवाङ्मये प्रोक्ता: सारप्रयोगविधय: प्रजानां योगक्षेम-साधकत्वात् सर्वैरपि देशैरनुकरणीया:। सर्वदा स्मरणीयमाचार्यशुक्रस्य वचनमिदमस्माभि:—

1. अर्थशास्त्रम्/ 2/ 24/ 20-21/
2. मत्स्याम्भसा मांसजलैश्च सिक्तम् वल्ली भवत्याशु/बृहत्संहिता/ 54/ 26/
3. अर्थशास्त्रम्/ 2/ 24/ 21/
4. क्षीरतोयेन सेक: स्यात् रोहणं सर्वशाखिनाम्/काश्यपसंहिता
5. मधुसर्पिषि तत् प्रलेपयेद्भस्मसमन्वितेन/बृहत्संहिता/ 54/ 24/
6. अथर्ववेद:/ 3/ 9/
7. ऐतरेयब्रा/ 8/ 4/ 6/ 1/
8. अर्थशास्त्रम्/ 2/ 24/ 23/

अजाविगोशकृद्भिर्वा जलैर्मांसैश्च पोषयेत्।[1]

भूमिसंस्काराय सस्यसंवर्धनाय च वैदिकभारते यज्ञधूम-भस्मादीनामुपयोगो बहुलतया भवति स्म। 'यज्ञेन यवादिधान्यं राष्ट्रसमृद्धिश्च कल्पन्ताम्' इति प्रार्थना ऋषेः। यज्ञस्य कृषिसंवर्धनक्षमता प्रमाणिता कृषिवैज्ञानिकैः परीक्षणैः। संविस्तरं विवेचनस्य 'कृषिसंवर्धनम्' शीर्षकेऽध्याये। उर्वरकप्रयोगस्यैकं रूपं वृक्षदोहदमपि। निरूपणमस्य वृक्षायुर्वेदसंदर्भे भविष्यति।

(3) पशुः

मानवीयसभ्यताया विकासक्रमे प्रागैतिहासिकयुगतोऽद्यावधिरस्माकं जीवनयात्रायां गवादिपशूनाममूल्यं योगदानन्त्वविस्मरणीयमेव। आखेटवृत्तिं परित्यज्य यदा मनुष्येण पशुपालनं कृषिवृत्तिश्चाङ्गीकृत्ते तदा प्रभृत्यद्यतनान्तरिक्षे युगेऽपि ग्राम्यकृषिव्यवस्थायां क्षेत्रकर्षण-सस्यमर्दनादिकृषिकर्म गोवंशाश्रितमेव। पुष्टिकरदुग्ध-घृत-नवनीतादिपदार्थ-प्रदानेन, सस्यपोषकृत्सारदानेन कृषिकर्मसहायभूतबलीवर्दप्रजननेन च 'गौ' भारतदेशे सर्वेषां मातेति मता। शतपथब्राह्मणे निगदितम्—

महांस्वेव गोमीहमा। गोर्वै प्रतिधुक्। तस्यै शृतं तस्यै शरस्तस्यै दधि तस्यै मस्तु तस्याऽआतञ्चनं तस्यै नवनीतं तस्यै घृतं तस्याऽआमिक्षा तस्यै वाजिनः।[2] वसुधातः रत्न-धन-धान्यादिदोहस्य संकल्पना राष्ट्रीयार्थव्यवस्थायां प्राकृतिकसंसाधनाना दोहनस्यावधारणा वा सुदुघानां[3] दोहत एव समायाता। अतः क्षेत्रपतिं प्रति वैदिकऋषेर्निवेदनमिदम्—

क्षेत्रस्य पते मधुमन्तमूर्मिं धेनूरिव पयो अस्मासु धुक्ष्व।[4]

गोलक्षणम्—

राष्ट्रसमृद्धिकरपशुसंसाधनस्य परिचयः कौटिलीयेऽर्थशास्त्रे गोऽध्यक्षप्रकरणे प्राप्यते।[5]

वत्सा वत्सतरा दम्या (कृषि योग्याः) वहिनो (भारवाहकाः) वृषा उक्षाणश्च पुंगवा। युगवाहनशकटवहा वृषभाः सूनामहिषाः पृष्ठस्कन्धवाहिनश्च महिषाः। वत्सिका वत्सतरी प्रष्ठौही गर्भिणी धेनुश्चाप्रजाता बन्ध्याश्च गावो माहिष्यश्च।

---

1. शुक्रनीतिः/लोकधर्म/ 4/ 47/
2. शतपथब्राह्मणम्/ 3/ 3/ 2/ 1-2/
3. ऋग्वेदः/ 1/ 4 / 2/
4. ऋग्वेदः/ 4/ 57/ 2/
5. अर्थशास्त्रम्/ 2/ 20/ 6-7/

गोवृषभयोः शुभाशुभलक्षणानि—

पशुसंसाधनस्य सम्यग्नियोजनाय तेषां शुभाशुभलक्षणान्यपि विज्ञेयानि। पराशरवराहादिविशेषज्ञैः सूक्ष्मनिरीक्षणैः प्रतिपादितान्येतानि लक्षणानि।

(i) अशुभलक्षणा गावः—साश्रुलोचनाश्चलच्चिपिटशृङ्गा करटाः खरसन्निभाः दशसप्तचतुर्दन्त्याः लम्बवक्त्रा विशाणवर्जिता ह्रस्वाः पृष्ठमध्यातिसन्नता अतिदीर्घजिह्वा महत्ककुदसंयुता भिन्नपादा बृहद्गुल्फा गावोऽशुभाः भर्तुर्यूथस्य नाशनाः।

वृषभोऽप्येवं स्थूलातिलम्बवृषणःशिराततक्रोडः स्थूलशिराचितगण्डो मार्जाराक्षः कपिलः करटः कृष्णोष्ठतालुजिह्वो यूथस्य घातकरः।

सितवर्णः पिङ्गाक्षस्ताम्रविषाणेक्षणो महावक्त्रः।
हंसो नाम शुभफलो यूथस्य विवर्धनः प्रोक्तः।।

आताम्रसंहतखुरा व्यूढोरस्का बृहत्ककुदयुक्ताः स्निग्धश्लक्ष्णतनुत्वग्रोमाणः ताम्रतनुशृङ्गा तनुभूस्पृग्लाङ्गूला रक्तान्तविलोचना महोच्छ्वासाः सिंहस्कन्धास्तन्वल्पकम्बलाः शुभा भारसहा धुरि याने च पूजिताः।

एवं वामे वामावर्तैः दक्षिणे दक्षिणावर्तैः, एणकनिभजङ्घाभिश्च वृषभाः शुभा भवन्ति।

इत्थं शुभाशुभलक्षणानि परीक्ष्य शुभे यत्नः कार्यः। यदि नैकान्तप्रशस्तो लभ्यते तदा मिश्रफलोऽपि ग्राह्यो भवति किन्त्वशुभलक्षणस्तु गृहजातोऽपि त्याज्यो यूथविनाशावहो वृषभः।[1]

मूल्यनिर्धारणम्

श्रेष्ठगवां क्रय-विक्रयहेतोः तात्कालिकं मूल्यनिर्धारणमपि संस्कृतवाङ्मये लभ्यते तत्र सुशृङ्गवर्णबलिनो वोढुः शीघ्रगस्याष्टतालस्य वृषस्य मूल्यं षष्टिपलं (रजतं) स्मृतम्।

सामान्यता गवां मूल्यं दशपलमष्टौ वा निर्धारितं किन्तु सुशृङ्गवर्णा सुदुघा बहुदुग्धका सुवत्सका तरुण्यल्पा वा महती मूल्याधिक्याय भवति।[2] एवं प्राचीनयुगेऽपि कृषिकर्मक्षमवलीवर्दानां मूल्यम् गोभ्यः षडगुणमधिकमासीत्।

कृषिकर्मणि गोमहत्त्वम्—

यद्यपि वर्तमानयुगे 'ट्रैक्टर' इति याने फालं संयोज्य क्षेत्रकर्षणं सम्पाद्यते धनसम्पन्नकृषकैस्तथापि लघुभूखण्डेष्वद्यापि हलप्रसारणे गवां योजनमेव।

---

1. बृहत्संहिता / 60/
2. शुक्रनीतिः/ 4/ 92, 95/96/

उक्षा भद्रो बलीवर्द ऋषभो वृषभो वृषोऽनडवानादिनामानि[1] वृषभस्य अन्नादिभरणक्षमतां ज्ञापयन्ति। अनडुहः (अनः वहनसमर्थवृषभस्य) महिमा बहुधा परिकीर्तिता वेदेषु।

अनड्वान् न केवलमनः (शकटं) धारयत्यपितु स्वश्रमेण अन्नप्रदानेन पृथिवीमपि धारयति—

(i) अनड्वान् दाधार पृथिवीम्।

(ii) श्रमेणानड्वान् कीलालं कीनाशश्चाभिगच्छतः।[2]

कीनाशो (कृषको) वाहसहायेनैव क्षेत्रकर्षणे समर्थो भवति-गोभिर्यवं न चर्कृषत्।[3]

अतः गोभ्यः शुभाशंसा वैदिकऋषेः—

शुनं वाहाः शुनं नरः शुनं कृषतु लाङ्गलम्।[4]

धरण्यामन्नोत्पादनायैव रचितोऽयं वृषभः प्रजापतिना इति मतं पराशरस्य—

अन्नार्थमेतानुक्षाणः ससर्ज परमेश्वरः।

येऽन्नान्युत्पादयन्ति मर्दयन्ति वहन्ति च तेषामधिकं को वा भवेद् भुवि। वस्तुतः पशुसंपत्तिरन्नसमृद्धिश्चान्योन्योन्याश्रितैव यथा निरूपितं ऋग्वेदे—

कृषिमित् कृषस्व तत्र गावः . . . तत्र जाया।[5]

इदमपि कथितं यत् सर्वदेवमयी गौः—शिरसि ब्रह्मा स्कन्धदेशे शिवः, पृष्ठे विष्णुः, श्रुतयश्चरणेषु, अन्या देवताः लोमसुः, अतस्तस्या भक्तितः तुष्यति हरिः।[6]

कृषे सहायकत्वात्पशुपालनशास्त्रं वार्ताया अङ्गभूतमेव मतम्।

क्षेत्रकर्षणे गवां योजना—कृषिवलः हलोपरि युगं संस्थाप्य रज्जुभिः (वरत्रैः) वृषान् संयोज्य फालेन क्षेत्रं कर्षति। अस्य विस्तृतं विवरणं ऋग्वेदस्य 'सीरायुञ्जन्ति' सूक्ते, हलवाहस्तोत्रेण वृषान् प्रेरयन् कार्यमिदं सम्पादयति। षडष्टौ द्वादश चतुर्विंशतिर्वा वृषा युगे प्रयुञ्जन्ते स्म

''षड्गवेन कृषति, द्वादशगव सीरम्, द्वादशगवेन कृषति[7]
षड्गवं भवति द्वादशगवं वा चतुर्विंशतिर्गवं वा'।[8]

---

1. अमरकोशः/ 2/ 9/ 59/
2. अथर्ववेदः/ 4/ 10/ 1, 1/
3. ऋग्वेदः/ 2/ 23/ 15/
4. ऋग्वेदः/ 4/ 57/ 4/
5. ऋग्वेदः/ 10/ 34/ 13/
6. बृहत्पाराशरसंहिता
7. तैत्तिरीयसंहिता/5 / 2/ 5/ 2/
8. शतपथब्राह्मणम्/ 2 / 2 / 6 /

इत्यादिसन्दर्भा वैदिकयुगे वृहत्तरकृषिक्षेत्रस्य प्रोन्नतकर्षणपद्धतेश्च सूचकाः।

गोभारलाघवाय हलेऽष्टगवां योजनं समुचितम्, षड्गवमपि हलं व्यावहारिकं, चतुर्गवं हलं नृशंसतायाः परिचायकं द्विगवं हलन्तु गोभक्षकाणामेव भवति इत्यभिमतं पराशरस्य कृषिव्यवस्थायां पशुसंसाधनस्य महत्वं परिज्ञायैव पराशरप्रभृतिभिः कृषिविशेषज्ञैः कौटिल्याद्यर्थशास्त्रकारैश्च वाहान् प्रति सहानुभूतिपूर्णमानवीयव्यवहारस्य नियोजन-विषयकनियामानाञ्च विधानं कृतम्। अत्र निर्देशो गोस्वमिने—

कृषिं च तादृशीं कुर्यात् यथा वाहान्न पीडयेत्।
वाहपीडार्जितं शस्यं गर्हितं सर्वकर्मसु।।[1]

वाहान् पीडयित्वा यदि कश्चिच्चतुर्गुणमपि सस्यमर्जयति तस्य सस्यन्तु वाहनिः — श्वासवातेन शीघ्रमेव विनश्यति। कृषीवलः, हीनाङ्गं व्याधिग्रिस्तं प्राणहीनं दुर्बलं क्षुधितं तृषितं श्रान्तमनड्वाहं न वाहयेत्। सुपुष्टाङ्गं, नीरुजं तृप्तं शान्तं सबलप्राणमनड्वाहमेव वाहयेत्। वाहयेद्दिवसस्यार्द्धे पश्चात् स्नानं समाचरेत्। हलकर्मणि कष्णौ वृषौ श्लाध्यौ रक्तौ वा कृष्णलोहितौ।

सर्वशुक्लस्तु वर्ज्यः व्यर्थकटिश्छिन्नलाङ्गूलकर्णकोऽपित्याज्यः।[2]

गवादिपशुषु भावीशुभाशुभज्ञानस्य क्षमताऽपि परिलक्ष्यते। हलप्रसारणसमये गवां गतिविधयोऽपि शस्यविषयकशकुनापशकुनस्य सूचका भवन्ति—

हलप्रवाहमात्रं तु गौरेको नर्दते यदा।
नासालीढं प्रकुर्वीत तदा सस्यं चतुर्गुणम्।।
हले प्रवाहमाणे तु शकृन्मूत्रं भवेद् यदा।
सस्यवृद्धिः सकृत्पाते मूत्रे वन्या प्रजायते।[3]

गोपालनं पोषणञ्च—

सम्यग्रीत्या गोपालनं तेषां पोषणं च कृषकस्य प्राथमिकं कर्तव्यम्। गुडकैर्यव-सैर्धूमैस्तथा अन्यैरपि पोषणैः सायं प्रातश्च चारणैः वाहाः नावसीदन्ति। किन्तु चारणाय कदाचनपि दूरे न मोक्तव्याः दूरे चरन्तो गावः शुभावहाः न भवन्ति। अत्र, तेषां सुरक्षादृष्ट्या दूरे चारणस्य निषेधः।

कर्मानुरूपं देयं भोजन-पेय-परिमाणमपि निर्दिष्टं कौटिल्येन—बलीवर्दानां यवसस्यार्धभारः तृणस्य द्विगुणं, तुलाघाणपिण्याकस्य, दशाढकं कणकुण्डकस्य (सानी

1. कृषिपाराशरः / 3 / 6/2
2. कृषिपाराशरः /3/ 56, 61/
3. कृषिपाराशरः / 3/ 70–71/

इतिभाषायाम्), पञ्चपलिकं मुखलवणं, तैलकुडुवो नस्यं (तैलं), प्रस्थः पानम्। मांसतुला, दध्नश्चाढकं यवद्रोणां माषाणं वा पुलाकः। क्षीरद्रोणमर्धाढकं वा सुराया, स्नेहप्रस्थः क्षारदशपलं शृङ्गिवेरपलं च प्रतिपानम् पादोनमश्वतरगोखराणां, द्विगुणं महिषोष्ट्राणां कर्मकरबलीवर्दानाम्। पायनार्थं च धेनूनाम्। (नियोज्यकर्मफलतश्च भोजनपरिमाणनिर्धारणम्)। सर्वेषामेव तृणोदकप्राकाम्यम्।[1]

पशुहिते पर्याप्तमात्रायां शुद्धं पेयजलमप्यावश्यकम्। अस्य कृते चिन्ता ऋग्वैदिककालाद् एव परिलक्ष्यते—

(i) अपो देवीरुपह्वये यत्र गावः पिबन्ति नः।[2]

(ii) सुप्रपाणं भवत्वघ्न्याभ्यः।[3]

इत्थं सुपौष्टिकभोजनैः शुद्धजलैश्च परिपोषिता गावः कथं न स्युः राष्ट्रसमद्धिकारकाः

(4) मानव-संसाधनम्

कृषिपद्धतेः केन्द्रभूतो मानवो भूमिजलप्रकाशबीजादिसाधनानां नियोक्ताऽपि वर्तते, येन यस्य कृते च कृष्यते कृषिः। मानवीयसंसाधने सर्वप्रथमन्तु समायाति कृषको या भवति क्षेत्रपतिः गृहपतिश्च। तदनु समापतन्ति तस्य परिवारस्यान्ये सदस्याःपुत्र-पुत्री-भ्राता-भगिनी पत्न्यादिकृषिकर्मसहायभूता, कृषिश्रमिका बीजवपन-निस्तृणीकरण-लवण-मर्दनादिकार्येषु नियोजिता, कृष्युपकरणरचनायां संलग्ना बर्द्धक्यादिकर्मकराः, कृष्युत्पादविक्रेता आपणिका वाणिजश्च, उत्पादोपभोक्ता प्रजा, कृषिशोधका वैज्ञानिकाः, कृषिविशेषज्ञाः कृषिप्रबन्धने नियुक्ताः सीताध्यक्षास्तत्सहयोगिनश्चान्ततोगत्वा कृषिनीतिनिर्धारकाः राष्ट्रेनेतारश्च। इत्थं यद्यपि प्रत्यक्षाप्रत्यक्षरूपेण समग्रोऽपि मानव-समुदायः संबद्धः कृषिव्यवस्थायां तथाप्यत्र प्रत्यक्षतः संबद्धा एव मानवसाधनत्वेन-विवेचनीया येषां श्रमोर्जबुद्धिवित्तानि च प्रयुञ्जन्ते कृषिकर्मणि।

(i) **कृषकः—**

क्षेत्राजीवः कर्षकः कृषीवलः (कृषिरस्त्यस्य वृत्तित्वेन)[4] कीनाशादिसंज्ञाभि।[5] संबोधितः कृषकः क्षेत्रकर्षणादारभ्य अन्नसंग्रहणं यावत् सर्वासामपि कृषिक्रियाणां नाभिकः। हिन्दीभाषायां प्रचलितः 'किसान' शब्दस्तु कीनाशत एव समायात इति

1. अर्थशास्त्रम् /2 29/ 27–28/
2. ऋग्वेदः /1/ 23/ 18/
3. ऋग्वेदः / 5/ 85/ 8/
4. अमरकोशः/ 2/ 9/ 6/
5. इरायै कीनाशम्/ शुक्लयजुर्वेदः/ 30/ 11/

विदुषां मतम्। कृषकः मानवजातेरन्नदातेति सर्वैः पूज्यो वन्दनीयश्च धनवन्तोऽपि कृषकानेव प्रार्थ्यन्त्यन्नोत्पादनाय—

सुवर्णरौप्यमाणिक्यवसनैरपि पूरिताः।
तथापि प्रार्थयन्त्येव कृषकान् भक्ततृष्णया।[1]

कृषकगुणाः—क्षेत्रकर्षणेन सस्याद्युत्पादनमेकं जटिलं प्रकर्म वर्ततेऽतोऽस्य कृते कृषितन्त्रस्य सम्यग्ज्ञानमावश्यकम्। अनेनैव सह वृष्टिविज्ञान—ग्रहनक्षत्रगति—शुभाशुभतिथि—वाहलक्षणादिज्ञानमप्याश्यकम्।

कठोरश्रमक्षमता, प्रमादहीनता, धीरता, कष्टसहिष्णुता कृषिकर्मकुशलता, बीज-हल-गवादिसाधनसम्पन्नता—ईश्वरभक्ति-दूरदृष्टयादयः कृषकस्य विशिष्टा गुणाः।

ऋग्वेदे कृषकाः 'कवयो' 'धीरा' आदिभिर्विशेषणैर्भूषिताः—

सीरा युञ्जन्ति कवयो युगा वितन्वते पृथक्, धीरा देवेषु सम्नया।[2]

साक्षात्कृतधर्मा ऋषिवत् कृषकोऽपि कविः देवश्रद्धासमन्वितः बहुगुणधारको धीरश्च। कृषकस्य भौतिकसम्पन्नताविषये पराशरमुनेः कथनमत्र—

नित्यं दशहले लक्ष्मीर्नित्यं पञ्चहले धनम्।
नित्यं तु त्रिहले भक्तं नित्यमेकहले ऋणम्।[3]

साधनसम्पन्नकुशलकृषकस्य भूपतित्वमपि शक्यम्—

कृष्यन्वितो हि लोकेऽस्मिन् भूयादेकश्च भूपतिः।[4]

कृषकधर्म—

कृषिवृत्तिभ्यः कर्तव्याकर्तव्यनिर्देशः कृषिशास्त्रेषु प्राप्यते।

(1) अन्यत् सर्वं परित्यज्य कृषकेण स्वयमेव कृषिः कार्या—

पितुरन्तः पुरं दद्यान्मातुर्दद्यान्महानसम्।
गोषुचात्मसमं दद्यात् स्वयमेव कृषिं व्रजेत।।

(2) अतन्द्रितेण कृषकेणाहर्निशं सावधानतया कृषिरवेक्षणीया यतः मुहूर्तमप्यन-वेक्षणात् सीदति कृषिः।[5]

---

1. कृषिपाराशरः/प्रास्ताविकम्/ 4/
2. ऋग्वेदः/10/ 101/ 4/
3. कृषिपाराशरः/ 3 / 19/
4. कृषिपाराशरः/प्रास्ताविकम् /3/
5. कृषिर्गावो वणिग्विद्याः स्त्रियो राजकुलानि च।
   क्षणेनैकेन सीदन्ति मुहूर्तमनवेक्षणात्। कृषिपाराशरः /3/3

(3) समर्थेनैव कृषिः कार्या। असमर्थो हि कृषकः केवलं भिक्षामेव प्राप्नोति।

(4) वृष्टिमूला कृषिस्तस्मादादौ कृषकः प्रयत्नेन वृष्टिज्ञानं समाचरेत्।

(5) वार्षिकं जलं निरूप्य कृषिकर्म कार्यम्।

(6) वाहानपीडयन्नेव कृषिं कुर्यात्।

(7) वारत्रयं परित्यज्य दद्यादन्येषु गोमयम्। शनिभौमरविवारेषु गोमयप्रदानं गवां हानिकरं स्मृतम्।

(8) वृषे मीने कन्यायां मिथुने धनुषि वृश्चिके—एतेषु शुभलग्नेषु हलप्रसारणं कुर्यात्।

(9) येन मृगकुम्भयोः हलप्रसारणं न कृतं तस्य कृषाणस्य कृषिकर्मणि फलाशा नास्ति।

(10) बीजे यत्नं कुर्याद्यतः बीजमूलाः फलश्रियः।

(11) फलार्थीकृषकः ज्यैष्ठान्ते त्रिदिनं सार्द्धमाषाढादौ तथैव च सर्वसस्यानां वपनं त्यजेत्। अयं तु दारुणः कालो मतः।

(12) यथा कुलार्थी कुलस्त्रीपरिरक्षणं कुरुते तथा कृषकः शरत्काले समागते वारि संरक्षयेत्।

(13) परस्परसाम्मनस्यवृद्धये कर्षकाः पौषे मासि शुभे दिने अन्योन्यं क्षेत्रसन्निधौ पुष्ययात्रां कुर्युः। ये धनगर्विता कृषकाः पुष्ययात्रां न कुर्वन्ति तेषां विघ्नोपशमो न।

(14) कृषकः कालवित्स्यात्। कालविदेव सर्वान् कार्यान् साधयति 'कालातिक्रमात् काल एव फलं पिबति' इति कौटिल्यः। दीर्घसूत्रता, क्षणमपि कालविक्षेपः कृष्यै हानिकरो भवति।

(15) कृषकः देशकालौ परीक्षेत्। परीक्ष्यकारिणि श्रीश्चिरं तिष्ठति। सर्वाश्च सम्पदः सर्वोपायेन परिग्रहेत्। अप्रयत्नात् कार्यविपत्तिर्भवेत्। ज्ञानवतामपि दैवमानुषदोषात् कार्याणि दुष्यन्ति। दैवं शान्तिकर्मणा प्रतिषेद्धव्यम् मानुषीं कौशलेन च। इत्थं—

गोहितः क्षेत्रगामी च कालज्ञो बीजतत्परः।
वितन्द्रः सर्वशस्याढ्यः कृषको नावसीदति।।

इत्यभिमतम् पराशरमुनेः ।[1]

(1) कृषिसहायाः स्त्रियः—

सहायसाध्या कृषिरेकेन कृषकेण न सम्पद्यतेऽतो कर्मण्यस्मिन् तस्य परिवारजना अपि सहाया भवन्ति। यदा पराशरः कथयति–'पितुरन्तः पुरं दद्यान्मातुर्दद्यान्महानसं' तदा सुस्पष्टमेव यत् कृषकपत्नी कृषकेण सह क्षेत्रं गच्छेत्। दुहिता गवाद्यवेक्षणं गोदोहनञ्च करोति। मेघेन सह सम्बद्धा ग्रामवधूनां सुखदुःखाशा तु परिलक्षितास्माभिर्मेघदूते।[2] क्षेत्रकर्षणे सस्यलवणे धान्यकुट्टने च सहयोगः कृषकवधूनाम्। सद्यः सीरोत्कषण–सुरभिक्षेत्रमारुह्य यदा मेघो पवनेन सह चलति तदा जनपदवधूभिर्लोचनैः पीयतेऽसौ। शालिक्षेत्रस्य रक्षणकार्ये नियुक्ता शालिगोप्योऽपि वर्णिता काव्यग्रन्थेषु याः मधुरैः गीतै सह निष्पादयन्ति कार्यमेतत्—

इच्छुच्छायानिषादिन्यः . . . . शालिगोप्यो जगुर्यशः ।[3]

एवं गृहप्राङ्गणे नवधान्यकुट्टने संलग्ना वधूट्योऽपि–काव्यविषया जाताः—

गेहाजिरेषु नवशालिकणावपातगन्धानुभावसुभगेषु कृषीवलानाम्।
आनन्दयन्ति मुसलोल्लसनावधूतपाणिस्खलद्वलयपद्धतयो वधूट्यः ।।[4]

कामसूत्रस्य भार्याधिकारिकप्रकरणेन ज्ञायते यत् कृष्युत्पादस्य पशूत्पादस्य च समुचितोपयोग–कृषि—पशुपालनचिन्तादिकम् भार्याया दैनन्दिनं कर्तव्यमासीत्। भोजनावशिष्टाद्गोरसाद्घृतकरणम् तथा तिलसर्षपेक्षुभ्यः तैलगुडयोर्निर्माणं, कार्पासस्य सूत्रकर्तनम् सूत्रस्य वानञ्च, शिक्यरज्जुपाशवल्कलसंग्रहणं, कुट्टनकण्डनावेक्षणं, मण्डतुषकणकुट्यङ्गाराणामुपयोजनं, भृत्यवेतनभरणज्ञानं, कृषिपशुपालनचिन्ता, वाहनविधानयोजनं, मेषकुक्कुटलावकाद्यवेक्षणं, दैवसिकायव्ययलेखनमादीनि भार्याकार्याणि ।[5]

एवं विनैव मूल्येन स्वकीयाममूल्यश्रमशक्तिं नियोजयन्ति स्त्रियः कृषिकर्मषु।

(iii) कृषिश्रमिकाः—

वेतन—अन्नादिप्रदानेन क्षेत्रपतिना नियोज्यन्ते ये कृषिकर्मसु ते कृषिश्रमिका इति कथ्यन्ते।

---

1. कृषिपाराशरः/ 3/
2. मेघदूतम्/ 1/16/
3. रघुवंशम्/ 4/ 20/
4. शार्ङ्गधरपद्धत्याम् राजशेखरेणोद्धृतम्।
5. कामसूत्रम्/4/1/33/

ऋग्वेदस्य सीरायुञ्जन्ति सूक्ते नैकानां कृषिकर्मणां समुल्लेखः, यथा—कर्षणम्, फालाद्युपरकणमलंकरणं (धारप्रदानम्) हलयोजनम्, बीजवपनम्, बलीवर्दान् जलपायनं, अश्मचक्रेणावततः जलनिष्कासनम्, सस्यसेचनम्, दात्रेण सस्यलवणम्, रथेनानसेन वा सस्यवहनमादीनि। निश्चितमेवेषुकर्मसु नैकानां कर्मकराणामावश्यकता भवति स्म।

कृषिश्रमिकाणां सुस्पष्टमुल्लेखः कौटिलीयार्थशास्त्रे सीताध्यक्षप्रकरणे। सीताध्यक्षः स्वभूमौ (शासकीयक्षेत्रे) दासकर्मकरैः सस्यं वापयेत्, षण्डवाटकेदारादिरक्षणे गोपालने चैतान् नियोजयेत्, कर्मानुरूपां वेतनभोजनयोर्व्यवस्थां कुर्यात्। कर्मफलविनिपातेन फलाहानिपूरकं दण्डमपि दद्यात्।[1]

श्रमिकाणां कृते वेतननियमाः कार्यनियमाश्च—

'यथासम्भाषितं वेतनं लभेत्। कर्मकालानुरूपमसम्भाषितवेतनम्। कर्षकः सस्यानां गोपालकः सर्पिषां वैदेहकः पण्यानामात्मना व्यवहृतानां दशभागम् असम्भाषितवेतनो लभेत्। सम्भाषितवेतनस्तु यथासंभाषितम्। वेतन-अदाने दशबन्धो (वेतनस्य दशमभागो) दण्डः षट्पणो वा'।

गृहीत्वा वेतनं कर्म अकुर्वतो भृतकस्य दशपणो दण्डः। अशक्तः कुत्सिते कर्मणि व्याधौ व्यसने वा अनुशयं लभेत्,परेण वा कारयितुम्। तस्य व्ययकर्मणा लभेत् भर्ता वा कारयितुम्। कृतस्य वेतनं नाकृतस्यास्ति। स चेदल्पमपि कारयित्वा न कारयेत् कृतमेवास्य विद्यात्।

कर्षका . . . सस्यारम्भपर्यवसानान्तरे सन्नस्य यथाकृतस्य कर्मणः प्रत्यंशं दद्युः' इति कौटिल्यः।[2]

कारुः (तक्षा) कर्मारकुट्टाकमेदक (गर्तखनकाः) रज्जुबर्तकसर्पग्राहकादयोऽन्येऽपि कृषिकर्मसहायाः।

(ग) यान्त्रिक-साधनानि

सीरफालदात्रादिकृष्युपकरणानि यान्त्रिकसाधनानीति। संस्कृतवाङ्मयेऽधोलिखितानामुपकरणानां प्रयोगः परिलक्ष्यते—

लाङ्गलम्—

हलं सीरो लाङ्गलं वा प्रागैतिहासिकयुगतोऽद्यावधिः प्रयुज्यते कृषिकर्मणि यत्

---

1. अर्थशास्त्रम् / 2 / 24 / 2, 4, 24/
2. अर्थशास्त्रम्/ 3/13/16, 18; 3/ 14/ 1,2,5,8/

कृषेराधारभूतमुपकरणमस्ति यया विनाऽशक्यमेव क्षेत्रकर्षणम्।

भूविदारणक्षमत्वादस्यैकमभिधानं 'गोदारणमपि' (अमर/2/9/14)। 'अश्विदेवौ (वृकेण) लाङ्गलेन यवं वपन्तौ मानुषाय इषम् (अन्नं) उत्पादितवन्तौ इति साक्ष्यं ऋग्वेदस्य—

यवं वृकेणश्विना वपन्तेषं दुहन्ता मनुषाय दस्रा।[1]

ऋग्वेदस्य क्षेत्रपतिसूक्ते स्तुतौ 'शुनासीरौ'। सायणमतेऽत्र सीरः सूर्यः लाङ्गलाभिमानी देवो वा, शुनो वायुः सुखकरो देवो वा।[2] इत्थं सीरो ऋग्वैदिकार्याणां कृतेऽतिपूज्यं कृष्युपकरणमासीत्।

प्राचीनभारते ऋद्धिमन्तः कर्षका नैकैः हलैः क्षेत्रकर्षणं कुर्वन्ति स्म। ते पृथक् पृथक् युगेषु वाहान् संयोज्याल्पेनैव कालेन कर्षणकार्यं सम्पादयन्तीति प्रमाणितमनेन मन्त्रेण—

सीरायुञ्जन्ति कवयो युगा वि तन्वते पृथक्।[3]

हलमहत्त्वम्—

सस्यसम्पत्तु हलसम्पदाश्रितमिति मतं पराशरस्य—

नित्यं दाशहले लक्ष्मीर्नित्यं पञ्चहले धनम्।
नित्यं तु त्रिहले भक्तं नित्यमेकहले ऋणम्।।
आत्मपोषणमात्रं तु द्विहलेन च सर्वदा
पितृदेवातिथीनाञ्च नान्नदाने भवेत् क्षमः।।[4]

'द्वादशगवं सीरं, चतुर्विंशतिर्गवं वा' आदिना सीरस्य विशालताऽभूतपूर्वकर्षणक्षमता च ज्ञायेते।

हलकाष्ठम्—हलं सुदृढं भवेत्। एतदर्थं सालधवादिकाष्ठम् प्रशस्तम् मतम् विल्वपिचुमर्द—क्षीरवृक्षाणां काष्ठमप्रशस्तञ्च—

न सीरं क्षीरवृक्षस्य न विल्वपिचुमर्दयोः।
इत्यादीनां हि कुर्वाणो न नन्दति चिरं गृही।।

हल-अङ्गानि तेषां परिमाणादिकम्—कृषितन्त्रानुसारमष्टाङ्गं हलम्-ईषा युगं

1. ऋग्वेदः/1/117/21/
2. सायणभाष्यम्/ 4/ 57/ 5, 7/
3. ऋग्वेदः/ 10/ 101/ 4; अथर्ववेदः/ 3/ 17/ 1/
4. कृषिपाराशरः/ 3/ 19–20/

हलस्थाणुः निर्योलः पाशिका अड्डचल्लः शौलः पच्चनी च।[1] क्रमशो विवरणमेतेषाम्—

ईषा—'लाङ्गलदण्डः ईषा स्याद्' इत्यमरः।[2] ईषायामेव संयोज्यते फालः, इत्थमीषा कृषिरूपनौकाया अरित्रमिति कथयितुं शक्यते, यथा ऋग्वैदिकमंत्रे—नावमरित्रपरणीं कृणुध्वम्।[3] पराशरमते ईषा पञ्चहस्ता भवेत्।।

युगम्—वाहानां हलेषु संयोजकं युगमेव। युगं तु तत्काष्ठदण्डं येन सह ईषा बध्यते। युगे वाहसंयोजनस्य निर्देशः ऋग्वेदस्य सीरायुञ्जन्ति सूक्ते—

युनक्त सीरा वियुगा तनुध्वम्।[4]

युगपरिमाणं वाहकर्णसमानकं स्यादिति निर्देशः पराशरस्य।[5]

हलस्थाणुः निर्योलः पाशिकाशौलादयः—स्थाणुः पञ्चवितस्तिकः, स्यात्, सार्धहस्तस्तु निर्योलः, निर्योलपाशिका अड्डःचल्लः (युगकीलकः) च द्वादशाङ्गुलमाना, शौलोऽरत्निप्रमाणकः स्यात्।

पञ्चनी—नवमुष्टिका सार्द्धद्वादशमुष्टिका वा पच्चनिका लौहाग्रा वंशसम्भवा सुदृढा कार्या।

आवद्धो योत्रं रज्जुश्च—मण्डलाकारशचतुः पञ्चाशदङ्गुलोऽवबद्धः स्याद्, योत्रं हस्तचतुष्कं रज्जुः पञ्चकरात्मिका च। हलेन वाहसंयोजकमत्र योत्रमिति कथितम्[6] ऋग्वेदे 'वरत्रम्' इति[7]

हले संयोज्यमानान्यन्यान्युपकारणानि सन्ति—फालः फालको वा, विद्धकः मदिका च।

फालः—फालो हलस्याग्रभागःसायणाचार्येण[8] 'लाङ्गलमुखमित्यभिहितः। हस्तो, पञ्चाङ्गुलाधिको हस्तो वा फालकः स्मृतः। अस्यैव लघुसंस्करणं फालिका नवाङ्गुला

---

1. ईशायुगहलस्थाणुर्निर्योलस्तस्य पाशिकाः।
   अड्डचल्लश्च शौलश्च पच्चनी च हलाष्टकम्। कृषिपाराशरः/ 3 / 34/
2. अमरकोशः/2/ 9 / 14/
3. ऋग्वेदः/ 10/101/ 2/
4. ऋग्वेदः/ 10/101/ 3/
5. कृषिपाराशरः/ 3/ 35/
6. कृषिपाराशरः/ 3/ 35–38/
7. ऋग्वेदः/ 10/101/5/
8. सुफालाः शोभनानि लाङ्गगलमुखानि/सायणभाष्यम्/ 3/ 17/ 5/

अर्कपत्रसदृशी कथिता। वस्तुतो भूकर्षणकार्यमनेनैव फालेन सम्पाद्यतेऽतः अस्यैकमभिधानं कृषिकोऽपि।[1] फालमहत्त्वं बहुधा परिकीर्तितं वेदेषु फालकृष्टे भूमावेव बीजं प्ररोहति—

बीजमुर्वरायां कृष्टे फालेन रोहति।[2] फालः स्वचरित्रैः कृषकायान्नमुत्पादयति।[3]

सुफालः सीर एव भूमिकर्षणे समर्थः।[4] अतः फालः सुदृढः निश्तिश्च स्यात्। अथर्ववेदे लाङ्गलस्य 'पवीरवत्' (वज्रवत्) विशेषणमिदमेव वैशिष्ट्यं सूचयति।[5] कथितमपि शतपथब्राह्मणे—

लाङ्गलं पवीरवदिति लाङ्गलं रयिमत्।[6]

सम्भवतः प्रारम्भिके युगे फालः दृढ़काष्ठेनैव निर्मीयते स्म। अथर्ववेदे कृषिरक्षणाय खदिरमणेरुल्लेखाद्[7] इयमपि सम्भावना यत् खदिरकाष्ठेन फालनिर्माणं स्यात्।[8] लोहादिधातुप्रयोगेण सह फालोऽपि लौहमयो जातो यथा निर्दिष्टः पराशरेण—

दृढा पच्चनिका ज्ञेया लौहाग्रा वंशसम्भवा।
पच्चन्निकायामेव (मूँठ) फालः संयोज्यते।

विद्धकः मदिका च— **एकविंशतिशल्यस्तु विद्धकः परिकीर्तितः,**
नवहस्ता मदिका सर्वकर्मसु प्रशस्ता मता।

इदं सर्वमपि हलाङ्गं सुदृढं स्यात्। अदृढमयुक्तमानञ्चकर्षकाले वाहनाय पदे-पदे विघ्नमेव करोति, सुदृढं सर्वकर्मसु सुभदं भवति।[9]

---

1. अमरकोशः/ 2/ 9/ 13/
2. अथर्ववेदः/ 10/ 6/ 33/
3. कृषन्नितफाल आशितं कृणोति/ऋग्वेदः/ 10/ 117/ 7/
4. अ. शुनं न फाला विकृषन्तु भूमिम् /ऋग्वेदः/ 4/ 57/ 8/
   आ. शुनं सुफाला वितुदन्तु भूमिम्/अथर्ववेदः/ 3/ 17/ 5/
5. लाङ्गलं पवीरवत् सुशीमं सोममत्सरु। अथर्ववेदः / 3/ 17/ 5/
6. शतपथब्राह्मणम्/ 7/ 2/ 2 /7/
7. तेनेमां मणिना कृषिमश्विनावभि रक्षतः/अथर्ववेदः/ 10/ 6/ 12/
8. अ. ऋग्वैदिक आर्य, राहुल सांकृत्यायन, 1057, पृ. 46
   आ. अथर्ववेद में सांस्कृतिक तत्व, डॉ. राजछत्र मिश्र, इलाहाबाद, 1968, पृ. 42/
9. अदृढायुक्तमाना या सामग्री वाहनस्य च।
   विघ्नं पदे पदे कुर्यात् कर्षकाले न संशयः। कृषिपाराशरः/ 3/ 41, 42/

कृषिकार्ये प्रयुक्तानि हलेतराण्युपकरणानि सन्ति—

लोष्ठभेदनः—क्षेत्रकर्षणानन्तरं मृत्तिकाखण्डभेदनाय प्रयुज्यते लोष्ठभेदनः। अस्य संज्ञा कोटिशोऽपि।[1] लोष्ठभेदनेन कृषको नतोन्नतां भूमिम् समाम् करोति।

खनित्रम्—खननसाधनं खनित्रम्। मानवेन खनित्रेणैव भूमिं खनित्वाऽतुलं खनिजसम्पदा लब्धा। भूमितः प्रस्तरखण्डादिनिष्कासनाय, गर्तखननाय नालिकाप्रणालालवालादिरचनाय खनित्रमावश्यकं, कूपखननमपि खनित्रेणैव। अगस्त्यः खनित्रेण खनमानः वर्णावुभौ पुपोष' इति श्रुतिः।[2] खनित्रेण खन्यमाना भूमिः खनिभिः रत्नं प्रसूयते क्षेत्रै सस्यं च।[3]

दात्रम्—सस्यादिलवनसाधनं दात्रम्। ऋग्वेदकालतोऽद्यावधिः सस्यलवणे प्रयुज्यत इदमेवोपकरणम्। 'हस्ते दात्रं चना दधे[7] इति ऋग्वैदिकसन्दर्भेण ज्ञायते यत् कृषकाः हस्ते दात्रं गृहीत्वा सस्यं कर्तयन्ति स्म। ऋग्वेदेऽस्यैकं नाम 'सृणिः' अपि। 'सृण्यः पक्वमेव यवं प्राप्नुयाद्' इति प्रार्थना ऋषेः। अत्र सायणमते 'सृणिरङ्कुशवद् वक्रो लवित्र' इति।[4]

अष्ट्रा—प्राजनं तोदनं तोत्रं वा हलाप्रसारणसमये, अनसादि योजनसमये वा वाहान् प्रेरयितुं कृषकेण प्रयुज्यते स्म। वेदेषु तोत्रस्य संज्ञा 'अष्ट्रा' इति। हलवाहकः मृदुतया अष्ट्रया वाहन् नियोजयतु न तु क्रूरतया—

शुनं वरत्रा बध्यन्तां शुनमष्ट्रामुदिङ्गय।[5]

अश्मचक्रं[6] (कूपतः जल निष्कासनार्थं) अश्मनमयी वाशी[5] (पात्रादि तक्षणार्थं) कुठारः कुद्दालः क्षुरः परशुः[8] शूर्पः[9] तितऊ[10] उलूखलमूसलौ रघट्टं[11] (रहट इति

1. अमरकोशः/ 2/ 9/ 12/
2. ऋग्वेदः/ 1/ 179/ 6/
3. खनिभिः सुषुवे रत्नं क्षेत्रैः सस्यम्/रघुवंशम्/17/ 66/
4. ऋग्वेदः/8/ 78/ 10/
5. ऋग्वेदः/ 10/ 101/ 3; सायणभाष्यम्
6. ऋग्वेदः/4 /57/ 4/
7. ऋग्वेदः/10/101/7/
8. ऋग्वेदः/10/101/10/
9. ऋग्वेदः/10/101/8/
10. अथर्ववेदः/12/ 3/ 19/
11. ऋग्वेदः / 10/ 71/ 2/

भाषायाम्) भ्रान्तिमद्वारियन्त्रं,[1] वायोर्दिशाभारमानादिज्ञानार्थं वातयन्त्रं,[2] शीतोष्ण-तापादिमानार्थं ऋतुयन्त्रं, दिशाबोधकं दिग्यन्त्रम् प्रकाशजननार्थम् तेजोयन्त्रं[3] प्रभृतीनि यान्त्रिकसाधनानि सन्ति।

इत्थं भौतिकजैविकयांत्रिकाणाम् त्रयाणामेव साधनानां समाहारे समुचितोपयोगे च वसति शस्यफलश्रीः। अत्र कौटिल्यमतमनुसृत्य कथयितुं शक्यते 'परस्परसाधका हि शक्तिदेशकालाः' कृषिकर्मणि।

1. बद्धारघट्टघटिकावलयाश्च कूपाः/ काव्यमीमांसा/अ. 18/
2. मालविकाग्निमित्रम्/ 2/ 12/
3. वातानां यन्त्राय ऋतुनां यंत्राय दिशां यंत्राय तेजसे यंत्राय/ तैत्तिरीयसंहिता / 1/ 6/ 1/ 2/

5

कृष्यपदार्थाः

क्षेत्रं कृष्ट्वा गर्तं खनित्वा वा बीजवपनेन रोपणेन वा येऽन्नशाककन्दमूलपुष्पफल कार्पासशणचन्दनागुरुकुङ्कुमलवङ्गैलाताम्बूलपूगादिपदार्था मानवैः समुत्पाद्यन्ते ते 'कृष्यपदार्था' इति। मानवीयोपयोगदृष्ट्या भवन्त्यसंख्याः कृष्यपदार्था, वर्गीकरणमेषां देश–काल–क्रिया–जाति–स्वरूप–मूल्य–उपयोगादिनानाधारैः भवति।

कृष्यपदार्थानां वर्गीकरणम्—

(1) **कर्षणव्यापारदृष्ट्या—**

कृषिविज्ञाने क्षेत्रकर्षणमेव तत्प्रधानं कर्म येन समग्राप्यन्नोत्पादनक्रिया कृषिरिति निगद्यते। व्यापारमिमधिकृत्यान्नादिपदार्थानाम् द्वौ वर्गौ—कृष्टपच्याऽकृष्टपच्याश्च, यथा यजुर्वेदे—

कृष्टपच्याश्चमेऽकृष्टपच्याश्च मे . . . यज्ञेन कल्पन्ताम्।।[1]

तत्र कृष्टपच्या व्रीहिशालियवगोधूमादयो यथा ऋग्वेदे—

गोभिर्यवं न चर्कृषत्।[2]

अकृष्टपच्याः श्यामाकनीवारगवेधुकादयोऽफालकृष्टा, यथा याज्ञवल्क्यादिस्मृतिषु **अफालकृष्टेनाग्नींश्च . . . तर्पयेत्।**[3] रघुवंशे च—

बीजं च बालेयमकृष्टरोहि।[4]

एवं स्वयंजाता वन्यौषध्यो जङ्गिडाद्योऽकृष्याः, शणहरीतकीब्राह्मीशंखपुष्पाद्यः कृषकेणोत्पादिताः कृष्याः।[5]

(2) **देशदृष्ट्या—**

आनूप–जाङ्गलादिदेशभेदेन वनग्रामादिस्थानभेदेन च कृष्यपदार्थाः स्थल्यानूप्यवन्य

---

1. यजुर्वेदः/18/14/
2. ऋग्वेदः /8/1/ 23/ 15/
3. याज्ञवल्क्यस्मृतिः / 3/ 47,वशिष्ठस्मृतिः/ 9/ 3/
4. रघुवंशम् / 14/ 77/
5. शराश्च मा जङ्गिडश्च विष्कन्धादभिरक्षताम्।
   अरण्यादन्य आभृतः कृष्या अन्यो रसेभ्यः। अथर्ववेदः / 2/ 4/ 5/

ग्राम्यादिभेदमर्हन्ति। तत्र गोधूमयवकार्पसादयः स्थल्या शालीक्षुकदलीनारिकेलतालादि-कृष्यपदार्था जलमयक्षेत्रे जाता आनूप्याः[1]। कृषकाणां कृते निर्देशः कौटिल्यस्य यत्—

यथास्वं भूमिषु च स्थल्याश्चानूप्याश्चोषधीः स्थापयेत्।[2]

शालीक्षुक्षेत्राणि कदलीनारिकेलवाटाश्चानूपदेशस्य विशिष्टा ज्ञापका, यथाह भावमिश्रः अनेकशालिकेदारकदलीक्षुविभूषितः अनूपदेशो ज्ञातव्यः।[3]

एवं वनेषु ऋष्याश्रमेषु वाऽनायासेनैवोत्पन्ना नीवार-बदरी-कपित्थ-विल्व-लकुचेङ्गुद्यादिवन्या अरण्या वाऽतो नीवारादीनामभिधानमरण्यबीजमपि। आश्रममृगाणां पोषणमप्यनेनैवारण्यबीजेन।[4]

(3) **कालदृष्टया—**

कालः शीतोष्णवर्षात्मा, पर्जन्यो वायुरादित्यः शीतोष्णवर्षैरोषधीः पाचयन्ति।[5] स्थूलरूपेण ऋतुभेदेन शस्यानां द्वौ वर्गौ-वासन्तं शारदं च[6] ये हिन्दीभाषायां रबी-खरीफनामभ्यां परिज्ञायेते।

(i) **वासन्तम्—**

गोधूमयवचणककुसुम्भमसूरसर्षपालसीकलायादिवासन्तानि शस्यानि। एतेषां वपनकालेऽल्पं तापमानं, पुष्टिकाले कोष्णं लवनकालेऽधिकं तापमानं शुष्कवातावरणं चापेक्षितानि भवन्ति। एषां वपनं शरदि आश्वयुजौ कार्तिके वा, लवनं वसन्ते चैत्रे वैशाखे वा।

(ii) **शारदम्—**

शालिव्रीहिकोद्रवतिलमुद्गमाषशरणादिसस्यानि शारदानि। वपनमेतेषां वर्षारम्भ आषाढ़े, यतो वपनकालेऽधिकं तापमानमार्द्रता चापेक्षिते, फलपाकः शरदि हेमन्ते वा। शरदि फलभारावनतशालिधान्यानां बहुशो वर्णनं संस्कृतसाहित्ये, यथा ऋतुसंहारे—

आपक्वशालिरुचिरानतगात्रयष्टिः प्राप्ता शरन्नववधूरिव रूपरम्या।[7]

---

1. अर्थशास्त्रम् / 2/ 24/ 19/
2. भावप्रकाशः / 5/ 4/
3. अरण्यबीजाञ्जलिदानलालिताः/कुमारसंभवम्/ 5/15/
4. सन्त्यज्य ग्राम्यमाहारं . . . मुन्यन्नैर्विविधैर्मेध्यैः/मनुस्मृतिः /6/ 3, 5/
5. निरुक्तम् / 2/ 6/ 22/
6. वासन्तशारदैर्मेध्यैः / मनुस्मृतिः/ 6/ 11, ग्रीष्मशरत्सस्यानां सदसद्योगा /बृहत्संहिता / 39/1/
7. ऋतुसंहारम् / 3/ 1/

वर्षायां सलिलेन वसुन्धरां तर्पयित्वा शरदि सस्यानि निर्वर्तयित्वा सहस्राक्षः कृतकर्मा भवति ।[1]

वर्षायामपि वपनकालदृष्ट्या त्रिधा विभागः कृष्यपदार्थाणाम्,—पूर्ववापा, मध्यवापाः पश्चवापाश्च। तत्र शालिव्रीहिकोद्रवतिलप्रियङ्गुदारकवरकाः पूर्ववापाः। मुद्गमाषशैम्ब्या मध्यवापाः। कुसुम्भमसूरकुलत्थयवगोधूमकलायातसीसर्षपाः पश्चादवापाः ।[2] इत्थं कालदृष्ट्या त्रिधा भवन्ति शस्यानि कैदारं हैमनं ग्रैष्मिकञ्च[3]। वर्षाकाले केदारेषु बन्धरचनया जलसंग्रहं कृत्वा यत् सस्यमुत्पाद्यते तत् शाल्यादिकैदारम्, मुद्गमाषशैम्ब्यादि हैमनं कुसुम्भयवगोधूमादिशस्यं ग्रैष्मिकं च।

(4) **स्वरूपदृष्ट्या**—

योनिदृष्ट्या बीजकाण्डप्ररोहिणः सर्वैव कृष्यपदार्था 'औद्भिजा' इति कथ्यन्ते। तेषामोषधिवनस्पतिवृक्षगुल्मलताप्रतानवल्ल्यादिनानावर्गाः ।[4]

(i) **ओषध्यः**—बहुपुष्पफलोपगाः फलपाकान्ता ओषध्यः यथा-सर्वविध-धान्यालाबुकाशीफलोर्वारुकादीनि।

(ii) **वनस्पतयः**—अपुष्पाः फलवन्तो ये ते वनस्पतयः स्मृता, यथा-वट-अश्वत्थ-पाकड-पनसोदुम्बरादयः ।[5]

(iii) **वृक्षाः**—पुष्पिनः फलिनश्च वृक्षाः स्मृता यथा-आम्रजम्बूकदलीबीजपूरक-दाडिमादयः।

(iv) **क्षुपाः**—ह्रस्वशाखाशिफाः सरलप्रायाः क्षुपाः। करबीरपाटलपारिजातादिक्षुप-वर्गीयाः।

(v) **गुल्माः**—शाखादिरहिता अनतिदीर्घनिविडलता मालत्यादयो गुल्माः।

(vi) **गुच्छाः**—अवल्लीरूपा असरलप्रायाः कुरण्टकादयः।

(vii) **लताः**—दीर्घयायिन्यो पादपादिरोहिण्यो द्राक्षातिमुक्तकप्रभृतयः।

(viii) **प्रतानाः**—काण्डप्ररोहरहिताः सरलयायिन्यः सारिवाप्रभृतयः।

(ix) **वीरुधः**—छिन्ना अपि या विविधं प्ररोहन्ति ता गुडूचीप्रभृतयः ।[6]

---

1. रामायणम् / किष्किन्धाका/ 30/ 22
2. अर्थशास्त्रम् / 2/ 24/ 12
3. अर्थशास्त्रम्/ 2/ 24/ 17/
4. मनुस्मृतिः/ 1/ 46-47/
5. शुक्लयजुर्वेदः / 18/ 13 / महीधरभाष्यम्
6. याज्ञवल्क्यस्मृतिः / 2/ 229/ मिताक्षरा टीका/

(x) **तृणजातयः**—खर्जूरः हिन्तालः तालो नारिकेलः ताली खर्जूरी च तृणद्रुमाः ।[1]

(5) **जलपरिमाणदृष्ट्या**—

द्विविधं शस्यम्—प्रभूतोदकमल्पोदकं वा ।[2] तत्र शालीक्ष्वादिप्रभूतोदकं यवकार्पास-कोद्रवाद्यल्पोदकं शस्यम् ।

(6) **आर्थिकमहत्त्वदृष्ट्या**—

कौटिल्यस्यार्थशास्त्रे दृष्ट्याऽनया शस्यानां त्रिविधं वर्गीकरणम्—ज्येष्ठम् मध्यमम् अवरम् इति। तत्र शाल्यादि ज्येष्ठम्। षण्डो (शाककन्दादि) मध्यमम्। इक्षुः प्रत्यवरः। इक्षवो हि कीटादिबहुबाधा व्ययग्राहिणश्च ।[3]

(7) **मानवीयोपयोगदृष्ट्या**—

मानवीयोपयोग दृष्ट्या कृष्यपदार्थानां स्थूलरूपेण दौ वर्गौ—खाद्यपदार्था अखाद्यपदार्थाश्च।

(i) **खाद्यपदार्थाः**—तत्र खाद्या अन्नशाककन्दमूलफलोपस्करोषध्यादिरूपेण प्रयोज्याः पदार्थाः ।

(ii) **अखाद्यपदार्थाः**—वस्त्रावासगृहोपकरणगंधानुलेपादिनिर्माणे प्रयोज्याः कार्पासक्षौमशणचन्दनागुरुदारुलाक्षादिपदार्थाः ।

संप्रति संक्षेपेण विवेच्या इमे कृष्यपदार्थाः ।

(क) धान्यम्

'धाने पोषणे साधुत्वात्' शालिव्रीहियवमुद्गमाषादीनां सामान्यमभिधानं धान्यमिति। एतानि क्षेत्रगतानि शस्यानीति कथ्यन्ते सतुषानि धान्यानीति। धान्यानां नानाप्रकाराः सन्ति। यजुर्वेदस्यैकस्मिन् मन्त्रे द्वादशधान्यानामुल्लेखः—

व्रीहियवमाषतिलमुद्गखल्वप्रियङ्गु-अणु-श्यामाकनीवारगोधूममसूरश्च ।[4]

अन्यत्र कोशेषु सप्तदशधान्यानां संग्रहो, यथा—

'व्रीहिर्यवो मसूरो गोधूमो मुद्गमाषतिलचणकाः ।

अणवः प्रियङ्गुकोद्रवमुष्ठकाः शालिकाढ्यः ।।

किञ्च कलायकुलत्थौ शणश्च सप्तदशधान्यानि' इति मुकुटः ।

---

1. अमरकोशः/ 2/ 4/ 169/
2. ततः प्रभूतोदकमल्पोदकं वा सस्यं वापयेत् /अर्थशास्त्रम्/ 2/ 24/ 22/
3. अर्थशास्त्रम्/ 2/ 24/ 18
4. शुक्लयजुर्वेदः/ 18/ 12/

तत्र धान्यानां पञ्चवर्गाः कथिता भावप्रकाशे—

शालिधान्यं व्रीहिधान्यं शूकधान्यं तृतीयकम्।

शिम्बीधान्यं क्षुद्रधान्यमित्युक्तं धान्यपञ्चकम्।[1]

क्रमशो विवेचनमेतेषां।

(i) **शालिधान्यम्**—

भारतदेशे प्राचीनकालतोऽद्यावधिः शालिधान्यं मुख्याहाररूपेण गृह्यते जनैः। इदन्तु तद्धान्यं यत् कण्डनेन विना निसर्गतयैव शुक्लं भवति हेमन्ते परिपक्वताञ्च याति।[2] शालीनां फलसमृद्धिस्तु हेमन्ते यथा वर्णिता रामायणे—

खर्जूरपुष्पाकृतिभिः शिराभिः पूर्णतण्डुलैः।

शोभन्ते किञ्चिदालम्बाः शालयः कनकप्रभाः।[3]

शालिस्तम्बाः फलभारेणावाङ्मुखा भवन्ति—

अवाङ्मुखाः सर्वे फलिता इव शालयः।[4]

फल विपाककाले पृथुस्तम्बभृतः शालयः पिशङ्गतां यान्ति।[5]

शालिभेदाः—शालीनां बहुदेशजा नानाजातयो भवन्ति जातिभेदेन तेषां नामानि सन्ति रक्तशालिः कलमः पाण्डुकः शकुनाहृतः सुगन्धकः कर्दमको महाशालिः दूषकः पुष्पाण्डकः पुण्डरीको महिषमस्तको दीर्घशूकः काञ्चनको हायनो लोध्रपुष्पक आदयश्च।[6] सारमुखरोध्रशूककुण्ड्रपाण्डुप्रमोदगौरं-सारिवलाङ्गललोहवालशीतभीरुकपतङ्गतपनीयादि जातयोऽपि लभ्यन्ते।[7]

शालिगुणाः—एते शालयः स्वादुपाकरसाः स्निग्धा वृष्या वद्धाल्पवर्चसः कषायानुरसाः पथ्या लघवो मूत्रला हिमा अल्पानिलकफाः पित्तघ्नाश्च मता आयुर्वेदे।[8] सर्वेषु शालीषु

---

1. भावप्रकाशः/ 9/ धान्यवर्गः/ 1/
2. कण्डनेन विनाशुक्ला हैमन्ता शालयः स्मृता/भावप्रकाशः/धान्यवर्गः/ 3/
3. रामायणम्/अरण्यकाण्डम्/ 16/ 17
4. रघुवंशम्/ 15 /18/
5. किरातार्जुनीयम् / 4/ 26/
6. भावप्रकाशः/ धान्यवर्गः/ 4/ 6/
7. अष्टाङ्गहृदयम्/ सूत्रस्थानम् / 6/ 4, शूकधान्यवर्गः/ 1–4/
8. अष्टाङ्गहृदयम्/सूत्रस्थानम्/ 6/ 4/ भावप्राकाशः/धान्यवर्गः/ 7/

रक्तशालिर्गुणैरधिको मतः।[1] तत्र वरीयताक्रमः-शूकजेषु वरस्तत्र रक्तस्तृष्णा त्रिदोषहा। महांस्तमनु कलमस्तं चाप्यनु ततः परे।

शाल्युत्पादनविधिः—शाल्युत्पादनस्य नानाप्रकारा वर्णिता संस्कृतवाङ्मये—

(*i*) जलमय केदारे शालिबीजवपन्। अनेन विधिनोत्पादिताः शालयः कैदारजा इति कथ्यन्ते।

(*ii*) स्थले शालिवपनम्। स्थलजाः स्वाद्वःपित्तकफघ्ना वातवह्निदाः किञ्चित्तिक्ताः कषायाश्च विपाके कटुका अपि भवन्ति।

(*iii*) शालिप्ररोहाणां प्रतिरोपणम्—'कलमा उत्खातप्रतिरोपिताः शालयः'[2] इति वचनेन उत्खातप्रतिरोपणेन फलसमृद्धिः, रोपिता नवा वृष्या, पुराणा लघवः स्मृताः।

(*iv*) मृत्तिकां दग्ध्वा शाल्युत्पादनम्-एते दग्धमृज्जाताः शालयः कषाया लघुपाकिनः सृष्टमूत्रपुरीषा रुक्षाः श्लेष्मापकर्षणाश्च भवन्ति।

(*v*) प्ररोहच्छेदनम्—छिन्नरूढा हिमा रुक्षा बल्या पित्तकफापहाश्च भवन्ति।[3]

(ii) **व्रीहिधान्याम्**—

षष्टिकादयः व्रीहयः। षष्टिदिनैरेव फलपाकत्वादाशुव्रीहिरिति नाम्नाऽपि ज्ञायते। षष्टिकलक्षणमित्थमाह भावमिश्रः—गर्भस्था एव ये पाकं यान्ति ते षष्टिका मताः।

वर्षायामेव लवणमस्यातो वार्षिकं सस्यमिदं। रक्तवर्णत्वात् 'पाटल' इति नाम्नाऽपि परिचीयतेऽस्य शुक्लता कण्डनान्तरमेव। षष्टिकः शतपुष्पः प्रमोदकमुकुन्दकौ महाषष्टिक इत्याद्याः षष्टिकाभेदाः। षष्टिका गुणैः शालिभिः सदृशा— मधुरा शीता लघवो वद्धवर्चसः वातपित्तशमनाः।[4]

व्रीहिधान्यानामन्ये भेदाः सन्ति—

कृष्णव्रीहिः	—	कृष्णव्रीहिः स विज्ञेयो यत्कृष्णतुषतण्डुलः।
पाटलः	—	पाटलापुष्पवर्णकः पाटलो व्रीहिरुच्यते।
कुक्कुटाण्डकः	—	कुक्कुटाण्डाकृतिव्रीहिः कुक्कुटाण्डकः ज्ञेयः।
शालामुखः	—	कृष्णशूकः कृष्णतण्डुलः शालामुखः।

1. रक्तशालिर्वरस्तेषु बल्यो वर्ण्यस्त्रिदोषजित्। चक्षुष्यो मूत्रलः स्वर्यः शुक्रलस्तृड्ज्वरापहः भावप्रकाशः/धान्य/ 1/ 15/
2. कलमा इव . . . फलै संवर्द्धयामासुरुत्खातप्रतिरोपिताः / रघुवंशम् / 4/ 37
3. भावप्रकाशः/धान्यवर्गफ्लैः/ 3/8–14/
4. भावप्रकाश/धान्यवर्गफ्लैः/ 6/23/

जतुमुखः — लाक्षावर्णं मुखं यस्य ज्ञेयो स जतुमुखः ।[1]

महाव्रीहिः—ऐतरेयब्राह्मणे 'महाव्रीहि' इति भेदस्य निरूपणम्। तत्र ऐन्द्राभिषेकप्रसङ्गे व्रीहिमहत्त्वं प्रतिपादयन् कथयति महीदासैतरेयः—क्षत्त्रं वा एतदोषधीनां यद्व्रीहयो, यद्व्रीहीणां तोक्म सम्भरन्ति, क्षत्रमेवास्मिंस्तद्दधाति, साम्राज्यं वा एतदोषधीनां यन्महाव्रीहयो, यन्महाव्रीहीणां तोक्म सम्भरन्ति, साम्राज्यमेवास्मिंस्तद्दधाति।

(iii) **शूकधान्यम्—**

यवादिकमग्रभागे तीक्ष्णशूकयुक्तत्वात् शूकधान्यमुच्यते।

(1) **यवः**—ऋग्वेदस्य साक्ष्येण ज्ञायते यन्मानवेन कृष्टं प्रथमं धान्यं यवधान्यमेवासीत्। ऋग्वेदे यवः धान्यसामान्यस्य पर्य्यायः प्रतीयते। 'अभि सुयवसं नय,'[2] दधार क्षेमं यवो न पक्वो,[3] यवमन्तो यवं चिद्यथा,[4] यवमिव स्थिविभ्यः[5] आदि सन्दर्भा ऋग्वैदिके युगे यवमेव धान्यसामान्यस्य प्रतिनिधिः प्रधानं वा धान्यं प्रमाणयन्ति। अथर्ववेदे व्रीहियवौ मुख्यौ धान्यौ। बलकरौ मधुराविमौ बहुधा प्रशंसितौ, यथा—

शिवौ ते स्तां व्रीहियवावबलासावदो मधौ।[6]

क्षुपजातीयो यवः शरदि, वर्षापश्चादुप्यते वसन्ते परिपक्वतां च याति। यवः सितशूकयुक्तो भवति।अतियवतोक्याद्यन्ये भेदाः। तत्र अतियवो निःशूकः कृष्णारुणवर्णो यवः। हरितो निःशूकः स्वल्पो यवः तोक्यः तोक्मो वा[7] कथितः। गुणैः अतियवो यवान्न्यूनः, तोक्योऽतियवाच्च।

अथ यवगुणा, यथा प्रतिपादिता भावप्रकाशे—

यवः कषायो मधुरः शीतलो लेखनो मृदुः।
व्रणेषु तिलवत्पथ्यो रुक्षो मेधाऽग्निवर्धनः।।

(2) गोधूमः—गोधूमः सुमनोऽपि स्यात्त्रिविधः स च कीर्तितः

(i) **महागोधूमः**—पश्चाद्देशात् (पञ्चनददेशतः) समायातः महागोधूमः श्रेष्ठजातीयः

1. भावप्रकाशः/धान्यवर्गः / 19–20/
2. ऋग्वेदः/ 1/ 42/ 8/
3. ऋग्वेदः/ 1/ 66/ 2/
4. ऋग्वेदः/ 10/ 13/ 12/
5. ऋग्वेदः/ 10/ 68/3/
6. अथर्ववेदः/ 8/ 2/ 18/
7. तोक्मस्तु तत्र हरिते / अमरकोशः / 2 / 9/ 16/

(ii) **मधुली**—मधुली तु ततः किञ्चिदल्पा सा मध्यदेशजा।

(iii) **नन्दीमुखः**—निःशूको दीर्घगोधूमः क्वचिन्नदीमुखाभिधः।

गोधूमोऽन्नरूपेणातिपुष्टिकरः पुरुषस्येष्टतमो मतः शतपथब्रह्मणे—

पुरुषस्यौषधीनां नेदिष्ठतमा यद् गोधूमास्तेषां न त्वगस्ति मनुष्यलोकमेवैतेनोज्जयति।[1]

अथ गोधूमगुणा यथा निरूपिताऽऽयुर्वेदे—

वृष्यः शीतो गुरुः स्निग्धो जीवनो वातपित्तहा।
सन्धानकारी मधुरो गोधूमः स्थैर्यकृत्सरः।।[2]
मधुली शीतला स्निग्धा पित्तघ्नी मधुरा लघुः।
शुक्रला बृंहणी पथ्या तद्वन्नन्दीमुखः स्मृतः।।[3]

यववद्गोधूमोऽपि वर्षापश्चवापः। कृष्णमृत्स्नास्यकृते प्रशस्ता मता वसन्ते परिपक्वोऽयं वासन्तिकशष्येषु परिगण्यते। हेमन्ते वाष्पच्छन्नयवगोधूमक्षेत्राणां वर्णनं रामायणे—

वाष्पच्छन्नान्यरण्यानि यवगोधूमवन्ति च।
शोभन्तेऽभ्युदिते सूर्ये नदद्भिः क्रौञ्चसारसैः।[4]

(iv) शिम्बीधान्यम्—

मुद्गाद्यं शिम्बिधान्यं 'शमीजः शिम्बिजः शिम्बीभवः सूप्यो वैदल' आदिनामभिः परिज्ञायते।[5] अर्थशास्त्रेऽस्य संज्ञा कोशीधान्यमपि।[6] शमीधान्ये मुख्यतया अष्टधान्यानां संग्रहो यथा रत्नकोशे—

माषो मुद्गो राजमाषः कुलत्थश्चणकस्तिलः।
कलायस्तूवर इति शमीधान्यगणः स्मृतः।।

अथ शिम्बीधान्यगुणाः—वैदला मधुरा रुक्षाः कषायाः कटुपाकिनो वातलाः कफपित्तघ्ना बद्धमूत्रमला हिमाः। ऋते मुदगमसूराभ्यामन्ये त्वाध्मानकारिणः।

(1) **मुद्गः**—शिम्बीधान्येषु पोषकतया मुद्गो वरो मतः। मुद्गो बहुविधः—श्यामो

1. शतपथब्राह्मणम् / 5/ 2/ 1/ 7/
2. अष्टाङ्गहृदयम् / सूत्रस्थानम् / 6/ 15/
3. भावप्रकाशः / धान्यवर्गः/ 35/
4. रामायणम् / अरण्यकाण्डम्/ 16/ 16/
5. भावप्रकाशः / धान्यवर्गः /36
6. अर्थशास्त्रम् /2/ 24/ 20/

हरितः पीतकः रक्तश्च। एषु पूर्वः पूर्वो लघुः स्मृतः। मुद्गो रुक्षो लघुग्राही कफपित्तहरः स्वादुरल्पानिलो नेत्र्यो ज्वरघ्नो च भवति। सुश्रुतचरकादिभिः 'हरितः' गुणैः प्रवरः प्रोक्तः। पर्वतीय—क्षेत्रेषु मुद्गो वनजोऽपि भवति।[1]

(2) **माषः**—मुद्गेन सह माषोऽपि वर्षामध्यवापः। माषो गुरुः स्वादुपाकः स्निग्धो रुच्योऽनिलापहः स्रंसनस्तर्पणो बल्यः शुक्रलो बृंहणश्च मतः।

राजमाषः—केषाञ्चिन्मते राजमाषोऽपि भेदोऽस्यैव। राजमाषो, महामाषः चपलो बलश्च स्मृतः। भूरिबलप्रदोऽयं श्वेतो रक्तस्तथा कृष्णस्त्रिविधः प्रकीर्तितः।[2] बृहदारण्यकोपनिषदि माषमहत्वं प्रतिपादितं सन्ततिजननप्रसङ्गे—

अथ य इच्छेत्पुत्रो मे पण्डितो विगीतः समितिं गमः सुश्रुषितां वाचं भाषिता जायेत सर्वान्वेदाननुब्रवीत सर्वमायुरियादिति माषौदनं पाचयित्वा सर्पिष्मन्तमश्नीयात्।[3]

(3) **मकुष्ठः**—(मोंठ)—वनमुद्गमकुष्ठमकुष्ठकमुकुष्ठकादिनामभिर्ज्ञेयः। आयुर्वेदेऽयं ज्वरनाशनो मतः।

(4) **मसूरः**—मङ्गल्यको मसूरः स्यान्मङ्गल्या चमसूरिका। मसूरो पाके संग्रही शीतलो लघुः कफपित्तास्रजिद्रुक्षो वातलो ज्वरनाशनः।

(5) **आढकी** (अरहर) आढकी तुवरी चापि सा प्रोक्ता शणपुष्पिका। अरहरतूवरौ द्वौ भेदावस्य।

(6) **चणकः**—सकलप्रियश्चणको 'हरिमन्थ' इति नाम्नापि ज्ञायते।

प्रायःभारतवर्षे गोधूमेन सहैव चणक उत्पाद्यते। चणकः शीतलो रुक्षः पित्तरक्तकफापहः मतः। नानारूपेण प्रयोगोऽस्य अङ्गारेण सम्भृष्टस्तैलभृष्टश्च। आर्द्रभृष्टो बलकरो रोचनश्च प्रकीर्तितः। शुष्कभृष्टोऽतिरुक्षः स्विन्नः पित्तकफं हन्यात् सूपः क्षोभकरो मतः। आद्रोऽपिकोमलो रुच्यः पित्तशुक्रहरो हिमः।

(7) **कलायः**—(मटर)—कलायः वर्तुलः (वर्तुलाकारेण), सतीनो हरेणुकश्च प्रोक्तः, मधुरः स्वादुः पाके रुक्षश्च शीतलः।

(8) **कुलत्थः** (कुलथी)—कुलत्थिकापि कथ्यते। पाके कटुकः वीर्योष्णः स्वेदसंग्राहको मेदोज्वरक्रिमिहरः।

---

1. भावप्रकाशः / धान्यवर्गः/ 40/
2. भावप्रकाशः / धान्यवर्गः/ 42-45/
3. बृहदारण्यकोपनिषद् / 6 /4/ 18/

(9) तिलः—तिलस्त्रिविधः कृष्णः सितः रक्तश्च। वनभवो वन्योऽल्पतिलश्च स्मृतः। तेषु कृष्णः श्रेष्ठतमः सितः मध्यमः रक्तादयोऽन्ये हीनतरः प्रोक्ताः। तिलः हैमन्तिकशस्येषु परिगणितः। खाद्यान्नरूपेण तैलरूपेण च प्रयोगोऽस्य, केशदन्तत्त्वागादिकृते बहुगुणः तिलः। तिलमहत्त्वमनेनैव ज्ञातये यत् सर्षपातसीकुसुम्भनारिकेलादिस्नेहानां कृतेऽपि 'तैलम्' (तिलेभ्यो जातम्) इति शब्दस्य प्रयोगो भवति। तिलगुणा इत्थं वर्णिताऽऽयुर्वेदे

बल्यः केश्यो हिमस्पर्शस्त्वच्यः स्तन्यो व्रणे हितः।
दन्त्योऽल्पमूत्रकृद् ग्राही वातघ्नोऽग्निमतिप्रदः॥[1]

बृहदारण्यकोपनिषत् तिलमहत्त्वमेवं प्रतिपादयति—

य इच्छेद् दुहिता मे पण्डिता जायेत सर्वमायुरियादिति तिलौदनं पाचयित्वा सर्पिष्मन्तमश्नीयातामीश्वरौ जनयितवै।[2]

(10) अतसी—तैलीयशिम्बीधान्येषु परिगणितातसी नीलपुष्पी पार्वती उमा क्षुमादिनामभिः ज्ञायते। क्षुमातन्तुभिः रचितं पट्टवस्त्रं क्षौमतिति कथ्यते।

(11) सर्षपः—कटुकः स्नेहः तुन्तुभः कदम्बकादिसर्षपनामानि सन्ति। सर्षपो द्विविधः गौरः रक्तश्च, एतयोः गौरो वरो मतः। माङ्गलिकद्रव्यरूपेण[3] प्रयुक्तत्वाद्गौरसर्षपः 'सिद्धार्थ' इति कथितः। तीक्ष्णोष्णः कफवातघ्नो रक्तपित्ताग्निवर्धनः रक्षोहरो कण्डूकुण्ठकोष्ठ क्रिमिनाशनः सर्षपो मानवाय बहुगुणो मतः।[4]

(12) राजिका कृष्णराजिका च—सर्षपजातीया राजिका स्वोग्रगन्धेन 'तीक्ष्णगन्धा' क्षुत्प्रेरत्त्वात् 'क्षुज्जनिका' शक्तिवर्धकत्वादासुरी इति कथ्यते। एतासु कृष्णराजिका विशेषेणातितीक्ष्णा मता। राजिकाऽपि सर्शपवत् कण्डूकुष्ठकोष्ठक्रिमिहरा।

(v) क्षुद्रधान्यम्—

कङ्ग्वादिकं क्षुद्रधान्यं कुधान्यं तृणधान्यं वा कथितम्। पर्वतीयाल्पोर्वरे निर्जले क्षेत्रेष्वपि प्ररोहति धान्यमिदम्। आर्थिकमहत्त्वमेतेषामल्पतमेव धान्यकणानामाकार-दृष्ट्यापि क्षुद्रधान्यमित्यन्वर्थं नाम। वर्गेऽस्मिन् समापतन्त्यधोलिखितानि धान्यानि—

(1) **कङ्गुः कङ्गुनी वा**—कङ्गुः प्रियङ्ग्वपि कथ्यते। कृष्णरक्तसितपीतादिभेद-

---

1. भावप्रकाशः / धान्यवर्गः / 64-65/
2. बृह्दारण्यकोपनिषद्/ 6/ 4/ 16/
3. कादम्बरीकथायाम् विलासवतीगर्भवर्णनप्रसङ्गे रक्षाविधानेषु गौरसर्षपप्रयोगः- 'इतस्ततो विकीर्णगौरसर्षपम्। / पृ. 210/
4. भावप्रकाशः / धान्यवर्गः/ 69-71/

तश्चतुर्विधा, तासां पीता वरा स्मृता। आयुर्वेदे कङ्गु भग्नसंधानकृद्बृंहणी गुरुः श्लेष्महरा वाजिनां भृशं गुणकृच्च मता।

(2) **चीनाकः** (चीनी)—चीनाकः कङ्गुभेदोऽस्ति। काककङ्गु सुश्लक्ष्णः श्लक्षणका-दिनामभिरभिहितः चीनाकः गुणैः कङ्गुवद् ज्ञेयः।

(3) **श्यामाकः**—श्यामाकः श्यामकः श्यामः त्रिबीजः अविप्रियः सुकुमारो राजधान्यं तृणबीजोत्तमादिनामानि तृणधान्येष्वस्य श्रेष्ठतां सुकुमारताञ्च द्योतयन्ति। मृगादिपशूनामतिप्रियः पोषकश्च श्यामाकः, यथा वर्णितमभिज्ञानशाकुन्तले—श्यामाकमुष्टिपरिवर्धितो मृगपोतकः।[1] श्यामाकः वर्षारम्भेऽन्यैः धान्यैः सहोप्यते। अल्पेनैवकालेन द्विचत्वारिंशद्दिवसेषु परिपक्वतां याति। निर्धनानामारण्यकानां च मुख्यं भोजनमिदं धान्यम्।

(3) कोद्रवः वनकोद्रवश्च (कोदो)—कोद्रवः ग्राम्य-वन्यभेदात् द्विविधो भवति। कोरदूष उद्दालश्च क्रमशो नामनि। कोद्रवबीजवपनं वर्षारम्भे लवनमाश्विने कार्तिके वा। मञ्जरीरहितं धान्यमिदं काण्डेष्वेव वर्द्धते। बीजान्यस्य राजिकावत् कृष्णवर्णानि, तुषरहितानि पाण्डुवर्णानि भवन्ति। पर्वतीयसानुषु शर्कराबहुलानुर्वरेष्वपि कोद्रवमुत्पाद्यते।

(4) **नीवारः**—प्रसाधिका नीवारस्तृणान्नं मुन्यन्नमादिनामानि नीवारस्य। नीवारः कृष्टपच्योऽकृष्टपच्यो वा भवति। मुनिवनेषूटजद्वारेषु प्राङ्गणेषु वाऽनायासेनैव रुह्यते।[2] आरण्यकानां कृते शरीरस्थितिसाधनमिदं वन्यधान्यमेव येभ्योऽतिथिभ्यो मृगेभ्यश्च भागः प्रदीयते।[3] आश्रमेषु नीवाराणां चयनं भवति न तु कर्तनमतः यदा आरण्यकैः फलप्रसूतिः गृह्यते तदा स्तम्बमात्रावशिष्यन्ते नीवाराः।[4]

(5) गवेधुका—गवेधुः गवेधुका वा क्षुद्रधान्यं, जलीयधान्यक्षेत्रेषु शालिधान्यैः सह जायते। इयमायुर्वेदे कटुका स्वाद्वी कार्श्यकृत्कफनाशिनी च मता।

(6) **यावनालः** (ज्वार)—अपेक्षाकृतानुर्वरे शुष्के क्षेत्रे पोषकाहाररूपेणोत्पाद्यते यावनालः भारतवर्षस्य विविधेषु प्रदेशेषु। आयुर्वेदमते यावनालो हिमः स्वादुर्लोहितः

---

1. अभिज्ञानशाकुन्तलम्/ 4/ 15/
2. (i) उटजद्वारविरूढं नीवारबलिं विलोकयतः /अभिज्ञानशाकुन्तलम्/ 4/ 12/
   (ii) आतपात्ययसंक्षिप्तनीवारासु . . . उटजाङ्गनभूमिषु // रघुवंशम् / 1/ 52/
3. नीवारपाकादि . . . कालोपपन्नातिथिकल्प्यभागं वन्यं शरीरस्थितिसाधनं/रघुवंशम् / 5/ 9
4. आरण्यकोपात्तफलप्रसूतिः स्तम्बेन नीवार इवावशिष्टः /रघुवंशम्/ 5 / 15/

श्लेष्मपित्तजित् अवृष्यस्तुवरो रुक्षः क्लेदकृल्लघुश्च भवति।[1]

एते धान्यादिकृष्यपदार्था मुख्याहाररूपेण पूरकाहाररूपेण वा गृह्यन्ते मानवैः। धान्यं सर्वं नवं स्वादु गुरुश्लेष्मकरं मतम् तत्तु वर्षोषितं पथ्यं यतो लघुतरं हि तत्। एतेषु यवगोधूमतिलमाषा नवा हिताः। पुराणा विरसा रुक्षा न तथा गुणकारिणः।

(ख) शाकम्

कृषकैः पूरकाहाररूपेण शाकोत्पादनमपि क्रियते। 'शक्यतेऽत्तुमनेन' इति व्युत्पत्तया शाकन्तु तत् सहायभूतं खाद्यं येन मुख्याहारो भक्तरोटिकाद्यः खाद्यन्ते। मानवशरीरे विटामिनलौहादिजीवनरक्षकतत्त्वानां प्राप्तिः शाकेनैव भवति। पुराणेषु वर्णिता शाकम्भरीदेवी (यया शाकैः भ्रियते समस्तं जगत्) मानवाहारे शाकमहत्त्वमेव प्रतिपादयति।

आर्थिकमहत्त्वदृष्ट्या शाकस्य स्थानम् मध्यमम् शाल्यादिधान्यानन्तरमेव। शाकक्षेत्राणां विशिष्टसंज्ञा 'षाण्ड' इति। प्रायशः उपनगरीयक्षेत्रेषु शाकोत्पादनं भवति[2] शाकोत्पादनाय कूपपर्यन्तभूमिः प्रशस्ता यतो बहुजलमावश्यकं शाकाय। नागरकभवनस्य गृहवाटिकाऽपि शाकोत्पादनभूमिः यत्र कूपं वापी दीर्घिका वा जलसाधनं भवति।[3] वात्स्यायनस्य कामसूत्रे गृहवाटिकायामुत्पादितानामधोलिखितानां शाकानामुल्लेखः—

मूलकालुकपालङ्कीदमनकाम्रातकैर्वारुकत्रपुसवार्ताककूष्माण्डालाबुसूरणशुकनासा स्वयंगुप्तातिलपर्णिकाग्निमन्थलशुनपलाण्डुप्रभृतयः।[4]

तत्र शाकं दशविधम्—

मूलपत्रकरीराग्रफलकाण्डप्ररूढकम्। त्वक्पुष्पं कण्टकं चेति शाकं दशविधं स्मृतम्। मूलम्—मूलकादि, पत्रम्—पालङ्गादि, करीरम्—वंशाङ्कुरं, अग्रं—वंशाग्रम्, फलम्—कूष्माण्डालाबुकारवेलादीनि, काण्डम्—कमलकाण्डम्, अधिरूढं— कदलीस्तम्भस्य-मध्यभागं 'थोड़' इति बंगला भाषायाम्, त्वक्-मातुलुङ्गादि, पुष्पं-कदलीपुष्पादि कण्टकं-छत्रिकादिदशविधं शाकं परिगणितं कोशग्रन्थेषु। एषु षड्विधमेव बहुप्रयुक्तमुत्पाद्यं वा मतम्—

---

1. भावप्रकाशः / धान्यवर्गः/ 87–90/
2. कर्मान्तक्षेत्रवशेन वा कुटुम्बिनां सीमानं स्थापयेत्। तेषु पुष्पफलवाटषण्डकेदारान् . . . . अनुज्ञाताः कुर्युः / अर्थशास्त्रम्/ 2/ 4/ 7/
3. परिपूतेषु च हरितशाकवप्रान् . . कारयेत्। मध्ये कूपं वापीं दीर्घिकां वा खानयेत् / कामसूत्रम्/ 4/ 1/ 7–8/
4. कामसूत्रम् / 4/ 1/ 29/

पत्रं पुष्पं फलं नालं कन्दं संस्वेदजञ्च।

प्रायः शाकानि सर्वाणि विष्टम्भीनि गुरुणि बहुवर्चांसि भवन्ति।

क्रमशो निरूपणमेषाम्—

(1) **पत्रशाकानि**—हरितपत्रयुक्तानि मुख्यानि शाकान्यधोलिखितानि सन्ति—

(i) **वास्तुकम् (बथुआ)**—वास्तूकं वास्तुकं क्षारपत्रं शाकराडादिनामान्यस्य। तत्र गौडवास्तुकं बृहस्पत्रं रक्तवर्णञ्च स्यात्। वास्तुकं प्रायशो यवमध्ये जायतेऽतो यवशाकमपि कथ्यते। वास्तुकशाकं दीपनं पाचनं रुच्यं लघु शुक्रबलप्रदं प्लीहास्रपित्तार्शः कृमिदोषत्रयापहं मतम्।[1]

(ii) **पोतकी (पोई)**—पोतक्युपोदिका मालवाऽमृतवल्लर्यादिनामानि शाकमहत्वं प्रतिपादयन्ति। पोतकी पिच्छिला शीतला स्निग्धा निद्राशुक्रदा बलदा रुचिकृत्पथ्या तृप्तिकारिणी च मता।

(iii) **तण्डुलीयः** (चौलाई)—मेघनादः काण्डेरस्तण्डुलेरकः तण्डुलीबीजो विषघ्नाल्पमारिषादिनामभिर्ज्ञेयः तण्डुलीयो क्षुप्जातीयं शाकम्। आयुर्वेदे लघु शीतो पित्तकफास्रजित् सृष्टमूत्रमलो रुच्यो दीपनो विषहारको मतः। पानीयतण्डुलीयमस्यैव भेदम्।

(iv) **पालक्या** (पालक)—पालक्या वास्तुका कारादुरिका चीरितच्छदादिना-मान्यस्या लौहखनिजस्योत्तमस्रोतरूपेण गृह्यते। पालक्या वातला शीता श्लेष्मला भेदिनी गुरुः विष्टम्भिनी मदश्वासपित्तरक्तकफापहा मता।

(v) **लोणी बृहल्लोणी च** (नोनिया)—लघुशाकम् लोणी लोणा वा कथितम् बृहल्लोणी घोटिका इति। लोणी अर्शोघ्नी श्वासकासप्रमेहनुत् शोथे लोचनरोगे च हिता स्मृता।

इत्थं भावप्रकाशस्य शाकवर्गे काकपट्ट (पटुआ) कलम्बी (कलमीशाक) चुक्रिकाचञ्चुकीहिलमोचिकाशितिवारमूलकपत्रयवानी (अजवाइन) पर्पटपटोलपत्रगुडुचीपत्र (गिलोय) कासमर्द चणककलायसार्षपादिनानाशाकानां गुणधर्मनिरूपणं लभ्यते।

(2) **पुष्पशाकानि**—अगस्तिपुष्पं कदलीपुष्पं शिग्रोः मधुशिग्रोः वा पुष्पं (सहजन के फूल) शाल्मलीपुष्पं च। तत्र कदलीपुष्पं स्निग्धं मधुरं तुवरं गुरु वातपित्तहरं शीतं रक्तपित्तक्षयप्रणुद् भवति। शाल्मलीपुष्पशाकस्य महत्त्वं प्रतिपादयन् कथयति भावमिश्रः—

शाल्मलीपुष्पशाकं तु घृतसैन्धवसाधितम्।
प्रदरं नाशयत्येव दुःसाध्यं च न संशयः।।[2]

---

1. भावप्रकाशः / शाकवर्गः/ 5-7/
2. भावप्रकाशः / शाकवर्गः/ 51/

(3) फलशाकानि—

(i) कूष्माण्डम्—कूष्माण्डं पुष्पफलं पीतपुष्पं बृहत्फलमादिनामान्यस्य। तद्बाल-मध्यम- वृद्धभेदैर्गुणवैविध्यं दधाति। तत्रबालं पित्तापहं शीतं मध्यमं कफकारम्। वृद्धं नातिहिमम् स्वादु सक्षारं दीपनं लघु वस्तिशुद्धिकरं चेतोरोगहृत्सर्वदोषजिच्च।

अतिलघ्वी कूष्माण्डी कर्कारुर्वा कथिता। वल्लीफलेषु कूष्माण्डं प्रवरं मतम्।[1]

(*ii*) **अलाबू**—अलाबूः तुम्बीतिकथिता, द्विधा—दीर्घा वर्तुला च। तुम्बीफलं हृद्यं मिष्टं पित्तश्लेष्मापहं गुरुवृष्यं रुचिकरं धातुपुष्टिविवर्धनं मतम्।

(*iii*) **कर्कटी**—कर्कटी एर्वारुः प्रोक्ता, पाकेनसह वृन्ततः पृथग्भवति फलमस्य—पक्वमपक्वं द्विविधमेव प्रयुज्यते। अथ कर्कटीगुणाः—

कर्कटी शीतला रुक्षा ग्राहिणी मधुरा गुरुः पित्तहरा सामा पक्वा तृष्णाग्निपित्तकृत।[2]

(*iv*) चिचिण्डः—चिचिण्डः श्वेतरेखायुक्तत्वात् श्वेतराजिः, दीर्घाकारेण सुदीर्घः गृहकूलश्च कथ्यते। एतत् फलशाकं वातपित्तनाशकं बल्यं पथ्यं रुचिप्रदं गुणैः पटोलतः किञ्चिन्न्यूनमतिहितं च भवति।

(*v*) **कारवेल्लं कारवेल्ली च**—तिक्तरसयुक्तं कारवेल्लं कठिल्लमपि कथ्यते। कारवेल्लतः लघु कारवेल्ली इति नाम्ना ज्ञायते स्वादे कटुकारवेल्लमति पथ्यं ज्वरपित्तकफास्रघ्नं पाण्डुप्रमेह—कृमिहरं मतम्। कारवेल्ली तद्गुणा विशेषाद्दीपिनी लघुश्च भवति।

(*vi*) **पटोलः** (परवल)—पटोलः कुलकस्तिक्तः पाण्डुकः कर्कशच्छदः राजीफलः पाण्डुफलो राजेयोऽमृतफलः बीजगर्भः प्रतीकः कुष्ठहादिनामभिः ज्ञायते। पटोलस्य मूलनालपत्रफलानि सर्वाण्येव पथ्यानि भवन्ति। तत्र मूलं विरेचनकरं नालं श्लेष्महरं पत्रं पित्तहारी फलं दोषत्रयहरं तद्वदेव पटोलिका।[3]

(*vii*) **महाकोशातकी** (नेनुआ)—महाकोशातकी, हस्तिघोषा महाफला च प्रोक्ता। कृष्याकृष्यभेदेन द्विविधा भवति। गुणेषु स्निग्धा रक्तपित्तानिलापहा च कथिता।

(*viii*) **राजकोशातकी** (तोरई)—राजिमत्फला राजकोशातकी पीतपुष्पा जालिनी कृतवेध्नादिनामान्यस्य फलशाकस्य। इयं शीता मधुरा कफवातकृत् पित्ताघ्नी दीपनी श्वासज्वरकासकृमिप्रणुत् स्मृता।

(*ix*) **विम्बी कुन्दुरी वा** (कुन्दरु)—विम्बी, रक्तफला तुण्डी तुण्डकेरी विम्बिका

---

1. अष्टाङ्गहृदयम् / सूत्रस्थानम् / शाकवर्गः / 88/
2. भावप्रकाशः / शाकवर्गः /60/
3. भावप्रकाशः / शाकवर्गः/ 70–71/

ओष्ठोपमफला पीलुपर्णी चोच्यते। फलमस्य स्वादु शीतं पित्तास्रवातजित् स्तम्भनं लेखनं रुच्यं च मतम्।

(*x*) **शिम्बीः**—शिम्बीः पुस्तशिम्बी च शिम्बीद्वयं मधुरं रसे पाके हिमं बल्यं श्लेष्मलं च प्रोक्तम्। कोलशिम्बिः शिम्बी भेदो या कृष्णफलाऽपि कथ्यते।

एतानि सर्वाणि फलशाकानि वल्लीषु जायन्ते।

(*xi*) **शोभाञ्जनफलम्** (सहजनफली)—शोभाञ्जनफलं स्वादु कषायं कफपित्तनुत् शूलकुष्ठक्षयश्वासगुल्महृद्दीपनं परम्।[1]

(*xii*) **वृन्ताकम्** (बैंगन्)—वृन्ताकं वार्ताकु भण्टाकी भण्टिका (भटा) आदि नामानि वृन्ताकस्य। वृन्ताकं स्वादु तीक्ष्णोष्णं कटुपाकमपित्तलं ज्वरवातबलासघ्नं दीपनं शुक्रलं लघु। तद्बालं कफपित्तघ्नं वृद्धं पित्तकरं गुरु। अपरं श्वेतवृन्ताकं कुक्कुटाण्डसमं भवेत्तदर्शसु विशेषेण हितमन्यैर्गुणैः पूर्वतो हीनं भवति।

(xiii) **डिण्डिशः** (टिण्डा)—डिण्डिशो रोमशफलो मुनिनिर्मित इति नामानि कथितानि। डिण्डिशो रुचिकृद्भेदी पित्तश्लेष्मापहः सुशीतो वातलो रुक्षो मूत्रलश्चाश्मरीहरः स्मृतः।

4. **नालशाकानि**—

(*i*) **सार्षपनालम्**—तीक्ष्णोष्णं सार्षपनालं वातश्लेष्मव्रणापहम् कण्डूकृमिहरं दद्रुकुष्ठघ्नं रुचिकारकं च भवति। यद्यप्याऽऽयुर्वेदे सार्षपं शाकं, कटुकं बहुमूत्रमलं गुरुं रुक्षं त्रिदोषकृत् शाकेषु निन्दितं च मतं तथापि पञ्चनदप्रदेशेष्वतिरुचिकरमिदं जनेभ्यः। राजशेखरमते हेमन्ते जनाः सुकोमलाः सर्षपकन्दलीः भुक्तवा वैद्यविद्यां निन्दन्ति।[2]

5. **कन्दशाकानि**—कन्दफलानि भूमितले जायन्ते वर्द्धन्ते च भूमिं खनित्वा फलप्राप्तिरेतेषाम्।

(*i*) **सूरणः** (जमीकन्द)— सर्वेषां कन्दशाकानां सूरणः श्रेष्ठ उच्यते। क्वचिद्रोप्यते क्वचित् स्वयमेव जायते। सूरणः कन्द ओलः कन्दलोऽर्शोघ्नादि नामानि कन्दस्य। सूरणो दीपनो रुक्षः कषायः कण्डुकृत् कटुः प्लीहागुल्मविनाशनः विशेषादर्शे पथ्यो मतः किन्तु दद्रुणां कुष्ठिनां रक्तपित्तिनां न हितः।

(*ii*) **आलुकम्**—आरुकं वीरसेनं वीरारुकमालुकमादिनामभिर्ज्ञायते कन्द-शाकमिदम्।

---

1. भावप्रकाशः / शाकवर्गः/ 78/
2. काव्यमीमांसा अ. 18 पृ०. 245

अस्य नानाजातयः सन्ति, यथा—

(i) **काष्ठालुकम्**—कठोरं 'कठालु' इति भाषायाम् कथ्यते।

(ii) **शङ्खालुकम्**—शङ्खवत् श्वेतवर्णम् 'शङ्खालू' इति भाषायाम्।

(iii) **हस्त्यालुकम्**—अतिदीर्घं महाशीरं च

(iv) **पिण्डालुकम्**—वर्तुलाकारं पिण्डालू इति लोके।

(v) **मध्वालुकम्**—मधुरतायुक्तं रोमान्वितञ्च।

(vi) **रक्तालुकम्**—रक्तवर्णं रतालू रतण्डा वा भाषायाम्।

रक्तालुभेदः आलुकी, सा दीर्घा तन्वी च। आलुकी बलकृत्स्निग्धा गुर्वी हृत्कफनाशिनी विष्टम्भकारिणी तैले तलिताऽतिरुचिप्रदा च भवति।

अथालुकमात्रगुणा यथा निदर्शिता भावप्रकाशे—

आलुकं शीतलं सर्वं विष्टम्भि मधुरं गुरु।
सृष्टमूत्रमलं रुक्षं दुर्जरं रक्तपित्तनुत्।
कफानिलकरं बल्यं वृष्यं स्वल्पाग्निवर्द्धनम्।।[1]

(*iii*) **मूलकम्** (मूली)—मूलकं द्विविधं प्रोक्तं—लघुमूलकं बृहन्मूलकञ्च। तत्र लघुमूलकं शालामर्कटकं विस्रं शालेयं मरुसम्भवं चाणक्यमूलकं तीक्ष्णं मूलकपोतिकादि कथ्यते। लघुमूलं कटूष्णं रुच्यं लघु पाचनं दोषत्रयहरं स्वर्यं ज्वरश्वासविनाशनं नासिकाकण्ठरोगघ्नं नयनामयनाशनं च स्यात्।

गजदन्तवद्बृहन्मूलं नेपालमूलकमुच्यते। महन्मूलकं रुक्षोष्णं गुरु दोषत्रयप्रदं भवति।

(*iv*) **गृञ्जनम्** (गाजर)—नारङ्गवर्णकं कन्दं गृञ्जनं वा प्रोक्तम्। गाजरं मधुरं तीक्ष्णं तिक्तोष्णं दीपनं लघु संग्राहि रक्तपित्तार्शोग्रहणी कफवातजिच्च भवति।

(*v*) **कदलीकन्दः**—शीतलः, कदलीकन्दो वल्यः केश्योऽम्लपित्तजित् वाह्निकृद्दाहहारी मधुरो रुचिकारकश्च भवति।

(*vi*) **मानकन्दः**—मानकः महापत्रः स्यात् शोथहृच्छीतो रक्तपित्तहरोलघुः।

(*vii*) **वाराहीकन्दः**—वाराही पित्तलाबल्या कट्वी तिक्ता रसायनी आयुः शुक्राग्नि-कृन्मेहकफकुष्ठानिलापहा च भवति।

(*viii*) **शालूकं भिसाण्डञ्च**—पद्मादिकन्दं शालूकं करहाटश्च कथ्यते। मृणालमूलं

1. भावप्रकाशः / शाकवर्गः / 96–97

भिस्साण्डं जलालूकञ्चोच्यते। शालूकं शीतलं वृष्यं पित्तदाहास्रनुद् गुरु मधुरं रुक्षं दुर्जरं स्वादुपाकः स्तन्यानिलकफप्रदञ्च भवति भिस्साण्डमपि तद्गुणमेव।[1]

(6) **संस्वेदजशाकानि**—क्षितिगोमयकाष्ठवृक्षादिषु यदुद्भवेत्तद् भूमिच्छत्रं शिलीन्ध्रादिकम् संस्वेदजं शाकं कथितम्। सामान्यतया संस्वेदजाः शीता दोषलाः पिच्छिला गुरवश्छर्द्यतिसारज्वरश्लेष्मामयप्रदाः मताः। किन्तु श्वेताः शुचिस्थलीकाः काष्ठवंशगोमय-संभवाः नातिदोषकरा मताः। अद्यत्वे कर्षणक्रिययोत्पाद्यते शिलीन्ध्रमामिषभोजन-वत्पौष्टिकं च मन्यते।[2]

(ग) फलम्

फलन्तु वृक्षस्याऽऽस्वाद्यं हृद्यतमाङ्गम्। यद्यपि समग्रेऽपि पादपे रसो विद्यते तथापि फलरूपेणैव जनैरास्वाद्यतेऽतः फलमहत्त्वं प्रतिपादयनाह महर्षिर्व्यासः—

आमूलाग्रं रसस्तिष्ठन्नास्ते न स्वाद्यते यथा।
स भूयः संपृथग्भूतः फले विश्वमनोहरः।।[3]

मधुरसैः जीवनरक्षकतत्त्वैः रोगापहारिकाशक्तिभिश्च समायुक्तत्वात्फलं भोजनस्यावश्यकमङ्गम्। प्राचीनकाले ऋषिमुनयः कन्दमूलफलाशनैः सुदीर्घं जीवनं जीवन्ति स्म। सम्प्रति समग्रेऽपि विश्वे कृषकैः प्रचुरमात्रया फलोत्पादनं क्रियते। प्राचीनभारतेऽप्यारामेषु रोपणीयेषु द्रुमेषु कदली-आम्र-पनस-दाडिम-बीजपूरकादीनां प्राधान्यमासीत्। संस्कृतवाङ्मये प्रमदोद्यानगृहवाटिकोपवनादिवर्णनप्रसङ्गे सुविस्तृतं निरूपणं फलपादपानाम्। पुष्पफलोत्पादनाय प्रयुक्तस्य कृष्यक्षेत्रस्य विशिष्टा संज्ञा 'वाट' इत्यासीत्। कौटिल्येन राष्ट्रस्यायशरीरेषु वाटस्य परिगणनमपि कृतम्।[4] कोशग्रंथेषु लभ्यते संकलनं फलपादपानामायुर्वेदे गुणधर्मनिरूपणं साहित्ये काव्यात्मकं वर्णनञ्च। फलानामुपयोगः पूरकाहार-रस-प्रपाणक-आसव-अरिष्ट-सुरा-तैलादिनाना-रूपेष्वभवत्। संक्षेपेणैव दिग्दर्शनमत्र कृष्यफलानाम्—

(1) आम्रफलम्—फलराज आम्रो भारतदेशस्य कृष्यफलेषु सर्वसुलभो लोकप्रियः पादपो वर्तते। रामायणेऽयोध्यायां आम्रवणानामुल्लेखेनास्य जनप्रियता सूच्यते—

---

1. भावप्रकाशः / शाकवर्गः/ 114-116/
2. भावप्रकाशः / शाकवर्गः/ 119-121/
3. अर्थशास्त्रम् /2 / 6/ 5/
4. भागवत्पुराणम् /1/2/68

उद्यानाम्रवणोपेतां महतीं सालमेखलाम्।[1]

स्वादुरसेन 'रसाल:' हृद्यपरिमलेनातिसौरभोऽनङ्गोद्दीपकत्वात् कामाङ्ग: सहकारश्चेतिकथ्यते। वसन्ते विकसन्त्यस्य मञ्जर्योऽतो 'मधुदूत' इति संज्ञामपि लभते। किञ्चित्कषायमाम्रपुष्पं पिकानामतिप्रियमतो[2]ऽस्यैकमभिधानं पिकवल्लभोऽपि। आताम्रहरित्पाण्डुराम्रमञ्जरीणां बहुधा वर्णनं संस्कृतवाङ्मये।[3] फलमस्य ग्रीष्मे परिपक्वतां याति। नैका जातयो भवन्त्याम्रस्य, यथा—चूषिताम्र:, कोषाम्र: (क्षुद्राम्र:) राजाम्र (कलमी-आम्र:) आदय:। आयुर्वेदे आम्रपुष्पफलबीजपल्ल्वादीनां गुणधर्मा: पृथक्पृथन्निरूपिता: तदनुसारमपक्वं बालमाम्रफलं कषायमम्लं रुच्यं भवति, पक्वं मधुरं वृष्यं स्निग्धं बलसुखप्रदञ्च।

तदपि वृक्षसम्पक्वं गुरु वातहरं मधुराम्लरसं भवेत्।।
कृत्रिमपक्वाम्रोऽम्लरसेन हीन: माधुर्यरसयुक्तश्चभवेत्।।

दुग्धसम्मिश्रिताम्ररसं वातपित्तहरं रुच्यं बृंहणं बलवर्द्धनं वृष्यं वर्णकरं स्वादु गुरु शीतलञ्च भवति।[4]

अपक्वाम्रस्योपयोगो गीष्मर्तौ प्रपाणके भवति। प्रपाणकनिर्माणविधिर्गुणधर्माश्चेत्थं वर्णिता भावप्रकाशे—

आम्रमामं जले स्विन्नं मर्दितं दृढपाणिना। सिताशीताम्बुसंयुक्तं कर्पूरमरिच्यन्वितम्।
प्रपाणकमिदं श्रेष्ठं भीमसेनेन निर्मितम्। सद्यो रुचिकरं बल्यं शीघ्रमिन्द्रियतर्पणम्।[5]

'सहकाररसार्चिता रसाला फलपानकानि च ग्रीष्मे स्मरसञ्जीवनमौषधं भवन्तीत्यभिमतं' काव्यमीमांसाकारराजशेखरस्य।[6]

आम्रबीजमपि बहुगुणं भवति। आयुर्वेदे बीजमिदं छर्द्यतिसारनाशनं हृदयदाहहारकञ्च कथितम्।[7]

(2) पनसफलम्—

सजलानूपदेशेषूत्पाद्यते बहुलमात्रया फलमिदम्। आमं पनसफलं शाकरूपेण प्रयुज्यते भारतीयै: पक्वं फलरूपेण विशेषतया बंगदेशीयै:। बृहदाकार: कण्टकयुक्त: पनस: स्वगुणानुरूपं कण्टकिफलं बृहत्फलञ्चाभिधीयते आमं पनसफलं विष्टम्भि तुवरं गुरु

---

1. रामायणम्/ 1/5/12
2. चूताङ्कुरास्वादकषायकण्ठ: पुँस्कोकिलो यन्मधुरं चुकूज। कुमारसंभवम् / 3 / 32/
3. आताम्रहरितपाण्डुर जीवितसर्वं वसन्तमासस्य।
   दृष्टोऽसि चूतकोरक ऋतुमङ्गल त्वां प्रसादयामि।। अभिज्ञानशाकुन्तलम्/ 6/ 2/
4. भावप्रकाश: / आम्रादिफलवर्ग:/ 1-18/
5. भावप्रकाश: / कृतान्नवर्ग:/ 151-152/
6. काव्यमीमांसा / अ. 18/
7. भावप्रकाश:/ आम्रादिफलवर्ग:/ 17

दाहकृन्मधुरं बल्यं कफमेदो विवर्धनञ्च भवति, पक्वं तर्पणं बृंहणं स्वादु मांसलं श्लेष्मलं बल्यं शुक्रप्रदं रक्तपित्तक्षतव्रणनाशकञ्च।

पनसबीजमज्जादयोऽपि प्रयुञ्जन्ते। बीजानि वृष्याणि मधुराणि गुरूणि बद्धविट्कानि सृष्टमूत्राणि च भवन्ति। मज्जा वृष्यो वातपित्तकफापहश्च।[1]

(3) कदलीफलम्—

कदलीफलमप्यानूपजं फलमेव। भारतदेशेऽतिलोकप्रियं सर्वसुलभं फलमिदं सुस्वादु पौष्टिकञ्च मतम्। कन्दतः संवर्धनशीलस्य कदलीपादपस्य पत्रपुष्पफलत्वक्स्तम्भादयः सर्वेऽपि भागा नानाप्रयोजनेषु गृह्यन्ते। कदलीपुष्पं 'मोचा' इति नाम्नाभिधीयते शाकरूपेण च प्रयुज्यते। कदलीस्तभः सरसो गौरववर्णश्च भवति।[2]

माणिक्यकदली, मर्त्यकदली, अमृतकदली, चम्पककदल्यादिबहवो भेदाः कदल्याः। पक्वं कदलीफलं स्वादु हितं वृष्यं बृंहणं क्षुत्तृष्णानेत्रगदहृन्मेहघ्नं रुचिमांसकृच्च भवति।[3]

(4) चिभिटम् (फूट)—

वाल्लिक्यफलमिदं नदीतटेषु प्ररोहति धेनुदुग्धं कर्कट्यादिनामान्यस्य। पक्वमपक्वं द्विविधमेव प्रयुज्यते।

(5) कालिन्दम् (तरबूज)

ग्रीष्मर्तौः फलमिदं कृष्णबीजं कालिङ्गं सुवर्तुलमादिनामभिः परिज्ञायते। पक्वं कालिन्दं सोष्णं सक्षारं पित्तलं कफवातजिद्भवति।

(6) खर्बुजम्—

इदमपि ग्रीष्मकालिकं वाल्लिक्यं फलम्। आयुर्वेदे फलमिदं मूत्रलं बल्यं कोशशुद्धिकरं गुरु स्निग्धं स्वादुतरं शीतं वृष्यं पित्तानिलापहञ्च परिकीर्तितम्।[4]

(7) त्रपुसम् (खीरा)—

कण्टकिफलं सुधावासः सुशीतलमादिनामानि त्रपुसस्य। लघु नीलं नवं त्रपुसं तृट्क्लमदाजिद्भवति पक्वं किञ्चिदम्लमुष्णं पित्तलं कफवातनुच्च।

(8) नारङ्गः—आरामेषु क्षेत्रेषु वा रोप्यः नाराङ्गपादपः स्वनारङ्गवर्णैः रसमयैः फलैः नारङ्गो नागरङ्गः त्वक्सुगन्धो मुखप्रियश्चेति कथ्यते। द्विविधो नारङ्गः, प्रथमो मधुराम्लः रोचनो वातनाशनः अपरोऽम्लोऽत्युष्णः दुर्जरो वातहरश्च।[5]

1. भावप्रकाशः /आम्रादिफलवर्गः/ 25–28/
2. सरसकदलीस्तम्भगौरश्चलत्वम् /मेघदूतम्/ 2/ 38/
3. भावप्रकाशः / आम्रादिफलवर्गः/ 34–35/
4. भावप्रकाशः / आम्रादिफलवर्गः/ 45/
5. भावप्रकाशः / आम्रादिफलवर्गः/ 63–64

(9) दाडिमः—करकः दन्तबीजो लोहितपुष्पकः इति दाडिमनामानि। दाडिमफलं त्रिविधं भवति–स्वादुमधुरम्, स्वाद्वम्लं केवलाम्लञ्च। एषां गुणदोषा, यथा निरूपिता भावप्रकाशे—

तत्तु स्वादु त्रिदोषघ्न तृड्दाहज्वरनाशनम्।
हृत्कण्ठमुखगन्धघ्नं तर्पणं शुक्रलं लघु।
कषायानुरसं ग्राहि स्निग्धं मेघाबलावहम्।।
स्वाद्वम्लं दीपनं रुच्यं किञ्चित्पित्तकरं लघु।
अम्लन्तु पित्तजनकमामं वातकफापहम्।[1]

दोहदधूपैः दाडिमफलसमृद्धेः वर्णनं नैषधमहाकाव्ये—

फलानि धूमस्य धायानधोमुखान् स दाडिमे दोहदधूपिनी द्रुमे।[2]

(10) सेवम्—भावप्रकाशे सेवफलम्, स्वमुष्टिवदाकारेण मुष्टिफलं सेवं सिवितिकाफलं बदरमिति च कथितम्। शीतलहिमालयक्षेत्रेषूत्पाद्यते फलमिदम्। रसे पाके च मधुरं सेवफलं शिशिरं रुचिशुक्रकृत् वातपित्तघ्नं च स्वीकृतम्।[3]

(11) अमृतफलम् (नाशपाती)—

सुस्वादु वृष्यममृतफलं त्रिदोषहरं भवति देशेषु मुद्गलेषु (बदक्साँकाबुलपभृतिदेशेषु) लोकैः नाशपातीति नाम्ना परिज्ञायते।[4]

(12) बीजपूरः—मातुलुङ्गो रुचकः फलपूरक आदि नामानि निम्बूजातीय-बीजपूरकस्य, बिजौरा नीबू' इति भाषायाम् कथ्यते। बीजपूरफलं स्वादु रसेऽम्लं दीपनं रक्तपित्तहरं कण्ठजिह्वाहृदयदोष—शोधनं श्वासकासारुचिहरं हृद्यं तृष्णाहरं च स्मृतम्। प्राचीनभारते राजोपवनेष्वपि परिलक्ष्यते बीजपूरकम्। मालविकाग्निमित्रे परिव्राजिकया देव्यै उपायनीक्रियते फलमिदम्।

'अरिक्तपाणिना . . . तत्रभवती देवी द्रष्टव्या। तद्बीजपूरकेण शुश्रूषितुमिच्छामि।[5]

(13) मधुकर्कटी

बीजपूरस्यापरो मधुरो भेदः मधुकर्कटी (चकोतरा) इति। मधुररसपूर्णा मधुकर्कटी

---

1. भावप्रकाशः / आम्रादिफलवर्गः/102–104/
2. नैषधीयचरितम्/ 1/ 82/
3. भावप्रकाशः / आम्रादिफलवर्गः / 125–126/
4. भावप्रकाशः / आम्रादिफलवर्गः / 127/
5. मालविकाग्निमित्रम् / अङ्कः / 3/

स्वाद्वी रोचनी शीतला गुरुः रक्तपित्तक्षयश्वासकासहिक्काभ्रमापहा च भवति।

(14) जम्बीरम्—

दन्तशठो जम्भजम्भीरजम्भलादिनामानि जम्बीरस्य। जम्बीरं बहुगुणकरं फलं वर्तते। इदं शूलकासकफोत्क्लेशच्छर्दितृष्णाऽऽमदोषजिदास्यवैरस्यहृत्पीडावह्निमान्द्यक्रिमीहरञ्च भवति।

(15) निम्बूकम्—

समग्रेऽपि भारते वाटिकाषु रोप्यते निम्बूकम्। तीक्ष्णाम्लरसं निम्बूकं कृमिसमूहनाशनं वातपित्तकफशूलिने हितं मन्दानले विषूचिकायां प्रदेयं बहुहितकरं सर्वजनसुलभञ्च फलमस्ति। निम्बूफलपानकस्य साधनं गुणाश्चाह भावमिश्रः—

भागैकं निम्बुजं तोयं षड्भागं शर्करोदकम्।
लवङ्गमरिचैर्मिश्रं पानं पानकमुत्तमम्।।
निम्बूकफलभवं पानमत्यम्लं वातनाशनम्।।
वह्निदीप्तिकरं रुच्यं समस्ताहारपाचकम्।।[1]

(16) मिष्टनिम्बूफलम्—

स्वादु गुरु मारुतपित्तनुद्गलरोगविध्वंसि कफोत्क्लेशि शोषारुचितृषाच्छर्दिहरं बल्यं बृंहणञ्च स्मृतम्।

(17) कर्मरङ्गम्—

उष्णप्रदेशेषु वाटिकायां रोप्यते कर्मरङ्गम्। मधुरमम्लञ्च द्विविधं फलमस्य। शाकावलेहोपदंशप्रपाणकादिषु प्रयुज्यते। आयुर्वेदे कर्मरङ्गं हिमं ग्राहि स्वाद्वम्लं कफवातहृन्मतम्।[2]

(18) अम्लिका (इमली)—

अम्लरसयुक्ता अम्लिका चुक्रिकाऽम्ली दन्तशठा चिञ्चिका चिञ्चा तिन्तिडीकादिनामभिः परिज्ञायते। अस्य फलपुष्पबीजपत्राणि क्षारश्च नानाविधचिकित्सायां प्रयुञ्जन्ते। अम्लिका पानकं ग्रीष्मे हितं रुचिकरं च भवति। अस्य निर्माणविधिः गुणाश्चेत्थं वर्णिता भावप्रकाशे—

अम्लिकायाः फलं पक्वं मर्दितं वारिणा दृढम्। शर्करामरिचैर्मिश्रं लवङ्गेन्दुसुवासितम्।।
अम्लिकाफलसम्भूतं पानकं वातनाशनम्। पित्तश्लेष्मकरं किञ्चित्सुरुच्यं वह्निबोधनम्।[3]

---

1. भावप्रकाशः /कृतान्नवर्गः / 155-156/
2. भावप्रकाशः/ आम्रादिफलवर्गः / 1 / 41/
3. भावप्रकाशः / कृतान्नवर्गः / 153-154/

मिष्टरसेणोद्वेजितस्य जनस्य कृते तिन्तिडीरसो रुचिकरो भवति तथा निरूपितं शाकुन्तले-पिण्डखर्जूरैर्द्वेजितस्य तिन्तिण्यामभिलाषो भवेत्।[1]

(19) जम्बूफलम्—

मरुदेशं परित्यज्य सर्वेष्वपि भूभागेषु जायते जम्बूवृक्षः। मेघदूते नर्मदातटे दशार्णेषु च जम्बूकुञ्जानां वर्णनं प्राप्यते। जम्बूवृक्षाणां सघनता तत्र नदी वेगावरोधकं भवति-जम्बूकुञ्जप्रतिहतरयं तोयमादाय गच्छेः।[2] वर्षायां परिपक्वतां याति फलमस्य, वनान्ता श्यामवर्णैः फलैः श्यामलशोभां विस्तारयन्ति—

त्वय्यासन्ने परिणतफलश्यामजम्बूवनान्ताः।।[3]

नैका जातयो जम्बूफलस्य, यथा–राजजम्बूः क्षुद्रजम्बूः जलजम्बुका वा, काकजम्बूः भूमिजम्बूश्च।

तत्र राजजम्बूः फलेन्द्रा नन्दी महाफला सुरभिपत्रा महाजम्बुरपि कथिता। फलमस्य स्वादु गुरु रोचनञ्च भवति। क्षुद्रजम्बुः सूक्ष्मपत्रा नादेयी जलजम्बुकापि निगद्यते। इयं संग्राहिणी रुक्षा कफपित्तास्रदाहजिन्मता।[4]

(20) **बदरीफलम्**—

कर्कन्धूः बदरी कोलमिति बदरी नामानि तत्र त्रयो जातयो भवन्ति बदरीफलस्य-

(i) सौवीरं—सुपक्वं सुमधुरं महद्बदरं सौवीरमुच्यते। इदं शीतं भेदनं गुरु शुक्रलं बृंहणं पित्तदाहास्रक्षयतृष्णानिवारकमीरितम्।

(ii) कोलम्—सौवीराल्लघुसम्पक्वं मधुरं बदरं कोलमिति कथ्यते।

(iii) कर्कन्धूः—अम्लं कषायं मनाङ्मधुरं क्षुद्रबदरं कर्कन्धूः इति कथ्यते।[5] क्षुपजातीयो भवत्यस्य—पादपोऽतः भाषायां 'झड़बेरी' इत्युच्यते। शुष्कमरुदेशेषु जाङ्गलेषु वा जायते फलमिदम्, यथा प्रोक्तं भावप्रकाशे देशनिरूपणप्रसङ्गे—

स्वल्पपानीयपादपः शमीकरीरबिल्व ... कर्कन्धुसङ्कुलः ... जाङ्गलः स्मृतः।[6]

कर्कन्धूफलस्योपयोगः शाकरन्धनेऽपि भवति यथा निरूपितमुत्तरामचरिते—

1. अभिज्ञानशाकुन्तलम् / अङ्क/ 2/
2. मेघदूतम् / 1/ 21/
3. मेघदूतम् / 1/ 25/
4. भावप्रकाशः / आम्रादिफलवर्गः/ 69–70/
5. भावप्रकाशः / आम्रादिफलवर्गः/ 71–77/
6. भावप्रकाशः / दिनचर्यादिप्रकरणम्/ 5–6/

कर्कन्धूफलमिश्रशाकपचनामोदः परिस्तीर्यते।[1]

(21) प्रियालः (चिरौंजी)—

खरस्कन्धश्चारो बहुलवल्कलः राजादनस्तापसेष्टः धनुष्पट आदिनामानि प्रियालस्य। वसन्ते प्रियालद्रुमेषु दृश्यन्ते मञ्जर्यः यासां रजो वातैरितस्ततो विकीर्यते—

मृगाः प्रियालद्रुममञ्जरीणां रजः कणैर्विघ्नितदृष्टिपाताः।।[2]

प्रियालफलं बीजमज्जा च मानवीयोपयोगाय भवतः। प्रियालफलं मधुरं गुरुस्निग्धञ्च भवति। प्रियालमज्जा मधुरो वृष्यः पित्तानिलापहः हृद्योऽतिदुर्जरः स्निग्धो विष्टम्भी चामवर्धनश्च कथितः।

(22) नारिकेलः—तृणजातीयो नारिकेलः स्वगुणफलाकारस्वरूपादिवैशिष्ट्यैः—दृढ़फलो कूर्चशीर्षकःलाङ्गली तुङ्गः स्कन्धफलः तृणराजः सदाफलश्च कथ्यते। समुद्रतटीयार्द्रोष्णप्रदेशेषु कलिङ्गवङ्गकेरलादिषु बहुलतयोत्पाद्यते। यथा वर्णितं महाकविकालिदासेन रघुवंशमहाकाव्ये रघुदिग्विजयप्रसङ्गे—

ताम्बूलीनां दलैस्तत्र रचिताऽऽपानभूयः।
नारिकेलासवं योधाः शात्रवं च पपुर्यशः।।[3]

नारिकेलफलं दृढवल्कयुक्तो भवत्यतः फलास्वादाय भृशं श्रममपेक्षते, गुणेनानेन संस्कृतसाहित्ये नारिकेलपाकस्य कल्पना सञ्जाता। भारविकाव्यविषये मल्लिनाथोक्तिः नारिकेलफलवैशिष्ट्यमेव प्रतिपादयति—

नारिकेलफलसम्मितं वचो भारवेः सपदि तद् विभज्यते।
स्वादयन्तु रसगर्भनिर्भरं सारमस्य रसिका यथेप्सितम्।।

अपक्वनारिकेलस्य जलमति हितकरं मतम्—

तस्याम्भः शीतलं हृद्यं दीपनं शुक्रलं लघु
पिपासापित्तजित्स्वादु वस्तिशुद्धिकरं परम्।।[4]

नारिकेलफलमपक्वकिञ्चित्पक्वपूर्णपक्वजीर्णादिसर्वाष्वस्थाष्वेवाऽऽस्वाद्यते। अस्य गुणदोषविषये चिकित्सकानां मतमित्थं वर्तते—

---

1. उत्तररामचरितम्/ 4/ 1/
2. कुमारसम्भवम्/ 3/ 31/
3. रघुवंशम्/ 4/ 42/
4. भावप्रकाशः / आम्रादिफलवर्गः / 41/

विशेषतः कोमलनारिकेलं निहन्ति पित्तज्वरपित्तदोषान्।
तदेव जीर्णं गुरु पित्तकारि विदाहि विष्टम्भि मतं भिषग्भिः।।

(23) तालः—

तृणजातीयो दीर्घाकारस्तालोऽपि समुद्रतटीयार्द्रप्रदेशेषु जायते यथा वर्णितं रघुवंशे तालीवनश्यामं महोदधेः उपकण्ठम्।[1] प्राचीनभारते तालपत्रस्य प्रयोगो ग्रंथलेखने भवति स्मातोऽस्यैकं नाम लेख्यपत्रोऽपि। तृणराजो महोन्नतश्चान्ये नामनि स्तः।

महाकविकालिदासेनोदधिवर्णनप्रसङ्गे तालीवनस्य काव्यात्मकं वर्णनं कृतम् यदस्य सघनपत्राणां गहनहरितवर्णतां सूचयति—

दूरादयश्चक्रनिभस्य तन्वी तमालतालीवनराजिनीला।
आभाति वेला लवणाम्बुराशेर्धारानिबद्धेव कलङ्करेखा।।[2]

तालफलं मधुरं बृंहणं शीतलं च भवति। तरुणस्तालमज्जा लघुः किञ्चिन्मदकरो वातपित्तघ्नः सस्नेहो मधुरसः सरश्च भवति। तालस्य नवं जलमतीव मदकृन्मतम्। तदेव कालान्तरं प्राप्याम्लीभूतं पित्तकृद्वातदोषहृच्च जायते।

(24) गुवाकः पूगी वा (सुपारी)—

आनूपेषु जायमानेषु फलेषु पूगीफलमपि महत्त्वपूर्णमायकरं फलमस्ति। भारतदेशे स्वतन्त्ररूपेण, 'गुटिका' इति मुखशोधकपदार्थे, ताम्बूले चास्य बहुलप्रयोगो परिलक्ष्यते। घोरण्टः पूगी पूगो गुवाकः क्रमुकादिपादपनामानि, फलनामनि पूगीफलमुद्वेगं चोत्तेजकत्वात्।

भारतवर्षस्य समग्राऽपि समुद्रतटभूमिः पूगमालाभिराच्छादिता वर्तते, यथा वर्णितं महाकविकालिदासेन—

(i) ततो वेलातटेनैव फलवत्पूगमालिना।[3]

(ii) ताम्बूलवल्लीपरिणद्धपूगा . . . . मलयस्थीथलीषु।[4]

(iii) पयोधेः . . . कूलं फलावर्जितपूगमालम्।[5]

अत्र सर्वत्र पुष्पफलसमृद्धिः वर्णिता। पूगं गुरु हिमं रुक्षं कषायं कफपित्तजिन्मोहनं

1. रघुवंशम् / 4/34/
2. रघुवंशम् / 13/ 15/
3. रघुवंशम्/ 4/ 44/
4. रघुवंशम्/ 6/ 57/
5. रघुवंशम्/ 13/ 17/

दीपनं रुच्यमास्यवैरस्यनाशनञ्च भवति। तत्रार्द्रं पूगं गुर्वभिष्यन्दि वह्निदृष्टिहरं, स्विन्नं दोषत्रयच्छेदि, दृढमध्यमुत्तमं स्मृतम्।[1]

(25) पद्माक्षम् (कमलगट्टा)—

तडागसरोवरादिषु जायमानं जलीयफलमिदं–पद्मबीजपद्माक्षपद्मकर्कट्यादिना–मान्याधत्ते। आयुर्वेदीये मानके पद्मफलं हिमं स्वादु कषायं तिक्तकं गुरु वृष्यं बल्यं ग्राहि पित्तास्रदाहनुद् विशेषतः गर्भसंस्थापकञ्च मतम्।[2]

(26) मखान्नम् (मखाना)

भारतवर्षस्य समशीतोष्णप्रदेशेषु स्वच्छनिर्मलतडागेषु सरोवरेषु च बहुलतयोत्पाद्यते पौष्टिकं फलमिदम्। पद्मवद्जलीयपादपोऽयं क्षुपजातीयो भवति। मखान्नं पद्मबीजाभं पानीयफलमादिनामानि फलस्य, गुणैरिदं पद्मफलवद्भवति।[3]

(27) शृङ्गाटकम् (सिंघाड़ा)—

पल्वलनिपानतडागादिषु बहुलतया जायमानं फलमिदम्–शृङ्गाटकं जलफलं त्रिकोणफलमादिभिः संज्ञाभिः सम्बोध्यते। गुणेष्विदं हिमं स्वादु गुरु वृष्यं कषायकं ग्राही शुक्रानिलश्लेष्मप्रदं पित्तास्रदाहनुच्च भवति। शुष्कशृङ्गाटकचूर्णं व्रतोपवासे नानाव्यञ्जनेषु प्रयुज्यते।[4]

(28) क्षुद्र खर्जूरी पिण्डखर्जूरी छोहारा च

क्षुद्रखर्जूरी भारतदेशे सर्वत्रैव जायते। पादपाकारगुणधर्मानुरूपेयं भूमिखर्जूरी स्वाद्वी दुरारोहा मृदुच्छदा स्कन्धफला काककर्कटी स्वादुमस्तकादि नानभिर्ज्ञायते।

अस्यैको भेदः पिण्डखर्जूरीति नाम्ना ख्यातः काबुलकन्धारपारसीकादिपश्चदेशेषु बहुलतयोत्पाद्यते। पिण्डखर्जूरीभेदः 'सुलेमानी' मृदुला दलहीनफला च कथ्यते। पश्चदेशजाता गोस्तनाकारा परद्वीपादिहागता खर्जूरी छोहारेति कीर्त्यये। तत्र खर्जूरीत्रितयमेव शीतं मधुरं स्निग्धं रुचिकरं हृद्यं क्षतक्षयहरं तर्पणं पुष्टिविष्टम्भशुक्रदं ज्वरातिसारक्षुत्तृष्णा–कासश्वासनिवारकं मदमूर्च्छामरुत्पित्तमद्योद्भूतगदान्तकृन्मतम्।[5]

---

1. भावप्रकाशः आम्रादिफलवर्गः/ 50–51
2. भावप्रकाशः / आम्रादिफलवर्गः/ 89/
3. भावप्रकाशः / आम्रादिफलवर्गः/ 91/
4. भावप्रकाशः / आम्रादिफलवर्गः / 92–93/
5. भावप्रकाशः / आम्रादिफलवर्गः/ 115–121

(29) वातादः (बादाम)—भारतदेशस्य पञ्चनदकश्मीरादिशीतप्रदेशेषु जायते फलमिदम्। वातवैरी नेत्रोपमफलो वातादादिनामान्वितस्य मज्जा मधुरो वृष्यः स्निग्धोष्णः पित्तानिलापहश्च मतः।

(30) अक्षोटः (अखरोट)—उच्चपर्वतीयक्षेत्रेषूतपाद्यतेऽक्षोटः। शैलभवोऽक्षोटः कर्परालादिनामान्यस्य।

वातादसदृशगुणान्वितस्याक्षोटस्य मज्जा पूरकाहाररूपेण प्रयुज्यते।

(31) द्राक्षा (अंगूर)—

फलोत्तमा द्राक्षा स्वादुफला मधुरसा मृद्वीका हारहूरा गोस्तनी चापि कीर्तिता। द्राक्षा भारतवर्षस्य पश्चिमोत्तरप्रान्तेषूत्पाद्यते महाराष्ट्रस्य नासिके च। महाकविकालिदासेन पारसीकदेशोत्पन्नद्राक्षामधुनः वर्णनं कृतम्—

विनयन्ते स्म तद्योधा मधुभिर्विजयश्रम्।
आस्तीर्णाजिनरत्नासु द्राक्षावलयभूमिषु।।[1]

द्राक्षा वल्लीषु जायते, यथा सूचितमत्र द्राक्षावलयेति पदेन। नानाभेदाः सन्ति द्राक्षायाः—अबीजा ईषद्बीजा वा-शुष्के सति 'किसमिस' इति नाम्ना ख्याता लोके।

पर्वतजा—द्राक्षा लघ्वी, अम्ला चेत् श्लेष्मामलपित्तकृद् भवति।

करमर्दिका—'करौंदी' इति लोके, गुणेषु पर्वतजाद्राक्षावद्भवति।

गोस्तनी—गोस्तनाकारा 'मुनक्का' इति नाम्ना प्रसिद्धा लोके। तत्र पक्वा द्राक्षा सरा शीता चक्षुष्या बृंहणी स्वादुपाकरसा वृष्या रुचिप्रदा तृष्णाज्वरश्वासवातकामलापहारिका कृच्छ्रास्रपित्तसंमोहदाहशोषमदात्ययनाशिका च परिकीर्तिता। आमा स्वल्पगुणा सैवाम्ला रक्तपित्तकृद्भवति। आद्यन्तमधुरा द्राक्षा काव्ये रसपाकस्योत्तमा निदर्शना मता।

फलस्य पौष्टिकताऽपौष्टिकता विषये सामान्यरूपेण कथयितुं शक्यते यत्-परिपक्वं फलमेव गुणवदुदाहृतं किन्तु विल्वफलन्तु आममेव गुणाधिकं भवति। फलेषु यत्सरसं स्यात्तद् गुणवन्मतम् किन्तु द्राक्षाविल्वहरीतक्यादीनां फलं शुष्कं गुणाधिकं भवति। मज्जानमपि फलतुल्यगुणं कथितम्। हिमाग्निदुर्वातव्यालकीटादिदूषितमकालजं कुभूमिजं पाकातीतं (पाकमतिक्रम्य स्थितं) फलं न भक्षयेदिति भावमिश्रः।[2]

---

1. रघुवंशम् / 4/ 65/
2. भावप्रकाशः आम्रादिफलवर्गः/ 151-153/

(घ) इक्षुः

कौटिल्यमते इक्षुस्त्ववरं सस्यं स्मृतं कीटादिबहुबाधायुक्तत्वात् व्ययसाध्यत्वाच्च तथापि राष्ट्रस्य दैनन्दिनोपभोगदृष्ट्या अत्यावश्यकं महत्वपूर्णञ्च शस्यमस्ति यतः शर्करा इक्षुभ्यामेव सम्पाद्यते।

शाल्युत्पादने यादृशार्द्रोष्णजलवायुरपेक्षते तादृशेक्षूत्पादनेऽप्यतो महाकविभिर्बहुधा शरदि हेमन्ते शिशिरे च शालिधान्येन सहेक्षुवर्णनमपि प्रस्तुतं, यथा रघुवंशे ऋतुसंहारे च—

(i) इक्षुच्छायानिषादिन्यः . . . शालिगोप्यो जगुर्यशः ।[1]

(ii) प्ररूढशालीक्षुचयावृतक्षितिं . . . कालं शिशिराह्वयं शृणु ।[2]

(iii) प्रचुरगुडविकारः स्वादुशालीक्षुरम्यः . . . शिशिरसमय एष श्रेयसे वोऽस्तु नित्यम् ।[3]

शिशिरागमेन सह इक्षुरपि परिपक्वतां यात्यतो गुडविकाराणमास्वादनमस्मिन् ऋतौ। तटाकाद्युच्छ्वासान्ता भूमिरिक्षुत्पादनाय हितं भवत्यतः प्रचुरोदकमपेक्षितमिक्षुणां कृते, यथा निर्देशितं कौटिल्येन—

परिवाहान्ता पिप्पलीमृद्वीकेक्षूणाम् ।[4] इक्षुस्तम्बानां रोपणं गृहवाटिकायामपि शक्यम्।

तृणजातीयवनस्पतिषु परिगणित इक्षुः दीर्घच्छदो भूरिरसो गूढमूलोऽसिपत्रो मधुतृणादिनामभिरभिधीयते। इक्षवो रक्तपित्तघ्ना बल्या वृष्याःकफप्रदाः स्वादुपाकरसाः स्निग्धा गुरवो मूत्रला हिमाः स्मृताः। भावप्रकाशे आस्वाद्यरसस्वरूपादिभेदैरिक्षोरनेका जातयो गुणधर्माश्च वर्णिताः, क्रमशः विवरणं तेषाम्—

(i) पौण्ड्रकेक्षुः—वातपित्तप्रशमनो रसपाकयोर्मधुरः सुशीतो बृंहणो बल्यश्च भवति।

(ii) कोशकारेक्षु—कोशकारो गुरुः शीतो रक्तपित्तक्षयापहः।

(iii) कान्तारेक्षु—कान्तारेक्षुर्गुरुर्वृष्यः श्लेष्मलो बृंहणः सरः।

(iv) वंशकेक्षुः—दीर्घपरः सुकठिनः सक्षारो वंशकः स्मृतः।

(v) शतपोरकेक्षुः—शतपर्वेक्षुः कोशकारगुणान्वितो विशेषात्किञ्चिदुष्णः सक्षारः पवनापहो भवेत्।

---

1. रघवंशम्/ 4/ 20/
2. ऋतुसंहारम्/5/ 1
3. ऋतुसंहारम्/ 5/ 16/
4. अर्थशास्त्रम्/ 2/ 24/ 19/

(vi) तापसेक्षुः—तापसेक्षुर्मृद्वी मधुरा श्लेष्मकोपनी तर्पणी रुचिकृद् वृष्या बलकारिणी च भवेत्।

(vii) काण्डेक्षुः—गुणैस्तापसेक्षुसदृशो वातप्रकोपणः काण्डेक्षुः।

(viii) मनोगुप्तेक्षुः—मनोगुप्ता वातहरी तृष्णाऽऽमयविनाशिनी सुशीताऽतीवमधुरा रक्तपित्तप्रणाशिनी च मता।

अथ सूचीपत्रनीलपोरनैपालदीर्घपत्रादिभेदा वातलाः सकषाया विदाहिनश्चभवन्ति। बाल-तरुण-वृद्धेक्षुगुणेष्वपि भेदः—

बालोऽपक्वेक्षुः कफं कुर्यान्मेदो मेहकरश्च चः। युवा तु वातहृद्बलवीर्यकृत्।

इक्षुर्मूले त्वतिमधुरो भवति मध्ये मधुरोऽग्रे ग्रन्थिषु च सक्षाररसो ज्ञेयः। फाणितमत्स्यण्डीगुडखण्डसितापुष्पसिता सितोपलादीक्षुरसनिर्मितपदार्थाः। तत्र गुडस्वरूपं गुणाश्चाह भावमिश्रः—

इक्षो रसो यः सम्पक्वो जायते लोष्ठवद् दृढः।
स गुडोगौडदेशेषु तु मत्स्यण्ड्येव गुडो मतः।
गुडो वृष्यो गुरुः स्निग्धो वातहनो मूत्रशोधनः।
नातिपित्तहरो मेदः कफक्रिमिबलप्रदः।।[1]

(च) उपस्काराः

कृष्यपदार्थेषु शुण्ठीतेजपत्रैलालवङ्गाजमोदाजीरकाद्युपस्कराणां परिगणनाऽपि भवति। भारतदेशस्य समुद्रतटीयभूभागा लवङ्गैलामरीचाद्युत्पादकाः क्षेत्राः सन्ति। नागरकस्य गृहवाटिकायां हरितशाकादिभिस्सह दैनन्दिनोपयोग्युपस्कराणामप्युत्पादनं भवति स्म, यथा निर्दिष्टं वात्स्यायनमुनिना—**परिपूतेषु च हरितशाकवप्रानिक्षुस्तम्बाञ्जीरकसर्षपा-जमोदाशतपुष्पा . . . गुल्मांश्च कारयेत्।**[2]

उपस्करणामुपयोगः सूपयूषशाकमाँसौदनादिकृतान्ने मुखशोधकद्रव्ये सुराऽऽसवादि-निर्माणे च बहुलमात्रया भवति। मृच्छकटिके नानाविधोपस्कराणां योगेन रचितस्य सुगन्धितयोगस्य वर्णनं प्राप्यते येन स्वरेषु मधुर्यं समागच्छति—

हिङ्गूज्ज्वला जीरकभद्रमुस्ता वचाया ग्रन्थि सगुडा च शुण्ठी।
एषा मया सेविता गन्धयुक्तिः कथं नाहं मधुरस्वर इति।[3]

---

1. भावप्रकाशः / इक्षुवर्गः / 1-31/
2. कामसूत्रम्/ 4/ 1/ 6/
3. मृच्छकटिकम्/ 8/ 13/

संक्षेपेणैवात्र निरूपणमेषाम्।

(1) **आर्द्रकम्**— भारतवर्षस्य सर्वेष्वेव प्रान्तेषु कृष्यत आर्द्रकम्। आलुकवदार्द्रकमपि मृत्तिकातले कन्दरूपेण जायते। शृङ्गवेरं कटुभद्रमाऽऽर्द्रिकादिनामान्यार्द्रकस्य। उपस्कररूपेण प्रयुज्यमाना शुण्ठी तु आर्द्रकेणैव संस्कार्यतेऽतो शुण्ठीगुणा आर्द्रकेऽपि प्राप्यन्ते। लवणार्द्रकभक्षणं भोजनाग्रे सदा पथ्यं मतम्। आर्द्रकमग्निसंदीपनं रुच्यं जिह्वाकण्ठविशोधनञ्च भवति। किन्तु कुष्ठपाण्डवामये रक्तपित्ते व्रणे ज्वरे दाहे निदाघे च नैव पूजितमार्द्रकं स्वोष्णप्रकृतित्वात्।

(2) **पिप्पली**— कटुरसा पिप्पली लतावर्गीयं वनौषधीयं फलमस्ति। मागधी कृष्णा वैदेही चपला कणा शौण्डी कोला उपकुल्योषणा तीक्ष्णतण्डुलादिनामान्यस्या नानावैशिष्ट्यानि सूचयन्ति उपकुल्येति नाम्ना सूच्यते यत् प्रचुरजलमपेक्षते फलमिदं, कौटिल्येनापि परीवाहान्ता भूमिः पिप्पलीवापयोग्या मता। दीपनी वृष्या स्वादुपाका रसायन्यनुष्णा स्निग्धाः वातश्लेष्महरी पिप्पली बहुगुणा स्मृताऽऽयुर्वेदे—

पिप्पली रेचनी हन्ति श्वासकासोदरज्वरान्।
कुष्ठप्रमेहगुल्मार्शः प्लीहशूलाममारुतान्।।
पिप्पली मधुसंयुक्ता मेदः कफविनाशिनी।
श्वासकासज्वरहरी वृष्या मेध्याऽग्निवर्द्धिनी।।
जीर्णज्वरेऽग्निमान्द्ये च शस्यते गुडपिप्पली।
कासाजीर्णारुचिश्वासहृत्पाण्डुकृमिरोगनुत्।।[1]

(3) **मरिचम्**— समुद्रतटीयोष्णार्द्रभूभागेषूत्पाद्यते मरिचम्। रघुवंशे मलयाद्रेरुपत्यकासु मरिचलतानां वर्णनं प्राप्यते।[2] वर्षायां बृहद्वृक्षाणां मूलेषु रोप्यन्ते मरिचलता, वृक्षमाश्रित्य पल्लवितासु लतासु गुच्छरूपेण फलन्ति मरिचफलानि। अपक्वावस्थायां फलानि हरिद्वर्णानि भवन्ति पक्वे सति नरङ्गरक्तवर्णानि जायन्ते शुष्के कृष्णवर्णानि च। प्रपाणकासवामिष-भोजनादिषु भवति मरिचप्रयोगो यथा मृच्छकटिके कोकिलमांसव्यञ्जने—

हिङ्गूज्ज्वलं दत्तमरीचचूर्णं व्याघारितं तैलघृतेन मिश्रम्।
भुक्तं मया परभृतीयमांसं कथं नाहं मधुरस्वर इति।।[3]

(4) **अजमोदिका** (अजवाईन)— यवानिकोग्रगन्धा ब्रह्मदर्भाऽजमोदादि

1. भावप्रकाशः / हरीतक्यादिवर्गः/ 53-58/
2. रघुवंशम्/ 4/ 46/
3. मृच्छकटिकम् / 8/ 14/

नामान्यस्या। क्षुपजातीये पादपे छत्रेषु फलन्त्यतिसूक्ष्माकाराऽजमोदाफलानि। यवानी पाचनी रुच्या तीक्ष्णोष्णा कटुका लघु दीपनी तिक्ता शुक्रशूलहृत्कृमिप्रणुच्च मता। यवनदेशेषु जायमानत्वाद् यवानीति कथ्यते यथा पारसीकयवानीति। पारसीकयवानी यवानीसदृशी गुणैः, विशेशात्पचनी रुच्या ग्राहिणी मादिनी गुरुश्च कथिता।[1] भारतेऽपि कृष्यते पारसीकयवानी।

(5) जीरकः —प्रायः सर्वेष्वेव सूपकृसरशाकमाँसादि कृतान्नेषु प्रयुज्यमान उपस्करो जीरक भारतवर्षस्य जाङ्गलदेशेषु बहुलपरिमाणैः कृष्यते। तत्र त्रयो भेदाः जीरकस्य—

(i) **शुक्लजीरकः**—जीरको जरणोऽजाजी कणा दीर्घजीरकादि शुक्लजीरकनामानि सन्ति। सामान्यतया भारतदेशे जीरकेति नाम्ना प्रयुज्यते।

(ii) **कृष्णजीरकः**—कृष्णजीरः सुगन्धः उद्गारशोधनादिनामभिः प्रसिद्धः। क्षुपजातीयपादपोऽस्य हिमालयस्योत्तरीयाञ्चलेषु 'स्याहजीरा' इति नाम्ना ज्ञायते च।

(iii) **कालाजाजी**—सुषवी कलिकोपकलिका पृथ्वीकोप कुञ्चिका बृहज्जीर-कादिनामभिः परिज्ञाता कालाजाजी जीरकभेद एव या 'कलौंजी' इति भाषायां कथ्यते। भारतवर्षस्य पूर्वाञ्चलेषु बहुलतया कृष्यते कालाजाजी। जीरकत्रितयं रुक्षं कटूष्णं दीपनं लघु संग्राहीपित्तलं मेध्यं गर्भाशयविशुद्धिकृज्ज्वरघ्नं पाचनं वृष्यं रुच्यं चक्षुष्यं पवनाध्यमानगुल्मच्छर्द्यतिसारहृच्च मतम्।[2]

(6) धान्यकम् (धनिया)—धानकं धान्यं धाना धानेयकं धेनुका छत्रा कुस्तुम्बुरु वितुन्नकामादिनामभिः परिज्ञातं धान्यकमस्माकं देशे शाकादिकृतान्नेषु सर्वाधिक-प्रयुक्तोपस्करो वर्तते। भारतदेशस्य सर्वेष्वेव प्रदेशेषूत्पाद्यते धान्यकम्। गृहवाटिकायामपि वप्रेषु जायते। अस्य सुगन्धितहरित्पत्राणि संस्काररूपेणोपयुज्यन्ते भोज्यपदार्थेषु।[3]

(7) शतपुष्पा (सोया)—शीतकाले क्षुपजातीयपादपेषु छत्रेषु जायत शतपुष्पा भारतदेशस्योष्णेषु समशीतोष्णेषु वा प्रदेशेषु। शताह्वा मधुरा कारवी मिसिरतिलम्बी सितच्छत्रा संहितच्छत्रिकादिनामानि शतपुष्पायाः। आयुर्वेदे शतपुष्पा लघुस्तीक्ष्णा पित्तकृद्दीपिनी कटुः ज्वरानिलश्लेष्मवृणशूलाक्षिरोगहृन्मता।

(8) मिश्रेया (सौंफ)—छत्रा शालेयशालिनी मिश्रेया मधुरा मिसिरादिनामानि मिश्रेयायाः। मिश्रेयाऽपि शतपुष्पगुणा प्रोक्ता विशेशाद्योनिशूलनुदग्निमान्द्यहरी हृद्या कृमिशुक्रहृत्स्मृता।[4]

---

1. भावप्रकाशः / हरीतक्यादिवर्गः/ 75-80
2. भावप्रकाशः / हरीतक्यादिवर्गः/ 81-85
3. भावप्रकाशः / हरीतक्यादिवर्गः/ 86-88
4. भावप्रकाशः / हरीतक्यादिवर्गः/ 89-92

(9) मेथिका—प्रायः सर्वेष्वपि प्रान्तेषु कृष्यते मेथिका किन्तु पञ्चनदप्रदेशे कश्मीरे च स्वत एव वन्यरूपेण जायते। मेथिनी मेथी दीपनी बहुपत्रिका बोधिनी बहुबीजा ज्योतिर्गन्धफला बल्लरी चन्द्रिका मन्था मिश्रपुष्पा कैरवी कुञ्चिका पीतबीजा मुनिच्छदादिनामानि मेथिकाया नानाविधवैशिष्ट्यं महत्त्वञ्च प्रतिपादयन्ति। अस्या हरित्पत्राणि शाकरूपेण प्रयुज्यन्ते। मेथिका विशेषतः वातशमनी श्लेष्मघ्नी च निगदिता। वनमेथिका वाजिनां कृते मता।[1]

(10) हिङ्गु—वृक्षनिर्यासो हिङ्गु मुख्यतया कन्धारबाह्लीक-पारसीकादिदेशेषु जायते पञ्चनदप्रदेशे कश्मीरे चाल्पमात्रयोत्पाद्यते सहस्रवेधि जतुकं बाह्लीकं हिङ्गु रामठमादिनाम्ना ज्ञातो हिङ्गु सूपोपदंशादिषु चूर्णरूपेण प्रयुज्यते। सूपादीनां धूपनमपि क्रियतेऽनेनातोऽस्यैकं नाम 'सूपधूपनम्' 'सूपधूपकम्' वा। हिङ्गुधूपितसूपोपदंशयोरुल्लेखो भासस्य चारुदत्तनाट्ये प्राप्यते।[2]

(11) हरिद्रा—दैनन्दिनभोज्यपदार्थेषु प्रयुज्यमाना सर्वसुलभा बहुलतयोत्पाद्या च हरिद्रा स्वस्वर्णिमवर्णेन काञ्चनी पीता वरवर्णिनीति कथ्यते। कृमिघ्नी हलदी योषित्प्रिया हट्टविलासिन्याद्यन्यान्यभिधनान्यस्या। क्षुपजातीयपादपेषु हरिद्रा मृत्तिकातले कन्दरूपेण जायते। आयुर्वेदे हरिद्रा कटुका तिक्ता रुक्षोष्णाकफपित्तनुत् वर्ण्या त्वग्दोषमेहास्रशोथ-पाण्डुव्रणापहा च मता।

वर्तन्ते नैका जातयो हरिद्रायाः—

(i) आम्रगन्धा (आमा हलदी)—आम्रवद्गंधयुक्ता हरिद्रा सुरभीदारु कर्पूरा पद्मपत्रा सुरतारकादिनामभिः संबोधिता निघण्टुषु। कोंकणे बङ्गदेशे च क्षेत्रेषु कृष्यते आम्रगन्धिहरिद्रा। कन्दा सामान्यहरिद्रापेक्षयादीर्घाकारा आर्द्रकवद्भवति सुरभियुक्तत्वादवलेहेषु प्रयुज्यते। आयुर्वेदे आम्रहरिद्रा शीता वातला पित्तहृन्मधुरा तिक्ता विशेषतः कण्डूविनाशिनी मता।

(ii) वनहरिद्रा—वर्षाजीवी क्षुपो वनहरिद्राया भारतवर्षस्य प्रायः सर्वेष्वेव प्रान्तेषु परिलक्ष्यते। गाढनारङ्गवर्णः कन्दः गन्धे कर्पूरमिश्रितशुण्ठीवद्भवति। अरण्यहलदीकन्दः विशेषतः कुष्ठवातास्रनाशनः मतः।

(iii) दारुहरिद्रा—दार्वी दारुहरिद्रा पर्जन्या पीता पचम्पचा कालीयकः पीतद्रुः हरिद्रुः पीतदारुरादिनामानि दरारुहरिद्राया। अस्या सर्वाण्यङ्गानि मूलकाष्ठकाण्डफलानि नानाप्रयोजनेषूपयुज्यन्ते। गुणैरियं हरिद्रावदेव किन्तु विशेषेण नेत्रकर्णास्यरोगनुत् स्मृता।

---

1. भावप्रकाशः / हरीतक्यादिवर्गः/ 93-95/
2. चारुदत्तम्/ 1/ 1/

दार्वीकक्काथजातं रसाञ्जनं नेत्रयोः परमं हितं विषविकारनुदुष्णं छेदनं व्रणदोषहृच्च भवति।[1]

(12) लशुनः—आमिषभोजने विशेषेण प्रयुज्यमानो लशुनः म्लेच्छकन्दोऽपि कथितः। रसोनः महौषधमुग्रगन्धोऽरिष्टा यवनेष्टो रसोनकादिनामान्यस्य तत्तद्वैशिष्ट्यं द्योतयन्ति। कथ्यते यन्पञ्चभिः रसैर्युक्तो लशुनः केवलमम्लेन रसेनवर्जितः फलतः रसोन इत्युक्तः। अथ लशुने रसस्थितिविषय आह भावमिश्रः—

कटुकश्चापिमूलेषु तिक्तः पत्रेषु संस्थितः।
नाले कषाय उद्दिष्टो नालाग्रे लवणः स्मृतः।
बीजे तु मधुरः प्रोक्तो रसस्तद्गुणवेदिभिः।।
रसोनस्यौषधीयमहत्त्वसबन्धे वैद्यानां मतं खलु यत्—
यदाऽमृतं वैनतेयो जहार सुरसत्तमात्।
तदा ततोऽपतद् विन्दुः स रसोनोऽभवद् भुवि।।

अथ लशुनगुणा यथा प्रतिपादिताऽऽयुर्वेदे—

रसोनो बृंहणो वृष्णः स्निग्धोष्णः पाचनः सरः। रसे पाके च कटुकस्तीक्ष्णो मधुरकोमतः। भग्नसन्धानकृत्कण्ठ्यो गुरुः पित्तास्रवृद्धिदः। बलवर्णकरो मेधाहितो नेत्र्यो रसायनः।।

हृद्रोगजीर्णज्वरकुक्षिशूलविबन्धगुल्मारुचिकासशोफान्
दुर्नामकुष्ठानलसादजन्तुसमीरणश्वासकफांश्च हन्ति ।।[2]

(17) पलाण्डुः—शाकसूपयूषमाँसादिषूपस्कररूपेण प्रयुज्यमानः पलाण्डुः कृष्यक्षेत्रेषूत्पाद्यते प्रायः सर्वेष्वपि प्रान्तेषु। पाटलश्वेतभेदेन द्विविधो भवति पलाण्डुस्तयोः पाटलो गुणाधिकः स्मृतः। स्वकीयतीव्रगन्धेन पलाण्डुः दुर्गन्धो मुखदूषको यवनेष्टोऽपि कथितः। स्वादुः पाके, रसेऽनुष्णो, गुणैः रसोनसदृशः पलाण्डुः वातहरो बलवीर्यकरश्च मतः।

(18) एला—मुखशोधकद्रव्येषु सुरभितोपस्करेषु च परिगणना एलायाः। दक्षिण-भारतस्यार्द्रोष्णगिरिभूमिषूत्पाद्यते। रघुवंशे मलयाद्रेरुपत्यकासु वारणमदजलवत्सुगन्धितैला फलानां वर्णनं प्राप्यते—

तुल्यगन्धिषु मत्तेभकटेषु फलरेणवः।।[3]

तत्र मलयस्थलीषु चन्दनवृक्षाऽऽश्रयेण रुह्यन्त एलालताः—

---

1. भावप्रकाशः / हरीतक्यादिवर्गः/196–205/
2. भावप्रकाशः / हरीतक्यादिवर्गः/ 217–223/
3. रघुवंशम्/ 4/ 47/

एलालतालिङ्गिचन्दनासु मलयस्थलीषु।[1]

सथूलसूक्ष्मभेदेन द्विविधा भवत्यैला—

(i) सूक्ष्मैला (छोटी इलायची)—सूक्ष्मोपकुञ्चिका तुत्था कोरङ्गी द्राविडी त्रुट्यादिनामानि सूक्ष्मैलायाः। इयं रसे कटुका शीता लघ्वी वातहरी मता।

(ii) स्थूलैला (बड़ी इलायची)—भारतदेशेस्य पूर्वोत्तरार्द्रगिरिप्रदेशेषु नेपाल-कामरूपेषु कृष्यते स्थूलैला। आम्रहरिद्रावद्भवति क्षुपोऽस्या। बहुला पृथ्वीका त्रिपुटा भद्रैला बृहदेला चन्द्रबालादि नामान्यन्वर्थान्येव। स्थूलैला पाके कटुका रसेऽनलकृल्लघुः रुक्षोष्णा कण्डूश्वासतृषाऽपहा हृल्लासविषवस्त्यास्यशिरोरुग्वमिकासनुच्च स्मृता।[2]

(19) लवङ्गम्— भारतवर्षे दक्षिणभारतेऽल्पमात्रया कृष्यते लवङ्गम्। मेडागास्करमौरिशस-श्रीलङ्कादिद्वीपान्तरेषु बहुलतया जायते भारतदेशे आयातितरूपेणा लभ्यते च। तथ्यस्यास्योल्लेखो महाकवेः कालिदासस्य रघुवंशमहाकाव्ये, तत्र कलिङ्गेषु अम्बुराशेस्तीरेषु द्वीपान्तरानीतलवङ्गपुष्पगुन्धयुक्तानां मरुतां वर्णनम्—

द्वीपान्तरानीतलवङ्गपुष्पैरपाकृतस्वेदलवा मरुद्भिः।[3]

'ललितलवङ्गलतापरिशीलनकोमलमलयसमीरे' इति गीतगोविन्दस्य सन्दर्भेण ज्ञायते यल्लवङ्गं लतासु पुष्परूपेण जायते यद्यप्यधुनातनविज्ञानग्रन्थे लवङ्गपादपानामुल्लेखः सम्प्राप्यते। वृक्षस्य शुष्कपुष्पकलिकैव लवङ्गमिति कथ्यते। देवकुसुमं श्रीसंज्ञं श्रीप्रसूनकमादिनामान्यस्य महत्त्वं सूचयन्ति। आयुर्वेदे लवङ्गं कटुकं तिक्तं नेत्रहितं हिमं दीपनं पाचनं रुच्यं मतम्। इदं तृष्णां छर्दि शूलमाशु विनाशयति कासं श्वासं हिक्कां क्षयञ्च क्षपयति।[4]

(20) जातीफलम् (जायफल)—सुगन्धितं जातीफलं जातिकोशं मालतीफलमपि कथ्यते। आचार्यराजशेखरेण मलयपर्वते चन्दनेन सह जातीतरूणामपि वर्णनं कृतम्—

आमूलयष्टेः फणिवेष्टितानां सच्चन्दनानां जननन्दनानाम्।
कक्लोलैलामरिचैर्युतानां जातीतरूणां च स जन्मभूमिः।।[5]

जातीफलं मुखवैरस्यं मलदौर्गन्ध्यं कृष्णतां चः कृमिकासवमिश्वासशोषपीनसहृद्रुजश्च

---

1. रघुवंशम्/ 6/ 64/
2. भावप्रकाशः / कर्पूरादिवर्गः/ 60-63/
3. रघुवंशम्/ 6/57/
4. गीतगोविन्दम्/ 1/
5. काव्यमीमांसा अ. 17, पृ. 224/

निहन्ति। फलमिदं रसे तिक्तं तीक्ष्णोष्णं रोचनं लघु च भवति। जातीफलस्य त्वग् जातिपत्रीति कथ्यते, यथाऽऽह भावमिश्रः—

जातीफलस्य त्वक् प्रोक्ता जातीपत्री भिषग्वरैः। जातीपत्री लघुः स्वादुः कटूष्णा रुचिवर्णकृत्।[1]

बीजेन सह संलग्नं रक्तवर्णजालवद्वेष्टनमेव जावित्रीति नाम्ना ज्ञायतेऽरिष्टाऽऽसवादिषु अन्नसंस्कारे च सुगन्धितद्रव्यत्वेनोपकारकत्वेन च प्रयुज्यते।

(21) दारुसिता (दालचीनी)—लवङ्गादिभिः सह सुगन्धितेषूपस्करेषु परिगणिता दारुसिता त्वक् स्वाद्वी तनुत्वादिनामभिः परिज्ञायते। दारुसितायाः सदाहरितः पादपो दक्षिणभारतस्य समुद्रतटीयार्द्रप्रदेशेषु श्रीलंकायाञ्च जायते। वृक्षस्य त्वगेवोपयुज्यते। दारुसिता स्वाद्वी तिक्ता सुरभिः शुक्रला बल्या मुखशोषतृषापहा च भवति।

(22) पत्रकम् (तेजपात)—पत्रं तमालपत्रं पत्रकमादिनामान्यस्य। हिमालयप्रदेशेषु पर्वतीयोच्चभूभागेषु पूर्ववङ्गेषु खासियाजैन्तियादिगिरिमालासु च जायते। सुगन्धितं मधुरं पत्रमेवोपस्कररूपेण प्रयुज्यते। किञ्चितीक्ष्णोष्णं पिच्छिलं लघु पत्रकं कफवातार्शहृल्लासारुचि-पीनसान्निहन्ति।

(23) नागकेशरम्—सुगन्धितनागपुष्पोत्पादकः पादपः नागपुष्पः नागः केशरो नागकेशरः चाम्पेयो काञ्चनाह्वयादिनामभिः सम्बोध्यते, भारतवर्षस्य पौरस्त्यगिर्यञ्चलेषु दाक्षिणात्येषु च जायते। नागपुष्पं सुरभितं कषायोष्णं रुक्षं लघ्वामपाचनं ज्वर-कण्डूतृषास्वेदच्छर्दिनाशनं दौर्गन्ध्यकुष्ठकफपित्तविषापहम् च भवति।

(24) कुङ्कुमम्—सुगन्धितं सुवर्णं कुङ्कुममनर्हेषु भोज्यपदार्थेषु सौंदर्यप्रसाधनेषु च विशेषेण प्रयुज्यते। रक्तं काश्मीरं पीतकं वरं बाह्लीकं शोणितमादि नामान्यस्य। पुष्पाणां शुष्कस्त्रीकेशराः कुङ्कुमितिरूपेण व्यवह्रियन्ते। महाकविकालिदासेन सिन्धुतटीयोदीच्यदेशेषु बहुलतया कृष्यमाणकुङ्कुमस्य काव्यात्मकं वर्णनं प्रस्तुतम्—

विनीताध्वश्रमास्तस्य सिन्धुतीरविचेष्टनैः।

दुधुवुर्वाजिनः स्कन्धांल्लग्नकुङ्कुमकेसरान्।[2]

देशभेदेन गुणभेदेन च नाना जायतः कुङ्कुमस्य—

(i) कश्मीरदेशजम्—कश्मीरदेशजं कुङ्कुमं सूक्ष्मकेशरमारक्तं पद्मगन्धि अत्युत्तमञ्च भवति।

1. भावप्रकाशः / कूर्परादिवर्गः/ 56-57/
2. रघुवंशम्/4/ 67/

(ii) बाह्लीकदेशसञ्जातम्—कुङ्कुमं केतकीगन्धयुक्तं पाण्डुरं सूक्ष्मकेशरं मध्यमञ्च भवति।

(iii) पारसीकम्—पारसीकदेशजातं कुङ्कुमं मधुगन्धि ईषत्पाण्डुरवर्णं स्थूलकेशरं गुणैरवरं च भवति। बहुगुणं कुङ्कुममायुर्वेदे कटुकं स्निग्धं शिरोरुग्व्रणजन्तुजित्तिक्तं वमिहरं वर्ण्यं व्यङ्गदोषत्रयापहञ्च स्मृतम्।[1]

एतैः सुगन्धितोपस्करैः त्रिजातकचूर्णं चतुर्जातकं वा निर्मीयते। त्वगैलापत्रकै स्तुल्यैस्त्रिसुगन्धित्रिजातकम्। नागकेशरसंयुक्तं चतुर्जातकमुच्यते।[2] तद्द्वयं रोचनं तीक्ष्णोष्णं मुखगन्धहं च मतम्। दशकुमारचरितस्य सन्दर्भेण ज्ञायते यत् त्रिजातकचूर्णेन दध्यादीनि सुस्वादूनि तृप्तिकराणि च भवन्ति।[3]

(25) ताम्बूलम्—मुखशोधकद्रव्येषु ताम्बूलं भारतदेशे बहुप्रयुक्तं प्रचुरमात्र-योत्पादितञ्च द्रव्यमस्ति। पत्रात्मकं ताम्बूलमार्द्रोष्णप्रदेशेषु वल्लीषु जायन्ते। मूलारोहिणी वल्ली मनोहारिणी कोमला च भवत्यतः ताम्बूलकृषिः प्रसन्नसाध्या तथापि समृद्धिदा मता। महाकविकालिदासेन कलिङ्गेषु महेन्द्रपर्वते ताम्बूलसमृद्धिः वर्णिता—

ताम्बूलीनां दलैस्तत्र रचितापानभूमयः।[4] नानाजातिकं ताम्बूलं विशदं रुच्यं तीक्ष्णोष्णं वश्यं तिक्तं कटुक्षारं लघु बल्यं श्लेष्मास्यदौर्गन्ध्यमलवातश्रमापहं मतम्।

(छ) सुगन्धितद्रव्याः

भारतदेशे प्राचीनकालत एव सुगन्धितद्रव्याणामुपयोगस्योत्पादनस्य च परम्परा वर्तते। वात्स्यायनस्य कामसूत्रे चतुष्षष्टिकलासु परिगणिता 'गन्धयुक्तिरपि' एका कला वर्तते गर्भाधानतोऽन्त्येष्टिपर्यन्तं नागरकजीवने नानाप्रसङ्गेषु नानाप्रयोजनेषु च गन्धद्रव्याणां प्रयोगो दृश्यतेऽतः सुगन्धितद्रव्याणां कृषिरपि बहुलमात्रया भवति स्म। नास्त्यत्र विस्तारावसरः,संक्षेपेणैव प्रस्तूयते विवरणम्।

(1) चन्दनम्—सुगन्धितद्रव्येषु सर्वाधिकं प्रयुक्तं द्रव्यं चन्दनमेव। काष्ठपङ्करस-चूर्णतैलादिनानारूपैः प्रयोगःचन्दनस्य। कौटिलीयेऽर्थशास्त्रे चन्दनवनरोपणं राजकोषाय समृद्धिकरं मतम्। श्रीखण्डं भद्रश्रीस्तैलपर्णिको गन्धसारो मलयजः चन्द्रद्युतिरादिनामानि चन्दनस्य। चन्दनस्य षोडशोत्पत्ति स्थानानि नववर्णाः षड्गन्धाः एकादशगुणाश्च कथिताः—तत्रस्थानादिभेदेन चन्दनभेदाः—

---

1. भावप्रकाशः / कर्पूरादिवर्गः / 74–78/
2. भावप्रकाशः / कर्पूरादिवर्गः / 72–73/
3. रघुवंशम् / 4 /42/
4. दशकुमारचरितम् / उच्छ्वास / 7/

(i) **सातनम्**—रक्तं भूमिगन्धि

(ii) **गोशीर्षकम्**—कालताम्रं मत्स्यगन्धि

(iii) **हरिचन्दनम्**—शुष्कपत्रवर्णमाम्रगन्धि

(iv) **तार्णसम्**—हरिचन्दनवत्

(v) **ग्रामेरुकम्**—रक्तं रक्तकालं वा वस्तमूत्रगन्धि

(vi) **दैवसभेयम्**—रक्तं पद्मगन्धि

(vii) **जीवकमपि**—रक्तं पद्मगन्धि च

(viii) **जोङ्गकम्**—रक्तं रक्तकालं रक्तपीतकमोत्पलान्धि

(ix) **तौरषम्**—जोङ्गसकसदृशमेव

(x) **मालेयकम्**—मलयपर्वते जातं पाण्डुरक्तम्

(xi) **कुचन्दनम्**—कालवर्णकं गोमूत्रगन्धि

(xii) **कालपर्वतकम्**—रुक्षमगुरुकालं रक्तं रक्तकालं वा

(xiii) **कोशकारपर्वतकम्**—कालं कालचित्रं वा

(xiv) **नागपर्वतकम्**—रुक्षं शैलवर्णं वा

(xv) **शाकलम्**—कपिलम्

(xvi) **शीतोदकीयम्**—पद्माभं कालस्निग्धं वा।

चन्दनगुणाः—लघु स्निग्धमश्यानं सर्पिः स्नेहलेपि गन्धसुखं त्वगनुसार्यनुल्बणम्-विराग्युष्णसहं दाहग्राहि सुखस्पर्शनमिति चन्दनगुणाः ।[2] नानाविधचन्दनेषु मलयजचन्दनमेव श्रेष्ठतमं मतम् यथाह भावप्रकाशकारः—

चन्दनानि तु सर्वाणि सदृशानि रसादिभिः गन्धेन तु विशेषोऽस्ति पूर्वः (मलयजः) श्रेष्ठतमो गुणैः। तत्रोत्तमचन्दनस्य लक्षणमाह भावमिश्रः—

स्वादे तिक्तं कषे पीतं छेदे रक्तं तनौ सितम्।
ग्रन्थिकोटरसंयुक्तं चन्दनं श्रेष्ठमुच्यते।।[2]

मलयजचन्दनस्य 'श्रेष्ठत्वान्मलय एव चन्दनस्थानम्' इति कविप्रसिद्धिः संस्कृतसाहित्ये, यथा वर्णितं राजशेखरेण—

1. अर्थशास्त्रम्/ 2/ 11/ 24-25/
2. भावप्रकाशः कर्पूरादिवर्गः/12/

तापापहारचतुरो नागावासः सुरप्रियः।
नान्यत्र मलयाद्रेर्दृश्यते चन्दनद्रुमः।।[1]

(2) अगुरु—धूपाङ्गरागविशेषक—पटवासादिषु प्रयुज्यमानं सुगन्धितमगुरु हिमालयस्य पूर्वाञ्चलेषु कामरूपनेपालभूटानादिषु जायते। दीर्घाकारपुरातनवृक्षेषु कृमिभिर्जन्यतेऽगुरु। कृष्णवर्णीयतैलीयाभायुक्तेषु भागेषु अगुरुनिक्षेपो भवति। कृष्णागुरु गुणाधिकं भवति लोहवज्जले मज्यति च। लोहं प्रवरं राजार्हं योगजं वंशिकं कृमिजं कृमिजग्धमादिनामान्यगुरोः स्वरूपमुत्पत्तिसम्बंधिवैशिष्ट्यं च प्रतिपादयन्ति। कामरूपेषु प्राप्यमगुरु जोङ्गकं दोङ्गकञ्च द्विविधं भवति तत्र जोङ्गकम् कालं कालचित्रम् मण्डलचित्रं वा, दोङ्गकं श्यामवर्णम्। पारसमुद्रकं सिंहलादिदेशोत्पन्नमगुरु चित्ररूपमुशीरगन्धि नवमालिकागन्धि वा। गुरु स्निग्धं पेशलगन्धि निर्हारि अग्निसहमसंप्लुतधूमं समगन्धं विमर्दसहमित्यगुरुगुणाः।[2] महाकविकालिदासेन प्राग्ज्योतिषपुरे कालागुरुद्रुमाणां वर्णनं कृतम्।[3]

सुगन्धितागुरुधूपस्यापि बहुलं वर्णनं संस्कृतसाहित्ये। शिशिरे केशसंस्कारार्थमगुरुधूपस्य प्रयोगो भवति स्म—

अगुरुसुरभिधूपामोदितं केशपाशं
गलितकुसुममालं कुञ्चिताग्रं वहन्ती।[4]

अगुरुप्रभवः स्नेहः गुणैः कृष्णागुरुसमः स्मृतः।

(3) कर्पूरः—सुगंधितद्रव्येषु कर्पूरस्य परिगणनमपि भवति। कर्पूरवृक्षस्य श्वेतवर्ण-निर्यासः कोशिकासु सुषिरेषु च कर्पूररूपेण सञ्चीयते। सिताभ्रो हिमवालुकः घनसारः चन्द्रसंज्ञः हिमनामादिपर्य्याणिकर्पूरस्य प्रकृतिं स्वरूपञ्च द्योतयन्ति। पक्कापक्कप्रभेदतः कर्पूरो द्विविधः प्रोक्तः। पक्कात्कर्पूरतोऽपक्कं गुणवत्तरम् मतम्।

'शीतलो वृष्यचक्षुष्यो लेखनो लघुः सुरभिर्मधुरस्तिक्तः कफपित्तविषापहोदाह-तृष्णाऽऽस्यवैरस्यमेदोदौर्गन्ध्यनाशनः इति कर्पूरगुणानाम् संग्रहो भावपकाशे।[5] तापोपचारान्न-संस्कारप्रपाणकताम्बूल-मुखगुटिकासु बहुलतया प्रयुज्यते कर्पूरः। अष्टाङ्गसंग्रहे वृद्धवाग्भटस्य मतम्

---

1. काव्यमीमांसा/ अ. 14/
2. अर्थशास्त्रम्/ 2/ 11/ 26-27/
3. चकम्पे तीर्णलौहित्ये तस्मिन्प्राग्ज्योतिषेश्वरः।
   तद्गजालानतां प्राप्तैः सह कालागुरुद्रुमैः।। रघुवंशम् / 4/ 81/
4. ऋतुसंहारम्/ 5/ 12/
5. भावप्रकाशः कर्पूरादिवर्गः/ 1-3/

रुचिवैशद्यसौगन्ध्यमिच्छन्वक्त्रेण धारयेत्।
जातीलवङ्गकर्पूर ....

'परिजातपरिमलेतिमुखशोधकद्रव्ये सहकारकक्कोललवङ्गैलादिभिः सह कर्पूरस्योपयोगोऽपि भवति स्म।'[1]

भारतदेशस्य पूर्वाञ्चलेषु दक्षिणभारते च कर्पूरवृक्षा जायन्ते।

(4) गुग्गुलुः—भारतवर्षस्य आभीरगुर्जरादि पश्चिमोत्तरप्रदेशेषु विदर्भ-महीषुरादिषु च गुग्गुलुवृक्षान्निर्यासरूपेण लभ्यते गुग्गुलुः विशेषतो देवपूजायां धूपरूपेण प्रयुज्यमानत्वादस्यैका संज्ञा 'देवधूपो'ऽपि। महिषाक्षो महानीलः कुकुदः पद्मो हिरण्य इति गुग्गुलः पञ्चजातयः।

(i) महिषाक्षः—भृङ्गाञ्जनसवर्णः स्मृतः।

(ii) महानीलः—स्वनामसमलक्षणो विज्ञेयः।

(iii) कुकुदः—कुमुदाभः श्वतेवर्णः स्यात्।

(iv) पद्मः—माणिक्यसमन्निभो रक्तवर्णःस्मृतः।

(v) हिरण्याख्यः—हेमाभः स्यात्।

तत्र महिषाक्षो महानीलो गजेन्द्राणां हितौ, कुमुदः पद्मो हयानां स्वस्त्यारोग्यकरौ परौ, मनुष्याणां कनकः विशेषेण परिकीर्तितः।

आयर्वेदे गुग्गुलुः स्मृतः—

भग्नसन्धानकृद्वृष्यः सूक्ष्मः स्वर्यो रसायनः।
दीपनः पिच्छिलो बल्यः कफवातव्रणापचीः।।
मेदमेहाश्मवातांश्च क्लेदकुष्ठाममारुतान्।
पिण्डकाग्रन्थिशोफार्शोगण्डमालाकृमीञ्जयेत्।।
माधुर्याच्छमयेद्वातं कशायत्वाच्च पित्तहा।
तिक्तत्वाद् कफजित्तेन गुग्गुलुः सर्वदोषपहा।।

स्निग्धः काञ्चनसंकाशः पक्वजम्बूफलोपमः सुगन्धिः पिच्छिलो नूतनो गुग्गुलुः प्रोक्तः शुष्को दुर्गन्धियुक्तः त्यक्तप्रकृतिवर्णको वीर्यवर्जितः पुराणो विज्ञेयः।[2]

एवं सरलनिर्यासः श्रीवासः, शालनिर्यासः सर्ज्जरसो रालो वा, शल्लकीनिर्यासः कुन्दरुः मुकुन्दो वा शिलारसादयो सुगन्धित निर्यासरूपेणोत्पाद्यन्ते नानावृक्षेभ्यः।

1. हर्षचतिम्/ उ. 1, पृ. 39/
2. भवप्रकाशः /कर्पूरादिवर्गः/ 32-43/

(5) उशीरम्—वीरणनामतृणमूलम् उशीरमिति कथ्यते। उशीरं शीतं सुगन्धि पाचनं मधुरं ज्वरहृत्तृष्णाऽस्रविषवीसर्पदाहकृच्छ्रव्रणापहञ्च भवति। आतपलङ्घने कामज्वरे वा विशेषत उपयोगः क्रियते, यथा शाकुन्तले—'कस्येदमुशीरानुलेपनम्' आतपलङ्घनाद् बलवदस्वस्था शकुन्तला तस्या शरीरनिर्वापणायेति।' इतरेषु सुगन्धितकृष्यपदार्थेषु—पद्मगन्धि पद्मकं, तगरं पिण्डतगरं वा गन्धकुटी मुरा वा, शैलेयं, प्रियङ्गु, ग्रन्थिपर्णादिकं परिगण्यन्ते।

(ज) सारदारुः

वनेषु सारदारुरोपणमुत्पादनञ्च सर्वकारेण, व्यक्तिशो वा भवतः, फलतः चन्दनतिनिशधवसालसरलादिसारदारवोऽपि कृष्यपदार्थेषु परिगण्यन्ते।

शाक (सागौन) तिनिशधन्वनार्जुनमधूकतिलकसालशिंशपारिमेदराजादनशिरीष-खदिरसरलतालसर्जाश्वकर्णसोमवल्कशाम्रप्रियकधवादिः सारदारुवर्ग, इति कौटिल्यः।[1]

वराहमते शय्या-आसनादिनिर्माणे—असनस्यंदनचन्दनहरिद्रसुरदारुतिन्दुकीशाल काश्मर्यञ्जनपद्मकशाकशिंशपादयो शुभा भवन्ति।[2]

(1) शाकः (सागौन)—द्वारदारुर्वरदारुः खरच्छदो भूमिसहादिनामानि शाककाष्ठस्य गुणवत्तां प्रतिपादयन्ति। दक्षिणभारते मध्यभारते च शाकवनानि रोप्यन्ते। भवनद्वारानिर्माणे सर्वोत्तमो मतो वल्मीकादिवाधारहितत्वात्।

(2) तिनिशः—स्यन्दनो नेमी रथर्द्रुर्वञ्जुलादिनामानि तिनिशस्य। तिनिशदारुरति-दृढत्वात् स्यन्दननिर्माणे रथनेमिसंरचनायाञ्च प्रयुज्यते। वराहमते तिन्दुकसारेण रचिता शय्या वित्तकरी भवति।[3]

(3) अर्जुनः—ककुभो नदीसर्जो वीरवृक्षो धवल इन्द्रद्रुरादिनामानि अर्जुनवृक्षस्य। संस्कृतवाङ्मये पर्वतीयभूभागेष्वर्जुनवृक्षस्य बहुलं वर्णनं लभ्यते। वर्षायामस्य मञ्जर्यो नवयौवनानामवतंसा भवन्ति।[4]

(4) शालः—सर्जकाश्र्याश्वकर्णकादिशालनामानि। हिमगिरेरुपत्यकासु विशाल-शालवृक्षाः जायन्ते। वसन्ते पीतवर्णपुष्पावतंसैरलङ्क्रियते शालः। पौरस्त्येषु प्रसिद्धा शालपुष्प-भञ्जिकेतिदेश्यक्रीडा। सुगन्धितः शालनिर्यासो राल' इति कथ्यते धूपेषु प्रयुज्यते

1. अर्थशास्त्रम्/ 2/ 17/ 2/
2. बृहत्संहिता/ 77/ 2/
3. बृहत्संहिता/ 77/11/
4. ऋतुसंहारम्/ 2/ 21/

च। शालनिर्यासेण वायुरपि सुरभितो भवति वनराजिषु, तथा वर्णितं कालिदासेन—

सेव्यमानौ सुखस्पर्शैः शालनियासगन्धिभिः।
पुष्परेणूत्किरैर्वातैराधूतवनराजिभिः।[1]

शालदारु शय्यादिगृहोपकरणनिर्माणे प्रशस्तः मतः।

(5) **सरलः**—हिमालयक्षेत्रीयवनस्पतिषु सरलद्रुमः स्वदीर्घाकारऋजुरचनया पृथग्रूपेण परिचीतये। पीतवृक्षः सुरभिदारुकादिनामान्यस्य। कुमारसंभवे हिमालये सुगन्धितसरल-द्रुमाणां वर्णनं प्राप्यते—

कपोलकण्डूः करिभिर्विनेतुं विघट्टितानां सरलद्रुमाणाम्।
यत्र स्रुतक्षीरतया प्रसूतः सानूनि गन्धः सुरभीकरोति।[2]

सम्प्रति क्षीरेणानेन 'तारपीन' इति तैलं निष्कास्यते।

(6) **देवदारुः**—दारुभद्रमिन्द्रदारुमस्तदारु सुरभूरुह आदिनामानि देवदारोः। हिमालयपर्वतस्य पश्चिमोत्तरे भूभागे कुमायुँगढवालक्षेत्रे देवदारुवनानि लभ्यन्ते। महाकविकालिदासेनापि क्षेत्रेऽस्मिन् भवान्या पुत्रवत्पालितदेवदारोः वर्णनं कृतम्—

अमुं पुरः पश्यसि देवदारुं पुत्रीकृतोऽसौ वृषभध्वजेन।
यो हेमकुम्भस्तननिःसृतानां स्कन्दस्य मातुः पयसां रसज्ञः।।[3]

संदर्भोऽयमतीव महत्त्वपूर्णः। ज्ञायतेऽनेन यत् प्राचीनभारतेऽपि देवदारुवृक्षानां रोपणं सप्रयत्नं पालनं पोषणञ्च भवति स्म।

(7) **पद्मकम्**—पद्मगन्धिपद्मकं हिमाचलक्षेत्रेषु दक्षिणभारते च प्राप्यते। काष्ठसारो रक्ताभः सुगन्धितश्च भवति। शय्यापर्यङ्कादिनिर्माणे पद्मककाष्ठस्योपयोगोऽपि भवति।

रामायणस्यैकेन महत्वपूर्णेन सन्दर्भेण ज्ञायते यत् चन्दनसरलपद्मकदेवदार्वादि— सुगन्धितकाष्ठानामुपयोगश्चितारचनायां भवति स्म—

चन्दनागुरुनिर्यासान् सरलं पद्मकं तथा
देवदारूणि चाहृत्य क्षेपयन्ति तथापरे।
तत्र संवेश्यामासुश्चितामध्ये तमृत्विजः।।[4]

1. रघुवंशम् / 1 / 38/
2. कुमारसम्भवम्/ 1/9/
3. रघुवंशम्/ 2/ 36/
4. रामायणम् / अयोध्या/ 76/ 16-17/

(झ) ओषध्यः

प्राचीनभारते आरोग्यवर्धकौषधीनां कृषिरपि भवति स्म इति ज्ञायतअथर्ववेदस्य सन्दर्भेण यत्र कृष्याकृष्यौषधानां समुल्लेख—

शणश्च मा जङ्गिडश्च विष्कन्धादभि रक्षताम्।
अरण्यादन्य आभृतः कृष्या अन्यो रसेभ्यः।।[1]

प्राचीनकाले रोगशान्त्यै उद्भिजानां प्रयोगः क्रियते स्म, तेषां रोगनाशको रसः, 'ओष' उच्यते ओषं धारणाद्वनस्पतिःओषधिरुचयते—

ओषो नाम रसः सोऽस्यां धीयते यत् तदौषधिः।
ओषादारोग्यमाधत्ते तस्मादोषधिरोषधः।। काश्यपसंहिता।

वाजीकरणसपत्ननाशनाविधवाकरणाद्यौपनिषदिकप्रयोजनेष्वपि भवत्यौषधप्रयोगः। अथर्ववेदे बहुलसन्दर्भा औषधप्रयोगस्य।[2] सामान्यतया ओषध्यः हिमालयादि-पर्वतेष्वरण्येषु वा निसर्गतो जायन्ते यथा पश्यामो वयं रामायणे, चित्रकूटपर्वते—

निशि भान्त्यचलेन्द्रस्य हुताशनशिखा इव
ओषध्यः स्वप्रभालक्ष्म्या भ्राजमानाः सहस्रशः।।[3]

तथापि ऋग्वेदस्य साक्ष्येण ज्ञायते यदावश्यकतानुसारमाविष्कृता ओषध्यः वनक्षेत्रेषु वाटिकासु वा कृष्यन्तेऽपि। कथ्यते यत् वृहस्पतिनोत्पादिता नानाविधौषध्यः—

याः फलिनीर्या अफला अपुष्पा याश्च पुष्पिणीः।
वृहस्पतिप्रसूतास्ता नो मुञ्चन्त्वंहसा।।[4]

यद्यपि निघण्टुग्रन्थेषु कोशग्रन्थेषु च असंख्यौषध्यः वर्णिताः तथाप्यत्र संक्षेपेण दीयते परिचयः कृष्यौषधीनामेव।

(1) **हरीतकी**—ओषधीषु हरीतकी सर्वोत्तमा मता। अभया पथ्या कायस्था-पूजनाऽमृता हैमवती चेतकी श्रेयसी शिवा विजया जीवन्ती रोहिणीति हरीतकीनामानि। कथ्यते यत्—

पपात बिन्दुर्मेदिन्यां शक्रस्य पिबतोऽमृतम्।
ततो दिव्यात्समुत्पन्ना सप्तजातिर्हरीतकी।।[5]

1. अथर्ववेदः / 2/ 4/ 5/
2. अथर्ववेदः/ 1/ 34/ 1 /, 3/ 7/ 1/ 6/ 85/ 1/
3. रामायणम् अयोध्या/ 94/ 21/
4. ऋग्वेदः/10/ 97/ 15
5. भावप्रकाशः / हरीतक्यादिर्वर्गः/ 5/

हरीतक्याः सप्तजातय उत्पत्तिस्थानानि गुणधर्माश्च—

(i) विजया—अलाबुवृत्ता विजयाविन्ध्याद्रौ जायते सर्वरोगेषु हितकारी च भवति।

(ii) **रोहिणी**—वृत्ता रोहिणी सर्वेश्वेव स्थानेषु जायते। सर्वसुलभेयं व्रणरोहिणी मता।

(iii) **अमृता**—मांसला अमृता चम्पायां जायते, शोथनाशे हिता भवति।

(iv) **अभया**—पञ्चरेखासमायुक्ता अभयाऽपि चम्पायां जायतेऽक्षिरोगे प्रशस्ता मता।

(v) **पूतना**—अस्थिमती पूतना सिन्धुदेशजा प्रलेपे योज्या।

(vi) **चेतकी**—त्रिरेखान्विता चेतकी वर्णतः श्वेता कृष्णा च द्विविधा प्रोक्ता, षडङ्गुलायता शुक्ला एकाङ्गुला कृष्णा चास्वादमात्रेण गन्धेण स्पर्शेण वा मलभेदिनी सुखविरेचनी शस्ता।

(vii) **जीवन्ती**—स्वर्णवर्णिनी जीवन्ती सुराष्ट्रदेशोद्भवा सर्वरोगहन्मता। सप्तानामपि जातीनां प्रधाना विजया स्मृता, सुखप्रयोगा सुलभा सर्वरोगेषु शष्यते। सामान्यतया हरीतकी पञ्चरसा दीपनी मेध्या स्वादुपाका रसायनी चक्षुष्या आयुष्या बृंहणी च भवति। वैस्वर्यग्रहणीविबन्धगुल्मतृषाछर्दिहिक्काकण्डूहृदामयान् कामलां अश्मरीं मूत्रकृच्छ्ं मूत्रघातञ्च नाशयति।

अथ हरीतक्याः प्रयोगभेदेन फलभेदानाह भावमिश्रः—

चर्विता वर्द्धयत्यग्निं पेषिता मलशोधिनी।
स्विन्ना संग्राहिणी पथ्या भृष्टा प्रोक्ता त्रिदोषनुत्।
लवणेन कफं हन्ति पित्तं हन्ति सशर्करा।
घृतेन वातजान् रोगान्सर्व-रोगान्गुडान्विता।[1]

हरीतकीवृक्षः प्रायःसर्वेष्वेव प्रान्तेषु वनेषु प्राप्यते वाटिकायां रोप्यते च।

(2) विभीतकः—अक्षः कर्षफलः कलिद्रुम आदिनामानि बिभीतकस्य। बिभीतकस्योल्लेखः ऋग्वेदेऽपि प्राप्यते।[2] भारतवर्षस्य सर्वेषु प्रान्तेषु निम्नपर्वतीयभूभागेषु जायते वाटिकायां रोप्यते च। बिभीतकं स्वादुपाकं कषायं कफपित्तनुदुष्णवीर्यं हिमस्पर्शं भेदनं कासनाशनं रुक्षं नेत्रहितं केश्यं कृमिवैस्वर्यनाशनं मतम्।

(3) **आमलकी**—भारतदेशस्य सर्वेष्वेवोष्णप्रदेशेषु वनेषूपवनेषु चोत्पद्यते। धात्री तिष्यफलाऽमृतादिनामानि आमलक्याः धात्रीफलं श्रीफलममृतफलं शिवमादिफलनामानि।

1. भावप्रकाशः / हरीतक्यादिवर्गः/ 6-33/
2. ऋग्वेदः/10 / 34/ 1/

गुणैः हरीतकीसमं धात्रीफलं किन्तु विशेषतः रक्तपित्तप्रमेहघ्नं परं वृष्यं रसायनञ्च स्मृतम्। अम्लत्वाद्वातं हन्ति, माधुर्यशैत्यतः पित्तं रुक्षकषायत्वात् कफञ्च। एवम् धात्रीफलं त्रिदोषजिन्मतम्।

हरीतकीबिभीतकधात्रीणां फलैः 'त्रिफला' नाम बहुप्रयुक्तौषधिः निर्मीयते।

(4) बिल्वः—शाण्डिल्यशैलूषमालूरश्रीफलादिनामानि बिल्वस्य। बिल्वस्य मूलत्वक्पक्वापक्वफल—पत्रपुष्पाणि सर्वाण्येवाङ्गानि औषधरूपेण प्रयुज्यन्ते। श्रीफलस्तिक्तो ग्राही रुक्षोऽग्निपित्तकृद् वातश्लेष्महरो बल्यो लघुरुष्णः पाचनश्च मतः।

(5) **गम्भारी**—भद्रपर्णी श्रीपर्णी मधुपर्णिका काश्मरी पीतरोहिणी कृष्णवृन्ता मधुरसा महाकुसुमिकादिनामभिर्ज्ञेया गम्भारी दाक्षिणात्येषु पश्चोदीच्यहिमालयक्षेत्रेषु, अङ्गवङ्गादिषु जायते आयुर्वेदस्य दशमूलवर्गीयौषधिषु गण्यते च। गम्भारी दीपनी पाचनी मेध्या भेदिनी भ्रमशोषजित् तृष्णाऽऽमशूलार्शोविषदाहज्वरापहा च स्मृता। गम्भारीफलं बृंहणं वृष्यं केश्यं रसायनञ्च मतम्।[1]

(6) **एरण्डः**—प्रायः सर्वेष्वेव प्रान्तेषु कृष्यते एरण्डः। 'निरस्तपादपे देशे एरण्डोऽपि द्रुमायते' इति सुभाषितेन ज्ञायते यल्लघ्वाकारः पादपो एरण्डः। श्वेतरक्तभेदेन द्विविधः—आमण्डः चित्रः पञ्चाङ्गुलो वर्द्धमानो दीर्घदण्डो वातारिस्तरुण इति श्वेतैरण्डाभिधानानि। अपरो रक्तो रबूको व्याघ्रपुच्छो वातारिश्चञ्चुरुत्तानपत्रकश्च कथ्यते। एरण्डयुग्मं मधुरमुष्णं गुरु शूलशोथकटिवस्तिशिरः पीडोदरज्वारान् कासकुष्ठामामारुतान् विनाशयेत्।

एरण्डपत्र-पत्राग्र-फल-मज्जागुणाः यथाह भावमिश्रः—

एरण्डपत्रं वातघ्नं कफक्रिमिविनाशनं मूत्रकृच्छहरं पित्तरक्तप्रकोपणञ्च, अग्रदलं वातार्यं गुल्मवस्तिशूलहरं कफवातकृमिसप्तविधवृद्धिहरञ्च। एरण्डफलमत्युष्णं गुल्मशूलानिलापहं कटुकं दीपनं यकृत्प्लीहोदहरार्शोघ्नं, मज्जाविड-भेदी वातश्लेष्मोदरापहो मतः।[2]

(7) निम्बः—ग्रामेष्वरण्येषु च प्रायः सर्वत्रैव निम्बवृक्षः दृश्यते गृहप्राङ्गणेषु रोप्यते च। पिचुमर्दः पिचुमन्दः तिक्तकोऽरिष्टः परिभद्र आदिनामान्यस्य रसगुणयोर्वैशिष्ट्यं कथयन्ति।

निम्बस्य त्वक्काण्डत्वक्पत्रफलबीजपुष्पनिर्यासतैलादिसर्वाणि निम्बाङ्गानि व्यवह्रियन्ते रोगोपचारे। निम्बपत्रं नेत्र्यं कृमिपित्तविषप्रणुद्वातलं कटुपाकं कुष्ठनुच्च मतम्। निम्बफलं रसे तिक्तं पाके कटु भेदनं स्निग्धं लघूष्णं कुष्ठघ्नं गुल्मार्शः कृमिमेहनुच्च स्मृतम्।

(8) करवीरः—उद्यानेषु रोप्यते करवीरः पुष्पार्थम्। श्वेतरक्तभेदेन द्विविधः। करवीरद्वयं तिक्तं कषायं कटुकं व्रणलाघावकृन्नेत्रकोपकुष्ठव्रणापहं वीर्योष्णं कृमिकण्डूघ्नं

1. भावप्रकाशः /गुडुच्यादिवर्गः/ 14-18/
2. भावप्रकाशः /गुडुच्यादिवर्ग / 60-66/

भक्षितं विषवन्मतमतो वाह्यप्रयोगो विधेयः।

(9) काञ्चनारः—काञ्चनको गण्डारिः शोणपुष्पक आदिनामानि काञ्चनारस्य। काञ्चनारो हिमो ग्राही श्लेष्मपित्तनुत्कृमिकुष्ठगुदभ्रंशगण्डमालाव्रणापहो मतः।

(10) कोविदारः—ताम्रपुष्पोऽश्मन्तकः स्वल्पकेशरी कुण्डली कुद्दालो युगपत्रक इतिकोविदारनामानि। कोविदारपुष्पसमृद्धिः शरदि परिलक्ष्यते यथा वर्णिता ऋतुसंहारे—

मन्दानिलाकुलितचारुतराग्रशाखः पुष्पोद्गमप्रचयकोमलपल्लवाग्रः।
मत्तद्विरेफ परिपीतमधुप्रसेकश्चित्तं विदारयति कस्य न कोविदारः।।[1]

कोविदारपुष्पं काञ्चनारतः लघु स्मृतम् गुणैः काञ्चनारवदेव रुक्षं संग्राहि पित्तास्र-प्रदरक्षयकासनुच्च भवति।[2]

(11) अपराजिता—अपराजितालता प्रायः सर्वेष्वेव प्रान्तेषु जायते उपनवेषु रोप्यते च। गिरिकर्णी विष्णुक्रान्ताऽऽस्फोतादिनामभिः संबोध्याऽपराजिता द्विविधा-श्वेतपुष्पा नीलपुष्पा च। अपराजिते कटू मेध्ये शीते कण्ठ्ये सुदृष्टिदे कुष्ठमूत्रत्रिदोषामर्शोव्रणविषापहे स्मृतिबुद्धिदे च मते।[3]

(12) सिन्दुवारः—आरामेषु रोप्यः सिन्दुवारः श्वेतनीलभेदेन द्विविधो भवति। तत्र श्वेतः, श्वेतपुष्पः सिन्दुकः सिन्दुवारक इति कथ्यते। मुक्तावदोज्ज्वलपुष्पाणि वसन्ते विकसन्ति—"मुक्ताकलापीकृतसिन्दुवारं वसन्तपुष्पाभरणं वहन्ती पार्वती" यथा वर्णितं कालिदासेन।[4]

सिन्दुवारदलं जन्तुवातश्लेष्महरं लघु मतम्। तिक्तः कषायः कटुकः सिन्दुकः स्मृतिदः केश्यो नेत्रहितो कृमिकुष्ठारुचिश्लेष्मज्वरापहश्च मतः।

नीलपुष्पी तु निर्गुण्डी शेफाली सुवहा वा कथ्यते। नीलापि गुणैः श्वेतपुष्पवन्मता।[5]

(13) कुटजः—भारतवर्षस्य अनार्द्रदेशेषु पर्वतीयभूभागेषु स्वयमेव जायते रोप्यते च नातिदीर्घः कुटजः। सुगन्धितश्वेतवर्णकुटजपुष्पाणि वषार्यां विकसन्ति, यथा निरूपितं मेघदूते—

---

1. ऋतुसंहारम् /3/ 6/
2. भावप्रकाशः /गुडुच्यादिवर्गः/ 101-104/
3. भावप्रकाशः / गुडुच्यादिवर्गः/ 111-112/
4. कुमारसंभवम्/ 3/ 53/
5. भावप्रकाशः / गुडुच्यादिवर्गः/ 113-115/

सः प्रत्यग्रैः कुटजकुसुमैः कल्पितार्घाय तस्मै ।[1]

कुटजः कूटजो वत्सको गिरिमल्लिका कालिङ्गो यवफलः पाण्डुरद्रुम इत्यपि कथ्यते। कुटजः कटुको रुक्षो दीपनो हिमोऽर्शोऽतिसारपित्तास्रकुष्ठनुच्च निगदितः। अतिसारेऽस्य त्वग्विशेषेण प्रशस्ता मता।

(14) करञ्जः—करञ्जो नक्तमालश्चिरबिल्बकादिनामभिः सम्बोध्यते। करञ्जः कटुकस्तीक्ष्णो वीर्योष्णो योनिदोषहृत्कुष्ठोदावर्तगुल्मार्शोव्रणक्रिमिकफापहश्च मतः।

(15) शतावरी— क्षुपजातीया शतावरी उत्तरभारते बहुलतया जायते नारायणी शतपदी शतवीर्या च कथ्यते। शतावरी गुरुः शीता तिक्ता स्वाद्वी रसायनी मेधाऽग्निपुष्टिदा स्निग्धा नेत्र्या गुल्मातिसारजित् शुक्रस्तन्यकरी बल्या च मता।

(16) अश्वगन्धा—क्षुपजातीयाऽश्वगन्धा भारतवर्षस्य शुष्क जाङ्गलदेशेषु जायते। अश्वगन्धाऽनिलश्लेष्मश्वित्रशोथक्षयापहा बल्या रसायनी तिक्ता कषायोष्णाऽतिशुक्रला च स्मृता ।[2]

(17) कुमारी—भारतवर्षस्य प्रायः सर्वेषु प्रान्तेषु लभ्यते, जनैः गृहेष्वपिरोप्यतेऽतो गृहकन्या कन्या इति कथ्यते। घृतकुमारिकेति नाम्नाऽपि संबोध्यते यतोऽस्य पत्रेषु घृतवन्मांसलद्रव्यं प्राप्यते। कुमारी भेदिनी शीता नेत्र्या रसायनी मधुरा बृंहणी बल्या वृष्या वातविषप्रणुत् गुल्मप्लीहयकृद्वृद्धिहरी, ग्रन्थ्यग्निदग्धत्वगामेष्वतिहितकरी च भवति।

(18) पुनर्नवा—भारतवर्षस्योष्णभूभागेषु जायते प्रसरणशीला क्षुपजातीया पुनर्नवा। अस्या पत्रं मूलञ्चौषधिरूपेण प्रयुज्येते। श्वेतरक्तपुष्पभेदेन द्वौ भेदौ—श्वेतपुनर्नवा-श्वेतमूला शोथघ्नी दीर्घपत्रिकादिनामभिरपि ज्ञेया, पाण्डुघ्नी दीपनी गरश्लेष्महरी मता।

रक्तपुष्पा पुनर्नवा शिलाटिका क्षुद्रवर्षाभू रक्तादि नामभिः परिज्ञेया तिक्ता कटुपाका वातला ग्राहिणी रक्तविकारविनाशिनी च मता।

(19) भृङ्गराजः—आर्द्रप्रदेशेषूच्चपर्वतीयक्षेत्रेषु च जायते भृङ्गराजः अङ्गारकः केशराजो भृङ्गारः केशरञ्जनादिनामान्यस्य। भूम्यां प्रसरणशीलः क्षुपजातीयो बहुशाखान्वितो भृङ्गराजो ग्रन्थिषु मूलयुक्तो भवति। भृङ्गराजः केश्यस्त्वच्यः कृमिश्वासकासशोथपाण्डुनुत् दन्त्यो रसायनो बल्यः कुष्ठनेत्रशिरोऽर्तिनुच्च मतः ।[3]

(20) मेषशृङ्गी—आर्द्रोष्णप्रदेशेषूद्यानेषु रोप्यते मेषशृङ्गी लता, मेषवल्ल्यजशृङ्गिका

1. मेघदूतम्/ 1/ 4/
2. भावप्रकाशः /गुडूच्यादिवर्गः/ 189–190/
3. भावप्रकाशः /गुडूच्यादिवर्गः/ 239–240/

विषाणीत्यापि कथ्यते। मेषशृङ्गीफलं कुष्ठमेहकफप्रणुत् दीपनं स्रंसन कासक्रिमिव्रण-विषापहं मतम्।

(21) शङ्खपुष्पी—शङ्खपुष्पी माङ्गल्यकुसुमाऽपि कथ्यते। विशेषेण मेध्या वृष्या मानसरोगहृत् रसायनी स्मृतिकान्तिबलाग्निदा अपस्माराश्रीकुष्ठक्रिमिविषप्रणुच्च मता।[1]

एवमोषधीयकृषिभिः साधितमनामयमारोग्यमायुष्यञ्च भारतवर्षेण।

(ट) पुष्पम्

निसर्गस्य सर्वोत्तमोपहाररूपेण जातानि पुष्पाणि वर्णरूपरसस्पर्शैः स्वसुरभिपरिमलैश्च सर्वेभ्यो हृदयाह्लादकराणि भवन्ति, यथा निरूपितं रामायणे—

गुहासमीरणो गन्धान् नानापुष्पभवान् वहन्।
घ्राणपतर्पणमभ्येत्य कं नरं न प्रहर्षयेत्।।[2]

सुमनानां सुरभि बहुधा प्रशंसिता सुभाषितेषु—

अञ्जलिस्थानि पुष्पाणि वासयन्ति करद्वयम्।
अहो सुमनसां वृत्तिर्वामदक्षिणयोः समा।।

फलतः सौन्दर्यरसज्ञेन मानवेन गृहवाटिकायां प्रमदोद्याने नगरोपकण्ठे वने च कृष्यपदार्थेषु संकलितानि पुष्पाण्यपि।

मेघदूते वननदीतीरेषु यूथिकापुष्पोद्यानानां समुल्लेखो यत्र पुष्पलावीभिः धान्यशस्यमिव क्रियते लवनं पुष्पाणां न तु चयनम्—

विश्रान्तः सन्व्रज वननदीतीरजातानि सिञ्चन् उद्यानानां नवजलकणैर्यूथिकाजालकानि।
गण्डस्वेदापनयनरुजाक्लान्तकर्णोत्पलानां छायादानात्क्षणपरिचितः पुष्पलावीमुखानाम्।।[3]

माल्यग्रथने, पुष्पाभरणरचनायां, पुष्पसज्जायां, पुष्पास्तरणे, गन्धयुक्तिक्रियायां, चिकित्सायाञ्च भवत्युपयोगः पुष्पाणाम्। सम्प्रति ऋतुपुष्पाणां संक्षेपेण निरूपणम्—

शारदीयानि पुष्पाणि—

(1) कमलम्—तडागसरोवरादिषूत्पाद्यते कमलपुष्पम्। 'कं' जलं विशेषेणालङ्करोती-ति''कमलं' नाम सार्थकमेव। पद्मनलिनमरविन्दं बिसप्रसूनं पङ्केरुहं सारसं तामरसं पुष्करं सहस्रपत्रं शतपत्रं कुशेशयमादिकमलनामानि। वर्णस्वरूपदिभेदतो नाना जातयः सन्ति कमलपुष्पस्य—सितं पद्मं पुण्डरीकमिति स्मृतं, रक्तं कोकनदं ज्ञेयं नीलमिन्दीवरं सौगन्धिकं कह्लारञ्च।

---

1. भावप्रकाशः /गुडुच्यादिवर्गः/ 239–270/
2. रामायणम् /अयोध्याः / 94/ 14/
3. मेघदूतम् / 1 / 28/

क्षुपजातीयजलीयवनस्पतेः मूलानि पङ्के प्रसरन्ति। मूलनालदलोत्फुल्लैः समुदिता पद्मिनी नलिनी विसिनी वा प्रोच्यते। अस्य नवदलं संवर्तिका कथ्यते, बीजकोशः कर्णिका, किञ्जलकः केशरः रसः मकरन्दो, नालं मृणालं बिसं वा निगद्यते। पद्मानि सूर्यरश्मिभिः विकसन्ति, यथा वर्णितं रामायणे—

सम्प्रत्यनेकाश्रयचित्रशोभा लक्ष्मीः शरत्कालगुणोपपन्ना।
सूर्याग्रहस्तप्रतिबोधितेषु पद्माकरेष्वभ्यधिकं विभाति।[1]

(2) कुमुदम्—पद्मसदृशं कुमुदपुष्पं श्वेतकुवलयं कैरवं वा चन्द्रकिरणैः रात्रौ विकसति।[2] पद्मनीलोत्पलकुमुदादिशारदीयपुष्पाणि सन्ति। शरदि कुमुदैः सरांसि शुक्लीभवन्ति, कुमुदसङ्गात् शीता वायवो वान्ति, विकचकमलवक्त्रा फुल्लनीलोत्पलाक्षी कुमुदरुचिरकान्तिः शरद्वधू विशेषेण शोभते।[3]

(3) स्थलकमलम्—शरदि वाटिकायां विकसन्ति स्थलपद्मानि। स्थलपद्मानां स्वर्णिमां परागशोभां पश्यन्तु किरातार्जुनीयमहाकाव्ये—

उत्फुल्लस्थलनलिनीवनादमुष्मादुद्‌भूतः सरसिजसम्भवः परागः।
वात्याभिर्वियति विवर्जितः समन्तादाधत्ते कनकमयातपत्रलक्ष्मीम्।।[4]

(4) सप्तच्छदः—यद्यपि सप्तपर्णः सप्तच्छदोवा वन्यः पादपो मतः तथापि उपवनेष्वपि दृश्यते। विशालत्वक् शारदो विषमच्छदोऽपि कथ्यते शरदि सप्तच्छदानां मदगन्धिधवलपुष्पैः वनान्ताः शुक्लीभवन्ति, प्रतीयते यत् कुसुमोद्‌गमश्रीः कदम्बकुटजादीन् परित्यज्य सप्तच्छदानुपैति,[5] यथा वर्णितं रामायणे—

(i) शाखासु सप्तच्छदपादपानां . . . श्रियं विभज्याद्य शरत्प्रवृत्ता।

(ii) सप्तच्छदानां कुसुमोपगन्धी . . . अधिकं विभाति।।[6]

(5) शेफालिका—शरदि गुल्मेषु विकसन्ति शेफालिकापुष्पाणि। निर्गुण्डीपारिजातादिनामानि शेफालिकायाः। सुकोमलं मृदुगन्धं शेफालिकापुष्पं प्रातः काले स्वयमेव विशीर्यते। श्वेतपुष्पस्य नलिकायां रक्तवर्णमिश्रणेन प्रवालान्तरित–मौक्तिकलम्बेनोपमीयते, यथा

1. रामायणम् / किष्कि० / 30/29/
2. अन्तर्हिते शशिनि सैव कुमुद्वती मे दृष्टिं न नन्दयति संस्मरणीयशोभा अभिज्ञानशाकुन्तलम्/ 4/ 3/
3. ऋतुसंहारम्/ 3/ 2, 22, 28/
4. किरातार्जुनीयम्/ 5, 39/
5. ऋतुसंहारम्/ 3/ 2, 13/
6. रामायणम् / किष्कि० / 30 / 28, 30/

स्वप्रवासवदत्तमिति नाट्ये—

शेफालिका गुल्मकाः पश्यामि . . . ते कुसुमिता नाम प्रवालान्तरितैरिव मौक्तिकलम्बकैरचिताः कुसुमैः . . . . अर्द्धमनःशिलपट्टकैरिव शेफालिकाकुसुमैः पूरितं मेऽञ्जलिम्।[1] शारदि शेफालिकाकुसुमगन्धमनोहराण्युपवनानि पुंसां मनांसि प्रोत्कण्ठयन्ति।[2]

(6) नवमालती—श्वेतवर्णमालतीपुष्पाणि लतागुल्मेषु विकसन्ति स्त्रीणां दन्तावभासविशदस्मितमुखकान्तिञ्च हरन्ति।[3] जाती सुमना राजपुत्रिका चेतिका हृद्यगन्धिकादि नामानि मालत्याः। पीता मालती स्वर्णजातिकेति कथ्यते। शरदि वनिता नितान्तघननीलविकुञ्चिताग्रान् केशान् नवमालतीभिः पूरयन्ति।[4]

(7) बन्धूकपुष्पम्—रक्तवर्णं बन्धूकपुष्पं शरदि बहुलतया विकसति। यत्र विकसति तत्र भूमिरपि पुष्परजसा रक्तवर्णा भवति।[5] बन्धूको बन्धुजीवः रक्तो माध्याह्निकः प्रभृतिनामानि बन्धुजीवस्य। मध्याह्ने विकसितत्वाद् 'दुपहरिया' इति कथ्यते भाषायाम्। बन्धूकः कफकृद् ग्राही वातपित्तहरो लघुश्च मतः।

असनकङ्केलिश्यामाकोविदारादयोऽपि शारद्याः।

वासन्तिकपुष्पाणि—वसन्तो मधुमासो पुष्पागमो[6] वा पुष्पोद्गमाय श्रेष्ठतमः कालो मतः। सुरभिमधुनिषेकाल्लब्धगन्धप्रबन्धो वसन्तोऽधोलिखितानां पुष्पाणां समृद्धिकालो भवति—

(1) **अशोकपुष्पम्**—वाटिकासु रोप्यते रक्तवर्णाशोकः यथा मेघदूते—

रक्ताशोकः चलकिसलयः केसरश्चात्र कान्तः।।[7]

हेमपुष्पः वञ्जुलस्ताम्रपल्लवः कङ्केलिः पिण्डपुष्पो गन्धपुष्पो नटः प्रभृतिनामान्यशोकस्य। वसन्तेऽशोकः रक्तवर्णैपुष्पस्तबकैरलङ्क्रियते। काव्येषु नैकाः सन्दर्भा अस्य—

(i) असूत सद्यः कुसुमान्यशोकः स्कन्धात्प्रभृत्येव सपल्लवानि।[8]

(ii) अयं स दत्तनेपथ्य इव कुसुमस्तबकैस्तपनीयाशोकः।[9]

---

1. स्वप्रवासवदत्तम्–अङ्क /3/
2. ऋतुसंहारम्/ 3/ 14/
3. ऋतुसंहारम्/ 3/ 18/
4. ऋतुसंहारम्/ 3 / 19/
5. ऋतुसंहारम्/ 3/ 5/
6. कल्पान्तं मदनप्रियो दिशतु वः पुष्पागमो मङ्गलम् /ऋतुसंहारम्/ 6/ 36/
7. मेघदूतम्/ 2/ 18/
8. कुमारसंभवम्/ 3/ 26/
9. मालविकाग्निमित्रम्/ अङ्क/ 5/

(iii) आमूलतो विद्रुमरागताम्रं सपल्लवाः पुष्पचयं दधानाः। कुर्वन्त्यशोका हृदयं सशोकं निरीक्ष्यमाणा नवयौवनानाम्।[1]

(2) **कर्णिकारः**—स्वर्णिमवर्णोकर्णिकारः वर्णप्रकर्षेण वसन्ते नवयौवनानां कर्णावतंसो भवति यथा वर्णितं कालिदासेन—

कर्णेषु योग्यं नवकर्णिकारं . . . प्रमदाजनानाम्।[2]

आकृष्टहेमद्युतिकर्णिकारं वसन्तपुष्पाभरणं वहन्ती।[3]

दीप्तवर्णोऽपि कर्णिकारः सुगन्धरहितो भवति यथा निरूपितं कुमारसम्भवे—

वर्णप्रर्कषे सति कर्णिकारं दुनोति निर्गन्धतया स्म चेतः।

प्रायेण सामग्र्यविधौ गुणानां पराङ्मुखी विश्वसृजः प्रवृत्तिः।।[4]

(3) **नवमल्लिका**—मल्लिका मदयन्ती शीतभीरुरादिनामानि मल्लिकायाः। रघुवंशस्य सन्दर्भेण ज्ञायते यत् मल्लिकाकुड्मलानि सायंकाले विकसन्ति—वनेषु सांयन्तनमल्लिकानां विजृम्भणोद्गन्धिषुकुड्मलेषु।[5] सुगन्धितानि श्वेतवर्णानि सायन्तनमल्लिकापुष्पाणि अङ्गानानां केशेषु सज्जितानि अनङ्गदीपकानि भवन्ति—

स्नानार्द्रमुक्तेष्वनुधूपवासं विन्यस्तसायन्तनमल्लिकेषु।

कायो वसन्तात्ययमन्दवीर्यः केशेषु लेभे बलमङ्गनानाम्।[6]

(4) **अतिमुक्तकपुष्पम्**—मृदुप्रवाला भ्रमरचुम्बिता चारुपुष्पाऽतिमुक्तकलतिका वसन्ते विशेषेण शोभते—

मत्तद्विरेफपरिचुम्बितचारुपुष्पा मन्दानिलाकुलितनम्रमृदुप्रवालाः।

कुर्वन्ति कामिमनसां सहसोत्सुकत्वं बालातिमुक्तकलतिकाः समवेक्ष्यमाणाः।।[7]

वासन्ती माधवी पुण्ड्रको विमुक्तः कामुको भ्रमरोत्सव इति नामान्यतिमुक्तकस्य। माधवीलता- मण्डपस्य बहुलं वर्णनं संस्कृतसाहित्ये यथा स्वप्नवासवदत्तम् इति नाटके—

तदिमं माधवीलतामण्डपं प्रविशामः।[8]

1. ऋतुसंहारम्/ 6/ 18/
2. ऋतुसंहारम्/ 6/ 6/
3. कुमारसंभवम्/ 3/ 53/
4. कुमारसंभवम्/ 3/ 53/
5. रघुवंशम्/ 16/ 47/
6. रघुवंशम् / 16/ 50/
7. ऋतुसंहारम्/ 6/ 19/
8. स्वप्नवासवदत्तम् / अंकः / 4/

मेघदूते च—

प्रत्यासन्नौ कुरबकवृत्तेर्माधवीमण्डपस्य ।[1]

(5) **कुन्दपुष्पं**—कोमलसुगन्धितश्वेतकुन्दपुष्पं हेमन्ततो वसन्तं यावद् विकसति। अवदातकुन्दपुष्पाणि प्रायशः श्वेतवस्तुनः उपमानरूपेण वर्णितानि,-यथा ऋतुसंहारे—

कुन्दैः सविभ्रमवधूहसितावदातै—

रुद्योतितान्युपवनानि मनोहराणि ।[2]

संध्याकाले विकसन्ति कुन्दपुष्पाणि प्रातः काले वृन्तात् शिथिलानि भवन्ति—

प्रातः कुन्दप्रसवशिथिलं जीवितं धारयथाः ।[3]

(6) **बकुलः**—अशोकवद् बकुलोऽपि उद्योनषु रोप्यते। केसरः केसरकः मधुगन्धः शीधुगन्धः प्रभृति नामानि बकुलस्य। मद्यवदुन्मादकगन्धानि चक्राकाराणि श्वेतवर्णवकुलपुष्पाणि वसन्ते विकसन्ति—

सुवदनावदनासवसंभृतस्तदनुवादिगुणः कुसुमोद्गमः ।
मधुकरैरकरोन्मधुलोलुपैर्बकुलमायतपङ्क्तिभिः ।।[4]

(7) तिलकः—तिलपुष्पसदृशं तिलकपुष्पं मञ्जरीषु जायते वसन्ते वनश्रियः तिलकमिव शोभते च—

न खलु शोभयति स्म वनस्थलीं न तिलकस्तिलकः प्रमदामिव ।[5]

उज्ज्वलतिलकमञ्जरीणां शोभा मुक्ताजालकवद्भवति—

अलक्ष्यत मञ्जरी तिलकजालकजालकमौक्तिकैः ।[6]

ग्रैष्मिकाणि पुष्पाणि—ग्रीष्मे जायन्तेऽधोलिखितानि सुरभीणि सुमनानि—

(1) **शिरीषः**—शुकपुष्पः शुकतरुः मृदुपुष्पः शुकप्रियः प्रभृतिनामानि शिरीषस्य। उपवनेषु रोप्यते शिरीषवृक्षः। शिरीषपुष्पाणि हरिताभपाण्डुवर्णान्यतिकोमलानि च भवन्ति। ग्रीष्मे शिरीषपुष्पमङ्गनानां कर्णावतंसरूपेण शोभते—

---

1. मेघदूतम् / 2/ 18/
2. ऋतुसंहारम् / 6/ 25/
3. मेघदूतम् / 2 / 56/
4. रघुवंशम् / 9/ 30/
5. रघुवंशम् / 9/ 41/
6. रघुवंशम् / 9/ 44/

ईषदीषच्चुम्बितानि भ्रमरैः सुकुमारकेसरशिखानि।
अवतंसयन्ति दयमानाः प्रमदाः शिरीषकुसुमानि।[1]

(2) **पाटलः**—कण्टकयुक्तक्षुपेषु विकसन्ति पाटलपुष्पाणि। पाटलामोदरम्ये ग्रीष्मे पाटलपुष्पसंसर्गेण वनवायुरपि सुरभितो भवति,[2] नवपाटलं निदाघदोषान् हन्ति।[3] रक्तपाटलपुष्पस्य आसवादिषु योजनमपि दृश्यते—

आसवं रक्तपाटलसमागमं पपौ।[4]

(3) केसरचम्पकमल्लिकादिवासन्तिकपुष्पाणि ग्रीष्मारम्भेऽपि विकसन्ति—

वार्षिकाणि पुष्पाणि—कुटजार्जुननीपकदम्बकेतक्यादीनि वर्षायां विकसन्ति, यथा वर्णनं काव्यमीमांसायाम्—

दलत्कुटजकुड्मलः स्फुटितनीपपुष्पोत्करा
धवप्रसवबान्धवः प्रचितमञ्जरीकार्जुनः।
कदम्बकलुषाम्बरः कलितकेतकीकोरक
श्लन्निचुलसञ्चयो हरति हन्त घर्मात्ययः।।[5]

(1) कदम्बपुष्पम्—प्रियको नीपो वृत्तपुष्पो हलिप्रियः प्रभृतिनामानि कदम्बस्य, धाराकदम्बधूलिकदम्बराजकदम्बादिजातयश्च। दीर्घाकारसघनहरितवृक्षेषु वृत्ताकाराणि नारङ्गवर्णानि कदम्बपुष्पाणि विकसन्ति। वर्षायां नवकदम्बपुष्पाणि वधूनां कर्णपूरतां यान्ति—

विकचनवकदम्बैःकर्णपूरं वधूनां रचयति जलदौघः कान्तवत् काल एषः।[6]

(2) केतकः—वर्षायां सूच्याकारकेतकपुष्पस्य बहुलं वर्णनं संस्कृत साहित्ये। सूचिका पुष्पो जम्बुकः कक्रचच्छदादिनामभिरपि सम्बोध्यते। तीव्रगन्धो केतकः पाण्डुवर्णः काञ्चनवर्णश्च द्विविधो भवति—यथा मेघदूते पाण्डुकेतकीनां वर्णनम्—पाण्डुच्छायोपवन-वृत्तयःकेतकैः सूचिभिन्नैः।[7]

---

1. अभिज्ञानशाकुन्तलम्/ 1/ 3/
2. अभिज्ञानशाकुन्तलम्/1/ 3/
3. रघुवंशम्/ 16/ 52/
4. रघुवंशम् /19/ 46/
5. काव्यमीमांसा / अ. 18 पृ. 244/
6. ऋतुसंहारम्/ 2/ 25/
7. मेघदूतम्/ 1/ 25/

सुवर्णकेतकी लघुपुष्पा सुगन्धिनी च कथिता।[1] केतकीवनं विकम्पयंस्तत्कुसुमाधिवासितः समीरणो वर्षायां जनान् सोत्सुकं करोति। योषितः कदम्बनवकेसरकेतकीभिरायोजिताः मालाः शिरसि बिभ्रति।[2]

(3) **यूथिका**—भारतवर्षस्य सर्वेष्वेव प्रान्तेषु वाणिज्यिकलाभदृष्ट्या कृष्यते यूथिका। मृदुरोमशगुल्मे यूथिकापुष्पाणि स्तवकेषु जायन्ते सुगन्धितयूथिकाकुड्मलैः रचितां मालां शिरसि धारयन्ति वध्वः।[3]

एवं धान्यशाकपुष्पफलदार्वादिनानाविधकृष्युत्पादैः भारतदेशो न केवलमुन्नतसभ्यताया अपितु विश्ववरणीयसंस्कृतेरपि निर्माता जातः।

1. भावप्रकाशः / पुष्पवर्गः / 43/
2. ऋतुसंहारम् / 2/ 21/
3. ऋतुसंहारम् /2 / 25/

6

कृषिलाभाः

जगति सर्वासामपि क्रियाणामस्ति किञ्चित्प्रयोजनं, क्षेत्रकर्षणमपि प्रयोजनमूलकमेव। यदा प्रयोजनमनुद्दिश्य मन्दोऽपि न प्रवर्तते तदा यस्मिन् कर्मणि राष्ट्रस्य कोटि-कोटि जनाः संलग्ना भवेयुः तस्य किमपि महत्प्रयोजनमेव भवेत्। तं विश्वमङ्गलसाधकं प्रयोजनं समीक्ष्यैव बहुधा स्तुता कृषि कृषितन्त्रज्ञैः—

'कृषिर्धन्या कृषिर्मेध्या जन्तूनां जीवनं कृषिः'

आहारपूर्तिमाध्यमेन राष्ट्रपालिका कृषिस्तु देवस्थानीया मातृरूपिणी च। कस्यापि राष्ट्रस्य कृते कृषेः विद्यते यन्महत्त्वं प्रयोजनं वा तं सविशेषं प्रदर्शनायात्र कृषिलाभानां विवरणं प्रस्तूयते।

(1) विश्वेभ्यो भोजनम्—जगति वर्तन्ते ये प्राणिनस्तेषां सर्वेषामेवाहारोपलब्धिस्तु प्रत्यक्षरूपेणाऽप्रत्यक्षरूपेण वाऽन्नेन भवति। सृष्टिसंरचना यैः पञ्चमहाभूतैः सञ्जाता तेषु द्वे मुख्ये स्तः—अग्निः जलञ्च। अग्नितत्वं जीवजगते गतिमूर्जमूष्माञ्च प्रयच्छति जलतत्त्वं श्रेष्ठवाहकरूपेण जीवनरसं शरीरे कणं कणं प्रति प्रापयति। अग्नितत्त्वमूर्जंसृष्ट्यै अपेक्षते हविरतो 'हविर्भुग्' इति कथ्यते। सृष्टिप्रक्रियायां, ब्रह्माण्डेऽग्नौ सोमस्य सतताहुतयः प्रक्षिप्यन्ते। जीवोऽपि स्वजठराग्नये भक्ष्याणां पेयानाञ्च हविः प्रयच्छति। इदं 'हविरेव' भोजनमाहारो वा कथ्यते।

आहारस्य सामान्यसंज्ञा 'अन्नम्' इति। अन्नमेव प्राणिनां जीवनं यथा प्रतिपादितं तैत्तिरीयोपनिषदि—

अन्नाद्ध्येव खल्विमानि भूतानि जायन्ते। अन्नेन जातानि जीवन्ति।[1] अन्नं वै विराड्,[2] 'अन्नं जगतः प्राणाः',[3] 'अन्नं प्राणा बलञ्चान्नमन्नं सर्वार्थसाधनम्। देवासुरमनुष्याश्च सर्वे चान्नोपजीविनः[4] इति अन्नमहत्त्वप्रतिपादकानि वचनानि प्रकारान्तरेण कृषिमहत्त्वमेवोद्-

1. तैत्तिरीयोपनिषद् / 3/ 2/
2. ऐतरेयब्राह्मणम्/ 1/ 1/ 5
3. बृहत्संहिता/ 21/ 1
4. कृषिपाराशरः / 1/ 6/

घोषयन्ति यतोऽन्नं कृषिकर्मणा लभ्यते। तत्र सामान्यतया यदपि 'अदनीयं' भवति तत्सर्वमपि 'अन्नम्' इति कथ्यते। यद्यप्यन्नं द्विविधं कृष्यमकृष्यं च, अरण्येषु स्वत एव समुत्पन्ननीवारकन्दमूलफलादिकमकृष्यमेव तथापि यद्यावश्यकतानुसारं तान्येव मानवैः क्षेत्रकर्षणेनोत्पादितानि स्युः तर्हि कृष्याणि भवन्ति। इत्थं मानवस्य यद्भोजनम् मुख्यं शाल्याद्यन्नं पूरकञ्च कन्दमूलशाकफलमज्जादिकं भक्ष्यभोज्यचर्व्यलेह्यचोष्य पेयादिकं[1] तस्याधिकांशं कृषिसञ्जातमेव।

अन्नेन सिद्ध्यन्ति तावदधोलिखितानि प्रयोजनानि—

(i) क्षुधानिवृत्तिः—इयन्तु प्राणिमात्रस्य प्राथमिक्यावश्यकता ननु। प्राणिशरीरस्य चतुर्विधा मूलभूताऽऽवश्यकता भवन्ति—

शरीरे जायते नित्यं वाञ्छा नृणां चतुर्विधा।
बुभुक्षा च पिपासा च सुषुप्सा च रतिस्पृहा।।[2]

एषु बुभुक्षा सर्वोपरि च वर्तते। क्षुधानिवृत्तयेव मानवेनारब्धा कृषिः, यतः यदि मानवस्य कण्ठे कर्णे हस्ते सर्वेष्वङ्गेषु वा सुवर्णमपि विद्यते किन्तु न विद्यतेऽन्नं तर्हि देहिनामुपवासैव गतिः स्यात्।[3] 'नास्ति क्षुधासमः शत्रुः' 'नास्त्यभक्ष्यं क्षुधितस्य' इति चाणक्यवचनान्यपि[4] प्रमाणपत्रं।

क्षुधानिवृत्तिः मानवीयकर्तव्येषु प्राथमिकी। क्षुधयाऽधोलिखितहानयो भवन्ति—

भोजनेच्छाविघातात्स्यादङ्गमर्दोऽरुचिः श्रमः।
तंद्रा लोचनदौर्बल्यं धातुदाहो बलक्षयः।।[5]

अतोऽन्नाद्युत्पादैः क्षुधानिवृत्तिप्रयत्नं कृषेः मानवतायै महनीयमवदानमेव।

(ii) प्राणरक्षा—अन्नाभावेन न केवलं कुपोषणं जायतेऽपितु दीर्घकालं यावदनशनेन प्राणनाशोऽपि भवति। बुभुक्षिते सत्यपि भोजनाकरणे हानिमाह भावमिश्रः—

बुभुक्षितो न योऽश्नाति तस्याहारेन्धनक्षयात्।
मन्दीभवति कायाग्निर्यथा चाग्निनिरन्धनः।।

---

1. आहारं षड्विधं चोष्यं पेयं लेह्यं तथैव च।
   भोज्यं भक्ष्यं तथा चर्व्यं गुरु विद्याद्यथोत्तरम्।। भावप्रकाशः/ दिनचर्यादिप्रकरणम्/ 143/
2. भावप्रकाशः / दिनचर्या / 108/
3. कृषिपाराशरः/ 1/ 5/
4. चाणक्यसूत्राणि/ 227, 299/
5. भावप्रकाशः/ दिनचर्या / 109/

आहारं पचति शिखी दोषानाहारवर्जितः।
पचेद्दोषक्षये धातून्प्राणान्धातुक्षयेऽपि।।[1]

भोजनाभावे जठराग्नि प्रथमन्तु शरीरदोषान् वातादीन् भक्षयति तदनु शरीरधातूनान्ते च प्राणानपि। अतोऽनावृष्ट्या यस्मिन् देशे दुर्भिक्षं जायते तत्राऽस्थिजालैः कपालैश्च समाचिता भवति मही। कृषिरन्नोत्पादनेन रक्ष्यति प्राणन् यतोऽन्नेनवाव सर्वे प्राणा महीयन्ते।[2]

(iii) शरीरपोषः वृद्धिश्च—प्राणिशरीरेऽन्नमयकोशस्तु अन्नेनैव पुष्यते वृद्धिञ्च प्राप्यते। अन्नरसेनैव भूत्वाऽन्नरसेनाभिवृद्धिं प्राप्यान्नरसमयपृथिव्यां यद्विलीयते सोऽन्नमयकोशः[3] भक्षितमन्नं कथं विपरिणमतेऽस्मिन् विषये प्रोक्तं छान्दोग्योपनिषदि अन्नमशितं त्रेधा विधीयते तस्य यः स्थविष्ठो धातुस्तत्पुरीषं भवति यो मध्यमस्तन्माँसं योऽणिष्ठस्तन्मनः। तेजो (घृत-तैलादि)ऽशितं त्रेधा विधीयते तस्य यः स्थविष्ठो धातुस्तदस्थि भवति यो मध्यमः स मज्जा योऽणिष्ठः सा वाक्[4]।

पोषकत्त्वाद्व्रीहियवादिधान्यौ 'आबलासौ शरीरबलस्याक्षेसारौ बलकरौ 'अदो मधौ' उपयोगानन्तरं मधुरौ इति कथितौ अथर्ववेदे।[5]

(vi) शोभाशक्तिस्मृति—आयुष्यवृद्धिः—स्वादु अन्नं सौम्मनस्यं बलं पुष्टिमुत्साहमायुषो वृद्धिञ्च सञ्जनयत्यतो वेदेष्वन्नं, 'वाजः पयः श्रवः रसः इषम् स्वधा आयुः ब्रह्म वर्चः यशश्च'[6] कथितम्। अस्यां पृथिव्यां मर्त्या अन्नेनैव जीवन्ति-भूम्यां मनुष्या जीवन्ति स्वधयाऽन्नेन मर्त्याः।[7] पोषकाहारस्य महत्त्वं प्रतिपादयन्कथयन्त्याऽऽयुर्वेदज्ञाः—

आहारः प्रीणनः सद्यो बलकृद् देहधारणः।
स्मृत्यायुशक्तिवर्णौजः सत्वशोभाभिवर्द्धनः।।[8]

(v) रोगप्रतिरोधिका शक्तिः—अन्नरसो मानवाय रोगप्रतिरोधिकां शक्तिमपि ददाति येन ते स्वस्थनीरोगं जीवनं जीवन्ति। नानाविधधान्यानां शाककन्दमूलफलादीनां

1. भावप्रकाशः/ दिनचर्या / 112-113/
2. तैत्तिरीयोपनिषद्/ 1/5/ 3/
3. पैङ्गलोपनिषद्/ 2/ 5/
4. छान्दोग्योपनिषद्/ 6/ 5/ 1, 2/
5. अथर्ववेदः / 8/ 2/ 18/
6. निघण्टुकोशः/ 2/ 7/
7. अथर्ववेदः/ 12/1/22
8. भावप्रकाशः/ 5/ 114/

गुणधर्मा: सविस्तरं वर्णिताऽऽयुर्वेदे तेषां रोगघ्नीशक्ति: कृमिनिवारणक्षमताऽपि तत्रोक्ता।

इत्थं विश्वाय भोजनं दत्त्वा प्रजानां पालनादन्नं प्रजापतिर्भवति।[1]

(2) जनपदनिवेश:—जनपदानां मानवीयावासानां वा निवेशिकाऽपि भवति कृषि:। प्रागैतिहासिकयायावरजीवनतो मुक्तिर्मानवजाते: कृषिकर्मणैव। ग्राम-नगर-जनपद-परिवार-समाजादीनां संरचना सभ्यतासंस्कृत्योश्च विस्तार: कृष्याश्रितसमाजव्यवस्थयैवाभूत्। अत: कौटिल्येन जनपदसंपत्सु खनिद्रव्यवनादिषु सर्वोच्च प्राथमिकता सीतां (कृषिं) प्रदत्ता।[2] प्रथमं शस्योत्पादनसुविधादृष्ट्या जानावासा नदीतरे रचिता यथा सप्तसिन्धुप्रदेशेषु पञ्चकृष्टीनां पञ्चजनानां वाऽऽवास:।[3]

सरयूतीरे कोशलो नाम मुदित: स्फीतो प्रभूतधनधान्यवान् महान् जनपद:।

शस्यपूर्णे देशे निवासस्य मानवीयकामना चिरन्तनी खलु 'अभि सुयवसं नय'[4] ऊर्जं पुष्टं बिभ्रतीमन्नभागं घृतं त्वामभिनिषीदेम भूमे।[5] इति प्रार्थना: वैदिकऋषीणाम्। स देशो प्रवरो मत: यत्र कुटुम्बपरिपोषणम् स्यात्' इति शुक्र:[6]। मौर्ययुगीनजनपदनिवेशेऽपि ग्रामेषु कृषकपरिवाणां बाहुल्यम् परिलक्ष्यते—शूद्रकर्षकप्रायं कुलशतावरं पञ्चशतकुलपरं ग्रामं क्रोशद्विक्रोशसीमानं . . . निवेशयेत्।[7] इति कौटिल्य:। नगरेषु धान्यशाक-पुष्पफलादिकृष्युत्पादानामापूर्ति: ग्रामेभ्योऽभूत्। नगरीय निवेशोऽपि ग्राम्योत्पादाश्रित एवासीत्। अत: राजधानीनिवेशप्रसङ्गे शुक्राचार्यस्य निर्देशोऽस्ति—

नानावृक्षलताकीर्णे पशुपक्षिगणावृते। सुबहूदकधान्ये च तृणकाष्ठसुखे सदा।।
आसिन्धुनौगमाकुले नातिदूरमहीधरे। सुरम्यसमभूदेशे राजधानीं प्रकल्पयेत्।।[8]

(3) वृत्तिलाभ:—वृत्तिर्जीविका वा मानवानां कृते भवति जीवननिर्वाहस्य साधनम्। मनूपदिष्टेषु विद्याशिल्पभृतिसेवागोरक्ष्यविपणिकृषिधृतिभैक्ष्यकुसीदादिदश-

---

1. अन्नं वै प्रजापतिस्ततो ह वै तद्रेतस्तस्मादिमा: प्रजा: प्रजायन्त इति। प्रश्नोपनिषद्/ 1/ 14/
2. अर्थशास्त्रम् / 6 /1/ 8/
3. त्रिषधस्था सप्तधातु: पञ्चजाता वर्द्धयन्ति / ऋग्वेद: / 6/ 61/ 12/
4. ऋग्वेद:/ 1/ 42/ 8/
5. अथर्ववेद:/ 12/ 1/ 29/
6. शुक्रनीति: / 3/ 176/
7. अर्थशास्त्रम्/ 2/ 1/ 2
8. शुक्रनीति: / 1/ 213-14/

जीवनरक्षाहेतुषु[1] सरिन्मातृकाकृषिरुत्तमा वृत्तिर्मता।[2] आपदि ब्राह्मणेनापि कृषिवृत्तिः स्वीकरणीया जीवननिर्वाहाय।[3] कृषिः मानवमात्रस्य कृते धनधान्यपशुपुत्रदारादिभौतिक-समृद्धिप्रदात्री अथ च विश्वम्भरणे लोकहितसाधिनी यशस्करी वृत्तिरतो ऋग्वेदे कितवाय द्यूतं परित्यज्य धर्मानुकूलधनार्जनाय कृषिकर्मसाधनस्योपदशेः—

अक्षैर्मा दीव्यः कृषिमित् कृषस्व वित्ते रमस्व बहुमन्यमानः।
तत्र गावः कितव तत्र जाया तन्मे विचष्टे सवितायमर्यः।।[4]

कृषिपाराशरेऽपि अन्यत् सर्वं परित्यज्य कृषिकर्मणोः निर्देशः।[5] प्राचीनकाले स्वर्णरत्नादिद्रविणेन साकं धान्यश्रीरपि ऋद्धेः ज्ञापिकाऽऽसीत्। आदर्शगृहस्य परिकल्पना पशुधनेन सह अन्नसम्पदि परिपूर्णतां याति स्म।[6] ऋग्वेदस्य स्तुतयोऽपि वाजस्य कृते, यज्ञधर्म शस्यचक्रप्रवर्तनाय च।[7] कृषिवृत्या न केवलं कृषकपरिवारस्य भरणपोषणं भवत्यपितु कर्मारकुट्टाकभेदकरज्जुबर्तकसर्पग्राहादीनामापि पोषणं भवति क्रमशः कृष्युपकरण-निर्माणगर्तखननरज्जुबर्तनसर्पग्रहणादिकृष्युपकारककर्मभिः। कृषिश्रमिकाणामपि वृत्तिलाभः क्षेत्रकर्षणबीजवपनधान्यनिस्तृणीकरणक्षेत्ररक्षणसस्यलवनमण्डनादिनानाकार्यजातैः इत्थं कस्यापि राष्ट्रस्यर्द्धादप्यधिका जनसंख्या कृषिकर्मणा वृत्तिं लभते। एवं राष्ट्रस्य श्रमशक्तेः समुचितं नियोजनमपि भवति।

(4) भूमि-जल-तापादिप्राकृतिकसंसाधनानां समुचितं दोहनम्— कृषिकर्मणा राष्ट्रसमृद्धये राष्ट्रस्य, प्राकृतिकसंसाधनानां समुचितं दोहनं भवति। 'उर्वरा' 'उर्वी' 'रत्नगर्भा' दिनामधरा धरित्री राष्ट्राय खनिभिः रत्नं क्षेत्रैः सस्यञ्च प्रसूय सार्थकतां भजते। धेनुरिव भूमिर्दोग्धि अन्नरूपपयः कृषकाय, अन्तरिक्षं मधुमत्यापश्च। 'आपो मधुमन्नो भवत्वन्तरिक्षम्', 'सा नः पयस्वती दुहामुत्तरामुत्तरां समाम्[8]' इति वेदमन्त्रेषु नैसर्गिकसंसाधनानां लोकहिताय दोहनस्य भावना सुस्पष्टतया परिलक्ष्यते।

---

1. मनुस्मृतिः / 10/ 116/
2. शुक्रनीतिः / 3/ 176/
3. कृषिगोरक्षमास्थाय जीवेद्वैश्यस्य जीविकाम् /मनुस्मृतिः/ 10/ 82/
4. ऋग्वेदः/ 10/ 34/ 13/
5. कृषिपाराशरः/ 1/ 7/
6. उपहूता इव गाव उपहूता अजावयः। अथो अन्नस्य कीलालः उपहूतो गृहेषु नः।। शुक्लयजुर्वेदः / 3/ 43/
7. खनिभिः सुषुवे रत्नं क्षेत्रैः सस्यम् / रघुवंशम् / 17/ 66/
8. ऋग्वेदः / 4/ 57/ 3, 7/

पृथिव्या जगद्धारणक्षमता, पृथिव्या मातृत्वं धातृत्वं वा पर्जन्यस्य पितृत्वं[1] च सिद्ध्यति कृषिकर्मणैव। विफलाः स्युः वृष्टयो वाजिनीवती नद्यश्च[2] यदि पृथिव्यामन्नोत्पादनं न स्यात्। सूर्यस्यापि मोघत्वं यदि क्षेत्रस्थशस्येषु बीजसिद्धिर्न स्यात्। निष्फलं भवेन्मेघानां गर्भधारणं प्रवर्षणञ्च यदि केदारेषु शालिवपनं मा स्यात्। निश्रीकाः स्युः सरोवरा[3] नदीतटाश्च[4] यदि पर्यन्तभूमिषु वृक्षारोपणमुपवनसन्निवेशो वा मा भूत्। निर्गन्धो भवेद् वायुर्यद्युद्यानेषु न स्याच्चम्पकमाधवीयूथिकानवमल्लिकाश्च। नग्नाः स्युः पर्वता यदि सानुषु लोध्रप्रियालकुटजार्जुनसरलदेवदारुचन्दनपद्मकागुरुभूर्जपत्रादीनां रोपणं मा स्यात्। मानवेन नतोन्नतभूभागं समतलीकृत्य भूमेरुर्वशक्तिं च प्रयुज्य वर्षानदीतडागादिजलस्रोतसां च समुचितमुपयोगं कृत्वा कृषिः कृता। इत्थं प्राकृतिक-संसाधानां मानवकृतदोहनेन परिमार्जनेन च, पृथ्वी निवासयोग्या जाता।

(5) पशुधनसम्वर्द्धनम्—कृषिकर्मणा गोमहिषादिपशूनां पालनं पोषणं संवर्द्धनञ्च भवति। एते पशवो न केवलं क्षेत्रकर्षणसिञ्चनादि कृषिकर्मसाधका भवन्त्यपितु ग्रामेष्वधुनातनावागमन—साधनानामविकासेन परिवहनसाधनान्यपि भवन्ति। कृष्युत्पादानां शकटेन जनपदीयापणं यावदानयनमेभिरेव साध्यते। वनोत्पादानां सञ्चयोऽपि पशुसंसाधनैर्भवति यथा सूचितं ऋग्वेदस्य 'अरण्यानीसूक्ते'—

उतो अरण्यानिः सायं शकटीरिव सर्जति।[5]

अरण्ये संगृहीतं काष्ठादिवनोत्पादं शकटीष्वध्यारोप्य जनाः सायंकाले अरण्यान्निष्क्रामन्ति। पशुभ्यः प्राप्तं दुग्धं तेन निर्मितं घृतहैयङ्गवीनदधितक्रपायसादिकन्तु महनीयमवदानमेव पशुधनस्य मानवाय। अनेन भवति राष्ट्रपोषणं सम्वर्द्धनञ्च।

पशुभ्यः तृणोत्पादनायाकृष्यभूमेरपि भवति समुचितोपयोगो गोपालनव्यवसायेन जीविकालाभश्च। इत्थं कृष्या राष्ट्रस्य पशुसम्पदोऽपि सम्यक् सम्वर्द्धनं भवति।

(6) राष्ट्रपोषणं राष्ट्रकोशवर्द्धनञ्च—कस्यापि राष्ट्रस्य पोषणेऽभिवर्द्धने च भवति कृषेर्महत्त्वावहा भूमिका यतः प्रजापोषणमेव राष्ट्रपोषणं सञ्जायते। यदा कृषकैः

---

1. माताभूमिः पुत्रोऽहं पृथिव्याः।
   पर्जन्यः पिता स उ नः पिपर्तु।। अथर्ववेदः /13/ 1/ 23/
2. ऋग्वेदः/ 1/ 3/ 10/
3. प्रान्तच्छायाविनिर्मुक्ता न मनोज्ञा जलाशयाः।
   यस्मादतो जलप्रान्तेष्वारामान् विनिवेशयेत्।। बृहत्संहिता / 54/ 1
4. सिप्रातरङ्गानिलकम्पितासु विहर्तुमुद्यानपरम्परासु / रघुवंशम् / 6/ 35/
5. ऋग्वेदः / 10/ 146/ 3/

सस्यसमृद्धेः प्रार्थना क्रियते तदा तेषां मनसि राष्ट्रसम्वर्द्धनस्य कामनाऽपि भवति यथा पश्यामो वयं कृषिपाराशरे पुष्ययात्राप्रसङ्गे—

धान्यवृद्धिर्यशोवृद्धिः प्रवृद्धिर्दारपुत्रयोः।
राजसम्मानवृद्धिश्च गवां वृद्धिस्तथैव च।।
मन्त्रशासनवृद्धिश्च धनवृद्धिरहर्निशम्।
अस्माकमस्तु सततं यावत् पूर्णो न संवत्सरः।[1]

प्राचीनकाले शासकीयभूमिषु सीताध्यक्षेण कृषिः कार्य्यते स्म।[2] नगरेषु शाकपुष्पफलादिनामुत्पादनमपि भवति स्म[3] तडागपल्वलादिषु हरितपण्यानां कमलकन्दशृङ्गाटकादीनाम्।[4] वनभूमिषु चन्दनसालसरलादिसारदारूणां वचाकूठाश्वगन्धाद्योषधीनाञ्च।[5] एषां सर्वेषां संग्रहणं कोष्ठागारेषु भवति सम। 'सन्निधाता (कोषागाराध्यक्षः) शुद्धं पूर्णमभिनवं च धान्यं प्रतिगृह्णीयात्।[6] इति कौटिल्यः।

'स्वराष्ट्रार्थमात्महिताय च नृपेण धान्यानां वत्सरत्रयपूर्तिदोऽधिको वा संग्रहः कार्यो इति शुक्रः।[7] इत्थं धान्यमन्योत्पादं वा राष्ट्रस्य कोशवृद्धिकरं जायते।

राष्ट्रिय-आयसम्वर्द्धनमपि कृषेः लक्ष्यमस्ति—कौटिल्यमते-कृषिपशुपालन-वाणिज्यरूपा वार्ता धान्यपशुहिरण्यकुप्यविष्ट्यादिप्रदानादौपकारिकी विद्या वर्तते। अनेन कोशदण्डाभ्यां राजा स्वपक्षं परपक्षं च वशीकरोति।[8] तत्र कोशमहत्त्वं तद्वृद्ध्युपायांश्च विवेचयनाह कौटिल्यः—

'कोशपूर्वाः सर्वारम्भाः। तस्यामत् पूर्वं कोशमवेक्षेत।

राष्ट्रसम्पदः वृद्धिः राष्ट्रियचरित्रस्यावेक्षणं, चोरनिग्रहः युक्तप्रतिषेधः सस्यसम्पत् पण्यबाहुल्यमुपसर्गप्रमोक्षः परिहारक्षयो (काले करग्रहणम्) हिरण्योपायनमिति कोशवृद्धिकारणानि सन्ति।[9]

---

1. कृषिपाराशरः / 3/ 151–152/
2. अर्थशास्त्रम् / 2/ 24 / 2/
3. तेषु पुष्पफलवाटषण्डकेदारान्धान्यपण्यनिचयांश्चानुयाता कुर्युः। अर्थशास्त्रम् / 2/ 4/ 7/
4. हरितपण्यानां सेतुषु राजा स्वाम्यं गच्छेत् / अर्थशास्त्रम्/ 2/ 1/ 11/
5. कुप्याध्यक्षो द्रव्यवनपालैः कुप्यमानाययेत् / अर्थशास्त्रम्/ 2/ 17/ 1/
6. अर्थशास्त्रम् / 2/ 5/ 8/
7. शुक्रनीतिः / चतुर्थाध्याये कोशनिरूपणप्रकरणम् /25–26/
8. अर्थशास्त्रम् / 1/3/ 1/
9. अर्थशास्त्रम् / 2/ 8/ 1–2/

एषु सस्यसम्पत् पूर्णतः कृष्याश्रिता, पण्यबाहुल्यं परिहारक्षयश्चाल्पाधिकं कृषिमूल-कमेव। कौटिल्येनास्मिन्सन्दर्भे राष्ट्रस्याभिनवा परिभाषा समुपस्थापिता तदनुसारं सीता (कृषिः) भागो बलिः करो वणिक् नावः पट्टनं विवीतमादिक राष्ट्रमिति कथ्यन्ते।[1] दुर्गराष्ट्रखनिसेतुवनव्रज वणिक्पथश्चायशरीराणीति भवन्ति।[2] तत्र कृष्या राष्ट्रस्य आयसम्वर्द्धनमधोलिखितैर्माध्यमैर्भवति—

(i) सीता —

शासकीया कृषिः सीतेति कथ्यते सीताध्यक्षेणोपनीतं सस्यं सीता भवति।[3] अस्यां पुष्पफल वाटषण्ड—(शाकवप्राणि) केदारोत्पादितानि सर्वविधसस्यानि समाविष्टानि। येषां निरूपणं कृष्यपदार्थनिरूपणसन्दर्भे सविस्तरं कृतम्।

(ii) अर्द्धसीतिका—

यदि स्वभूमौ (शासकीय भूमिषु) बीजवापानन्तरमवशिष्यतेऽतिरिक्तं कृष्यक्षेत्रं तर्हि तत्क्षेत्रं—कृषिफलार्द्धभागस्वीकरणसंविदा बीजवलीवर्दादिसम्पन्नाय ग्राम्यकृषकाय दद्यात्।

(iii) भागः—

कृष्युत्पादस्य राज्ञे देयांशो भाग इति कथ्यते। यद्यपि सामान्यतया राजा 'षष्ठांशवृत्तिः'[4] कथ्यते तथापि कृष्यक्षेत्रे सेचनसंसाधनदृष्ट्या भागो निर्धार्य्यते—

(अ) स्वसेतुभ्यः हस्तप्रावर्तिमं . . . भागं पञ्चमं दद्युः ये कृषकाः स्वदेहायासस्वद्रव्यनिष्पादितेभ्यस्ततटाकादिभ्यः स्वहस्तैः कुम्भादिना जलमानीय कृषिं कुर्वन्ति ते फलभागं पञ्चमम् राज्ञे दद्युः।

(ब) स्कन्धप्रावर्तिमं चतुर्थं दद्युः।

(स) स्रोतोयन्त्रप्रावर्तिमं च तृतीयम्। कुल्यादिभिः जलसेचने तृतीयं सस्यभागं राज्ञे दद्युः।

(द) स्वसेतुभ्योऽन्यत्र नदीसरस्तटाककूपोद्घाटैः सस्यसेके चतुर्थं भागं दद्युः।[5]

आचार्यशुक्रेणापि जलसंसाधनोपलब्धतादृष्टया कृतं भागनिर्धारणम्—

---

1. अर्थशास्त्रम् / 2/ 6/ 3/
2. अर्थशास्त्रम् / 2/ 6/ 3–9/
3. अर्थशास्त्रम् / 2/ 15/ 2/
4. अभिज्ञानशाकुन्तलम् / अङ्क / 5/
5. अर्थशास्त्रम्/ 2/ 24/ 15–18/

(अ) तडागवापिकाकूपमातृकदेशात् राजा तृतीयाशं फलं हरेत्।

(ब) देवमातृकात्—चतुर्थांश गृह्णीयात्।

(स) नदीमातृकाद्देशात्—अर्द्धांशं हरेत्।

(द) ऊषरात्—षष्ठांशं फलभागं प्राप्नुयात्।[1]

विक्रेतृक्रेतृतः प्राप्तः राजभागः शुल्कमुदाहृतम्।[2]

(iv) शुल्कम्—तत्र शुल्कव्यवहारो त्रिविधम्—बाह्यमाभ्यन्तरमातिथ्यञ्च। आतिथ्यं (विदेशतः समागतं) द्विविधं निष्क्राम्यं प्रवेश्यञ्च। प्रवेश्यानां सामान्यतः मूल्यपञ्चभागः शुल्कं स्यात्। पुष्पफलशाकमूलकन्दवाल्लिक्यबीजानां षड्भागं गृह्णीयात्। चन्दनागुरु-कटुककिण्वा (सुराबीज) वरणां च दशभागः पञ्चदशभागो वा। वस्त्र सूत्रकार्पासगन्धभैषज्यकाष्ठवेणुवल्क . . . धान्यस्नेहक्षारमद्यपक्वान्नादीनां च विंशतिभागः पञ्चविंशतिभागो वा।

राष्ट्रकोशवृद्धये शुल्कप्राप्त्यर्थं च जातिभूमिषु पण्यानां विक्रयः प्रतिबन्धितो भवेत्। पुष्पफलवाटेभ्यः पुष्पफलादाने, षण्डेभ्यः शाककन्दमूलादाने,क्षेत्रेभ्यः सर्वसस्यादाने वा क्रेता दण्डभागी स्यात्।[3]

इत्थं सीताभागशुल्कादिभिः राष्ट्रस्य कोशवृद्धिकारिणी कृषिः कस्यापि राष्ट्रस्य कृते आयशरीरम् भवति। कोशेनैव राजा राष्ट्रं प्रजां बलं धर्मञ्च संरक्षयति।

(7) यज्ञादिधर्मसाधनम्—यज्ञदानतपर्णादिधर्माणां साधनन्तु कृष्युत्पादितैः सस्यैरेव भवति। यज्ञेषु देवेभ्यो यद् हविः प्रदीयते तत् तु अन्नरूपमेव। वेदेषु यवादियज्ञीयधान्यं 'यज्वरी इषः'[4] इति कथितः। वनस्पतिभ्यः प्राप्तं द्रव्यमपि देवेभ्यो हविरूपमेव-अवसृजा वनस्पते देव देवेभ्यो हविः।[5] धान्यं देवान् प्रीणयत्यतो धिनोतेः (प्रीणनार्थस्य) धान्यं भवति।[6] यज्ञेषु विश्वेभ्यो देवेभ्योऽन्नरूपहविप्रदानेन यज्ञशिष्टान्नस्य सेवनेन च मानवः सर्वपापैर्मुच्यते—

---

1. शुक्रनीतिः / 2/ 24 / 15–18/
2. शुक्रनीतिः / 4/ 112–113/
3. अर्थशास्त्रम् / 2/ 22/
4. ऋग्वेदः/1 /4/ 1/
5. ऋग्वेदः /1 / 13/ 11
6. धान्यमसि धिनुहि देवान् / शुक्लयजुर्वेदः/1/ 20/

यज्ञशिष्टाशिनः सन्तो मुच्यन्ते सर्वकिल्विषैः।
भुञ्जते ते त्वघं पापा ये पचन्त्यात्मकारणात्।।[1]

अग्निहोत्रदर्शपौर्णमासनवसस्येष्टिचातुर्मास्यादिदेवकर्माणि कृषिजातान्नेनैव साध्यन्ते। देवकर्मणि युक्तो द्विजः बिभर्तीदं चराचरं जगत्।[2] गृहस्थेन प्रतिदिनं करणीयेषु पञ्चमहायज्ञेषु परिगणिता चत्वारो यज्ञाः—देवयज्ञः पितृयज्ञो भूतयज्ञो नृयज्ञश्चान्ननिष्पाद्या एव। गृहमेधिनां पञ्चसूनानिष्कृत्यर्थं महर्षिभिः पञ्चमहायज्ञाः क्लृप्ताः।[3] तत्र देवयज्ञे द्विजेन गृह्येऽग्नौ सिद्धस्य वैश्वदेवान्नस्य विधिपूर्वकं देवताभ्यो होमं कतर्व्यम् तदनन्तरं सर्वेभ्यो भूतेभ्यो बलिं देयम्—

विश्वेभ्यश्चैव देवेभ्यो बलिमाकाश उत्क्षिपेत्।
दिवाचरेभ्यो भूतेभ्यो नक्तञ्चारिभ्य एव च।।
शुनां च पतितानां च श्वपचां पापरोगिणाम्।
वायसानां कृमीणां च शनकैर्निर्वपेद् भुवि।।[4]

पितृभ्योऽहरहः तिलव्रीह्यादिधान्यैरुदकेन च पयोमूलफलैर्वा श्राद्धमाचरेत् ततः संप्राप्ताय त्वतिथये आसनोदके प्रदद्यात् विधिपूर्वकं सत्कृत्य यथाशक्त्यन्नं चैव दद्यात्।

न वै स्वयं तदश्नीयादतिथिं यन्न भोजयेत्।
धन्यं यशस्यमायुष्यं स्वर्ग्यं वाऽतिथिपूजनम्।[5]

इत्थं धर्मशास्त्रेषु प्रतिपादितानि दानभिक्षादिधर्माण्यपि कृषिलब्धान्नेनैव सम्पाद्यन्ते। एवमन्नैः विश्वस्य पोषणं कुर्वन् गृही आश्रमेषु ज्येष्ठो भवति—

यस्मात्त्रयोऽप्याश्रमिणो ज्ञानेनान्नेन चान्वहम्।
गृहस्थेनैव धार्यन्ते तस्माज्ज्येष्ठाश्रमो गृही।।[6]

यद्यपि धर्मशास्त्रकारैः प्राणिहिंसारूपदोषात् कृषिः प्रमृताऽनृता वा वत्तिर्मता तथापि जगद्धरणात् सर्वैरपि दोषैर्मुच्यतेऽतो बहुधा स्तुता पराशरेण—

कृषिर्धन्या कृषिर्धन्या जन्तूनां जीवनं कृषिः।
हिंसादिदोषयुक्ताऽपि मुच्यतेऽतिथिपूजनात्।।[7]

1. भगवद्गीता / 3/ 18/
2. मनुस्मृतिः / 3/ 75/
3. मनुस्मृतिः / 3/ 68–69/
4. मनुस्मृतिः/ 3/ 84, 90, 92
5. मनुस्मृतिः / 3/ 99, 106/
6. मनुस्मृतिः / 3/ 78/
7. कृषिपाराशरः / 1/ 8/

इत्थं ऋषीन् देवान् भूतानतिथींश्च पूजयन् कृषको धर्मणा धारयति जगत्।

(8) वाणिज्यविकासः—कृष्युत्पादानां क्रय-विक्रयमाध्यमेन राष्ट्रे हट्टापण-वणिक्पथ-वणिक्वृत्तिश्रेष्ठिसंघादीनां पल्लवनं भवति नानादेशेभ्यो द्वीपद्वीपान्तरेण वाणिज्यिक सम्पर्कश्च विकसति।

समृद्धनगरेषु राजधान्यां च पृथक्-पृथक् विक्रेयवस्तूनामापणानि भवन्ति स्म यथा विलेपनापणं[1] माल्यापणं[2]धान्यापणादीनि। पण्याध्यक्षः स्थल-जलजानां नानाविधानां स्थलपथवारिपथोपयातानां सारफल्वर्घान्तरं प्रियतामप्रियतां च ज्ञात्वा तेषां विक्रयव्यवस्था करोति स्म।

स्वभूमिजानां राजपण्यानामेकैव स्थाने विक्रयव्यवस्थाऽऽसीत् परभूमिजानामनेकमुखा च।

'राजा परभूमिजं पण्यमनुग्रहेणावाह्येत्। नाविकसार्थवाहेभ्यश्च परिहारमायतिक्षमं दद्यात्,' इति कौटिल्यः।[3]

प्राचीनकाले कन्धारपारसीकपूर्वीद्वीपसमूहादिभिः सह भारतवर्षस्य व्यापारिक-सम्बन्धा आसन्। ऋग्वेदे सामुद्रिकव्यापाराय शतारित्रनावस्योल्लेखः प्राप्यते।[4] अभिज्ञानशाकुन्तले समुद्रव्यवहारिसार्थवाहस्य धनमित्रस्य सन्दर्भश्च।[5] भारतीय-मुक्तारत्नसुगन्धि-द्रव्यैलामारिचाद्युपस्कराणाञ्च व्यापारो बहुलतया बभूव। 'रयिं समुद्रात्'[6] वसूनी समुद्रात्'[7] आदि ऋग्वैदिकसन्दर्भा वैदिकयुगेऽपि समुद्रव्यापारतो राष्ट्रसमृद्धेः सूचका भवन्ति।

आन्तरवाह्यव्यापारार्थं राष्ट्रे वणिक्पथानां . . . विस्तारः करणीयः, एतौ आयशरीरौ राष्ट्रस्य—

'स्थलपथः वारिपथश्च वणिक्पथः इत्यायशरीरम्' इति कौटिल्यः।[8]

राष्ट्रसमृद्धिः संसूच्यते वणिक्पथिभिः यथा सरयूनद्यां नौपरिवहनेन कोसलजनपदस्य समृद्धिः—

---

1. नैषधीयचरितम् / 2/ 92
2. माल्यापणेषु राजन्ते नाद्य पण्यानि वै तथा/ रामायणम् /अयोध्याकाण्डम् / 71/ 41/
3. अर्थशास्त्रम्/ 2/ 16/ 6/
4. ऋग्वेदः/ 1/ 116/ 5/
5. अभिज्ञानशाकुन्तलम् / षष्ठोऽङ्कः
6. ऋग्वेदः/ 1 / 47/ 6/
7. ऋग्वेदः / 7/ 6/ 7, 9/ 97/ 44/
8. अर्थशास्त्रम् / 2 / 6 / 4-5

ऋद्धापणं राजपथं स पश्यन् विगाह्यमानां सरयूं च नौभिः।[1]

वणिक्पथा विस्तारेण वाणिज्यिककेन्द्राणां सार्थवाहसङ्घानाञ्च विकासो भवति। श्रेष्ठिसङ्घाः लोकहिताय कूपवापीसेतुबन्धनिर्माणादिकार्येषु योगदानमपि कुर्वन्ति आपदि राज्ञे धनप्रदानञ्च।[2] एभ्यः कर्षणेन वमनेन वा राजा आपत् प्रतिकारं कुर्यात् इति कौटिल्यः।[3]

इत्थं व्यापारमाध्यमेन राष्ट्रसमृद्धयेऽप्रत्यक्षरूपेण कृषिरेव हेतुर्भवति।

(8) कृष्युत्पादाश्रितोद्योगानां विकासः—समग्रेऽपि विश्वे राष्ट्राणामौद्योगीकरणं कृष्युत्पादेनैव जातम्। भारतदेशे कृष्युत्पादैः द्विविधोद्योगो विकसितः—लघूद्योगो हस्तोद्योगो वा बृहदुद्योगश्च यथा इक्षुरसेण गुडनिर्माणं गृहोद्योगरूपेण विकसितम् शर्करोत्पादनञ्च बृहद्यान्त्रिकोद्योगरूपेण। एवं तिलादिभ्यो तैलनिष्कासनं लघुरूपेण ग्रामेषु भवति परिशुद्ध तैलरूपेण बृहदुद्योगेषु च। नागरकस्य गृहवाटिकायामुत्पादितानां द्रव्याणां गृह एव नानाविधोपयोगस्यातिमहत्त्वपूर्णं निदर्शनं वात्स्यायनस्य कामसूत्रे लभ्यते—'भोजनावशिष्टाद्गोरसाद् घृतकरणम् तथा तैलगुडयोः। कार्पासस्य च सूत्रकर्तनम् सूत्रस्य वानम्। शिक्यरज्जुपाशवल्कलसंग्रहणम्। कुट्टनकण्डनावेक्षणम्। आचाममण्डतुषकण-कुट्यङ्गाराणामुपयोजनम्।'

जयमङ्गलाटीकायां कथयति यशोधरः 'आचामस्य मण्डस्य पानार्थं चेटिकादिषूपयोजनम्। तुषाणां रन्धनलेपनादिषु क्षुद्रतण्डुलानां कुक्कुटादिषु। कुटीनां तण्डुलपरागाणां गोमेषादिषु। अङ्गाराणां महानसादुत्पन्नानां लोहभाण्डकरणादिषु।[4]

इत्थं लघूद्योगेन भारतीयग्रामाः नगराश्च स्वावलम्बिनः आत्मनिर्भराः सम्पन्नाश्च आसन्। सुजला सुफलाशस्याश्यामला मातृभूमिः सर्वेषां कृते आश्रयदायकं गृहमित्यासीत्।

राजकीयसंरक्षेण विकसितानां वस्त्रगंधयुक्ति-सुरा-आसवारिष्टौषधफलपुष्पादिव्यवसायानामुल्लेखोऽर्थशास्त्रे।

एषां सविस्तरं निरूपणं 'कृष्यौद्योगिकीति' शीर्षकेऽध्याये भविष्यति। इत्थं कृषिर्नानारूपेण भवति राष्ट्रसमृद्धिकारिणी प्रगतिपथोद्घाटिनी च। धर्मार्थकामा मोक्षश्च कृषिकर्मणा साध्या भवन्ति।

---

1. रघुवंशम् / 14/ 30/
2. धनिकेभ्यो भृतिं दत्वा स्वापत्तौ तद्धनं हरेत्।
   राजा स्वापत्समुत्तीर्णस्तत् स्वं दद्यात् सवृद्धिकम्।।
   शुक्रनीतिः / 4/ कोशनिरूपणप्रकरणम्// 11/
3. कर्षणं वमनं वा कुर्यात् / अर्थशास्त्रम् / 4/ 3/ 13/
4. कामसूत्रम् / 4/ 1/ 33/

7

कृषिसंरक्षणम्

कृष्युन्नतिः कृषिफलसमृद्धिश्च कृषिसंरक्षणाश्रितैवातः कस्यापि राष्ट्रस्य कृते कृषि—संरक्षणमपि प्राथमिकं कर्तव्यं, यथा निर्दिष्टं कौटिल्येन—

दण्डविष्टिकराबाधैः रक्षेदुपहतां कृषिम्।
स्तेनव्यालविषग्राहैर्व्याधिभिश्च पशुव्रजान्।।[1]

कृषिसाधनानि कृषिफलञ्चेति द्वौ पक्षौ कृषेरतः कृषिसंरक्षणमपि द्विविधं भवति—**प्रथमं**—भूमिजलबीजपश्वादिकृषिसाधनानां संरक्षणम्। **द्वितीयं**—कृषिफलोपघातकेभ्योऽतिवृष्टिरनावृष्ट्यग्निकीटमूषपशुभ्यश्च शस्यसंरक्षणम्। क्रमशो विस्तरेण निरूपणमेषाम्।

(क) कृषिसाधनानां संरक्षणम्—

(1) भूमिसंरक्षणम्

भूखण्डं कृषेराधारभूतं तत्त्वमतः भूमिसंरक्षणमप्यावश्यकम्। भूसंरक्षणस्याऽधोलिखिताः पक्षाः सन्ति—

(i) **मृदासंरक्षणम्**— कृषिसंरक्षणाय सर्वप्रथमं मृदाक्षरणतः मृत्तिका संरक्षणमावश्यकम्। मृत्तिकाक्षरणस्य मुख्यानि कारणानि सन्ति—

(i) अनावृष्टिरार्द्रताभावो वा
(ii) अतिवृष्टिः जलप्रवाहो वा
(iii) तीव्रवायुप्रवाहश्च।

विदलितशैलकणैर्मृत्तिकाकणैर्वा संरचितमस्माकमिदं कृष्यं धरातलम्। मृदाजलमार्द्रता वा कणान् परस्परं संयोजयति। यदाऽवृष्ट्या जलतत्त्वस्य भृशमभावो जायते तदा परस्परविश्लेषितेषु मृत्तिकाकणेषु क्षरणं विचलनं वा परिलक्ष्यते। एवं तीव्रवायुप्रवाहेण मरुदेशेषु मृत्तिकाकणा वायुनासहैवान्यत्र नीयन्ते क्रमशो मृत्तिकाक्षरणस्य तीव्रतया कृष्यक्षेत्रं मृत्तिकाविहीनं शर्करोपलसारमेवावशिष्यते। वर्षास्वपिजलप्रवाहेण सह

1. अर्थशास्त्रम् / 2/ 1/ 18/

मृत्तिकाक्षरण-मृत्तिकापघटन-भूम्यपरदन-खातनिर्माण-भूस्खलनादिसमस्या जायन्ते पर्वतीयाञ्चलेषु कृष्यभूमेः स्खलनस्य समस्या तीव्रतरा भवति। वर्षायां कृष्यक्षेत्रेषु नालिकापरदनमधिकं दृश्यते यतो निम्नाभिमुखा जलधारा नालिकां रचयन् स्वप्रवाहेण सह मृत्तिकामपि वाहयति। यथा वर्णितं ऋतुसंहारे—

विपाण्डुरं कीटरजस्तृणान्वितं भुजङ्गवद्वक्रगतिप्रसर्पितम्।
ससाध्वसैर्भेककुलैरीक्षितं प्रयाति निम्नाभिमुखं नवोदकम्।।[1]

प्रतिवर्षं बहुलपरिमाणे कृषियोग्योर्वरा मृत्तिका नदीषु समुद्रेषु वाऽतिवाह्यते वर्षाजलैः। कूलंकषा नद्योऽपि तटद्रुमान् पातयन्ती भूमिक्षरणस्य हेतवो भवन्ति—

निपातयन्त्यः परितस्तटद्रुमान्प्रवृद्धवेगैः सलिलैरनिर्मलैः।
.... प्रयान्ति नद्यस्त्वरितं पयोनिधिम्।।[2]

मृत्तिकाक्षरणतः कृष्यभूमेः संरक्षणार्थमधोलिखिताः प्रतिरोधकोपायाः करणीयाः—

(अ) वृक्षरोपणम्—कृष्यक्षेत्रस्य परिसरे सीमासु च वायुवेगप्रतिरोधिका जलप्रवाहरोधिका वा वृक्षपंक्तिः रोपणीया। वृक्षाः स्वमूलैर्भूमिं दृढतया धारयन्तोऽपरदनतः रक्षन्ति धरणीम्। वर्षाजलस्य प्रवाहरोधेऽपि सहाया वृक्षाः। एकः स्वस्थो वृक्षः 80 तः 120 वर्गमीटरभूमिकणान् जलप्रवाहतो रक्षति। वृक्षारोपणेन भूमिगतार्द्रता वायुमण्डलीयार्द्रता च संरक्ष्यतेऽतो निर्दिष्टं भगवता मनुना—

सीमावृक्षांश्च कुर्वीत न्यग्रोधाश्वत्थकिंशुकान्।
शाल्मलीन्सालतालांश्च क्षीरिणश्चैव पादपान्।।
गुल्मान् वेणूश्च विविधाञ्छमीवल्लीस्थालानि च।
शरान्कुब्जकगुल्मांश्च तथा सीमा न नश्यति।।[3]

एवं सीमारक्षणेन सह मृदारक्षणमपि साध्यते।

(ब) **क्षेत्रेषु दृढबन्धेन वाहितजलावरोधः**—वर्षायां क्षेत्रेषु मृत्तिकोपलादिभिः बन्धरचनया जलप्रवाहावरोधोऽपि भूम्यपरदनं बाधयति जलसंरक्षणञ्च करोति।[4] अनेन जलप्रवाहस्य दिशापरिवर्तनमपि शक्यम्।

(स) **अतिशेषजलनिष्कासनस्य समुचिता व्यवस्था**—प्रणालिकादिभिरतिशेषजल-

1. ऋतुसंहारम् / 2/ 13/
2. ऋतुसंहारम् / 2/ 17/
3. मनुस्मृतिः/ 8/ 247/
4. श्रीमद्भागवतम् / 10/ 20/ 41/

निष्कासनस्य समुचिता व्यवस्थापि करणीया कृषिसंरक्षणार्थम्। यथा निर्दिष्टं कृषिपाराशरे—

नैरुज्यार्थं हि धान्यानां जलं भाद्रे विमोचयेत्।
मूलमात्रार्पितं तत्र कारयेज्जलरक्षणम्।।[1]

(द) **जलाधिक्ये जलपरिमाणानुरूपं बीजवापः**—जलपरिमाणं समीक्ष्य शालीक्षूप्रभृत्यधिकजलापेक्षि सस्यानां वपनं कार्यम् यथा निर्दिष्टं कौटिल्येन—ततः प्रभूतोदकमल्पोदकं वा सस्यं वापयेत्। . . . कर्मोदकप्रमाणेन कैदारं हैमनं ग्रैष्मिकं वा सस्यं स्थापयेत्।[2]

(ई) कर्षणेन कृष्यभूमेः समतलीकरणम्— अपरदितभूभागस्यसमतलीकरणाय हलेन बहुवारं क्षेत्रकर्षणमावश्यकमतः कथितं कौटिल्येन—

बहुहलपरिकृष्टायां भूमौ . . . वापयेत्।[3]

(ii) मृदः उर्वरतासंरक्षणम्—उर्वराभूमिरेव सस्यसम्पदमानयति फलतः कृषि-संरक्षणाय कृष्यक्षेत्रस्योर्वरताऽपि रक्षणीया भवति। एकस्यैव सस्यस्यानवरतोत्पादनेन शनैः शनै भूमेरुर्वराशक्तिर्हीयतेऽत उर्वरता रक्षणायाधोलिखिता उपायाः कर्तव्याः।

(अ) सस्यपरिवर्तनम्— बहुधा सस्यपरिवर्तनेन भूमेरुर्वराशक्तिह्रासोऽवरुध्यते। यदि गोधूमस्य स्थाने चणककलायमुद्गादिशिम्बीधान्यान्युत्पाद्यन्ते तर्हि मृत्तिकायां नाइट्रोजनादिपोषकानां क्षतिपूर्तिर्भवत्यतः शिम्बीधान्यानि हरितोर्वरकस्य कार्यं कुर्वन्ति।

(ब) सस्यमिश्रणम्—मिश्रितसस्यानां वापनेनापि संरक्ष्यते उर्वराशक्तिर्यथा गोधूमेन सह चणकातसीसर्षपवापनम्। एकेनैव केदारेण नैकसस्यग्रहणस्य भूम्युर्वरतार-क्षणस्य च विधिः सुपरिज्ञाताऽऽसीत् प्राचीनभारते, मनुस्मृतेः सन्दर्भोऽत्रोल्लेखनीयः—

भूमावप्येककेदारे कालोप्तानि कृषीवलैः।
नानारूपाणि जायन्ते बीजानीह स्वभावतः।[4]

अनेन शस्यपरिवर्तनस्य सस्यमिश्रणस्य च पद्धतिर्ज्ञायते।

(स) सस्यावशेषाणाम् वनस्पतेर्वा दहनम्—कर्मणाऽनेनभूमेरुर्वरतावृद्धिः क्रियते जनजातीयाञ्चलेष्वद्यत्वेऽपि। प्रसङ्गान्तरेण निर्देशोऽस्य रघुवंशे-

1. कृषिपाराशरः/ 3/ 113/
2. अर्थशास्त्रम्/
3. अर्थशास्त्रम्/ 2/ 24/ 11, 19
4. मनुस्मृतिः/ 9/ 38/

कृष्या दहन्नपि खलु क्षितिमिन्धनेद्धो बीजप्ररोहजननीं ज्वलनः करोति।[1]

(द) गोमय-प्रयोगः—शुष्कगोमयस्य साररूपेण प्रयोगेणापि मृदः उर्वरता संरक्ष्यते, यथा निगदितं कृषिपाराशरे—

रौद्रे संशोष्य तत् सर्वं कृत्वा गुण्डकरूपिणम्।
फाल्गुने प्रतिकेदारे सारं गर्ते निधापयेत्।।[2]

साम्प्रतिके युगे रासायनिकोर्वरकप्रयोगेण यन्मृदाप्रदूषणं जायते तस्यापि प्रतिरोधो भवति गोमयसारेण।

(ई) भूमेः परिकर्म—भूमेरुर्वरतारक्षणाय मृत्तिकां स्निग्धमृदुकरणाय च भूमेः परिकर्म कर्तव्यम्। परिकर्मार्थं प्रथमं कृषिक्षेत्रे तिलान् वतेत्। यदा तिलप्ररोहाः पुष्पिताः स्युस्तदा क्षेत्रकर्षणेन तान् मृद्नीयात्—

मृद्वी भूः सर्ववृक्षाणां हिता तस्यां तिलान् वपेत्।
पुष्पितांस्तांश्च मृद्नीयात् कर्मैतत् प्रथमं भुवः।।[3]

(iii) क्षेत्रसंरक्षणम्—कृष्यभूमेरभिधानं क्षेत्रमिति पूर्वमेव प्रतिपादितम्। क्षेत्रे संरक्षिते सति कृषिरपि संरक्षिता भवत्यतो विचारणीयाः क्षेत्रसंक्षणोपायाः—

(अ) क्षेत्रस्य सीमा निर्धारणम्—कृष्यक्षेत्रेषु मानवीयातिक्रमणं मा स्यादतः क्षेत्रस्य सीमानिर्धारणमावश्यकम्। राजकीयैः पुरुषैः ग्रामेषु कृष्यक्षेत्रस्य सम्यग्रीत्या मापनं पञ्जिकायामभिलेखनं च कर्तव्यम्। तदनन्तरं वृक्षजलनिधानादिज्ञापकैरन्यैश्चो-पच्छन्नलिङ्गैः सीमानिर्धारणं कार्यम्।[4] क्षेत्राणां मध्ये नैकक्षेत्रव्यवच्छेदिका साधारणा भूमि (मर्यादा) स्यात्। एवं सीमाङ्कितेषु स्व-स्व क्षेत्रेषु कृषीवलैः सुखपूर्वकं कर्षणं शक्यम्।

(ब) क्षेत्रविवादानामुपशमनम्—ग्रामेषु प्रायः क्षेत्रविषयको नैका विवादाः

1. रघुवंशम्/ 9/ 80/
2. कृषिपाराशरः/ 3/ 32/
3. बृहत्संहिता/ 54/ 2/
4. उपच्छन्नानि चान्यानि सीमालिङ्गानि कारयेत्।
   सीमाज्ञाने नृणां वीक्ष्य नित्यं लोको विपर्ययम्।।
   अश्मनोऽस्थीनि गोबालांस्तुषान्भस्मकपालिकाः।
   करीषमिष्टकाङ्गारशर्करावालुकास्तथा।।
   यानि चैवं प्रकाराणि कालाद्भूमिर्न भक्षयेत्।।
   तानि संधिषु सीमायामप्रकाश्यानि कारयेत्।। मनुस्मृतिः/ 8/24-25

परिलक्ष्यन्ते। विवादैर्नश्यन्ते वहवः कृषकपरिवारा, अतः क्षेत्रविषयकविवादानामुपशमनमपि कृषिसंरक्षणायाऽऽवश्यकं राजकीयं कर्तव्यमस्ति, यथाह कौटिल्यः—

क्षेत्रविवादं सामान्तग्रामवृद्धा कुर्युः।[1]

क्षेत्रविषयकविवादेषु सीमाविवादः प्रमुखः। तत्रसीमाविषयके विवादे सामान्ताः स्थविरा गोपाः सीमाकृषाणाश्च स्थलाङ्गारतुषद्रुमादिलिङ्गैः सीमां निश्चिनुयुः।

ज्ञापकचिह्नानामभावे राजा सीम्नः प्रवर्तिता स्यात्।[2]

(स) **साम्यग्दण्डविधानम्**—निर्णीते सत्यपराधे राज्ञा दण्डः प्रवर्तितव्यः तत्र मर्यादायाः प्रकर्षेण भेदने सीमामतिलङ्घ्य कर्षणे भयादिप्रदर्शनेन क्षेत्रस्य हरणे च यथाक्रमेण दण्डमाह याज्ञवल्क्यः—

मर्यादायाः प्रभेदे च सीमातिक्रमणे तथा।
क्षेत्रस्य हरणे दण्डा अधमोत्तममध्यमाः।।[3]

(द) **चारण-नियन्त्रणम्**—कृष्यक्षेत्रेषु पशुचारणादिना मृदाहानिरुर्वरता ह्रासश्च जायते, मृद्वी भूरनेन दृढा कठिना वा भवत्यतः पशुचारणं सर्वथा परिहर्तव्यम्। प्रतिग्रामे पशुचारणार्थं धनुः शतं भूखण्डमनुप्तशस्यं स्यात्—

धनुः शतं परिणाहो ग्रामे क्षेत्रान्तरं भवेत्।
द्वे शते खर्वटस्य स्यान्नगरस्य चतुःशतम्।[4]

एवं नानोपायैः संरक्षिता भूमिः सुशस्या भवति।

(2) जलसंरक्षणम्

जलन्तु जीवनं कृषेरतो जलसंरक्षणमपि कृषिसंरक्षणे प्रमुखं घटकं भवति। भारतीया कृषिस्तु देवमातृकातो वर्षां विहायान्येषु कालेषु सस्यषेकार्थं सप्रयत्नं जलसंरक्षणमावश्यकं, यथा निगदितं पराशरेण—

आश्विने कार्तिके चैव धान्यस्य जलरक्षणम्।
न कृतं येन मूर्खेन तस्य का सस्यवासना।।[5]

जलसंरक्षणस्य प्रत्यक्षाऽप्रत्यक्षा नैकोपाया वर्णिताः शास्त्रेषु—

---

1. अर्थशास्त्रम्/ 2/ 9/8/
2. याज्ञवल्क्यस्मृतिः/ व्यवहाराध्यायः/ 150–153/
3. याज्ञवल्क्यस्मृतिः/ व्यवहाराध्यायः/155/
4. याज्ञवल्क्यस्मृतिः/ व्यवहाराध्यायः/167/
5. कृषिपाराशरः/ 3/ 116/

प्रत्यक्षोपाया:

(1) जलरक्षणम्—वर्षाजलस्य जलाधाराणां च रक्षणं जलसंरक्षणस्य प्रत्यक्षोपाया: सन्ति।

(अ) **कूपवापीतडागसेतुबन्धादिजलाधाराणां निर्माणं खननं संरक्षणञ्च**—येन केन प्रकारेण राष्ट्रे कृष्यै बहुजलं स्यादिति प्राथमिकताया निर्धारणं शासकवर्गै: कर्तव्यम्। शासनेन जनसहयोगेन च कूप-वापी-तडाग-सरोवरादिनिर्माणं, पुरातनजलाशयानां शोधनं संरक्षणञ्चावश्यकम्। लोकधर्मनिरूप्रणप्रसङ्गे निर्देशितमेतत्कर्तव्यमाचार्यशुक्रेण—

कूपवापीपुष्करिण्यस्तडागा: सुगमास्तथा।
कार्या: खाताद् द्वित्रिगुणविस्तारपदधानिका:।।
यथा तथा ह्यनेकाश्च राष्ट्रे स्याद्विपुलं जलम्।
नदीनां सेतव: कार्या विबन्धा: मनोहरा:।।[1]

बन्धमाध्यमेन वर्षाजलसंरक्षणस्यविज्ञानं सुविदितमासीत् प्राचीनभारते।

(ब) केदारेषु वर्षाजलसंरक्षणम्—वर्षायां कृषकै: स्वस्वकेदारेषु तात्कालिकै: बन्धै: जलसंरक्षणं कार्यम्। वर्षायां सञ्चितं जलमिदं शरदि फलदायकं भवति। विधिरयं वर्णित: श्रीमद्भागवते—

केदारेभ्यस्त्वपोऽगृह्णन् कर्षका दृढसेतुभि:।[2]

वर्षाजलसंचयाय निर्मितो बन्ध आहार्योदकसेतुबन्धश्च कथितोऽर्थशास्त्रे।

(स) सेचननियमानां ज्ञानम्—ऋतु-देश-शस्यानुरूपावश्यकजलपरिमाणस्य बोधोऽपि जलसंरक्षणे सहायो भवति कृषकस्य, यथा बृहत्संहितायाम् वर्णितं ऋत्वनुरूप: पदपानां सेकविधि:—

सायं प्रातश्च घर्मर्तौ शीतकाले दिनान्तरे।
वर्षासु च भुव: शोषे सेक्तव्या रोपिता द्रुमा:।[4]

एवम् आश्विने कार्तिके च मासे धान्याय जलसेकमावश्यकं भवत्यत: तत्कृते जलरक्षणं कर्तव्यम्।[5]

1. शुक्रनीति:/ 4/ 63-64/
2. श्रीमद्भागवतम्/ 10/ 20/ 41/
3. सेतुबन्धोरप्याहार्योदकात्सहोदक: श्रेयान् /अर्थशास्त्रम्/ 7/ 12/
4. बृहत्संहिता/ 54/ 9/
5. कृषिपाराशर:/ 3/ 116

(2) प्रदूषणतो जलस्रोतसां संरक्षणम्—नद्यः 'जगन्मातरः' 'मातृतमाः' 'दिव्याः' इति जाननपि जनैः प्रदूषिता विश्वस्य सर्वाऽपि नद्यः। अद्यसमुपस्थितो ज्वलन्तः प्रश्नः—'वयं सर्वविधं मलं नदीषु विसर्जयामः नदी स्वमलं कुत्र विसर्जयिष्यति? अयं प्रश्नः समुत्थापितः भागवतपुराणे स्वयं देवनदिगङ्गया—

किं चाहं न भुवं यास्ये नरा मय्यामृजन्त्यघम्।
मृजामि तदघं कुत्र राजंस्तत्र विचिन्त्यताम्।।[1]

प्रदूषणतो जलसंरक्षणाय इमे उपाया महत्वपूर्णाः सन्ति—

(अ) शौचसंबंधिनियमाः—संस्कृतवाङ्मये मानवकृतप्रदूषणतो जलस्रोतसां मुक्त्यर्थं विहिता शौच-स्नान-अभिषेक-आचमनसंबंधिनियमा धर्मशास्त्रेषु यथा मनुस्मृत्याम्—

नाप्सु मूत्रं पुरीषं वाष्ठीवनं वा समुत्सृजेत्।
अमेध्यलिप्तमन्यद्वा लोहितं वा विषाणि वा।[2]

(ब) पापपुण्ययोरवधारणा—जलप्रदूषणे पापम् संरक्षणे च पुण्यमिति धारणाऽपि जलसंरक्षणसाधिका भवति। यथा मनुस्मृत्याम्—

परकीयनिपानेषु न स्नायाच्च कदाचन्।
निपानकर्तुः स्नात्वा तु दुष्कृतांशेन लिप्यते।।[3]

एवं पुण्यस्यावधारणाऽपि **जीवनं वृक्षजन्तूनां करोति य जलाश्रयम्। दत्ते वा स लभेत्सौख्यमुर्व्यां स्वर्गे च मानवः।।**[4]

(स) जलस्रोतसां देवत्वकल्पना—जलं स्वयं पवित्रं पावनञ्च। उदधिजल-मधिष्ठितं भगवता वरुणेन। सर्वेषां शुभाशुभकर्मणां सत्यानृतयोः द्रष्टुः वरुणदेवतायाः साम्राज्यमिदं जलम्। क्षीरोदधिः भगवतो विष्णोरालयः। गङ्गायमुनानर्मदाद्या देवीस्वरूपा भुक्तिमुक्तिप्रदाः सर्वपापहराः शुभा इति भावना[5] स्रातेसां प्रदूषणतो रक्षणे सहाया भवति।

1. भागवतपुराणम्/ 9/ 9/
2. मनुस्मृतिः/ 4 /56/
3. मनुस्मृतिः/ 4/ 201/
4. प्रासादमण्डनम्/ 8/ 95/
5. स्कन्दपुराणम् /वैष्णवखण्डम् / 29/ 19-22/

(द) स्रोतसां तटेषु समीपे वा तीर्थाणां निवेशः—तीर्थविषयकपवित्रधार्मिकभावना जलसंरक्षणं प्रति चेतयति जनान्।

(ई) नदी-शुद्धियोजना—प्रदूषणविषतो नदीनामुद्धारस्तथा कार्यो यथा पुरा कृतो भगवता कृष्णेन यमुनाया उद्धारः कालियनागविषतः।

(3) तलखननम्—नदीसरोवरादिजलस्रोतसां तलखननं जलसंरक्षणायावश्यकम्। खननक्रियया तलसञ्चितगादस्य निष्कासनमनिवार्यं जलस्रोत्सां जीवनाय। इदं कार्यं कृतं वैदिकयुगे इन्द्रदेवेन यथा ऋग्वेदस्य नदीसूक्ते कथयन्ति शुतुद्रीविपाशप्रभृतयो नद्यः—

इन्द्रो अस्माँ अरदद्वज्रबाहुः अपाहन् वृत्रं परिधिं नदीनाम्।
देवो नयत्सविता सुपाणिस्तस्य वयं प्रसवे याम उर्वीः।।[1]

नदीनां प्रवाहाय पथनिर्माणमप्यावश्यकम्—यथा कृतं वरुणदेवताभिः—

प्रते रदद् वरुणो यातवे पथः।[2]

तडागानां जलधारणक्षमता बाधिता मा स्युः, तत्कृते मन्वादिस्मृतिकारैः स्नानात्पूर्वं सप्तमृत्पिण्डानामुद्धरणमावश्यकं कृतम्—

सप्तोद्धृत्य ततः पिण्डान्कामं स्नायाच्च पञ्चषा।[3]

एते संदर्भा अतिमहत्वपूर्णा मार्गदर्शकरूपेणानुकरणीयाश्च।

(4) जीर्णसरोवरतडागादीनामुद्धरः—जीर्णशीर्णजलाशयेषु जलप्रदूषणम-पद्रव्याणां मिश्रणञ्चाधिकं भवति। तटबन्धानां शीर्णत्वात् संततं स्रवति जलं येन जलापचयो जायतेऽतो जीर्णोद्धारः शास्त्रेष्वतीव पुण्यकरो मतः, यथा कथितमग्निपुराणे—

वापीकूपतडागादेर्जीर्णोद्धारे महाफलम्।[4]

जलाशयानां संरक्षणं परिमार्जनं जीर्णोद्धारश्च प्रशासनस्य कर्तव्यमपि। संस्कृता-भिलेखेषु बहुलोल्लेखः जलाशयजीर्णोद्धारस्य। समाजस्य सम्पन्नवर्गैः श्रेष्ठिसंघैरपि लोकहिताय कार्य्यतेऽयम्।।[5]

1. ऋग्वेदः / 3/ 33/ 6/
2. ऋग्वेदः / 3/33/9/
3. मनुस्मृतिः/ 4/ 9/
4. अग्निपुराणाम्/31/6
5. महाक्षत्रपेण रुद्रदाम्ना . . . धर्मकीर्तिवृद्धयर्थं चापीडयित्वा करविष्टिप्रणय-क्रियाभिः पौरजानपदं जनं स्वात्मकोशान्महता धनौघेनानतिमहता च कालेन त्रिगुणदृढतर-विस्तारायामं सेतुम् विधाय सदुर्शनतरं कारितमिति।—गिरिनगरे रुद्रदाम्नः प्रस्तराऽभिलेखः, तृतीयोऽनुच्छेदः।/

अप्रत्यक्षोपायाः

जलचक्रसञ्चालकतत्त्वानां संरक्षणं जलमूल्यावबोधः जलरक्षणं प्रति जनचेतनादयोऽ-प्रत्यक्षोपायाः भवन्ति।

(अ) यजनम्— मेघबीजनाय जलचक्रस्य सम्यक् प्रवर्तनाय च यज्ञानां महत्त्वं, सर्वप्रथमं वेदमाध्यमेन समग्रेऽपि विश्वे प्रचारितं भारतराष्ट्रेनैव। यदा गृहे गृहे यज्ञवेदीषु प्रतिष्ठापितोऽग्निदेवः प्रसृतः सर्वत्र पुष्टिवर्द्धनः पवित्रो यज्ञधूमस्तदा जलोत्पत्तेः पर्य्यावरणीयकारकानां शोधनं संरक्षणन्तु स्वतः सिद्धमेव। यज्ञेन कृषिः वृष्टिः जैत्रं (कृषिविघ्नोपशान्तिः) सर्वमेव साध्यमिति प्रतिपादितं यजुर्वेदेः—

कृषिश्च मे वृष्टिश्च मे जैत्रं च मे औद्भिद्यं च मे यज्ञेन कल्पन्ताम्।[1]

जलचक्रसञ्चालने यज्ञमहत्त्वमुद्घोषितं स्मृतिग्रन्थेष्वपि—

अग्नौ प्रस्ताहुतिः सम्यगादित्यमुपतिष्ठते।
आदित्याज्जायते वृष्टिर्वृष्टेरन्नं ततः प्रजाः।।[2]

(ब) वनसंरक्षणम्— जलपर्यायो 'वनम्', सूच्यतेऽनेन यद् यत्र जलं तत्र वनं यत्र वनं तत्र जलञ्चातो जलसंरक्षणार्थं वनसरंक्षणमत्यावशकम्। विज्ञानग्रन्थेषु वनस्पतयः पर्य्यावरणस्य जैविकघटकरूपेण परिगृहीताः। वनस्पतिभिः स्वेच्छयैवाग्नितत्त्वस्य तर्पणमङ्गीकृतम्[3]—

अग्नितत्त्वस्य तर्पणेन मेघनिर्माणे सहायकं भवति वनम्। वर्षाजलस्यापवाहरोधे, पादैर्जलशोषणे, पल्लवैरार्द्रताविसर्जने सहायं वनम्। वस्तुतोऽस्ति सहसम्बन्धः पर्वत-जल-वन-वन्यजीवानाम्। अतो जल संरक्षणाय वनसंरक्षणं वनरोपणञ्चावश्यकं, यथा निर्दिष्टं शुक्रनीत्याम्—

ग्रामे ग्राम्यान् वने वन्यान् वृक्षान् संरोपयेन्नृपः।
अजाविगोशकृद्भिर्वा जलैर्मांसैश्च पोषयेत्।।[4]

(स) **जलमूल्यावबोधः**—जलं निसर्गप्रदत्तं निशुल्कं प्राकृतिकमुपादानमितिमत्त्वा जनसाधारणैर्जलस्यापव्ययः क्रियते। प्रवृत्तिरियं विनाशकरी खलु। जलसंसाधनानाम-नियन्त्रितदोहनेनाद्य दृश्यन्ते नाना समस्या जलाभावजन्याः समग्रेऽपि विश्वे। जलोप-

1. शुक्लयजुर्वेदः / 18/ 9/
2. मनुस्मृतिः/ ३/ 76/
3. ऋग्वेदः/ 1/ 142/ 11/
4. शुक्रनीतिः/ 4/ 46-47

योगेऽविवेकः प्राकृतिकसंसाधनानामधिकतमोपभोगस्य प्रवृत्तिरनुदिनं हीयमानजल-भाण्डारस्य कारणानि सन्ति। इमानि कारणानि परिहर्तव्यानि। जलमूल्यस्याव-बोधोऽनिवार्यः। अस्माकं वेदपुराणस्मृत्यादिग्रन्थेषु जलस्य महनीयमूल्यं नानारूपेषु प्रख्यापितं वर्तते, यथा—ऐतरेयब्राह्मणे—

इमा आपः शिवतमा इमाः सर्वस्य भेषजीः।
इमा राष्ट्रस्य वर्धनीरिमा राष्ट्रभृतोऽमृताः।।[1]

अतो जलमूल्यं परिज्ञाय न केवलं कृषकैरपितु सर्वैरपि राष्ट्रजनैः जलसंरक्षणं कर्तव्यम्।

(3) बीजसंरक्षणम्

बीजं सर्वविधसस्यानां मूलभूतमुपादानकरणं वर्तते। असंख्येषु कृष्यपदार्थेषु या रूपरसगन्धस्पर्शगतविविधता परिलक्ष्यते तत्र बीजमेव कारणम्—

व्रीहयः शालयो मुद्गास्तिला माषास्तथा यवाः।
यथा बीजं प्ररोहन्ति लशुनानीक्षवस्तथा।[2]

शस्यस्य बीजस्य च वर्तते उत्पाद्योत्पादकभावसम्बन्धोऽतः यद्बीजमुप्यते तदेव शस्यं जायते, अन्यदुप्तं जातमन्यदित्येतन्न दृश्यतेऽतो बीजमहत्त्वं परिज्ञाय कृषिसरंक्षणाय बीजसंरक्षणमावश्यकम्। एतदर्थं बीजसंग्रहादारभ्य बीजपवनं यावन्नाना संरक्षात्मकोपाया वर्णिताः कृषिशास्त्रेषु।

(अ) यथा कालं स्वस्थ-नवबीजानां संग्रहः—

शस्यसंरक्षणाय यथाकालं यथर्तुं च सर्वविधबीजानां संग्रहः कार्यः। इदं कर्तव्यं न केवलं कृषकस्याऽपितु सीताध्यक्षस्याऽपि यथा निर्दिष्टं कौटिल्येन—

सीताध्यक्षः . . . . सर्वधान्यपुष्पफलशाककन्दमूलवाल्लिक्यक्षौमकार्पासबीजानि यथाकालं गृह्णीयात्।[3]

यदा सस्यं कन्द-मूल-फलानि वा परिपक्वतां यान्ति तस्मिन्नेव काले नवबीजानां संग्रहः करणीयः। यथाकालं बीजसंग्रहे बीजं सुलभतया प्राप्यते उचितमूल्येनोत्तम-बीजोपलब्धिरपि भवति। कालातिक्रमेऽधिकमूल्येनावरं पुरातनञ्च बीजं लभ्यतेऽतः कृषितन्त्रज्ञेण कृषकेण सीताध्यक्षेण च भाण्डागारे जातिश्रेष्ठनवबीजानि संग्रहणीयानि।

एवं गृहवाटिकायां फलपुष्पशाककन्दौषध्यादिवापाय गृहस्वामिनी बीजसंग्रहं कुर्यादिति वात्स्यायानः।[4]

---

1. ऐतरेयब्राह्मणम्/ 8/ 2/3
2. मनुस्मृतिः
3. अर्थशास्त्रम्/ 2/ 24/ 1/
4. कामसूत्रम्/ 2 / 4/ 24/

सत्यपि क्षेत्रे बीजरहितः कृषकः कृषिकार्येऽक्षमो भवत्यतो बीजसंग्रहेऽवधानं विधेयम्। बीजसंग्रहस्य समुचितं कालमपि निर्दिशति पराशरः—

'माघे वा फाल्गुने वापि सर्वबीजसङ्ग्रहः।' माघफाल्गुनयोः सस्यं परिपक्वतां याति। तापमानं निधानपूर्वसंस्काराय सर्वथाऽऽनुकूलं भवति, दिवसि मृदु आतपः रात्रौ नीहारश्च।

(ब) निधानपूर्वसंस्कारः—भाण्डारे बीजनिधानात्पूर्वं बीजसंस्कारः करणीयः बीजसंरक्षणाय। तत्कृते दिवसि आतपे शोषणं रात्रौ तुषारपायनञ्चावश्यकं धान्यबीजानां कोशीधान्यानाञ्च। बीजसंग्राहको बीजान् 'शोषयेदातपे सम्यक् नीहारे विनिधापयेत्' इति पराशरमुनेः निर्देशः।

कन्दमूलफलादिबीज—विषये कौटिल्यस्य निर्देशोवर्तते—

मधुघृतसूकरवसाभिः शकृद्युक्ताभिः काण्डबीजानां, छेदलोपो मधुघृतेन कन्दानाम्। अस्थिबीजानां शकृदालेपः। शाखिनां गर्तदाहो गोऽस्थिशकृद्भिः निधानं कर्तव्यम्।[1]

(स) पुटिकाकरणम्—एकरूपाणां बीजानां चयनं कृत्वा एकत्र पुटिकासु निधातव्यम्। ततो सुदृढतया पुटिकां तृणेन बद्धवा विनिर्गतं तृणं छिन्द्यात्। यदि कदाचित्त्रुटिवशात् तृणेन सह तृणबीजमप्यवशिष्यते तर्हि कृषिकाले बीजेन सहोत्पानि तृणबीजानि फलहानिकराणि भवन्ति यथोक्तं कृषिपाराशरे—

अच्छिन्नतृणके ह्यस्मिन् कृषिः स्यात् तृणपूरिता।[2]

(द) निधानशोधनम्—बीजस्य पुटिकां विधाय निधानशोधनं सम्मार्जनञ्चावश्यकं बीजमिश्रणपरिहाराय कीटादिभ्यो रक्षणाय च। अधोलिखितेषु स्थानेषु बीजनिधानं सर्वथा वर्जनीयम्—

न वल्मीके न गोस्थाने न प्रसूतानिकेतने। न च वन्ध्यावतिगेहे बीजस्थापनमाचरेत्।।

बीजारोग्यार्थमुर्वरता रक्षणाय च बीजेन सहामेध्यस्य संस्पर्शमपि परिहरेत्—

नोच्छिष्टं स्पर्शयेद्बीजं न च नारीं रजस्वलाम्।
न बन्ध्या गर्भिणी चैव न च सद्यः प्रसूतिका।।

घृततैलतक्रलवणेभ्यो बीजस्य सुरक्षा करणीया अन्यथा स्निग्धाम्लक्षारजातीयाः पदार्था हानिकराः स्युः—

---

1. अर्थशास्त्रम्/ 2/ 24/ 20/
2. कृषिपाराशरः/ 3/ 80/

घृतं तैलं च तक्रं च प्रदीपं लवणं तथा।
बीजोपरि भ्रमेणापि कृषको नैव कारयेत्।।[1]

अग्निदग्धबीजं प्ररोहणक्षमतां जहात्यतः प्रदीपनिषेधः। तथ्यमिद प्रकीर्तितं शतपथब्राह्मणेऽपि—अप्रजज्ञि वै रेत उपदग्धम्।[2]

(ई) **सुरक्षितभाण्डागारे बीजस्थापनम्**—कृषिपद्धतेर्विकासेन सहैव मानवेन बीजसंरक्षणस्य प्रविधिरपि परिज्ञातः। ऋग्वैदिकयुगे बीजसंरक्षणाय विशालपात्रस्य प्रयोगोऽभवत् यस्याभिधानं 'स्थिविः' इति। कृषकाः स्थिविभ्यः यवमादाय क्षेत्रेषु यथाकालं धान्यं वपन्ति स्म।[3] वृष्टिरग्निरार्द्रवायुरपवित्रता कीटा मूषिकाः खगादयो बीजोपघातका, एतेभ्यो बीजसुरक्षा यत्नतः करणीया धान्यागारनिर्माणविषये कौटिल्यस्य निर्देशोऽस्ति यत् धान्यनिवेशस्थानानि समुच्छ्रितानि स्युःतेषां शिरांसि असंहतानि लोहपाषाणादि गुरुद्रव्यरचितानि च स्युः।[4]

(फ) शासनस्य कर्तव्यम्—

बीजसंग्रहविषये शासनस्य कर्तव्यमपि निर्देशितं कौटिल्येन। बीजभाण्डारस्य स्थापना सर्वकारेण करणीया यथाकालं कृषकेषु बीजवितरणं च। दूषितबीजानां विक्रये प्रतिबन्धोऽपि शासनस्य कर्तव्यः। राष्ट्रहितकारिदुर्लभं बीजं शुल्कमुक्तं स्यात्—

राष्ट्रपीडाकारं भाण्डमुच्छिन्द्यादफलं च यत्।
महोपकारमुच्छुल्कं कुर्याद्बीजं तु दुर्लभम्।।[5]

इत्थं प्रयत्नेन संरक्षितानि बीजानि शस्यलक्ष्मीं यच्छन्ति कृषीवलाय।

(4) गोसरंक्षणम्

ऋग्वेदकालतोऽद्यावधिः भारतीयकृषिपद्धतिः गवाश्रिता वर्ततेऽतो गोपालनविज्ञानं कृषिविज्ञानस्याङ्गरूपेणैव विकसितमस्माकं देशे। राजधर्मनिरूपणप्रसङ्गेऽपि गोसंरक्षणविषयकनियमानां विधानमर्थ-नीति-धर्मादिशास्त्रेषु। राष्ट्रसमृद्धिकरं पशुधनमसंरक्ष्य कृषिसंरक्षणस्याशा मृगमरीचिकैवातः गोसंरक्षणं कृषकस्य शासनस्य

1. कृषिपाराशरः/ 3/ 81-83
2. शतपथब्राह्मणम्/ 2/ 3/ 1/ 14/
3. यवमिवस्थिविभ्यः / ऋग्वेदः/ 10/ 68/ 3
4. प्रकाराणां समुच्छ्रयान् वलभीर्वा तथाविधाः।
   न संहतानि कुर्वीत न तुच्छानि शिरांसि च।। अर्थशास्त्रम्/ 2/ 24/ 28/
5. अर्थशास्त्रम् / 2/ 21/ 24/

चानुपेक्षणीयं कर्तव्यम्। गोसरंक्षणोपाया इत्थं वर्णिता कौटिल्यपराशरप्रभृतिराचार्यैः—

(i) लुब्धक-स्तेन-व्यालादिभ्यः रक्षणम्—राष्ट्रस्य पशुधनं नैकैः कारणैः विनश्यते। तत्र विलुप्तं पशुधनं द्विविधं भवति—नष्टं विनष्टञ्च।[1]

(*i*) नष्टम्—चोरहृतमन्ययूथप्रविष्टमवलीनं गोधनं नष्टमिति कथ्यते।

(*ii*) विनष्टम्—पङ्कविशैव्याधिजरातोयाहारावसन्नं वृक्षतटकाष्ठशिलाभिहतं विद्युद्-व्यालसर्पग्रहदावाग्निविपन्नं विनष्टमिति।

कौटिल्यमते गोपालकाः लुब्धक-स्तेन-व्यालदिभ्यः पशून् संरक्षणयन्स्तान् ऋत्वनुसारं विभक्तेष्वरण्येषु चारयेयुः बालवृद्धव्याधितानां परिचर्याञ्च कुर्युः। सर्पव्यालत्रासनार्थ गोचरानुपातज्ञानार्थं च त्रस्नूनां घण्टातूर्यं च बध्नीयुः। जलपानार्थं समव्यूढतीर्थम् अकर्दमम् अग्राहमुदकमवतारयेयुः। नानाकारणैर्जातं पशुहानिं गोऽध्यक्षं गोस्वामिनं च सूचयेयुरन्यथा रूपमूल्यं भजेरन्।[2]

(ii) शासकीय दण्डविधानम्—गोसरंक्षणं शासकीयं कर्तव्यमस्ति अतस्तत्सम्बद्धापराधेषु कठोरदण्डविधानं स्यात्। 'स्वयं हन्ता घातयिता हर्ता हारयिता च वध्यः। परपशूनां राजाङ्केन परिवर्ततिया रूपस्य, पूर्वं साहसदडं दद्यात्।

मनोरञ्जनार्थं प्रचलितेषु वृषयुद्धेष्वपि प्रतिबन्धः स्यात् 'यूथवृषं वृषेणावपातयतः पूर्वः साहसदण्डः घातयत उत्तमः' इति कौटिल्यः।[3]

(iii) गोरक्षकानां प्रोत्साहनम्—ये तु गोहिताय गोसंरक्षणाय च कार्यं कुर्वन्ति तेषां प्रोत्साहनमपि शासनेन कर्तव्यम् यथा निर्दिष्टं कौटिल्येन—स्वदेशीयानां चोरहृतं प्रत्यानीय ददाति यः स पणिकं रूपं प्राप्नुयात्। परदेशीयानां मोक्षयितार्धं हरेत्।[4]

(iv) गोशालानिर्माणम्—पञ्चपदा गोशाला गवां वृद्धिकरी मता। गोशाला सुदृढ़ा शुचिर्गोमयवर्जिता स्यात्। यस्यां गोशालायां स्वच्छताऽभावे गावः गोशकृन्मूत्रलिप्ताङ्गा वसन्ति गोमूत्रजालकेनैव यत्र सम्मार्जनं वा तत्र गोस्वास्थ्यस्य समृद्धेश्चाशा दुराशैव।

गोहिताय गोशालायामेतानि वस्तूनि परिहर्तव्याणि—कांस्यं, कांस्योदकं, तप्तमण्डं, झषोदकं कार्पासशोधनं, मुसलञ्च। गोविनाशकृद्भवन्त्येतानि।

गोनिकेतनमेकं पवित्रं स्थानं वर्ततेऽतस्तत्र सम्मार्जनीधानमुच्छिष्टनिक्षेपणमजादिबंधनं कदापि न कार्यम्। सन्ध्याकाले गोशालायां दीपदानमपि कर्तव्यं गवां स्वामिनश्च श्रीवृद्धये—

---

1. अर्थशास्त्रम्/ 2/ 29/ 9-10/
2. अर्थशास्त्रम्/ 2/ 29/ 14/ 17
3. अर्थशास्त्रम्/ 2/ 29/ 10-11
4. अर्थशास्त्रम्/ 2/ 29/ 26/

सन्ध्यायां तु गवां स्थाने दीपो यत्र न दीयते।
स्थानं तत् कमलाहीनं वीक्ष्य क्रन्दन्ति गोगणाः।।[1]

(v) विघ्नशान्तये गोपूजा—कृषीवलाय पशुधनमेव शस्यसम्पत्कारणमतः कार्तिके मासे लागुडप्रतिपत्तिथौ गोपूजां कुर्यात्। सुलङ्कृता गोपाला वृषशृङ्गे, श्यामलतां वद्ध्वा शरीरे तैलं हरिद्रया लिप्त्वा कुङ्कुमैश्चन्दनैश्चाङ्गे विलेपनं कृत्वा वस्त्रादिभिः मण्डयित्वा वाद्यैः गीतैश्च मुख्यं वृषं ग्रामे भ्रामयेयुः गोविघ्नशान्तये। तदनु कृषकैः सह मिलित्वा सर्वासामेव गवाङ्गे हरिद्रया युक्तं तैलं दद्यात्। लाङ्गूलकचकर्णयोः छेदनं च कुर्वीत। फलमस्य पराशरमते—

सर्वा गोजातयः सुस्था भवन्त्येतेन तद्गृहे।
नाना व्याधिविनिर्मुक्ता वर्षमेकं न संशयः।।[2]

(vi) गोयात्राप्रवेशयोः शुभाशुभतिथिपालनम्—ग्रहनक्षत्राणां प्रभावोऽपि पशुजगति परिलक्षितः कृषिविशेषज्ञैः। तेषां मते गोयात्राप्रवेशार्थ पूर्वात्रयं—पूर्वाफाल्गुनी, पूर्वाषाढा, पूर्वाभाद्रपदा,घनिष्ठा ज्येष्ठा कृत्तिका मृगशिरा शतभिषगादयो नक्षत्राः प्रशस्ताः उत्तरात्रयमन्ये च अप्रशस्ताः—

त्रिषूत्तरेषु रोहिण्यां सिनीवाली चतुर्दशी।
पुष्यश्रवणहस्तेषु चित्रायामष्टमीषु च।।
गवां यात्रां न कुर्वीत प्रस्थानं वा प्रवेशनम्।
पश्वस्तस्य नश्यन्ति ये चान्ये तृणचारिणः।।[2]

(vii) पोषकैः भोज्यैः शुद्धजलैश्च पोषणम्—सर्वेषामेव पशूनां कृते तृणोदकप्राकाम्यं स्यात्। तृणकणयवस्तैलगुडदधिमांसस्नेहौषधादिभिः तेषां पोषणं कर्तव्यम्।

(viii) वाहान्प्रति मानवीयसम्वेदनापूर्णव्यवहारः—अस्वस्था वाहाः कर्षणे याने वा कदापि न नियोज्याः। कृषकाः वाहानपीडयित्वैव कृषिं कुर्युः यतः—

वाहपीडार्जितं शस्यं फलितं च चतुर्गुणम्।
वाहनिःश्वासवातेन तद् द्रुतं च विनश्यति।।

हले शकटे च योजनसमये तयोः मुखपार्श्वौ नवनीतेन घृतेन वा लेप्यौ इति निर्देशः पराशरस्य येन रज्जुघर्षणजन्यपीडा मा स्याद्।[3]

(xi) व्याधिषु चिकित्सा-शान्तिकर्म-दैवतपूजादयः—व्याधिभयं चिकित्सका

---

1. कृषिपाराशरः/ 3/ 26/
2. कृषिपाराशरः / 3/ 28-29/
3. कृषिपाराशरः/3/ 7, 56/

औषधैः, सिद्धतापसाः शान्तिप्रायश्चित्तैर्वा प्रतिकुर्युः। पशुव्याधिमारके ग्रामेषु शान्तिकर्माणि पशुनीराजनं पशुपत्यादि स्वस्वदैवतपूजनञ्च स्यु इति कौटिल्यः।[1]

इत्थं सावधनमवेक्षिता प्रतिपालिता नियोजिताश्च पशवः न केवलं सस्यदोहक्षमा अपितु 'कामदुघा' भवन्त्यतोऽभिलाषेयम् ऋषेः—

गोभिष्टरेमामतिम् दुरेवां यवेन क्षुधं पुरुहूत विश्वाम्।[2]

एवं विश्वक्षुधानिवृत्तये गवां योगदानममूल्यमेव।

(ख) कृषिफलसंरक्षणम्

कृषिसंरक्षणस्य द्वितीयः पक्षस्तु कृषिफलसंरक्षणं खलु। कृषिफलसंरक्षणस्याभिप्रायः कृष्युपघातकेभ्यः तत्त्वेभ्यः शस्यसंरक्षणमस्ति। आधिभौतिकाधिदैविकादिनानोपघातैर्बाध्यते कृषिः। अत्र प्रथमन्तावत् कृष्युपघातकानां निरूपणं तदनु संरक्षणोपायानां विवरणं प्रस्तूयते।

कृषिफलोपघातकाः—यैस्तत्त्वैः क्रियाभिश्च कृषिफलं बाध्यते नश्यते वा ताः कृष्युपघातका इति कथ्यन्ते। स्थूलरूपेण तेषं द्वौ वर्गौ—

(1) **आधिभौतिकाः**—अस्मिन् भूतले जाता भूस्खलनाग्निदाहाद्युत्पाता भूतलस्य प्राणिभिः मनुजपशुकीटपतङ्गादिभिः सृष्टा उपघाताश्चाधिभौतिका इति कथ्यन्ते।

(2) **आधिदैविकाः**—अतिवृष्टि-अनावृष्टि-उपलवृष्टिः-वज्रपात-दिग्दाहवात्याचक्राद्याधिदैविका उत्पाता मनुजानामपचारादधर्मतो वा भविन्त। अथर्ववेदे द्विविधोत्पातानामुल्लेखः-पार्थिवमान्तरिक्षं च, तत्रोत्पातशान्तये प्रार्थना ऋषीणाम्—

उत्पाताः पार्थिवान्तरिक्षाः शं नो दिविचरा ग्रहाः।
शं नो भूमिर्वेप्यमाना शमुल्कानिर्हतं यत्।।[3]

वराहाद्याचार्यैरुत्पातानां दिव्यान्तरिक्षभौमेति त्रिविधंविभाजनं कृतम् तेषां कारणमपि निगदितम्—

अपचारेण नराणामुपसर्गः पापसञ्चायाद् भवति।
संसूचयन्ति दिव्यान्तरिक्षभौमास्त उत्पाताः।[4]

कोशग्रन्थेषु एषां परिगणना षडीतिषु जाता—

---

1. अर्थशास्त्रम्/ 4/ 10, 13/
2. ऋग्वेदः/ 10/ 44/ 10/
3. अथर्ववेदः/ 19/ 9/ 7-8/
4. बृहत्संहिता/ 45/ 2/

अतिवृष्टिरनावृष्टिः शलभा मूषकाः खगाः।
प्रत्यासन्नाश्च राजानः षडेता ईतयः स्मृताः।।

कौटिलीयेऽर्थशास्त्रे प्रकृतिव्यसनवर्गे (8/1) पीडनवर्गे (8/4) उपनिपातप्रतीकार इति अध्याये (4/3) च निरूपणमेषाम्। तत्र अष्टौ महाभयानि—अग्निरुदकं व्याधिर्दुर्भिक्षं मूषिका व्यालाः सर्पा रक्षांसीति।[1]

एषु अग्निरुदकं व्याधिर्दुर्भिक्षं मरक इति दैवपीडनम् मतम्।[2]

कृषिसंरक्षणसन्दर्भे क्रमशो निरूपणमेषाम्—

(1) **अग्निभयतः शस्यसंरक्षणम्**—अग्निस्त्वतिविनाशकारी दाहिका शक्तिः खलु। दवाग्निरूपेणास्य वनस्पतिभक्षणक्षमता बहुधा वर्णिता वेदेषु—

तृषु यदग्ने वनिनो वृषायसे कृष्णं त एम . . . . ।[3]

यदाग्निर्वनसम्बद्धान्वृक्षान् दग्धुं वृषवदाचरति तदाग्नेर्गमनमार्गः कृष्णवर्णः सञ्जायते। ग्रीष्मे अग्नेरेकोऽपि स्फुलिङ्गः क्षेत्रस्थं पक्वं शस्यं खलस्थं धान्यराशिं वा भस्मसात्कर्तु-मलम्। अग्निपीडनमऽप्रतिकार्यं सर्वदाही चभवत्यतोऽग्नितः सस्यरक्षणाय निम्नाङ्किताः सुरक्षात्मकोपाया वर्णिता अर्थशास्त्रे—

(अ) यथाकालं सस्यं भाण्डारे प्रवेशनम्—सस्यादि यथाकालं जातं जातं भाण्डारे प्रवेशयेत्। क्षेत्रे खले वाऽधिकं समयं यावत् सस्यस्थापनं सस्यक्षतिकरं भवति।[4]

(ब) क्षेत्रसमीपे दाहकपदार्थानामनिधानम्—सर्वेऽपि क्षेत्रपरिकर्मिणोऽनग्निकाः स्युः। बुद्धिमान् कृषकः क्षेत्रात् सर्वानग्निवर्धकान् पदार्थान् संहरेत्। किञ्चित् पलालमपि क्षेत्रे न स्थापयेत्। तृणकटच्छन्नान्यपनयेत्।

(स) अग्निशामकानां सन्निधानम्—खले परिकर्मिणः सोदकाः स्युः। ग्रामेषु-नगरेषु च रथ्यासु कुटव्रजाः (जलकुम्भाः) सहस्रं तियुः।

(द) सुरक्षात्मकोपकरणानां व्यवस्था—कुम्भद्रोणीनिःश्रेणीपरशुशूर्पाङ्कुशकच-ग्रहणीदृतीनां च व्यवस्थाः स्युः।[5]

(ई) शासनस्य कर्तव्यम्—राजा अग्निरूपमहाभयाद् जनपदं रक्षेत्। अग्निजीविन

1. अर्थशास्त्रम्/ 4/ 3/ 1
2. अर्थशास्त्रम्/ 8/ 4/ 1
3. ऋग्वेदः/
4. अर्थशास्त्रम्/2/ 24/ 27/
5. अर्थशास्त्रम्/ 2/ 24/ 29, 2/ 36/ 11

एकस्थाने वासयेत्। प्रदीप्तमनभिधावतो गृहस्वामिनो द्वादशपणो दण्डः। प्रदीपकोऽग्निना वध्यः। बलिहोमस्वस्तिवाचनैः पर्वसु चाग्निपूजा कारयेत्।[1]

(2) **अनावृष्टितः कृषेः कृषकस्य च संरक्षणम्**—दीर्घकालावधिर्वर्षाया सर्वथाऽभावोऽनावृष्टिरिति कथ्यते। इयमपि 'ईतिः' प्राकृतिकविभीषिका वा मता। सृष्टिव्यवस्था-सञ्चालकनियमेष्वसंतुलनेन ऋतुचक्रे परिवर्तनेन चेयमापदा परिलक्ष्यते यथा प्रतिपादितमाचार्यवराहमिहिरेण—

स्वर्तूस्वभावजनितैः सामान्यैर्यैश्च लक्षणैर्वृद्धिः।
गर्भाणां विपरीतैस्तैरेव विपर्ययो भवति।[2]

संस्कृतवाङ्मयेऽनावृष्टेः प्राचीनतमः सन्दर्भो ऋग्वेदे प्राप्यते यत्र अनावृष्टिसंतप्तस्य राज्ञः शन्तनोः पुरोहितेन देवापिना वृष्टये प्रार्थ्यन्ते वृहिस्पति देवता।[3] निरुक्ते इयमैतिहासिकी घटनाऽऽख्यानरूपेण लभ्यते।[4]

अनावृष्टेः परिणामः शस्याल्पता, शस्याभावो विनाशो वा यथा वर्णितं छान्दोग्ये—

यदा सुवृष्टिर्न भवति व्याधीयन्ते प्राणा अन्नं कनीयो भविष्यति इति।[5]

अस्य परिणतिः दुर्भिक्षम् खलु अन्नजलाभावे जीवननाशश्च।

दीर्धकालिकाऽनावृष्टिरप्रतिकार्या भवति। अनावृष्टिः अतिवृष्टितोऽपि भयावहा मता निराजीवत्वात्।[6]

अल्पकालिक्या अनावृष्टेः प्रतीकार इत्थं करणीयः—

(अ) अदेवमातृका कृषिः—राष्ट्रे शासनेन जनसहयोगेन च कूप-तडाग-वाप्यादीनां खननं, सेतुबन्धादीनां निर्माणं च कार्यम् येन कृषिरदेवमातृका स्यात्—यथा निर्दिष्टं कौटिल्येन—

अनुदके कूपसेतुबन्धोत्सान् स्थापयेत्।[7]

---

1. अर्थशास्त्रम्/ 2/ 36/ 11, 13; 4/ 3/ 1, 4/ 5
2. बृहत्संहिता/ 21/27/
3. i. बृहस्पते प्रति मे देवतामिहि त्स पर्जन्यं शन्तनवे वृषाय
   ii. यया वृष्टिं शन्तनवे वनाव . . . । ऋग्वेद / 10/ 98/ 1, 3
4. तत्रेतिहासमाचक्षते। देवापिश्चार्ष्टिषेणः शन्तनुश्च कौरव्यौ भ्रातरौ बभूवतुः। शन्तनुः कनीयानभिषेचयाञ्चक्रे। देवापिस्तपः प्रतिपेदे। ततश्शन्तनो राज्ये द्वादशवर्षाणि देवो न ववर्ष। निरुक्तम् / 2/ 3/ 10/
5. छान्दोग्योपनिषद्/ 7/ 10/ 1/
6. अर्थशास्त्रम्/ 8/ 2/ 12/
7. अर्थशास्त्रम्/ 2/ 34/ 6/

(ब) **वर्षाजलस्य समुचितं सरक्षणं कर्त्तव्यम्**—सेतुबन्धेन वर्षाजलस्य समुचितं संरक्षणं कर्तव्यम्। सहोदकमाहार्योदकं वा सेतुं बन्धयेत् इति अर्थशास्त्रस्य निर्देशः।

(स) वृष्टिविज्ञानेन अनावृष्टेः पूर्वज्ञानम्—गर्ग-वराह-पराशरादि प्रोक्तेन वृष्टिविज्ञानेनानावृष्टेः पूर्वानुमानं कृत्वा क्षेत्रे बीजवपनमेव न करणीयम्। कृषकेन क्षेत्रे बीजावापेन यत् कष्टं स्यात् ततोऽपि बहुगुणं कष्टं भवेत् सस्यनाशेन बीजनाशेन वा—

(i) प्रयासवधात्सस्यवधो मुष्टिबधात् पापीयान्।

(ii) 'गर्भधान्यमवृष्टिरुपहन्ति।' इति मतं कौटिल्यस्य।[1]

(द) शासकीयानुग्रहः

(i) दुर्भिक्षे राजा बीजभक्तोपग्रहं कृत्वाऽनुग्रहं कुर्यात्।

(ii) दुर्गसेतुकर्म वा भक्तानुग्रहेण कारयेत्।

(iii) दुर्भिक्षपीडितान् देशान्तरं प्रापयेद् वा

(iv) मित्राणि वा व्यपाश्रयेत्।

(v) धनिकेभ्यो धनमाकर्ष्य वा आपत् प्रतिकारं कुर्यात्।

(vi) सस्यपूर्णमन्यविषयं वा सजनपदो यायात्।

(vii) समुद्रसरस्तटाकानि वा संश्रयेत्।

(viii) धान्यशाकमूलफलावापान् सेतुषु कुर्वीत।

(ix) मृगपशुपक्षिव्यालमत्स्यादिभ्यो प्राणरक्षणं वा।[2]

(ई) यज्ञैः मेघबीजनम् पोषणञ्च—यज्ञैधूमैः पर्जन्योद्गमो वृष्टिश्च भवत इति सुप्रमाणितं वैज्ञानिकं सत्यं बहुधा निरूपितं संस्कृतवाङ्मये यथा भगवद्गीतायाम्—

यज्ञाद्भवति पर्जन्यो यज्ञः कर्मसमुद्भवः।[3]

तथ्यमिदं प्रकारान्तरेणाभिहितं शाकुन्तले, पृथिव्या जलचक्रं चलति परस्परादान-प्रदानेन। बिडौजा पृथ्वीं प्रति जलधारां प्रेषयन्ति, मानवा इन्द्रं प्रति हवींषि च—

भवतु तव बिडौजा प्राज्यवृष्टिः प्रजासु त्वमपि विततयज्ञो वज्रिणं भावयेथाः।[4]

ऋग्वेदस्य साक्ष्येण ज्ञायते यत् देवापिकृतस्तुतिबलेन यज्ञेन च शन्तनुराज्ये प्रभूता वृष्टिरभूत्।[5]

---

1. अर्थशास्त्रम्/2/ 1/ 10/
2. अर्थशास्त्रम्/ 8/ 2/ 11/
3. भगवद्गीता/ 3/ 14/
4. अभिज्ञानशाकुन्तलम्/ 7/ 34/
5. आर्ष्टिषेणो होत्रमृषिर्निषीदन् देवापिर्देवसुमतिं चिकित्वान्।
   स उत्तरस्मादधरं समुद्रमपो दिव्या असृजद्वर्ष्यां अभि।। ऋग्वेदः/ 10/ 98/ 5/

(3) **अतिवृष्टितः कृषिसंरक्षणम्**—आवश्यकतामतिक्रम्य बहुकालं यावन्महामेघैः धारापातेन या प्रबलवृष्टिः क्रियते साऽतिवृष्टिरिति निगद्यते, यथा विष्णुपुराणे वर्णनम्—

सप्तरात्रं महामेघा ववर्षुर्नन्दगोकुले।
आकाशं छादयासासुः सर्वतः पर्वतोपमाः।।
अतिवृष्टेन लोकस्य विरूपमभवद्वपुः।[1]

अतिवृष्ट्या जन-धन-पशु-शस्यादीनामपरिमेया हानिर्भवति। जलप्लावनेन निमज्जन्ति कृष्यक्षेत्राणि शस्यसम्पदश्च। अतिवृष्टिः प्राकृतिकविभीषिकारूपेण समागच्छत्यानूपेषु, सुरक्षात्मकोपायानाश्रित्य शस्यरक्षणं शक्यम् जाङ्गलेषु साधारणे च देशे। आनूपेषु तु कृषकपरिवाराणां प्राणरक्षणमेव प्रकारान्तरेण कृषिसंरक्षण भवति।

(अ) कृष्यक्षेत्रात् जलनिष्कासनम्—नालिकाखननेन क्षेत्राज्जलापवाहस्य व्यवस्था करणीया यतः पूरोत्पीडे क्षेत्रस्य तडागस्य वा परीवाहैव प्रतिक्रिया भवति।[2]

(ब) दृढ़बन्धनिर्माणेन जलप्रवाहावरोधः—क्षेत्रेषु प्रविश्यन्तं जलप्रवाह-मनेनोपायेन रोधयितुं शक्यते।

(स) क्षेत्रस्यैकभागे वापीं खनित्वा जलसंग्रहः—अतिवृष्ट्या प्रवाहिताभिः जलधाराभिः वापीकूपादिषु जलसंग्रहः कार्यः।

(द) जलप्लावनतः प्राणरक्षा—वर्षारात्रमानूपग्रामाः पूरवेलामुत्सृज्यान्यत्र वसेयुः। काष्ठवेणुनावश्चावगृहणीयुः। नदीप्रवाहे उह्यमानमलाबूदृतिप्लवगण्डिकावेणिकाभिस्ता-रयेयुः। अनभिसरतां द्वादशपणो दण्डः।

(इ) दिव्यशक्तीनां तोषणं—

(i) पर्वसु च नदीपूजाः कारयेत्

(ii) मायायोगविदो वेदविदो वर्षमभिचरेयुः।

(iii) वर्षावग्रहे शचीनाथगङ्गापर्वतमहाकच्छपूजाः कारयेत्, इति कौटिल्यः।[3]

(4) व्याधिभ्यः कृषिसंरक्षण्—अतिवृष्टयनावृष्टिवद् व्याधिरपि शास्यविनाशाय भवति। तत्र शस्यव्याधेर्नाना कारणानि सन्ति—

1. विष्णुपुराणम्/2 85/ 11/
2. उत्तररामचरितम्/ 3/ 29/
3. अर्थशास्त्रम्/ 4/ 3/ 5-9/

(i) रुजोत्पादककीटानां संक्रमणम्।

(ii) हिमपातोऽतिशीतञ्च।

(iii) अतिवृष्टिजलाधिक्यञ्च।

(iv) अवृष्टिर्जलाभावो वा।

(v) तापाधिक्यमातपाभावो वा।

(vi) पादपमूलानां परस्परव्यामिश्रता

(vii) विहगानां लेखनञ्च।

एभिः कारणैः पादपेषु शाखास्तम्बनालादिनां विगलनं कोषिकास्फोट पाण्डुपत्रता रुक्षता शाखाशोषो, छिन्नपत्रता प्रवालानामवृद्धिः रसस्रुतिरवन्ध्यत्वमादिरोगा जायन्ते—

शीतवातातपै रोगो जायते पाण्डुपत्रता।
अवृद्धिश्च प्रवालानां शाखाशोषो रसस्रुतिः।।[1]

तत्र रोगेभ्यः सस्यसंरक्षणस्याधोलिखितोपायाः सन्ति—

(अ) औषधैः पादपचिकित्सा—सस्यचिकित्सा वृक्षचिकित्सा वा वृक्षायुर्वेदशास्त्रस्यैको महत्त्वपूर्णो विषयो वर्तते। तत्र रोगापनोदनैः पादपान् पुनर्नवान् कर्तुमधोलिखिता चिकित्सा[2] वर्णिता—

(i) शाखाच्छेदनम्—सर्वप्रथमं शस्त्रैः रुजाक्रान्तानां कीटसंक्रान्तानां वा शाखानां छेदनं कार्यं रोगसंक्रमणप्रतिरोधाय। एवं रुजाक्रान्तप्ररोहाणामुत्पाटनमपि कर्तव्यम्।

(ii) प्रलेपनम्—घृतमिश्रितविडंगैः कर्दमेन च विशोधितान् पादपान् स्तम्बान् गुल्मांश्च लेपयेत्। तत्र कर्दमः दाहपित्तास्रशोथघ्नः शीतलः सरः स्वगुणैः पादपेभ्योऽपि हितः भवति।

---

1. बृहत्संहिता/ 54/ 14/
2. काश्यपसंहितायां वृक्षचिकित्सा विधिः
येऽपिपर्णफलैर्हीना रुक्षाः पत्रैश्च पाण्डुरैः।।
शीतोष्णवर्षवाताद्यैर्मूलैर्व्यामिश्रितैरपि।
शाखिनां तु भवेद् रोगो द्विजानां द्विपानां लेखनेन च।।
चिकित्सा तेषु कर्तव्या ते च भूयुः पुनर्नवाः।
शोधयेत् प्रथमं शस्त्रैः प्रलेपं दापेयत् ततः।।
कर्दमेन विडंगैश्च घृतमिश्रैश्च लेपयेत्।
क्षीरतोयेन सेकः स्यात् रोहणं सर्वशाखिनाम्।।

(iii) सेचनम्— तदनु क्षीरतोयेन पादपान् सेचयेत्। फलनाशे सति— माषमुद्गतिलयवकुलत्थैश्च शृतशीतपयः सेकः फलपुष्पसमृद्धये भवति।[1]

(ब) मन्त्रचिकित्सा— शस्यानां व्यधिभयखण्डनाय मंत्रशक्तेः प्रयोगोऽपि कार्यः 'ऊँ सिद्धि श्रीगुरुपादेभ्यो नमः . . . घां घीं घूं घः' इति मन्त्रमलक्तकेन लिखित्वा सस्येषु बन्धयेत्। फलमस्य पराशरमते–न व्याधिकीटहिंस्राणां भयं तत्र भवेत् क्वचित्।[2]

(स) औपनिषदिकप्रयोगाः शान्तिकर्मादयः— व्याधिभयमौपनिषदिकैः प्रतीकारैः प्रतिकुर्युः शान्तिप्रायश्चितैर्वा सिद्धतापसाः। इति कौटिल्यः।[3]

(5) कीट-पतङ्ग-मूषक-खग-पशु-व्यालादिभ्यः शस्यसंरक्षणम्— कीटमूषकशलभादयः क्षेत्रस्थशस्याय घातका भवन्ति। क्रमशः संरक्षकोपायानां निरूपणम्—

(i) कीटेभ्यः संरक्षणम्(कीटनियन्त्रणम्)—शस्यसमृद्धये सर्वाधिकं भयं कीटेभ्यो भवति। अत्यार्द्रताऽऽतपाभाव-मेघाच्छादितवातारण-संक्रमितबीजवपनरोपणादिभिः प्रयोजकैः शस्येषु नानाविधकीटानां प्रकोपो दृश्यते। एषु कीटेषु केचनुल्लिखिताः कृषिपाराशरे—

शांखीगान्धीपाण्डरमुण्डीधूलीशृङ्गीकुमारी मडकादयः।[4]

एषु गान्धी व्रीहिधान्यस्य कीटमस्ति, 'गांधी बग' इति कथ्यते भाषायाम्। शिशवः प्रौढ़कीटाश्च शालिपत्राणां शालिमञ्जरीणां च रसं निपीय कणिशं सुषिरं कुर्वन्ति येन बीजागमो न भवति मञ्जरीषु। शृङ्गारी शृङ्गयुक्तः कीटः, धूलिः घुणश्च।

कीटनियन्त्रणायाधोलिखितोपायाः करणीयाः—

(अ) कीटनाशकानां प्रयोगः—स्नुहिक्षीरमेकमुत्तमं कीटनाशकं विषं मतम् आयुर्वेदे, पुरातनं स्नुहीवृक्षं शस्त्रेण विपाट्य क्षीराहरणस्य निर्देश[5] कौटिल्यमते प्ररूढं सस्यं स्नुहीक्षीरपायनं हितकरं मतम्।[6] **आयुर्वेदेऽधोलिखितकीटनाशकौषधानां**

1. बृहत्संहिता/ 54/ 16/
2. कृषिपाराशरः/3/ 115/
3. अर्थशास्त्रम्/ 4/ 3/ 10/
4. कृषिपाराशरः /3/ 115/
5. सेहुण्डो रोचनस्तीक्ष्णो दीपनो कटुको गुरुः
   व्रणशोथज्वरप्लीहविषदूवीविषं हरेत्।। भावप्रकाशः / गुडूच्यादिवर्गः / 74-75/
   तं विपाट्य हरेत्क्षीरं शस्त्रेण मतिमान् भिषक्।
   द्विवर्षं वा त्रिवर्षं वा शिशिरान्ते विशेषतः।। चरकसंहिता/ 10/
6. प्ररूढाँश्च . . . . स्नुहिक्षीरेण पाययेत् / अर्थशास्त्रम्/ 2/ 24/ 22/

समुल्लेखः—गुडूचीशालपर्णीकण्टकारीकलिहारी—एरण्ड-अर्क करबीरधत्तूर-निम्बपारिभद्रकाञ्चनारशोभाञ्जन-अपराजितासिन्दुवारकरञ्जकरञ्जीगुञ्जाचिह्लक-इज्जल-अङ्कोट-अतिबलावाराहीकन्दविशल्या-ऐन्द्रीनीली-अस्थिसंहारी-सारिवा नागपुष्पी-अर्कपुष्पीशङ्खपुष्पी-अलम्बुषाशरपुङ्खमुण्डीमेषशृङ्गीत्रायमाणाकाकङ्घाभृङ्गराजप्रभृतयः।[1] एवं मारितताम्र-आरकूटसिन्दूर-तुत्थ-खर्परलोहशिलाजतुगन्धकादिधातवोऽपि कृमिघ्ना भवन्ति।

अर्थशास्त्रे औपनिषदिकप्रकरणे जीवापहारकनानायोगानां निरूपणं जातम्—

शलभैः विनश्यन्ति जनपदाः। छान्दोग्ये मटचीहतकुरुजनपदस्योल्लेखः।[2]

शलभादीनां प्रतिकारोऽपि अनेन भवति। सर्पभये प्रयोक्तव्यः कार्पाससारसर्पनिर्मोकयोश्च धूमः कीटभयेऽपि प्रदातव्यः।[3]

(ब) उपचरितशुद्धबीजवापनं रोपणं वा—बहुधाऽशुद्धकीटसंक्रान्तबीजवापनेन शाखादिरोपणेन च क्षेत्रे षण्डे वाटे वा बीजेन सह कीटसंक्रमणं जायतेऽतः 'सर्वबीजानां तु प्रथमवापं सुवर्णोदकसंप्लुतां पूर्वमुष्टिं वापयेत्' इति निर्देशः कौटिल्यस्य।[4] आयुर्वेदे समयङ्मारितं सुवर्णं विषद्वयं (स्थावरंजङ्गमञ्च) नाशकं मतम्।[5]

(स) बीजवापनत् प्राक बहुवारं क्षेत्रकर्षणम्—अनेन कीटा विनश्यन्ति।

(द) मंत्रप्रयोगः—यथा पूर्वमेव प्रोक्तं मन्त्रप्रयोगेणापि कीटभयं नश्यति।

(ii) मूषकेभ्यः संरक्षणम्—भाण्डारे शस्यक्षेत्रे च सर्वत्रैव भयं भवति मूषकेभ्यः। मूषकाः स्वतीक्ष्णदन्तैः धान्यस्तम्बान् मञ्जरीन् पादपमूलान् वा कर्तयन्ति। मूषकैः सर्पभयोऽपि सञ्जायते क्षेत्रेषु यतो मूषकाः सर्पाणां भक्ष्या भवन्ति। मूषकभयस्य प्रतिकार इत्थं वर्णितः कौटिल्येन—

(अ) मूषिकभये मार्जारनकुलोत्सर्गः। तेषां ग्रहणहिंसायां द्वादशपणोदण्डः मार्जारमारकानां शुनामपि निग्रहःकार्यः।

(ब) मूषिकविनाशाय स्नुहिक्षीरलिप्तानि धान्यानि विसृजेत। उपनिषद्योगयुक्तानि वा मारणद्रव्याणि। मूषिकग्राहकं जनं यन्त्रं वा प्रयुञ्जीत।

---

1. भावप्रकाशः /गुडूच्यादिवर्गः/
2. छान्दोग्योपनिषद्/ 1/ 10/ 1/
3. अर्थशास्त्रम्/ 2/ 24/ 23/
4. अर्थशास्त्रम्/ 2/ 24/ 24/
5. भावप्रकाशः /धात्वादिवर्ग / 8 /

(स) मूषिकप्रकोपशान्तिं वा सिद्धतापसाः कुर्युः। पर्वसु च मूषिकपूजाः कारयेत्।[1]

(iii) खगेभ्यः संरक्षणम्—चटकाः शुकाः क्रौञ्चसारसादयः पक्षिणः शास्योपघातका भवन्ति।

कृष्युपघातकवयादीनामुल्लेखो ऋग्वेदेऽपि प्रप्यते यत्र उच्चैः शब्दं कुर्वन्ति कृषीवलाः सस्यं रक्षयन्ति—

उदप्रुतो न वयो रक्षमाणा वावदतो।[2]

शरदि हेमन्ते च शालिक्षेत्राणां समीपे सारसानां सञ्चरणं बहुधा वर्णितं संस्कृतवाङ्मये, यथा रामायणे सारसैः पक्वशालिभक्षणस्य सन्दर्भः—

विपक्वशालिप्रसवानि भुक्त्वा प्रहर्षिता सारसचारुपङ्क्तिः।[3]

एवं ऋतुसंहारे—

परिणतबहुशालि व्याकुलग्रामसीमा विनिपतितुषारः क्रौञ्चनादोपगीतः।।[4]

सारसक्रौंचादिभ्यः शस्यसंरक्षणायाधोलिखितोपाया वर्णिताः—

(अ) **शस्यपालकैः क्षेत्ररक्षणम्**—रघुवंशे शालिगोपीनां वर्णनं या गीतानि गायन्त्यः क्षेत्ररक्षणकार्यं कुर्वन्ति—

इक्षुछायानिषादिन्यो . . . शालिगोप्यो जगुर्यशः।[5]

(ब) **कङ्कादिभिः क्षेत्रक्षणम्**— पशुपक्षित्राणाय कृत्रिमपुरुषं (कङ्कां) निर्माय क्षेत्रमध्ये स्थापनस्य विधिरपि सुपरिचितमेव यस्यवर्णनं श्री राजेन्द्रमिश्ररचिते 'कङ्का' कथायाम् प्राप्यते।

(स) **व्याधैः जालादिभिः पक्षिग्रहणम्**—कौटिल्यमते मूषिकप्रतिकारवत् पक्षिभयप्रतिकारोऽपि कर्तव्यः।

(iv) सर्पेभ्यः संरक्षणम्—कृष्यक्षेत्रेषु ग्रामेषु च बहुधा सर्पदंशैः कृषिकार्मिकाणां पशूनाञ्च मृत्युः जायते। तत्र सर्पभये सति—

(क) **कार्पाससारं निर्मोकं सर्पस्य च समाहरेत्।**
न सर्पास्तत्र तिष्ठन्ति धूमो यत्रैष तिष्ठति।।

---

1. अर्थशास्त्रम्/ 4/ 3/ 15-16/
2. ऋग्वेदः/ 10/ 68/ 1/
3. रामायणम् / किष्कि०/ 30/ 47/
4. ऋतुसंहारम्/ 4/ 19/
5. रघुवंशम्/ 4/ 20/

(ब) मन्त्रैरोषधिभिश्च जाङ्गलीविदः (विषवैद्याः) सर्पभयं प्रतिकुर्युः—

(स) सम्भूय वा ग्रामवासिनः सर्पान् हन्युः।

(द) अथर्ववेदविदो वा अभिचारैः सर्पान् विनाशयेयुः।

(ई) पर्वसु च नागपूजाः कारयेत्।[1]

(v) पशुभ्यः क्षेत्ररक्षण—अजाऽविगोमहिषादि बुसभक्षिभिर्जानपदैः पशुभिः मृगवराह–गजादिवन्यपशुभिश्च शस्यक्षेत्रे शस्यहानिः क्रियते, यथा वर्णितं किरातार्जुनीये महाकाव्ये वृषोपभुक्तसस्यसम्पदः क्षेत्राणि[2] ऋतुसंहारे च—

प्रभूतशालिप्रसवैश्चितानि मृगाङ्गनायूथविभूषितानि सीमान्तराणि।[3]

पशुकृतसस्यहानिं प्रति चिन्ता शासकवर्गेष्वपि परिलक्ष्यतेऽतः वरतन्तुशिष्यं कौत्सं प्रति महाराजरघोः प्रश्नः—नीवारपाकादि कडङ्गरीयैरामृश्यते जानपदैर्न कच्चित्।[4]

पशुभयं समीक्ष्य पशुव्रजोपरुद्धा शस्यवापयोग्योत्तमाभूमिरपि मोक्षयितुं क्षमा इति कौटिल्यस्य निष्कर्षः।[5]

वन्यैः व्याघ्रादिपशुभिः प्राणभयोऽपि भवति ग्राम्यजनानां पशूनाञ्च पशुभयप्रतिकाराय बहव उपाया वर्णिता आचार्यकौटिल्येन, तत्र प्रथमन्तावद् वन्यपशुप्रतिकारोपाया निरूप्यन्ते—

(अ) व्यालभये मदनरसयुक्तानि पशुशवानि प्रसृजेत्। लुब्धकाः श्वगणिनो वा कूटपञ्जरावपातैश्चरेयुः। आवरणिनः शस्त्रपाणयो व्यालानभिहन्युः।

(ब) पर्वसु च पर्वतपूजाः कारयेत्।[6]

ग्राम्यपशुप्रतिकारोपायाः—

(अ) **गोचारणाय गोप्रचारस्य व्यवस्था**—क्षेत्ररक्षणस्य कृते ग्राम्यजनेच्छया राजेच्छया वा गोचारणाय कियानपि भूभागोऽकृष्टः परिकल्पनीयः। तत्राऽकृष्टभूमेः

---

1. अर्थशास्त्रम्/ 2/ 24/ 24/ ; 4/ 3/ 21/
2. किरातार्जुनीयम्/ 4/ 8/
3. ऋतुसंहारम्/ 4/ 8/
4. रघुवंशम्/ 5/ 8/
5. अर्थशास्त्रम्/ 4/ 8/ 24/
6. अर्थशास्त्रम्/ 4/ 3/ 18-19/

परिमाणं ग्रामेषु धनुः शतं खर्वटे द्वे शते नगरे चतुःशतं धनुषं स्यात् इति याज्ञवल्क्यः।[1] यदि कश्चित् तत्र धान्यं वपति अपरिवृतं च धान्यं पशवो विहिंस्युः तदा नृपतिः पशुरक्षिणाम् दण्डं न प्रणयेद्, इति मनुः।[2] कौटिल्यमते पशुप्रचारार्थ वने विवीतं कारयेत्। तेषां निवासार्थं ग्रामाद्धनुः शतापकृष्टमुपसालं कारयेत्।[3]

(ब) **क्षेत्रेषु वृत्तिविधानम्**—क्षेत्रसंरक्षणार्थं सस्यसंरक्षणार्थं च वृत्तिविधानम-प्यावश्यकम्। तत्र वृत्तिं कण्टकबहुलैर्गुल्मपादपादिभिः कर्तव्यम्, यथा दशार्णेषु केतकैः रचितोपवन–वृत्तयः।[4] वृत्त्युच्छ्रयसम्बन्धे मनोः मतमस्ति—

वृत्तिं तत्र प्रकुर्वीत यामुष्ट्रो न विलोकयेत्।
छिद्रं च वारयेत्सर्वं श्वसूकरमुखानुगम्।।[5]

(स) **पशुस्वामिने गोपालकाय पशवे च दण्डविधानम्**—क्षेत्रेषु पशुचारणमक्षम्यापराधोऽस्ति' इति मत्वा शस्यक्षतिपरिमाणानुरूपो दण्डोऽपि विहितो धर्मशास्त्रकारैः।

(i) परसस्यविनाशकारिणी महिषी अष्टौ माषान् दण्डनीया। गौस्तदर्धं अजा मेषाश्च माषद्वयं दण्डनीयाः।

(ii) अपराधातिशयेन क्वचिद्दण्डद्वैगुण्यं स्यात्। यदि पशवः परक्षेत्रे शस्यं भक्षयित्वा तत्रैवानिवारिताः शेरते तदा यथोक्तद्दण्डो वेदितव्यः। सवत्सानां पुनर्भक्षयित्वोपविष्टानां चतुर्गुणो दण्डो ज्ञातव्यः।

(iii) यस्मिन् क्षेत्रे यावद्धान्यादिकं गवादिभिविनाशितं तावत्क्षेत्रफलं एतावति क्षेत्रे एतावद्भवति' इति सामन्तैः परिकल्पितं तत्क्षेत्रस्वामिने गोमी दापनीयः। गोपास्तु ताडनीय एव।

(iv) **पथि ग्रामबिवीतान्ते क्षेत्रे दोषो न विद्यते।**
अकामतः कामचारे चौरवद्दण्डमर्हति।।

पथि मार्गसमीपवर्तिनि क्षेत्रे ग्रामविवीतसमीपवर्तिनि च क्षेत्रे अकामतो गोभिर्भक्षिते शस्ये गोपगोमिनोर्द्वयोरप्यदोषः। कामतश्चारणे तु चौरस्य यादृशो दण्डः तादृशं दण्डमर्हति,

---

1. अर्थशास्त्रम्/ 3/ 10/ 13-14/
2. मेघदूतम्/ 1/ 25/
3. मनुस्मृतिः/ 8/ 239/

इति याज्ञवल्क्यः।[1]

(v) वेश्मखलवलयगतानां च धान्यानां भक्षणे हिंसाप्रतिकारं कुर्यात्।

(vi) अभयवनमृगाः परिगृहीता वा भक्षयन्तः स्वामिनो निवेद्य यथाऽवध्यास्तथा प्रतिषेद्धव्याः।

(vii) पशवो रश्मिप्रतोदाभ्यां वारयितव्याः। तेषामन्यथा हिंसायां दण्डपारुष्य-दण्डाः। प्रार्थयमाना दृष्टापराधा वा सर्वोपायैर्नियन्तव्याः इति कौटिल्यः।[2]

एवं पशुभ्यः सस्यरक्षणार्थं विहितव्यवस्थया राष्ट्रस्य शस्यसंरक्षणं प्रति महती चेतना द्योत्यते। सर्वत्र दण्डविधाने पशुधनं प्रति संरक्षणशीलमानवीयभावनाऽपि परिलक्ष्यते।

(ग) कृषेः शासकीयसंरक्षणम्

कृषिसाधनसंरक्षणस्य शस्यसंरक्षणस्य च सर्वेऽपि व्यक्तिगतप्रयत्नाः शासकीयसंर-क्षणेनैव साफल्यं यान्ति। वस्तुतः प्रकृतिः, राजा प्रशासनतन्त्रञ्च सम्भूय एवराष्ट्रसमृद्धि-हेतुर्भवति फलतः कृषिं प्रति प्रशासनस्य संरक्षणशीलनीतिः राष्ट्रियकृषिसंरक्षणे महत्त्वावहां भूमिकां दधाति। कृषिस्तु राष्ट्रस्य प्राणधारिका वृत्तिरतः कृषिमहत्त्वं विज्ञाय सर्वैरपि राष्ट्रैः कृषिसंरक्षणं प्रति महदवधानं दातव्यम्।

आचार्यकौटिल्येन कृषिसंरक्षणे प्रशासनस्य भूमिका सुविस्तरेण वर्णिता अर्थशास्त्रे, येषां यथावसरमुल्लेखो जातः। दैव्यापदासु राष्टनीतिः कीदृशी स्यादस्मिन् विषये कथयति कौटिल्यः—

(1) सर्वत्र चोपहतान् पितेवानुगृह्णीयात्।[3]

वस्तुतः प्रजानां बन्धुकृत्यं तु राज्ञि एव परिपूर्णतां याति।

(2) व्यधिदुर्भिक्षादिषु सर्वा व्ययक्रीडा वारयेत्। राजविहारोऽपि परिहर्तव्यो यतः राजविहारः स्वयं वल्लभैश्च धनातिव्ययेन जनपदं पीडयति।[4]

(3) राजा दण्डविष्टिकराबाधैरुपहतां कृषिं रक्षेत्। राज्ञः करग्रहणविषये नीतिकाराणां मतमस्ति—**मालाकारो इव ग्राह्यो भागः नाङ्गारकारवत्।**

बहुमध्याल्पफलतस्तारतम्यं विमृश्य च।।

---

1. याज्ञवल्क्यस्मृतिः / व्यवहाराध्यायः / 159-162/
2. अर्थशास्त्रम्/ 3/ 10/ 18-20/
3. अर्थशास्त्रम्/ 3/ 10/ 23/
4. अर्थशास्त्रम्/ 2/ 1/ 17; 8/ 4/ 14/

राजा कर्षकाद्भागं तथा हरेद् यथा स नष्टो न भवेत्, इति शुक्रनीतिः।[1] आपदि विपदि करमुक्तिरपि स्यात्।

(4) स्तेनव्यालविषग्राहैः व्याधिभिश्च पशुव्रजान् रक्षेत्।

(5) ऋणादि व्यवहारहतान् सत्याचारान् कृषीवलान् राजा समुद्धरेत्।।[2]

इत्थं नानाप्रयत्नैः संरक्षिता कृषिः फलति सुवर्णरूपं शस्यम् राष्ट्राय प्रकृतये च।

1. शुक्रनीतिः/ कोशनिरूपणप्रकरणम्/ 109,110/

2. शुक्रनीतिः/ 5/ 93/

8

कृषिसम्वर्द्धनम्

राष्ट्रसमृद्धये प्रजापोषणाय च कृषिसम्वर्द्धनमावश्यकम्। अनुदिनमुपचीयमान-जनसंख्या भारतराष्ट्रस्यैका सर्वग्रासिनी समस्या वर्तते। एकार्बुदतोऽप्यधिके जनसंख्यके भारतदेशे-सर्वेषां कृते पौष्टिकाहारो वस्त्रमावासः स्वास्थ्यञ्च स्युरिति राष्ट्रस्य प्रार्थमिकं कर्तव्यं सर्वोपरि लक्ष्यं च। लक्ष्यमिदं कृषिसंवर्द्धनेनैव साध्यम्। प्राचीनकालेप्यधिकतमन्नोत्पादनमस्माकं लक्ष्यमासीत्—यथा प्रतिपादितं तैत्तिरीयोपनिषदि—

अन्नं बहु कुर्वीत। तद् व्रतम्। यया कया च विधया बह्वन्नं प्राप्नुयात्।[1]

अधुनातनयुगेऽपि 'सर्वे भवन्तु सुखिनः सर्वे सन्तु निरामयाः 'इति उद्घोषस्तु कृषिसम्बर्द्धनेनैव सफलः सार्थकश्च भवितुं शक्यते।

कृषिसम्वर्द्धनस्याभिप्रायः कृषिसंसाधनानां सम्वर्द्धनं कृषिफलसम्वर्द्धनं च द्वयमप्यस्ति। अतः प्रथमं कृषिसंसाधनवर्द्धकोपायानां निरूपणं क्रियते तदनु शस्यसम्वर्द्धककारका विवेच्यन्ते।

(क) संसाधनसम्वर्द्धकोपायाः

(1) भूमिसंवर्द्धनम्—

जनसंख्यावृद्धिना सह यदा मानवीयावासाः पृथिवीपृष्ठे सम-विषम-उर्वरानुर्वर-मरु-कच्छसर्वेष्वेव भूभागेषु सर्वत्र प्रसृतास्तदा कृष्यभूमेरपि विस्तारो वाञ्छनीयो जातः। कृषिभूमिसंवर्द्धनायावश्यकं भूमिच्छिद्रविधानम्।

भूमिच्छिद्रविधानम्—

(*i*) **अभिप्रायः**—भूमिच्छिद्रविधानन्तु भूमेरधिकतमोपयोगस्य अकृष्योषरभूमिमपि बन्ध्यत्वदोषपरिमार्जनेन कृष्युपयोगीकरणस्य विधिः विज्ञानं कौशलं वाऽस्ति। भूमिदोषान् दूरीकृत्य कृष्यभूमिविस्तारस्य कृषिसम्वर्द्धनस्य च मानवकृतप्रयासो भूमिच्छिद्रविधानम् इति पदेनावगन्तव्यम्।

---

1. तैत्तिरीयोपनिषद् /3/9–10/

(*ii*) **भूमिच्छिद्र (दोष)-स्वरूपम्**—भूमिदोषा अवगुणा वा भूमिच्छिद्रा इति कथ्यन्ते। सामान्यतया 'भूमिः' इति शब्देन भूमेरुर्वरताऽपि द्योत्यते। संस्कृतवाङ्मये कोशग्रन्थेषु च 'उर्वरा' इति पदस्य प्रयोगो भूमेः पर्य्यारूपेण जातः। भूमिस्तु जीवानां योनिः यथा प्रतिपादितं मनुना—

इयं भूमिर्हि भूतानां शाश्वती योनिरुच्यते।[1]

'रसा' 'विश्वम्भरा' 'अन्नप्रसवा' आदि भूमिनामानि तदैव सार्थकतां भजन्ति यदा भूमिः कृषियोग्या शस्योत्पादनक्षमा वा भवति। स्योत्पादनाक्षमता भूमेः महानतमो दोषः। एवं कृषिदृष्ट्याऽधोलिखितानि भूमिच्छिद्राणि सन्ति—

(अ) संरचनागतम्—वैषम्यं, तीव्रप्लवयुक्तत्वं, शर्कराबहुलत्वं, उपलबहुलत्वं, बालुकामयत्वं, गहनखातगर्तनालिकादियुक्तत्वं जलधारणाक्षमत्वं च।

(ब) रसगतम्—अरसत्वं, क्षारत्वमम्लत्वं वा।

(स) स्पर्शगतम्—काठिन्यं कार्कश्यञ्च।

(द) आगन्तुकधर्मगम्—हानिकारकतृणगुल्मलतादिबहुलत्वं, प्रदूषकैः प्रदूषितञ्च।

(iii) भूमिच्छिद्रस्य कारणानि—भूमिदोषस्य नैसर्गिकाणि मानवकृतानि च नैकानि कारणानि सान्ति।

(अ) तत्र नैसर्गिककारणानि—

(i) तीव्रवायुप्रवाहातिवृष्टिनदीप्रवाहभूकम्पादिजन्यमृत्तिकाक्षरणं भूम्यपरदनञ्च।

(ii) अतिताप—अनावृष्टिशुष्कवातावरण—नदीलोपादिभिः भूमेरार्द्रतालोपः।

(iii) सततहिमपातेन भूमेः हिमाच्छादनम्।

(ब) मानवकृतकारणानि—

(i) दीर्घकालं यावद् भूमेरकर्षणं, दुरुपयोगः कृष्य भूमेरतिक्रमणञ्च।

(ii) कृष्यभूमिषु पशुचारणम्।

(iii) कृष्यभूमिषु अपद्रव्यानां प्रक्षेपणं प्रवाहनं वा।

(iv) उर्वरताक्षतिपूर्त्या विना दीर्घकालं यावद् क्षेत्रेषु नैकानां सस्यानामुत्पादनम्।

(v) मानवकृतवनविनाशेन जलचक्रे परिवर्तनम्, मृदाक्षरणं भूस्खलनम् वा।

(vi) जलस्रोतसामरक्षणम् च।

तत्र भूमिछिद्रविधानसंदर्भेऽवज्ञेयं यत् केचन् भूमिदोषास्तु सर्वथाऽपरिमार्जनीया भवन्ति केचन् परिमार्जनयोग्या च। भूमिच्छिद्रविधानमिति प्रकरणं सुविस्तृतं निरूपितं कौटिलीयेऽर्थशास्त्रे।

---

1. मनुस्मृतिः /9/37/

(iv) भूमिच्छिद्रविधानाय योजनाः—भूमिच्छिद्रविधानमेकं सुदीर्घकालिकं व्ययसाध्यञ्च कार्यमस्ति। शासनेन जनसहयोगेन च साध्यमिदम्। तत्रास्य द्वौ पक्षौ–अकृष्याम् भूमिं कृषियोग्यां करणम् अकृष्यभूमेः कृषिव्यतिरिक्तेषु कार्येषु प्रयोगश्च।

(अ) अकृष्यां कृष्यां करणम्— अल्पकालिकामकृष्यां भूमिमधोलिखितैरुपायैः कृष्यां करणीयम्—

(i) **शासनेन भूमि-अधिग्रहणमन्येभ्यः प्रदानञ्च**—यदि कश्चिद्दीर्घकाल यावत् क्षेत्रं न कर्षति तर्हि शासनस्य कर्तव्यमिदम्—

अकृषतामाच्छिद्यान्येभ्यः प्रयच्छेत्। तदभावे ग्रामाधिकारिणो वणिजश्च कृषेयुः। क्षेत्रं स्वीकृत्यापि अकृषन्तः दण्डस्वरूपं फलहानिं राजानं दद्युः।[1]

(ii) **आवश्यकार्द्रता-रक्षणम्**—अनुदके शुष्कक्षेत्रे कूपसेतुबन्धादिजलस्रोतांसि निर्माय भूमेरार्द्रता-रक्षणं पुष्फलशाकाद्युत्पादन् च कर्तव्यम्, यथा निर्दिष्टं कौटिल्येन—

अनुदके कूपसेतुबन्धोत्सान् स्थापयेत्, पुष्पफलवाटांश्च।[2]

(iii) गोमयसारादिप्रयोगेण भूमेः धारणशीलतावर्द्धनम्।

(iv) **नेतोन्नतं क्षेत्रं कर्षणेन खात**—गर्तादिपूरणेन च समं करणीयम्। शर्कराबहुलं मृत्तिकापटलं निष्काष्य मृत्स्नाभिः भूमिभरणम्।

(v) बहुहलकर्षणेन काठिन्यादिभूमिदोषानां शोधनम्।

(vi) **सघनवृक्षारोपणम्**—शासनेन जनसहयोगैः वृक्षरोपणकार्यक्रमः सञ्चालनीयः।

वृक्षरोपणं तु कृष्यभूमिविकासस्य मृदाक्षरणादि भूमिच्छिद्रविधानस्य वाऽतिमहत्वपूर्णः प्रत्यक्षाप्रत्यक्षो वा द्विविध एवोपायः। तत्र निम्नांकितेषु स्थानेषु वृक्षरोपणं करणीयम्—

(i) **ग्राम-नगरसीमासु**—प्राचीनकाले ग्रामनगरादीनां सीमानिर्धारकचिह्नरूपेण वृक्षाणामुपयोगो भवति स्म, यथा–अर्थशास्त्रे नदीवनवृक्षादिभिः सीमानिर्धारणस्य निर्देशः—

नदीशैलवन . . . . शाल्मलीशमीक्षीरवृक्षान्तेषु सीम्नां स्थापयेत्।[3] तत्र ग्रामे रोप्याणि ग्राम्यवृक्षाणि सन्ति—उदुम्बराश्वत्थावटचिञ्चाचन्दनजम्भलकदम्बाशोकबकुलविल्वाम्रकपित्थकराजादनपुन्नागतूदकाष्ठाम्ल चम्पक नीपकोकाम्रसरलदाडिमाक्षोटभिस्सट शिंशपशिग्रुबदरनिम्बजम्बीर क्षीरिकाखर्जूर देवकरंज फल्गुतापिच्छ सिम्भलकुद्दाललवती धात्रीक्रमुक मातुलुङ्गकलकुचनारिकेलरम्भाऽन्ये च सत्फलद्रुमाः सुपुष्पाश्च ये वृक्षाः तान्

1. अर्थशास्त्रम्/ 2 /1/
2. अर्थशास्त्रम्/2/ 34/ 6/
3. अर्थशास्त्रम्/ 2/ 1/ 2/

ग्रामे नियोजयेत्।

(2) वृक्षरहितवनभूमिषु—वनभूमिषु खदिराद्याः कण्टकिनो वृक्षा नियोजनीया। वन्यवृक्षान्यधोलिखितानि सन्ति—खदिराश्मन्तशाकग्निमन्थस्योनकबब्बुलतमालशाल-कुटजधवार्जुनपलाशकसप्तपर्ण शमीतुन्नदेवदारुविकङ्कतकरमर्देङ्गुदीभूर्जविषमुष्टि-करीरकाश्मरीपाठा तिन्दुकबीजसारकहरीतकीभल्लातशम्पाकार्कपुष्करारिमेदपीतद्रु-शाल्मलिबिभीतकनरवेलमधूकादयोऽपरे च महावृक्षाःप्रतानवत्यः स्तम्बिन्यो गुल्मिन्यश्च।

शुक्राचार्यप्रदत्तग्राम्य-वन्यवृक्षाणामियं सूच्यतिमहत्वपूर्णा खलु वनस्पतिवैविध्यज्ञानाय सम्यक्रीत्या नियोजनाय च। यथाहाऽऽचार्यशुक्रः—

ग्राम्या ग्रामे वने वन्या नियोज्यास्ते प्रयत्नतः।[1]

(3) जलाशयतटेषु—तडागसरोवरादिजलाशयानां तटेषु वृक्षारोपणस्याऽऽरामनिवेशस्य वाऽनुशंसा बृहत्संहिताकारेण—

प्रान्तच्छायाविनिर्मुक्ता न मनोज्ञा जलाशयाः।
यस्मादतो जलप्रान्तेष्वारामान् विनिवेशयेत्।।[2]

तत्र प्रथममरिष्टाशोकपुन्नागशिरीषप्रियङ्गवादिमाङ्गल्यवृक्षा रोपणीया तदनु ककुभवटाम्रप्लक्षकदम्बनिचुलजम्बूवेतसनीपकुरवकतालतमालमधूकबकुलादयः।

(4) नागरोपकण्ठेषु वनेषु—सर्वेऽपि फलपुष्पसमन्विता वृक्षा लतागुल्मादयो रोपणीया यथा नैषधीयचरिन्महाकाव्ये केतकाशोकपलाशदाडिम-कर्णिकारनागकेसरविल्व-पाटलादिनामवस्थितिः।[3]

(5) प्रमदोद्यानगृहवाटिकादिषु—गृहवाटिकायाम् रोप्याणि वात्स्यायननिर्दिष्टानि फलपुष्पपादपानि सन्ति—कुब्जकामलकमल्लिकाजातीकुरण्टनवमालिकातगरनन्द्या-वर्तजपाबालकोशीरक-पातालिकादयः।[4]

(6) मार्गेषु च—मार्गप्रान्तयोः वृक्षरोपणं शासनस्य लोककल्याणकारिकार्यं मतम्। निदर्शनमस्य रघुवंशे, यत्र वन्यानां मार्गशाखिनां नामधेयानि पृच्छन्तौ राजा दिलीपः सुदक्षिणा च वशिष्ठाश्रमं प्रति गच्छन्ति।[5]

---

1. शुक्रनीतिः / 4/ 48-51, 57-62/
2. बृहत्संहिता / 55 / 1/
3. नैषधीयचरितम् / 1/ 77-95/
4. कामसूत्रम् / 4/ 1/ 7/
5. रघुवंशम् / 1/ 45/

(ब) अकृष्यभूमेः कृषिसम्वर्द्धकसार्थकोपयोगः—कौटिल्यमते प्रशासनेन अकृष्यभूमेः सार्थकोपयोग[1] इत्थं करणीयः—

(i) अकृष्यायां भूमौ पशुभ्यो विवीतप्रदानम्—जनपदेष्वकृष्यभूमेरुपयोगः गोचरभूमि-रूपेण पशुशालारूपेण च कार्यः। स्तम्भैः समन्ततो ग्रामाद्धनुःशतापकृष्टमुपसालं कारयेत्। पशुप्रचारार्थं विवीतमालवनेनोपजीवेयुः।[2] तत्र पशूनां कृते तृणयवसादि पश्वाहाराणा कर्षणं भवेत् पेयजलादीनां समुचिता व्यवस्था स्यात्। आहारविहारार्थं पशूनां समुचितं प्रावधानञ्च। अकृष्य-भूमेरेवंविधोपयोगेन पशुसंवर्धनं भविष्यति कृषिसंवर्धनं च यतः सम्यगाहारेण पालिते सति पशुषु कृष्यक्षेत्रेषु शस्यभक्षणे लाघवः स्यात्।

(ii) विहारार्थं मृगवननिर्माणम्—अकृष्यायां भूमौ एकद्वारं (सुरक्षार्थ) परिखापरिक्षिप्तं मनोज्ञफलताप्रतानस्तवकम्, कण्टकशून्यवृक्षयुक्तम्, अगम्भीरजलाधारं, मनुष्यपरिचय-विश्वस्तदान्तमृगचतुष्पदं हस्तिहस्तिनीकलभं मृगवनं विहारार्थं कारयेत्।[3] मृगवनेनानेन वन्यपशुभ्यः कृषिसंरक्षणं भविष्यति वन्यजीवसंरक्षणं च।

(iii) अभयवनिवेशनम्—लुब्धकादिभयाद् विहारवनसमीपे तथाविधमेवान्यं मृगवनं कारयेत् यत्र देशान्तरागतमृगपशुपक्षीणां संरक्षणं भवेत्।

(iv) आश्रमाय तपोवनाय वा ब्राह्मणेभ्यो तपस्विभ्यश्च भूमिदानम्—प्रदिष्टाभयस्थावरजङ्गमानि गव्यूतिपरिमाणानि वनानि वेदाध्ययनसोमयागाद्यनुष्ठानार्थं ब्राह्मणेभ्यः देयानि। एवंविधानि वनान्येव तपस्विभ्योऽपिदेयानि।

ऋष्याश्रमरूपेण तपोवनरूपेण च विकसितेषु एषु प्रदेशेषु—

(अ) मृगादिवन्यपशूनां लतापादपादीनामपत्यवत् संरक्षणं संवर्द्धनं स्यात्। तथा रघुवंशे वष्ठिाश्रमे—

अकीर्णमृषिपत्नीनामुटजद्वाररोधिभिः।
अपत्यैरिव नीवारभागधेयोचितैर्मृगैः॥
सेकान्ते मुनिकन्याभिस्तत्क्षणोज्झितवृक्षकम्।
विश्वासाय विहंगानामालवालाम्बुपायिनाम्॥[4]

(ब) यज्ञधूमैः पर्यावरणशोधनं पोषणञ्च—

---

1. अर्थशास्त्रम्/ 2/ 2/ 1-4/
2. अर्थशास्त्रम्/ 3/ 10/ 13/
3. अर्थशास्त्रम् / 2/ 2/
4. रघुवंशम् / 1/ 50-51/

पुनानं पवनोद्धूतैर्धूमैराहुतिगन्धिभिः ।[1]

(**स**) हविभिः शस्यरक्षक—जलचक्रस्य प्रवर्तनम्—यथा वशिष्ठाश्रमे प्रतिदिनं प्रवर्तमाने यज्ञे विधिवदावर्जितं हविरनावृष्ट्यामपि वृष्टिप्रजनकं भवति—

हविरावर्जितं होतस्त्वया विधिवदग्निषु ।
वृष्टिर्भवति सस्यानामवग्रहविशोषिणाम ।।[2]

(**द**) प्रजानामीतिविनाशकब्रह्मतेजसः संरक्षणम्—यथा दिलीपराज्ये प्रजाया निरीतिकारणं महर्षेः वशिष्ठस्य ब्रह्मवर्चस् एव—तथ्यस्यास्य स्वीकृतिः स्वयं महाराजदिलीपमुखेन—

पुरुषायुषजीविन्यो निरातङ्का निरीतयः ।
यन्मदीयाः प्रजास्तस्य हेतुस्त्वद्ब्रह्मवर्चसम् ।।[3]

सिद्धतापसास्तु दैवापत्प्रतिकारकारकाः । "राजा स्वराज्ये तापसान् ससम्मानं वासयेयुः," इति निर्देशः कौटिल्यस्य ।[4]

(v) वन्योत्पादानाम् प्राप्तिः—श्यामाकनीवारादिवन्यधान्य-इङ्गुदीतैल-कन्द-मूल-फल-पुष्प-कुश-काष्ठौषधादिवन्योत्पादानामुत्पादनं संवर्द्धनञ्च तपोवनेषु भवति। उञ्छषष्ठाङ्कितसैकतानि तीर्थजलानि,[5] आरण्यकोपात्तफलसूतिः स्तम्बावशिष्टो नीवरः,[6] आर्तवं पुष्पं फलं,[7] इङ्गुदीस्नेहकृतप्रदीपः,[8] व्रणविरोपणमिङ्गुदीतैलम्,[9] इन्दुपाण्डुक्षौमं चरणोपरागसुभगो लाक्षारसः,[10] नलिनीदलतालवृन्तम्,[11] नलिनीपत्रभाजनम्,[12] पर्णशाला,

---

1. रघुवंशम् / 1/ 53/
2. रघुवंशम् / 1/ 62/
3. रघुवंशम् / 1 / 63
4. मायायोगविदस्तस्माद्विषये सिद्धतापसाः ।
   वसेयुः पूजिता राज्ञा दैवापत्प्रतिकारिणः ।। अर्थशास्त्रम् / 4/ 3/ 24/
5. रघुवंशम् / 5/ 8/
6. रघुवंशम् / 5/ 15/
7. रघुवंशम्/ 14/ 71/
8. रघुवंशम् / 14/ 81/
9. अभिज्ञानशाकुन्तलम् / 4/ 14/
10. अभिज्ञानशाकुन्तलम् / 4/ 5/
11. अभिज्ञानशाकुन्तलम्/3/ 19/
12. अभिज्ञानशाकुन्तलम् / पञ्चमोऽङ्कः/

कुशशयनम्,[1] अपराजिता नामौषधि:[2] नारिकेलसमुद्गकादि[3] वन्योत्पादानामुदाहरणानि सन्ति। कृष्यभूमिषु भारलाघवमस्य आनुषङ्गिकम् फलम्।

(फ) ज्ञानविज्ञानराशे: संरक्षणम् सम्बर्द्धनञ्च—तपोवनान्येव प्राचीन भारते ज्ञानराशे: संरक्षकाणि संवर्द्धकानि चाऽऽसन् यत्र चतुर्दशविद्यानामध्ययनाध्यापनञ्चाऽभूत्।[4] तत्राधीतेषु चतुर्दशविद्यासु कृष्युपकारकं वार्तादिशास्त्रमप्यासीत्।

(v) **चन्दनादिद्रव्यवननिवेश:**—अकृष्या भूमि: गोधूमशाल्यादिजननेऽक्षमायामपि चन्दनादिसारदारूत्पादने क्षमा भवति। अतोऽकृष्यभूमिषु चन्दनशाकतिनिशादिसारदारु-वर्गस्य उटजचिमियादिवेणुवर्गस्य मालतीमूर्वादिवल्कवर्गस्य एकैकशो वा वनं निवेशयेत्। द्रव्यवनसम्बद्धानि कर्माणि द्रव्यवनोपजीविन: पुरुषा: कुर्यु: अनेन राष्ट्रकोशस्य वृद्धि स्यादाटविकानां पोषणञ्च।[5]

(vi) **हस्तिवननिवेश:**—प्रत्यन्ते हस्तिवनमटव्यारक्ष्यं निवेशयेत्। तत्र हस्तिवनं चतुर्विधम्—पार्वतं नादेयं सारसमानूपञ्च। नागवनाध्यक्ष: नागवनं विदितपर्यन्तप्रवेश-निष्कसनं नागवनपालै: पालयेत्। हस्तिदन्तकृते ये हस्तिनं घातयन्ति ते लुब्धका वध्या: स्यु:। दन्तयुगं स्वयं मृतस्याहरत: पुरस्कार्या:।[6] भारादिवहने दुर्गमेषु च वाहनरूपेण नियोज्या हस्तिन:। एवं हस्तिवनेन कुप्यप्राप्ति: हस्तिभ्यो शस्यसंरक्षणं च भवत:।

इत्थं भूमिच्छिद्रविधानं प्रत्यक्षाप्रत्यक्षरूपेण कृषिसंवर्द्धनोपाय एव। अनेन संरक्षिता, संवर्द्धिताऽन्यथोपयुक्ता वा भूमि: प्रकारान्तरेण कृषिसंवर्द्धिका राष्ट्रसंवर्द्धिका वा संजायते।

(2) जलसंवर्द्धनम्—

सर्वविधबीजप्रजननस्य हेतुस्तु जलमेव। जले जातं प्रथमं सृष्टिबीजम्। आसृष्टेरद्या-वधि: यत्रापि अङ्कुरणं दृश्यते तत्र जलमेव कारणं भवति। सस्यसमृद्धिसाधनमपि जलमेव यथानिरूपितं शथपथब्राह्मणे—अपां वाऽस्थानादुज्जिहतऽओषधय: सुपिप्पला:।[7] अत: कृषिसम्वर्द्धनाय जलसम्वर्द्धनमावश्यकम्। जलसम्वर्द्धनायाधोलिखिता उपाया: सन्ति—

1. रघुवंशम्/ 1/ 95
2. अभिज्ञानशाकुन्तलम् /सप्तमोऽङ्क: /
3. अभिज्ञानशाकुन्तलम् / चतुर्थोऽङ्क: /
4. रघुवंशम् / 1/ 95/
5. अर्थशास्त्रम्/ 2/ 2/ 3/
6. अर्थशास्त्रम्/ 2/ 2/ 4/
7. शतपथब्राह्मणम्/ 6/ 4/ 3/ 2

(i) वर्षाजल-सञ्चयः—यथापूर्वमेव निरूपितम् यत् देवमातृकेषु सस्यसम्बर्द्धनाय वर्षाजलसञ्चयोऽत्यावशयको भवति। सम्वर्द्धनसञ्चययोश्च भवति कार्यकारणसम्बन्धः। एतत्तु सुविज्ञातमेव यद् भारतदेशे वर्षर्तौ प्रभूता वृष्टिर्भवति किन्तु वर्षाजलस्य बहुलं परिमाणं समुचितसञ्चयसाधनानामभावे जलप्लावनरूपे शस्यविनाशं कृत्वा समुद्रं प्रति प्रवहति। अनर्घाणां जलानामियं निरर्थकता सस्यमूल्यैः प्रतिपूरणीया भवति। अतो वर्षाजलसञ्चयाय कृषकैः शासनेन च समन्वितः प्रयासः करणीयः। तत्राधोलिखिता उपाया जलसञ्चये सहायका भवन्ति—

(1) सेतुबन्धेन जलावरोधः जलसञ्चयश्च—'सहोदकमाहार्योदकं वा सेतुं बन्ध्येत्' इति कौटिल्यः।[1] वर्षाजलसञ्चयस्यायं सर्वोत्तमः प्रविधिः। बन्धस्तु प्रवहमाणं जलं बन्धनस्योपायः। सेतुः मृत्तिकासैकतकाष्ठरज्जुप्रस्तरलोहवज्रलेपादिभिर्निमितो जलादेः पारगमनमार्गः। अयं सेतुर्यदा नदीतलतो दृढभित्तिवत् संरचितो भवति तदा जलबन्धस्य कार्यमपि करोपि। अवरुद्धं जलं जलाशयेषु सञ्चीयते। तत्र सेतुबन्धाः त्रिविधा भवन्ति।

(i) **आहार्योदकः**—अन्यस्मादानीतोदकः, यस्य जलाशयो वर्षासु नद्यादितो कुल्यामाध्यमेननानीतैर्जलैः परिपूर्य्यतेऽसौ आहार्योदकः।

(ii) **सहोदकः**—तत्रैवोत्पन्नोदकः, नद्या निर्झरस्य वा प्रवाहमवरुध्य यत्र बन्धरचना क्रियतेऽसौ स्वमेव जलैः पूर्य्यमाणत्वात् 'सहोदक' इति कथ्यते। संस्कृतवाङ्मये सहोदकसेतुबन्धस्यसर्वोत्तममुदाहरणम् सुदर्शननाम तडागोऽस्ति वर्णनं यस्य गिरिनगरे शकक्षत्रपरुद्रदाम्नः प्रस्तराभिलेखे प्राप्यते।

(iii) **प्रभूतवापस्थानः**—येन सेतुबन्धेन सह विस्तृतं कृषिक्षेत्रमपि विद्यते। अत्र जलसान्निध्येन कृषिफलं सुलभं भवति कृषकाणां कृते।

एषु सेतुबन्धेषूत्तरोत्तरः श्रेयान् इति विचारः कौटिल्यस्य—

सेतुबन्धयोरप्याहार्योदकात्सहोदकः श्रेयान्। सहोदकयोरपि प्रभूतवापस्थानः श्रेयान्।[2]

अतः शस्यसम्वर्द्धनाय राष्ट्रे प्रभूतवापस्थानसेतवः संरचनीयाः। शासनेन रचितः—

सुदर्शनसदृशस्त्रिसकंधो (परिवाहप्रणालीमीडविधानयुक्तः) बहुव्ययसाध्यो बृहदाकारः सेतुबन्धः प्रशासकैरेव लोकहिताय निर्मीयते स्म, यथोल्लेखः रुद्रदाम्नः प्रस्तराऽभिलेखे—

"(तदिदं जनपद) स्यार्थे मौर्यस्य राज्ञः चन्द्रगुप्तस्य राष्ट्रियेण वैश्येन पुष्यगुप्तेन कारितमशोकस्य मौर्यस्य (कृ) ते यवनराजतुषास्फेनाधिष्ठाय प्रणालीभिरलङ्कृतम्।"

---

1. अर्थशास्त्रम्/ 2/ 1/ 10/
2. अर्थशास्त्रम्/ 7/ 12/ 4-5/

जनसहकारिता—जनसहयोगेन लघुसेतुबन्धानां निर्माणमपि कार्यम्। कृषिकार्यार्थं ग्रामेषु कृषीवलैरेव मृत्तिका-बालुका-काष्ठोपलादिभिर्लघुसेतुबन्धा रच्यन्ते येषां जलोपयोगः सहभागितया क्रियते। जलसञ्चये सहकारिताया निदर्शनमर्थशास्त्रे परिलक्ष्यते। यदि कश्चिज्जनः स्वयं श्रमदानायाऽसमर्थस्तर्हि तस्य कर्मकरैः सहयोगो दातव्यः, बलीवर्दानां संयोजनं व्ययकर्मण्यंशदानन्त्वाश्यकमेव—

संभूय सेतुबन्धादपक्रामतः कर्मकरबलीवर्दाः कर्म कुर्युः। व्ययकर्मणि च भागी स्यात्।[1]

(2) **वर्तमान जलस्रोतसां संरक्षणं**—वर्षातिरिक्ते काले शस्यसेकार्थम् उपलब्ध-जलस्रोतसां नदीतडागसरोवरकूपवापीनिपानादीनां संरक्षणं सम्वर्द्धनञ्च सर्वेषामेव कर्तव्यम्।

(3) **नवजलस्रोतसां प्रवर्तनम्**—कृषिसम्वर्द्धनाय नव-नव कूपवापीतडागादीनां निर्माणमावश्यकमन्यथा कृषिस्त्वधमावृत्तिरेव स्यात् जलाभावे फलहानित्वात्, यथा निगदितमाचार्यशुक्रेण—

कृषिस्तु चोत्तमा वृत्तिर्या सरिन्मातृका मता।[2]

नदीमातृकदेशेष्वेव कृषिरुत्तमा वृत्तिर्भवति। यतः धातृवत् पालयन्ति नद्यः जनपादान् यथा सरयूपालितः स्फीतधान्यवान् कोसलजनपदः।[3]

किन्तु यत्र नास्ति नदीसान्निध्यम् तत्र तडाग-कूप- वापी- सेतुबन्धादयः कार्याः। कृषीवलानां सौकर्याय क्षेत्रेष्वेव कूपानामवस्थितिः स्यात्, यथा दृश्यते ऋग्वैदिककाले क्षेत्रस्थावतेभ्यः शस्यसिञ्चनम्—

सिञ्चामहा अवतमुद्रिणं वयं सुषेकमनुपक्षितम्।[4]

कूपा गहनाः स्युः येषु पर्याप्तं जलं स्यात्। उद्यानेषु वापी स्याद्[5] गृहवाटिकासु कूपःवापी दीर्घिका वा—

तत्रभवनमासन्नोदकं वृक्षवाटिकावत् . . . कारयेत्। मध्ये कूपं वापीं दीर्घिकां वा खानयेत्।[39]

वापीनिर्माणे निर्माणनियमानां पालनं भवेत्। पाषाणेष्टकादिभिः दृढकाष्ठैर्वा वापीतटमाबद्धं

1. अर्थशास्त्रम्/2/ 1/ 27
2. शुक्रनीतिः / 3/ 276/
3. रघुवंशम्/ 14/ 62/
4. ऋग्वेदः/ 10/ 101/ 5/
5. मेघदूतम्/ 2/ 16/
6. कामसूत्रम्/ 1/ 4/ 3, 4 / 1/8/

स्यात्। कूपादिषु दृढ़तायै वज्रलेपस्य प्रयोगो भवेत्।[1] प्रणालिका कुल्याघटीयन्त्रावाहा-दिसेचनसाधनानां संपन्नता स्यात्। इत्थं कृषकैर्जनसहयोगैः शासकीयैश्च प्रयत्नैः संभृतानि जलस्रोतांसि देवमातृकां कृषिमप्यदेवमातृकां कुर्वन्ति। जलसंसाधनसंपन्नेषु देशेषु अनायासेनैव बहुफलं ददाति शस्यश्यामला भूमिः। राष्ट्रश्चासौ स्वकीयमावश्यकतां संपूर्य्यान्यस्यापि राष्ट्रस्य भरणे क्षमो भवति।

(ख) शस्यसम्वर्द्धनम्

शस्यसम्वर्द्धनन्तु सर्वेषामेव राष्ट्राणां चिरन्तनं लक्ष्यमस्ति। 'सुसस्याः कृषीस्कृधि'[2] इति वैदिकऋषेः प्रार्थना सस्यसम्वर्द्धनं प्रति वैदिकयुगस्य भावनां निगदति। सस्यसम्वर्द्धनाय बहवःसंवर्द्धकोपाया वर्णिताः संस्कृतवाङ्मये—

(1) उन्नतबीजानां प्रयोगः—'यथा बीजं तथा निष्पत्ति' रिति चाणक्यवचनं[3] फलनिष्पत्त्यै बीजमहत्त्वं प्रतिपादयति। अतो बीजं नवं, यथाकालं गृहीतं पुष्टं कान्तिमज्जातिश्रेष्ठं शुष्कमेकरूपं सुसमृद्धञ्च स्यात्।[4] दग्धं कीटदष्टं वन्ध्यागर्भिणीरजस्वलादिभिस्स्पृष्टं वल्मीके गोस्थाने प्रसूतानिकेतने वन्ध्यावतिगेहे निधापितं मा स्यादिति सुस्पष्टकठोरनिर्देशः कृषिविज्ञानविदाम्—

घृतं तैलं च तक्रं च प्रदीपं लवणं तथा।
बीजोपरि भ्रमेणापि कृषको नैव कारयेत्।।[5]

(2) बीजोपचारः—अधिकतमफललाभायोपचरितं बीजं प्रयोक्तव्यम्।

बीजवपनात्प्राग् बीजदोषपरिहाराय, गुणधर्माधानाय च बीजसंस्कारस्य प्रविधिर्बीजोप—चार इति कथ्यते। बहुधा परिलक्ष्यते यत् केषुचिद्बीजेष्वनुकूलवातावरणेऽप्यङ्कुरणं न जायते। बीजानां भ्रूणप्रसुप्तिरस्यानवरोहस्य हेतुः। अनङ्कुरणस्य सन्त्यधोलिखितानि कारणानि—

(i) बीजेऽङ्कुरणावरोधकस्योपस्थितिः

(ii) दुर्भेद्यं बीजावरणम् येन प्राणवायोराद्रतायाश्चाप्रवेशः।

---

1. बृहत्संहिता/ 54 / 118, 51/ 11
2. शुक्लयजुर्वेदः/ 4/ 10/
3. चाणक्यसूत्राणि /457/
4. शुक्रनीतिः/ 4/7–28
5. कृषिपाराशरः/ 3/ 81–83

(iii) बीजे वृद्धिकारितत्त्वानामनुपस्थितिः।

अतः प्रजननशक्तिसंवर्धनाय बीजदोषनाशाय च बीजोपचारः करणीयः। बीजोपचारस्तु कृषिविज्ञानस्य महत्त्वावहो विषयः यस्य निरूपणं सर्वेष्वेवकृषिविषयकग्रंथेषु नानारूपेषु प्राप्यते—

(1) **औषधोपचारः**—बीजसंस्काराय बीजम् औषधीभिः संयोज्य ओषधिरसैर्वा बीजपवनं कार्यम् यथा निर्देशितं यजुर्वेदे—

सं वपामि समाप ओषधीभिः समोषधयो रसेन।[1]

बीजं क्षेत्रे उप्तं मधुमतीभिरोषधीभिर्युक्तं मधुरं सस्यं दद्यादिति बीजोपचारस्य प्रयोजनम्— सं रेवतीर्जगतीभिः पृच्यन्तां सं मधुमतीर्मधुमतीभिः पृच्यन्ताम्।[2]

(2) **ताप-शीतोपचारः**—शालियवादिधान्यबीजानां आसप्तरात्रान् तुषारपायनमुष्ण-शोषणं च। मुद्ग-माषादिकोशीधान्यानां त्रिरात्रं पञ्चरात्रं वा रात्रौ तुषारपायनं दिवसे आत-पशोषणञ्च।[3] इत्थं न्यूनाधिक तापमाने स्थापनेन तापशीतोपचारेण बीजप्रसुप्तिर्नश्यतेऽङ्-कुरणक्षमता वर्धते च।

कृषिपाराशरेऽपि बीजोपचारस्य विधिरयं कथितः। बीजसंग्रहानन्तरं भाण्डारे स्थापनात्पूर्वमयमुपचारः कर्तव्यः। अस्योपचारस्य कृते सर्वोत्तमः कालस्तु माघफाल्गुनमासौ यदा रात्रौ तुषारं पतति, दिवसे सूर्यातपोऽनतितीक्ष्णः सह्यश्च भवति।[4]

(3) **लेपोपचारः**—काण्डबीजेषु कीटजनितरोगादिसंक्रमणस्य भयं सर्वाधिकं भवति अतो मधुघृतसूकरवसाभिः शकृद्युक्ताभिः काण्डबीजानां छेदलेपः कर्तव्यः कान्दानां मधुनाघृतेन च। अस्थिबीजानां शकृदालेपः। गोमये कीटनाशिकाशक्तिर्विद्यतेऽतः गोमयप्रयोगो बीजलेपनाय। घृत-वसादिस्निग्धपदार्था वायुमण्डले निहितामार्द्रतां सूक्ष्मजीवांश्च प्रतिरोधयन्ति।

(4) **दाहोपचारः**—शाखिनां गर्तदाहो (गर्ते निधाय तापप्रदानम्) गोऽस्थिसकृद्भिः काले दौहृदं च।[5]

(5) **रसोपचारः**—वपनात् प्राक् सर्वबीजानां सुवर्णोदकेन संस्कारः करणीयः यथा

---

1. यजुर्वेदः/ 1/ 21/
2. यजुर्वेदः/ 1/ 21/
3. अर्थशास्त्रम्/ 2/ 24/ 20
4. कृषिपाराशरः/ 145/
5. अर्थशास्त्रम् / 2/ 24/ 20/

निदर्शितमर्थशास्त्रे—सर्वबीजानां तु प्रथमवापे सुवर्णोदकसंप्लुतां पूर्वमुष्टिं वापयेत्।[1]

(6) क्राथोपचारः—कपित्थबीजतः कपित्थवल्लीकरणाय आस्फोत (विष्णुकान्ता)-धात्री-धव-वासिका-पलाशिनीवेतस-सूर्यवल्ली-श्यामातिमुक्तकाद्यष्ट-वृक्षाणां मूलान्यादाय दुग्धे क्राथनं कार्यम्। सुशीते दुग्धे तस्मिन् कपित्थबीजं तालाशतं यावन्निधाय प्रतिदिनं सूर्यरश्मिभिःशोषणीयम्। मासं यावदयं विधिः सम्पादनीयः तदनु परिकर्मकृते खाते बीजमुपचरितं वपनीयम्। मत्स्याम्भसा मांसजलैश्च सिक्तं तद्बीजं भवत्याशु शुभ प्रवाला विस्मयकारिणी वल्ली यथा सविस्तारं परिकीर्तितं बृहत्संहितायाम्।[2]

(7) कल्कोपचारः—अङ्कोलफलकल्केन श्लेष्मातकफलकल्केन वा एतत्तैलेन वा शतशो भावितं बीजं करकासिक्तं मृदि वापितं सद्यः एव फलभारान्विता शाखा भवति।[3]

(8) वल्कोपचारः—सुदृढवल्कयुक्तानां बीजानां वल्कापनयनमावश्यकं यथा श्लेष्मातकबीजानां निष्कुलीकरणस्य निर्देशः बृहत्संहितायाम्—

श्लेष्मातकबीजानि निष्कुलीकृत्य भावयेत् प्राज्ञः।[4]

बीजे प्राणवायु-आवश्यकार्द्रतादि तत्वानां निवेशनाय बीजवल्कापनयनमावश्यकम्।

(9) धूमोपचारः—सूकरहरिणयोर्मांसेन हरिद्राधूमेन च बीजस्य धूपनमपि बीजोपचार-स्याङ्गं वृक्षायुर्वेदे।[5]

(10) मंत्रोपचारः—समग्रेऽपि संस्कृतवाङ्मये नानाप्रसङ्गेषु मंत्रशक्तिस्तु बहुधा

---

1. अर्थशास्त्रम्/ 2/ 24/ 23
2. कपित्थवल्लीकरणाय मूलान्यास्फोतधात्रीधव-वासिकानाम्।
   पलाशिनी वेतससूर्यवल्ली श्यामातिमुक्तै सहिताष्टमूली।
   क्षीरे श्रृते चाप्यनया सुशीते तालाशतं स्थाप्य कपित्थबीजम्
   दिने दिने शोषितमर्कपादैर्मासं विधिस्त्वेष ततोऽधिरोप्यम्।
   हस्तायतं तद्द्विगुणगंभीरं खात्वावटं प्रोक्तजलावपूर्णम्।।
   शुष्कं प्रदुग्धं मधुसर्पिषि तत् प्रलेपयेद् भस्मसमन्वितेन।
   चूर्णीकृतैर्माषतियलैर्यवैश्च प्रपूरयेद् मृत्तियान्तरस्थैः।
   मत्स्यामिषाम्भसहितं च हन्याद् यावद् घनत्वं समुपागतं न तं।।
   उप्तं च बीजं चतुरङ्गुलाधो मत्स्यम्भसा मांसजलैश्च सिक्तम्
   वल्ली भवत्याशु शुभप्रवाला विस्मापनी मण्डपमावृणोति।। बृहत्संहिता / 54/ 22-26/
3. बृहत्संहिता / 54/ 27-28/
4. बृहत्संहिता/ 54/ 29/
5. बृहत्संहिता/ 54/ 29,21 /

परिकीर्तिता। मंत्रप्रयोगेण फलसमृद्धिलाभोऽतः बीजवपनकाले मंत्रपूर्वकं बीजवपनाय निर्देशोऽर्थशास्त्रे—

सर्वबीजानां तु प्रथमवापे अमुं मन्त्रं ब्रूयात्—

प्रजापयते काश्यपाय देवाय नमः सदा।
सीता मे ऋध्यतां देवी बीजेषु धनेषु च।।[1]

मंत्रोपचारस्यायं विधिस्तु ऋग्वेदकालतः प्राप्यते। अधुनातनवैज्ञानिका अपि स्थावराजङ्गमोपरि मन्त्रप्रभावं स्वीकुर्वन्ति। अधेलिखिते ऋग्वैदिकमन्त्रे मन्त्रोत्थ-ध्वनितरङ्गैः बीजोपचारस्य संकेतः—

गिरा च श्रुष्टिः सभरा असन्नो नेदीय इत्सृण्यः पक्कमेयात्।[2]

अत्र 'गिरा' पदेन मंत्रध्वनिरभिप्रेतः। मन्त्रेणास्माकमन्नं सभारं सुपक्कं भवत्विति वैदिकऋषेरभिप्रायः।

एवं बीजोपचारस्तु चतुश्चरणात्मकः—

(i) बीजनिधानपूर्वोपचारः

(ii) बीजवपनपूर्वोपचारः

(iii) बीजवापकाले उपचारः

(vi) बीजवपनपश्चादुपचारश्च।

इत्थं प्राचीनभारते शीतताप्रकाशदाहदावरसायन-उर्वरकादिसर्वेषामुपचारणां यथावसरं एकैकशः समन्वितश्च प्रयोगो दृश्यते।

(3) बीजपरीक्षणम्—

बीजवपनात् पूर्वं बीजपरीक्षणमप्यावश्यकमधिकतमफललाभाय। वर्णाऽऽकार कान्तिसुपुष्टताद्युत्तमबीजस्य निर्धारकारस्तथापि क्षेत्रगतमृत्सरंचनादृष्ट्या बीजपरीक्षणं भवति स्म

परीक्षण विधिः—

वराहमते रोहिणी—चन्द्रयोगे कुम्भे नैकसस्यानां बीजानि वपनीयानि यद्बीजं प्रथमं तीव्रगत्या च प्ररोहति तद्बीजमेव क्षेत्रे वपनीयम्—

वृत्ते तु योगेऽङ्कुरितानि यानि सन्तीह बीजानि धृतानि कुम्भे।
येषां तु योंऽशोंऽङ्कुरितस्तदंशस्तेषां विवृद्धिं समुपैति नान्यः।।[3]

---

1. अर्थशास्त्राम्/ 2/ 24/ 23
2. ऋग्वेदः/ 10/ 101/ 3/
3. बृहत्संहिता/ 24/ 11/

इदं परीक्षणमेकजातीयबीजेष्वपि सफलम्। अनेन कृषीवलैरन्नसमृद्धेः पूर्वानुमानं शक्यम्। वर्तमानयुगेऽपि कृषिवैज्ञानिकाः पादपशालायामङ्कुरणविधिना बीजपरीक्षणं कुर्वन्ति।

(4) बीजवपने कालतिथिवारनक्षत्रादीनां विचारः—

सस्यसम्वर्द्धनाय बीजवपनसमये कालादिविचारोऽप्यावश्यको भवति। यः कालतिथ्यादीनां सम्यक् प्रयोगं जानाति सैव सस्यसमृद्धिमाप्नोति इति विचारः पराशरस्य। तत्रधान्यबीजानां वपनादिकाल इत्थं निरूपितः कृषिपाराशरे—

(i) वपन-मासः—वैशाखे वपनं श्रेष्ठं ज्येष्ठे तु मध्यमम्, आषाढेऽधमं श्रावणे चाधमाधम्, प्रोक्तम्।

(ii) रोपण-मासः—रोपणार्थं बीजानां शुचौ वपनमुत्तमम्, श्रावणेऽधमम्, भाद्रेऽधमाधमम्।

वैशाखे बीजवपनेन मृत्तिकातले समशीतोष्णवातावरणे बीजभ्रूणस्य पोषणं भवति ज्येष्ठे तापेन बीजदोषा विनश्यन्ति, आषाढे, प्रथमवृष्ट्या सहाङ्कुरणं परिलक्ष्यते श्रावणे समुचितवृष्ट्या सस्यवृद्धिश्च भवत्यतः वैशाखे वपनम् श्रेष्ठं श्रावणेऽधमाधमञ्च मतम्।

(iii) वपन-नक्षत्राणि—उतरात्रयमूलज्येष्ठाऽनुराधामघामृगशिरारोहिणीः हस्तारेवती च वीजवपनायोत्तमानि भवन्ति। श्रावणपूर्वात्रयविशाखाभरणी-आर्द्रास्वाती-आश्लेषासु च बीजवपनं कृत्वा कृषकः केवलं बीजमेवाप्नोति न तु सस्यसमृद्धिम्।

(iv) वपन-वारः—वपने रोपणे चैव वारद्वयं विवर्जयेत्। भौमे बीजवपने रोपणे वा मूषिकाणां भयं जायते शनिवासरे शलभकीटयोः भयञ्च।

(v) वपन-तिथिः-रिक्ते तिथौ—चतुर्थ्यां नवम्यां चतुर्दश्यां च विशेषतः क्षीणे सोमे (कृष्णपक्षे) बीजं न वापयेत्।

(vi) सर्वथा त्याज्यानि दिनानि—ज्येष्ठान्ते सार्द्धं त्रिदिनमाषाढादौ तथैव च वपनं सर्वसस्यानां फलार्थी कृषकस्त्यजेत्। वृषान्ते मिथुनादौ च त्रीण्यहानि पृथिवी राजस्वला भवत्यतः कृषकः तेषु दिनेषु कदाचिदपि बीजं न वपेत्।

यदि वपति कृषाणः क्षेत्रमासाद्य बीजं
न भवति फलभागी दारुणश्चात्र कालः।।
एवं सम्यक् प्रयुञ्जान एव कृषकः सस्य समृद्धिमवाप्नुयात्।।[1]

एवं बीजचयने, संग्रहे, संरक्षणे परीक्षणे च यत्नवान् कृषकोऽवसीदति न यतो हि बीजे वन्ध्यत्वमागते सर्वमेव व्यर्थं भवत्यतः पराशरमुनेः संदेशः राष्ट्रं प्रति—

---

1. कृषिपाराशरः/ 3/ 88–96

कृषाणसारकेदारवृषलाङ्गलादयः।
सर्वे ते वन्ध्यतां यान्ति बीजे वन्ध्यत्वमागते।
बीजे यत्नमतः कुर्यात् बीजमूलाः फलादयः।।

(5) सारप्रदानम्—

सारस्तु कृषिफलाय सारभूत एव। बीजवपनकाले क्षेत्रे सारविमोचनमावश्यकं यथा निर्दिष्टं पराशरेण—

ततो वपनकाले तु कुर्यात् सारविमोचनम्।
विना सारेण यद्धान्यं वर्द्धते फलवर्जितम्।।[1]

विना सारेण धान्यस्तम्बानां यदि भवेदपि वृद्धिः सा, वृद्धिस्तु फलहीनैव। शस्यसम्वर्द्धनाय सारैः पादपानां पोषणं सम्वर्द्धनञ्चावश्यकमिति मतं शुक्राचार्यस्यापि—

अजाविगोशकृद्भिर्वा जलैर्मांसैश्च पोषयेत्।[2]

अजाऽवि गोशकृन्मत्स्यजलमांसादीनामधिकं प्रयोगोऽभवत् प्राचीनकाले उर्वरकरूपेण। प्ररूढान् अङ्कुरितमात्रान् द्विपत्रचतुःपत्रांश्च शुष्ककटुमत्स्यस्य सारप्रदानं स्नुहीक्षीरपायनञ्च सस्यवृद्धिकरं भवतीति निर्देशः कौटिल्यस्य।[3]

कुलत्थ-माष-मुद्ग-तिलादीनामुपयोगो हरितसाररूपेण भवति।[4] दुग्ध-घृत-मध्वादीन्यपि पोषकाणि मतानि।

घृतेन सीता मधुना समक्ता . . . आवृवृत्स्वोर्जस्वती घृतवत् पिन्वमाना।। घृतेन मधुना च समक्तया सीतया पिन्वमानं सस्यफलं प्रसूयते, इति अथर्ववेदः।[5]

(6) दोहदप्रदानम्—

अकाले फलपुष्पसमृद्ध्यर्थं कुशलैः कृतं विशिष्टं कर्म 'दोहदमिति' कथ्यते-यथा निगदितं शब्दार्णवे—

तरुगुल्मलतादीनामकाले कुशलैः कृताम्।
पुष्पाद्युत्पादकं द्रव्यं दोहदं स्यात्तु तत्क्रिया।।

उचिते समये फलसम्वर्द्धनाय शाखिनां दोहदमावश्यकम् इति मतं कौटिल्यस्य—

1. कृषिपाराशरः/ 3/ 33/
2. शुक्रनीतिः/4/ 47/
3. अर्थशास्त्रम् / 2/ 24/ 22/
4. बृहत्संहिता / 54/ 24/
5. अथर्ववेदः/ 3/ 17/ 9/

काले दौहृदं च।[1] नैषधीयचरिन्महाकाव्ये फलसमृद्धये दाडिमवृक्षाय दोहदधूप-प्रदानस्योल्लेखः—

फलानि धूमस्य धयानधोमुखान् स दाडिमे दोहदधूपिनि द्रुमे।[2]

सन्दर्भेऽस्मिन् मल्लिनाथकृतटीकायां दाडिमफलसमृद्धये निम्नाङ्किताः प्रयोगा निर्दिष्टाः—

(i) अविमांसयुक्ताम्भसा सेचनम्, अविरोमैः शुष्कमाँसैश्च धूपनम्।

(ii) मत्स्यमांसैः घृतैःत्रिफलाचूर्णैश्च लेपनम्।

(iii) अजमांसैरविमांसैर्वा लेपः धूपश्च।

मेषामिषाम्बुसंसेकस्तत्केशामिषधूपनम्।
श्रेयानयं प्रयोगः स्याद् दाडिमीफलवृद्धये।।
मत्स्याज्यत्रिफलालेपैर्मांसैरजाविकोद्भवैः।
लेपिता धूपिता सूते फलन्तालीव दाडिमी।।

काव्येषु बकुलाशोकचम्पकतिलकादिपादपानां पुष्पसमृद्धये आकालपुष्पोद्गमाय वा बहुधा दोहदप्रदानस्योल्लेख यथा रत्नावलीनाटिकायाम्–अद्य किलभर्ता श्रीपर्वतादागतस्य. . . धार्मिकस्य सकाशादकालकुसुमसंजननदोहदं शिक्षयित्वा नवमालिकां कुसुमसमृद्धिशोभितां करिष्यति।[3] एवं मेघदूते अशोक—बकुलयोः दोहदप्रसङ्गः। अशोकः सुन्दरीणां पादाघातेन विकसति, बकुलः शीधुगण्डूषसेकाद् इति कविप्रसिद्धिः—

रक्ताशोकश्चलकिसलयः केसरश्चात्रकान्तः
प्रत्यासन्नौ कुरबकवृत्तेर्माधवीमण्डपस्य।
एकः सख्यास्तव सह मया वामपादाभिलाषी
काङ्क्षन्त्यन्यो वनमदिरां दोहदच्छद्मनास्याः।।[4]

किमस्त्यत्र किञ्चित् वैज्ञानिकं सत्यमथवा केवला कविकल्पनैव इति त्वनुसंधेया एव। तथाप्यत्र सत्यमिदं यद् वनस्पतयोऽपि अन्तश्चेतनायुक्ता जीवा एवातो मानवादिवत् स्नेहेन प्रेम्णा वा तेऽपि प्रफुल्लिता भवन्ति।

दोहदं न केवलमकालपुष्पोद्गमस्य विज्ञानमपितु पादपानां वन्ध्यत्वनिवारणस्यापि

---

1. अर्थशास्त्रम्/ 2/ 24/ 20
2. नैषधीयचरितम्/ 1/ 80/
3. रत्नावलीनाटिका/ द्वितीयोऽङ्कः/
4. मेघदूतम्/ 2/ 18/

विज्ञानमस्ति। यथेच्छफलपुष्पसमृद्धिरप्यनेन लभितुं शक्यते।

(7) शस्यसेचनम्—

शस्यसम्वर्द्धनाय यथाकालं शस्यसेचनमावश्यकम्। शालीक्ष्वादिशस्यं प्रचुरं जलमपेक्षन्ते जलपरिपूर्णे केदारे एव शालिधान्यमुप्यते। वपनकाले पुनः प्रत्यारोपणकाले च वर्षाजलेनैव कार्यं साध्यते कृषकैः भाद्रेवप्रजलमोक्षणान्तरमाश्विने कार्तिक च सस्यसमृद्धये जलसेकस्यावश्यकता भवति। शरदि जलसेकाय यदि कृषकैः जलसंरक्षणं न कृतमनुपलब्धानि वा सेचनसाधनानि तर्हि फलप्राप्त्याशा निराशायामेव विपरिवर्त्यते।[1]

(8) देवमातृकदेशेषु शस्यसम्वर्द्धनम्—

जलसंसाधनदृष्ट्या देशा द्विविधा—देवातृकाऽदेवमातृकाश्च। तत्र देवमातृकदेशेषु शस्यसंवर्द्धनाय निम्नानि तत्त्वानि सहायकानि भवन्ति-

(i) **वर्षाप्राणानुरूपाः शस्ययोजनाः**—अस्माकं देशस्तु वर्षाऽम्बुपालितो देवमातृको दशोऽत्र सर्वैव शस्ययोजना वर्षामभिलक्ष्यैव प्रवर्तन्तेऽतो शस्यनियोजनमपि वर्षाश्रितमेव यथा निर्दिष्टं कौटिल्येन—

(i) शलिव्रीहिकोद्रवतिलप्रियङ्गु दारकवरकापूर्ववापाः। शाल्यादयः सप्त वर्षापूर्वमेव वपनीयाः।

(ii) मुद्गमाषशैम्ब्या मध्यवापाः।

(iii) कुसुम्बमसूरकुलत्थयवगोधूमकलायातसीसर्षपाः वर्षापश्चिमकाल-वापाः।[2]

(ii) **सुषमा वृष्टिः**—शस्यानामियं वपनयोजना तदैव सफलतां याति यदा संवत्सरे सुषमा वृष्टिर्जायते। सुषमा वृष्टिस्तु तदा ज्ञेया यदा त्रिधा विभक्तस्य वृष्टिप्रमाणस्य एकस्त्रिभागः पूर्वपश्चिममासयोः—श्रावणप्रोष्ठपदाश्वयुजकार्तिकाख्यमासचतुष्टये श्रावणकार्तिकयोः भवति। शेषौ द्वौ त्रिभागौ मध्यमयोः प्रोष्ठपदा-श्वयुजयोःभवतः।[3] इत्थं भागशो वर्षणमेव शस्यसम्बर्द्धकं पथ्यं च मते, फलतः देवमातृकदेशेषु सस्यसंवर्द्धनं सुषमावृष्ट्याश्रित-मेवागन्तव्यम्।

(iii) ग्रहनक्षत्रैः वृष्टिज्ञानम्—सुषमरूपं संवत्सरं ग्रहनक्षत्राश्रितं खलु। तस्य पूर्वानुमानम् बृहस्पतेः स्थानादित्रिकात् शुक्रोदयादित्रिकात् सूर्यस्य प्रकृतिवैकृताच्च भवति।

1. कृषिपाराशरः/ 3/ 116–117
2. अर्थशास्त्रम्/ 2/ 24/ 12/
3. अर्थशास्त्रम्/ 2/ 24/ 6/

तस्योपलब्धिः बृहस्पतेः स्थानगमनगर्भाधानेभ्यः, शुक्रोदयास्तमयचारेभ्यः सूर्यस्य प्रकृतिवैकृताच्च।[1]

वृहस्पतिचारसंदर्भे कथितं बृहत्संहितायाम्, यत् वृहस्पतिर्येन नक्षत्रेण सहोदयम् गच्छति तेन मासक्रमेण तत्संज्ञं वर्ष ज्ञेयम्। तत्र शस्यदृष्ट्या वर्षफलम्—

चैत्रवर्षः	—	चैत्रे मन्दा वृष्टि . . . वृद्धिश्च कोशधान्यस्य।
वैशाखवर्षः	—	वैशाखे यज्ञक्रिया प्रवृत्तिनिष्पत्तिः सर्वसस्यानाम्।
ज्येष्ठवर्षः	—	पीड्यन्ते धान्यानि च हित्वाकङ्गुं शमीजातिम्।
आषाढवर्षः	—	आषाढे जायन्ते सस्यानि क्वचिदवृष्टिरन्यत्र।
श्रावणवर्षः	—	श्रावणवर्षे क्षेमं सम्यक् सस्यानि पाकमुपयान्ति।
भ्रादपदवर्षः	—	भाद्रपदे वल्लीजं निष्पत्तिं याति पूर्वसस्यं च। न भावयत्यपरं सस्यं क्वचित्सुभिक्षं क्वचिच्च भयम्।
आश्विनवर्षः	—	आश्वयुजेऽब्देऽजस्रं पतति जलं प्रमुदिताः प्रजाः क्षेमम्। प्राणचयः प्राणभृतां सर्वेषामन्नबाहुल्यम्।।
कार्तिकवर्षः	—	शकटानलोपजीवकगोपीडा व्याधिशस्त्रकोपश्च। वृद्धिस्तु रक्तपीतककुसुमानां कार्तिके वर्षे।
मार्गशीर्षवर्षः	—	सौम्येऽब्देऽनावृष्टिर्मृगाखु खलभाण्डजैश्च सस्यवधः।
पौषवर्ष	—	शुभकृज्जगतः पौषो निवृत्तवैराः परस्परं क्षितिपाः।
माघवर्षः	—	आरोग्यवृष्टिधान्यार्थसम्पदो मित्रलाभश्च।
बृहस्पतिदशा	—	तत्र स्थानं मेषादि राशिस्थितिः गमनं मेषादेर्वृषमादिसङ्क्रमः[2]। तयोर्वृष्ट्यादिफलहेतुत्वं ज्योतिश्शास्त्रप्रसिद्धम्।
गर्भाधानं	—	मार्गशीर्षादिषु षट्सु मासेषु क्रमशः तुषारादिदर्शनम्,
यथोक्तम्	—	मार्गशिराः सतुषारः सहिमः पौषः समारुतो माघः। साभ्रः फाल्गुन मासः सवपनवृष्टिश्च यदि चैत्रः। तडिदभ्रानिल–विद्युज्ज्वलवर्षितो भवति यदि च वैशाखः। सम्यग् वर्षति मघवान् धारणदिवसेषु वर्षति चेत्।।

धारणदिवसो वैशाख कृष्णप्रतिपदादायश्चत्वारः[3]

---

1. अर्थशास्त्रम् /2/ 24/ 7/
2. बृहत्संहिता/ 8/ 1–14/
3. अर्थशास्त्रम् 2/ 24/ 7 श्रीमूला टीका/

शुक्रदशा — गर्गमते शुक्रस्योदयास्तदशाफलञ्चेत्थं वेद्यम्—

उदयास्तमयं कुर्यान्मार्गमुत्तरमाश्रितः।
सुभिक्षं च सुवृष्टिं च योगक्षेमं विनिर्दिशेत्।।
उदयास्तमयं कुर्याद् दक्षिणमार्गमाश्रितः।
धान्यस्य संग्रहं कृत्वा केदारेषु तिलान् वपेत्।।

वराहमते शुक्रस्योदयोऽस्तं च नागगजैरावताद्युत्तरवीथिषु शिवं सुभिक्षकृच्च भवतः। मध्यासु मध्यफलदः कष्टफलो दक्षिणस्थासु। तत्र कृत्तिकाभरणी स्वाती नागवीथी प्रकीर्तिता। रोहिणी मृगशिराऽऽर्द्रा गजवीथी कथिता, पुनर्वसुपुष्याश्लेषा ऐरावतवीथी च। एषु नक्षत्रेषु शुक्रोदयोऽस्तञ्च सुवृष्टिकृत सस्यसमृद्धिकृच्च भवतः।[1]

शुक्रचार—आषाढमासपञ्चम्यादिषु नवषु तिथिषु सञ्चारः सुषमावृष्टिकारकः।

सूर्यस्य प्रकृतिविकृतिश्च—सूर्यस्यप्रकृतिः स्वभावः, तद्वैकृतं परिवेषोपरागमेघावृतत्वादि।

तत्र सूर्यवर्णफलम्—

ग्रीष्मे रक्तो भयकृद्वर्षास्वसितः करोत्यनावृष्टिम्।
हेमन्ते पीतोऽर्कः करोति न चिरेण रोगभयम्।।
प्रावृट्काले सद्यः करोति विमलद्युतिर्वृष्टिम्।
वर्षाकाले वृष्टिं करोति सद्यः शिरीषपुष्पाभः।
शिखिपत्रनिभः सलिलं न करोति द्वादशाब्दानि।[2]

यद्यपि सुषमवृष्टिरूपसंवत्सराय त्रयाणामेव महत्वं तथापि—सूर्याद् बीजसिद्धिः बृहस्पतेः सस्यानां स्तम्बकारिता शुक्राद्वृष्टिरिति।[3]

एवं ग्रहनक्षात्रदिज्ञानेन वार्षिकीं वृष्टिं सस्यफलञ्चानुमाय सस्यवपनादियोजना देवातृके देशे सस्यसम्वर्द्धनकारिका भवन्ति।

(10) धान्यं निस्तृणीकरणम्—

शस्येन सह कृषिक्षेत्रेषु स्वयमेव जातानि तृणानि वन्यक्षुपवल्ल्यादिनि शस्यसम्वर्द्धने बाधकानि भवन्ति यतः एभिर्न केवलं पीड्यन्ते शस्यान्यपितु शस्यपोषकसारजलादीन्यपि अपह्रियन्ते। इमानि शस्यहानिकराणि तृणादीनि 'खरपतवार' इति कथ्यन्ते भाषायाम्

---

1. बृहत्संहिता/ 9/ 2, 10, 12/
2. बृहत्संहिता/ 3/ 26–28/
3. अर्थशास्त्रम्/ 2/ 24/ 8/

कृषिशास्त्रे 'विधान्यम्' इति। एषां नियंत्रणं विनाशो वा शस्यसम्वर्द्धनायाऽऽवश्यकं भवति यतस्तृणानां वृद्धिः शस्यतोऽपिद्रुततरा जायते। अल्पेनैव कालेन क्षेत्रेषु प्रसरन्त विधान्यं निस्तृणीकरणमपि शस्यसम्बर्द्धकं कारकमस्ति, यथा निरूपितं कृषिपराशरे—

निष्पन्नमपि यद्धान्यं न कृतं तृणवर्जितम्।
न सम्यक् फलमाप्नोति तृणक्षीणा कृषिर्भवेत्।।[1]

क्षेत्रे तृणबाहुल्यस्य नैकानि कारणानि सन्ति—

(i) **धान्यबीजेन सह तृणबीजानां मिश्रणम्—** अस्यां दशायां धान्यबीजेन सहोप्तानि तृणबीजानि स्वकीयानि प्ररोहाणि जनयन्ति। बीजसंग्रहबीजनिधानादिकाले प्रमादेनैतद् भवति। बीजपुटिकाकरणसमये पुटिकाबन्धने प्रयुक्ततृणसूत्रेण सहसमावशिष्टतृण-बीजेनाप्येतद् भवितुं शक्यते।

(ii) **क्षेत्रेषु पूर्वत एव विद्यमानतृणबीजानां प्ररोहणम्—**ग्रीष्मे नष्टानि तृणानि प्रथमवर्षणसहैवाङ्कुरितानि भवन्ति।

(iii) जलप्रवाहवाय्यवादिभिरानीतानि तृणबीजानि—अनेनापि माध्यमेन क्षेत्रेषु भवति संक्रमणं तृणानाम्, यथा प्रकारान्तरेण सङ्केतो मनुस्मृत्याम्—

ओघवाताहृतं बीजं यस्य क्षेत्रे प्ररोहति।[2]

तृणनियन्त्रणम्—तृणप्रतिकाराय बीजसंहग्रतो धान्यसमृद्धिं यावत् कृषिपद्धतिषु करणीयानि कर्तव्यानि सन्ति—

(i) बीजसंग्रहे पुटिकाकरणे निधाने च सावधानतया तृणबीजानां निराकरणम्, यथोक्तं पराशरेण—

बीजस्य पुटिकां कृत्वा विधान्यं तत्र शोधयेत्।
बीजं विधान्यसंमिश्रं फलहानिकरं परम्।।
सुदृढं पुटंकं कृत्वा तृणं छिन्द्यात् विनिर्गतम्।
अच्छिन्नतृणके ह्यस्मिन् कृषिः स्यात् तृणपूरिता।।[3]

(ii) **बहुहलकर्षणेन तृणबीजानामुत्पाटनम्**—माघे फाल्गुने च बहुवारं हलेन कृष्ट्वा तृणबीजानां निःसारणमावश्यकम्। यतः हेमन्ते मृत्तिकायामावश्यकार्द्रता सन्निहिता भवति यत् क्षेत्रकर्षणाय तृणोत्पाटनाय चाऽऽनुकूला भवति। अतः कथितं कृषिविद्भिः—

---

1. कृषिपाराशरः / 3/109/
2. मनुस्मृतिः/ 9/ 54/
3. कृषिपाराशरः / 3/ 78, 80/

हलप्रसारणं येन न कृतं मृगकुम्भयोः।
कुतस्तस्य कृषाणस्य फलाशा कृषिकर्मणि।।

वसन्ते ग्रीष्मे चार्द्रता क्रमशः क्षीयते मृत्तिकायाः। घनागमे तु क्षेत्रे जलपूर्णे सति तृणबीजानां निःसारणमशक्यमेवऽथवा आर्द्रार्द्रमृत्तिकातः तृणनिःसारणेन तेनैव सह कर्दमरूपेण मृत्तिकाऽप्याक्षिप्यते। कथितमत्र कृषितन्त्रज्ञेन पराशरेण—

हेमन्ते कृष्यते हेम वसन्ते ताम्ररूप्यकम्।
धान्यं निदाघाकाले तु दारिद्रयं तु घनागमे।।

कुलीर (श्रवण) भाद्रयोर्मध्ये यद्धान्यं निस्तृणं भवेत् तत् परवर्तिकाले तृणयुक्तेऽपि द्विगुणं फलं ददाति।।[1]

(iii) **आश्विने द्विवारे धान्यं निस्तृणीकरणम्**—क्षेत्रकर्षणेनोत्पाटिते सति धान्यबीजे बहुधाऽवशिष्यन्ते कानिचिद्बीजानि, वर्षाजलवायुप्रवाहादिभिरप्यानीयन्ते विविधान्यबीजानि, वर्षाजलेन सह श्रावणभाद्रयोः वर्द्धन्तेऽत आश्विने धान्यसमृद्धयर्थं क्षेत्रं निस्तृणीकरणमावश्यकम्। धान्यं पूर्णतो निस्तृणीकरणाय क्रियेयं द्विवारं साधनीया। यः कृषक आश्विने मासि धान्यं तृणरहितमकृत्वैव कृषिं करोति तस्य धान्यं पाकरहितमेव फलति।

अतः कृषिफलवर्द्धनायावश्यमेव सप्रयत्नं धान्यं निस्तृणीकरणीयम्—

तस्मात् सर्वप्रयत्नेन निस्तृणां कारयेत् कृषिम्।
निस्तृणा हि कृषाणानां कृषिः कामदुधा भवेत्।।[2]

(11) सस्यसम्वर्द्धनस्य आधिदैविकोपायाः—

यजनं पूजनं स्तवनं नैवेद्यप्रदानं स्वस्तिवाचनञ्च कृषिसम्वर्द्धनस्याऽऽधिदैविकोपाया मताः। 'कृषिफलं यथा कृषकश्रमकृषिसंसाधनायत्ता तथा देवकृपाऽऽधीनाऽपि' इति केवलमनज्ञानामशिक्षाजन्यान्धविश्वासो नास्ति, वर्ततेऽत्र समुचितं वैज्ञानिकं तथ्यमपि। ग्रहनक्षात्राणां प्रकोपेण देवकोपेन वा यथा पृथिव्यां सृज्यन्ते उत्पाता तथैव देवप्रसन्नतयाऽनुग्रहेण वा सर्वत्र शिवं मङ्गलञ्च जायते धरण्याम्। द्यावापृथिव्योः पारस्परिकादान-प्रदानेन साम्मन्स्येन च सुस्था भवन्ति प्रजाः यथोक्तं भगवद्गीतायाम्—

देवान्भावयितानेन ते देवा भावयन्त वः।
परस्परं भावयन्तः श्रेयः परमवाप्स्यथ।।

---

1. कृषिपाराशरः/ 3/ 115/
2. कृषिपाराशरः/ 3/ 112/

इष्टान्भोगान्हि वो देवा दास्यन्ते यज्ञभाविता: ।[1]

अतो यैर्भूमिजलवायुतेजातपप्रकाशपश्वादिसंसाधनैः कृष्यते कृषिः तेषामधिष्ठातृ–देवतानां प्रसन्नतायै कोपशमनायाधिकतमानुग्रहलाभाय वा प्राचीनकालतोऽद्यावधिः प्रचलितानि नैकानि पुष्टिकर्मसाधनानि—यजनं पूजनं स्तवनं बलिप्रदानञ्च। अत्र संक्षेपेण निरूप्यन्ते तानि—

(1) **यजनम्**—यज्ञन्तु तत् सृष्टिकरं कर्म येन जातं सर्वमिदं चराचरं ब्रह्माण्डम्। 'यत्पुरुषेण हविषा देवा यज्ञमतन्वत' तदा तस्मात्सर्वहुतयज्ञात् सृष्टिरजायत।।[2]

इति मतं वैदिकचिन्तनस्य। वैदिके युगे यजनमेव मुख्य धर्माऽऽसीत्।[3]

सस्यसम्वर्द्धने यज्ञमहत्वम्—

(अ) **मेघसृष्टिः**—प्रज्ज्वलितसमिधाभिः प्रचुरमात्रया तापसर्जनेन हविष्यपदार्थानां धूमेन च मेघनिर्माणे यज्ञः सहायो भवति जलचक्रप्रवर्तकमेघमाध्यमेन शष्यचक्र–प्रवर्तनेऽपि महनीयं योगदानं यज्ञस्यातोऽथर्ववेदस्य 'सीरायुञ्जन्ति' सूक्ते शुनासीराभ्यां हविष्यप्रदानस्य निर्देशः—

शुनासीरा हविषा तोषमाना सुपिप्पला ओषधीः कर्तमस्मै।[4]

हविषा सन्तुष्टैः मरुदादिविश्वेदेवैरनुमता सीता सस्यसमृद्धिं पिन्वति[5]

कथं भवति यज्ञः शस्यचक्रसम्वर्द्धक इति निदर्शितं स्वयं भगवता कृष्णेन गीतायाम्। अन्नोत्पादकयज्ञधर्मस्य पालनं न केवल कर्षकस्यापितु मानवमात्रस्य कर्तव्यमिति संदेशो गीतायाः—

अन्नाद्भवन्ति भूतानि पर्जन्यादन्नसंभवः।
यज्ञाद्भवति पर्जन्यो यज्ञः कर्मसमुद्भवः।।[6]

(ब) **अन्नसमृद्धिः**—यज्ञेन व्रीहियवमुद्गमाषादिसर्वविधधान्यानां समृद्धिर्भवति[7]

1. भगवद्गीता/ 3/ 11–12/
2. ऋग्वेद /10/ 90/ 6–15/
3. यज्ञेन यज्ञमजयन्तदेवास्तानि धर्माणि प्रथमान्यासन् / ऋग्वेदः / 10/ 90/ 16/
4. अथर्ववेदः / 3/ 17/5/
5. अथर्ववेदः/ 3/ 17/ 9/
6. भगवद्गीता/ 3/ 14, 16/
7. शुक्लयजुर्वेदः/ 18/ 12/

वाजपेयेन यज्ञेन अन्नाधिपत्यलाभश्च यथोक्तं ब्राह्मणेषु—

अन्नं वा एष उज्जयति यो वाजपेयेन यजतेऽन्नपेयं ह वै नामैतद्यद्वाजपेयम्।[1] यज्ञैरन्न-सिद्धित्वात् यज्ञसाधकपुरोहितानां विशेषसम्मानमासीत् राष्ट्रे।[4] यज्ञाग्नि-समिधा-धूम-भस्मादियज्ञीयत्त्वानि वनस्पतीनां पोषकानि भवन्ति।

(i) यज्ञधूमेनान्नसमृद्धिः—घृतमधुदुग्धसोमरसादिपुष्टिकरैः यज्ञाहुतिभिः वातावरणे प्रसरति यद्धूमो तेन लतापादपप्ररोहादिभिः लभ्यते वायव्यसारः। वेदविज्ञानाचार्यपण्डित-वीरसेनवेदश्रमी वनस्पतिषु यज्ञस्य विष्मयजनकं प्रभावं समीक्ष्य लिखन्ति, 'येषु वृक्षेषु सततं फलाभाव आसीत् तेषु जातानि फलानि, येषु फलानि लघुकटुकषायण्यासन् तेषु बृहदाकारसमुधुराणि फलानि समागतानि। यथा वायुमण्डले औक्सीजननाइट्रोजनयोः प्रधानरूपेण समावेशात् औक्सीजनेन जीवन्ति चेतनप्राणिनः नाइट्रोजनेन वनस्पतयश्च तथा यज्ञधूमेन वनस्पतयो धूमस्य सूक्ष्मतैजसप्राणेन च जीवाः विशेषेण लाभान्विता भवन्ति।'[3]

(ii) यज्ञधूमेन पर्यावरणशोधनम् कीटनाशनञ्च—यज्ञधूमे पर्यावरणशोधनस्या-भूतपूर्वा शक्तिर्विद्यते यज्ञे अग्निप्रज्ज्वालनाय सप्तसमिधः प्रयुज्यन्ते—

अर्कः पलाशः खदिरश्च अपामार्गोऽथ पिप्पलः।
उदुम्बरः शमी दूर्वा दर्भश्च समिधः क्रियात्।

एते कीटनाशका भवन्ति।[4] हविः सुगन्धितं पोषकञ्च भवति। स्मार्तोल्लासे तिलं दधि पयः सोमो यवागूरोदनं घृतं तण्डुलं फलं माषश्चेति दशहविद्रव्याणामुल्लेखः। चन्दनागुरुकर्पूरगुग्गुलादीनामपि प्रयोगः। एते पदार्थाः सूक्ष्मांशेन वायुमण्डले विचरन् पर्यावरणं शोधयन्ति रोगजनककीटान् विनाशयन्ति शस्यं तर्पयन्ति च। गुग्गुलधूमस्य रोगशमनशक्तिः वर्णिता अथर्ववेदे।[5]

(iii) यज्ञधूमेनभूमेरुर्वराशक्तिवर्धनम्—यस्मिन् क्षेत्रे भवत्यज्ञः तत्र यज्ञधूमस्य

---

1. शतपथब्राह्मणम्/ 5/ 1/ 5/ 25/
2. न ह वा अपुरोहितस्य राज्ञो देवा अन्नमदन्ति, तस्माद् राजा यज्ञमाणे, ब्राह्मणं पुरो दधाति/ ऐतरेयब्राह्मणम्/ 8 / 40/ 1/
3. भूमिकाभास्करः प्रथमोभागः पृ./ 216
4. समिधः पिशाचजम्भनी/ अथर्ववेदः/ 5/ 29/ 14/
5. न तं यक्ष्मा अरुन्धते . . . यं भेजषस्य गुग्गुलोः सुरभिर्गन्धो अश्नुते अथर्ववेदः/ 19/ 38/ 1/

प्रभावो मृत्तिकायामपि परिलक्ष्यते। समिधः हविषश्च सूक्ष्मांशा दिवसः सौर्यतापेन, रात्र्याः शीतलज्योत्यनया, वायुमण्डलीयाऽऽर्द्रतया नीहारादिभिश्चि मृत्तिकाकणैः सह सम्मिश्र्य भूमिमुर्वरां सरसाञ्च कुर्वन्ति अतो वैदिकवाङ्मये कृषिक्षेत्रे यज्ञसम्पादनस्य, मातरं महीमाहुतिप्रदानस्य च निर्देशः—

वाजस्य नु प्रसवे मातरं महीमिति, अन्नं वै वाजोऽन्नस्य नु प्रसवे मातरं महीमिति।[1]

(iv) यज्ञभस्मना शस्यपोषणं कीटनाशनञ्च—यज्ञभस्म मृत्तिकापोषकं भवति। गोकरीषेणसहयज्ञभस्मप्रयोगेण सर्वेऽपि शस्यविनाशकानि कीटानि नश्यन्ति। मधुघृतदुग्धतिलादिभस्मना फलेषु माधुर्यरसवृद्धिश्च भवति।

(v) मन्त्रोच्चारेण शस्यसम्वर्द्धनम्—यज्ञेषु मंत्रोच्चारपूर्वकमाहुतिः दीयते देवेभ्यः। मन्त्रध्वनेः प्रभावोऽपि भवति स्थावरजङ्गमेषु। वैज्ञानिकैः परीक्षणैः 10–20 प्रतिशतं यावत् शस्यवृद्धिः प्रमाणिता मंत्रप्रभावैः। प्रभावोऽयं सुपरिज्ञात एवासीत् ऋषिभ्योऽतः ऋग्वेदे मन्त्रेण सस्यसम्वर्द्धनस्य निर्देशः। क्षेत्रकर्षणबीजवपनादि सर्वाणि कृषिकर्माणि मन्त्रेणैव स्युः।[2]

अर्थशास्त्रेऽपि मन्त्रपूर्वकं बीजवपनस्य निर्देशः।[3]

अत्र बीजसमृद्धयर्थं मन्त्रेण देवप्रसादनम्।

(vi) यज्ञप्रभावस्य वैज्ञानिकपरीक्षणम्—वाशिंगटने (अमेरिकायाम्) 'अग्निहोत्र' इति विश्वविद्यालये कृषिवैज्ञानिकैः शष्येषु यज्ञप्रभावस्य वैज्ञानिकं परीक्षणं कृतम्। तेषां मते रसायनिकोर्वरककीटनाशकादीनां स्थाने मन्त्रोच्चारेण घृताहुतिभिः सम्पादितैः यज्ञैः सास्यानां सर्वरोगनाशनं चतुर्गुणं पोषणञ्च शक्यम्। कृषिक्षेत्रेषु नियमितरूपेण कृतेन यज्ञेन पर्यावणशुद्धिः तीव्रगत्या शस्यसंवृद्धिश्च भवतः। यज्ञप्रभावः शस्यानां मूलं यावद्भवति तत्रार्द्रतासंरक्षण-मधिकतरं परिलक्ष्यते। एको यज्ञः 200 एकड़्यावत् क्षेत्रस्य शस्यस्वरूपपरिवर्तनेऽलम् भवति। तैरभिप्रमाणितं यद् यज्ञधूमः 8 किलोमीटरं यावत् प्रसरति वायुप्रदूषणं समाप्य क्षेत्रस्थं शस्यं पोषयति च। तैः शस्यसम्वर्द्धकयज्ञस्य '**होमथेरेपी-फार्मिंग**' इत्याभिधानं कृतम्।[4]

---

1. शतपथब्राह्मणम् / 5/ 1/ 3/ 4/
2. ऋग्वेदः/ 10 / 101/ 3/
3. अर्थशास्त्रम्/2/ 24/ 24/
4. सार्वदेशिक 5 जुलाई 1991/

(2) पूजनं स्तवनं नैवेद्यप्रदानञ्च—पूजास्तवनैवेद्यादिभिः प्रीणन्ति सर्वे देवता मनुष्याऽन्ये च जीवधारिणोऽतो कृषिफलसंसिद्धये सर्वेषामेव कृषिसाधकानामुपघातकानां वा पूजनमावश्यकम्। दिव्यतत्त्वानां प्रसादनाय सर्वाधिक महत्वपूर्णं भवति, मन्त्रैः तेषां स्तवनम्। अत ऋग्वेदस्य क्षेत्रपतिसूक्ते कृषेरधिष्ठातृदेवस्य क्षेत्रपतेः स्तुतिः अनुग्रहलाभाय प्रार्थना च—

क्षेत्रस्यपतिना वयं हितेनेव जयामसि।
गामश्वं पोषयित्ना स नो मृडातीदशे।
क्षेत्रस्य पते मधुमन्तमूर्मिं धेनुरिव पयो अस्मासु धुक्ष्व।
मधुश्चुतं घृतमिव सुपूतमृतस्य न पतयो मृडयन्तु।।

तदनु सीता (हलफालाकृष्टाभूमि) देव्या वन्दनम्—

अर्वाची सुभगे भव सीते वन्दामहे त्वा।
यथा नः सुभगाससि यथा नः सुफलाससि।।

अस्मिन्नेव क्रमे शुनासीरेन्द्रपूषादिदेवेभ्योऽपि वाचा वन्दनं पूजनं च।[2]

परवर्तियुगे यदा वैदिकयज्ञधर्मस्य लोपो जातस्तदा दिव्यतत्वानां नैवेद्यस्तुत्यादिभिः पूजनमेव देवप्रसादनस्य मार्गोऽभूत। अतः कृषिपाराशरे हलप्रसारणबीजवपनमुष्टिग्रहण-पुष्ययात्राधान्यस्थापनादिसर्वासु कृषिक्रियाषु देवपूजा-विधानम्।[3] तत्र हलप्रसारणसमये वासवशुक्रपृथुरामपराशरादीन् स्मृत्य अग्निद्विजदेवांश्च संपूज्य हलप्रसारणस्य निर्देशः। वृष्टिस्तु इन्द्राधीनाऽतः प्रथमं शचीपतिं प्रति अर्घ्यनिवेदनं मन्त्रपूर्वकं प्रणमनञ्च—

उत्तराभिमुखो भूत्वा क्षीरेणार्घ्यं निवेदयेत्।
शुक्लपुष्पसमायुक्तं दधिक्षीरसमन्वितम्।।
"सुवृष्टिं कुरु देवेश ! गृहाणार्घ्यं शचीपते"।

भक्तिभावसमन्वितः कृषको विष्टरे निविष्टः क्षितौ जानुनी संस्थाप्य 'निर्विघ्नां' सस्य सम्पत्तिं कुरु देव ! नमोऽस्तु ते' इति मन्त्रेण वासवं देवं प्रणमेत्।

ततो मरुद्गणाय मेघाय च नैवेद्यप्रदानम्—

ततो दद्याच्च नैवेद्यं घृतपूर्णं प्रदीपकम्।
सस्यसम्पत्तयेऽवश्यं सघनाय मरुत्वते।।

ततः स्तुतिपूर्वकं वसुन्धरादेव्यै प्रणमनम्—

---

1. ऋग्वेदः/ 4/ 57/
2. कृषिपाराशरः/ 3/ 57-60, 98-100/

वसुधे हेमगर्भासि शेषस्यापरिशायिनी।...
देवराज्ञि नमोऽस्तु ते सुभगे सस्यकरिणी।
रोहन्तु सर्वशस्यानि काले देवः प्रवर्षतु।
सुस्था भवन्तु कृषका धनधान्यसमृद्धिभिः।।

(iii) धान्यसमृद्धिसाधकभौतिकतत्त्वानां पूजनम्—कृषिविघ्नशान्तये कृषिसमृद्धये च देवतानां पूजनन्तु भवत्येव तेनैव सह कृषिसंसाधकपशुधनस्य मानवीय संसाधनस्य च पूजनसम्मानोपहारादिभिः प्रसादनस्य निर्देशः यथा गोपर्वे गोपूजनम्, दीपदानम् गोमयकूटपूजनं।[1] क्षेत्रेषु बीजवपनादि कर्मकुर्वतः कृषकान् श्रमिकांश्च घृतपायसैः भोजनम्—

कृत्वा तु वपनं क्षेत्रे कृषकान् घृतपायसैः।
भोजयित्वा सुभोज्येन निर्विघ्ना जायते कृषिः।।[2]

एवं धान्यस्य पुष्पफलसमृद्धये धान्यवृक्षकाऽर्चनं नलपूजनञ्च—

ततो गन्धैश्च माल्यैश्च धूपैश्च मनोहरैः।
पूजयित्वा नलं तत्र पूजयेद्धान्यवृक्षकान्।।

ततो दधिभक्तपायसनारिकेलदीनां नैवेद्यमर्पयेत्। पुनश्च मुष्टिग्रहणकाले धान्यवृक्षकान् पूजयेत्।[3]

(12) शस्यसम्वर्द्धनस्याधिभौतिकोपायाः—

देवप्रसादनान्तरं सस्यसम्वर्द्धनायाऽऽधिभौतिकोपायाः करणीयाः। तत्र नलरोपणं मेधिरोपणमादि सन्त्याऽऽधिभौतिकोपायाः।

(i) नलरोपणम्—कार्तिकसंक्रान्त्यां क्षेत्रस्येशानकोणे कृषकः सयत्नं नलरोपणं कुर्यात्। अस्योद्देश्यः सर्वेषामेव धान्यवृक्षकाणां समपुष्पफलवृद्धिरस्ति। अत्रावधारणेयं यत् सुषेणराघवपृथ्वादिराज्ञामादेशेन नलदण्डेन ताडिता सर्वेऽपि धान्यवृक्षकाः। बालकास्तरुणा वृद्धा ज्येष्ठाः सगदा निर्गदा वा समपुष्पत्वमासाद्य निर्भरं फलन्ति। अनेन कृषकाः परां धान्यवृद्धिं प्राप्य नन्दन्ति, धनधान्यसमन्विताः सुस्था भवन्ति च। ये जना घटसंक्रान्त्यां क्षेत्रे नलं न रोपयन्ति तेषां धान्यवृद्धिरसमा बन्ध्यपुष्पाश्च स्युः।[4] यथा

---

1. कृषिपाराशरः/ 3/ 21–24/
2. कृषिपाराशरः/ 3/ 21–24/
3. कृषिपाराशरः/3/ 119–120, 127/
4. कृषिपाराशरः/ 3/ 118–125

राजदण्डभयेन सर्वाः प्रजा निष्ठापूर्वकं स्व-स्व कर्तव्याणि पालयन्ति तथा सर्वेऽपि धान्यवृक्षकाः पुष्पफलप्रजननरूपसर्वकर्तव्याणि निर्वाहयेयुरिति भावनाऽत्र।

(ii) मुष्टिग्रहणम्—मार्गशीर्षे सम्प्राप्ते शुभवासरे केदारे धान्यस्य सार्द्धमुष्टिद्वयं लवनं कुर्यात्। मुष्टिग्रहणात् पूर्वं गन्धपुष्पनैवेद्यादिभिः धान्यवृक्षकानां पूजनं कुर्यात्, मुष्टिग्रहणमीशाने स्यात्। ततस्तान् शीर्षकान्वितं सम्मुखं कृत्वा, मस्तके अन्यत् किमप्यस्पृष्ट्वा मौनभावेन स्वगृहं व्रजेत्।

तत्र मुख्यं कक्ष्ये सप्तपादानि गत्वा कक्षस्य पूर्वभागे सुपूजितं धान्यमुष्टिं स्थापयेत्। धान्यस्य मुष्टिग्रहणाय श्रेष्ठः कालो मार्गशीर्ष एव। कदाचिदपि कार्तिकपौषयोः मुष्टिगहणं न करणीयम्-श्रेष्ठो मुष्टिग्रहो मार्गे धनधान्यफलप्रदः।

मुष्टिग्रहणाय शुभनक्षत्राणि—आर्द्रा मघा मृगशिरा पुष्य-हस्त-स्वाती-उत्तराफालगुनी -उत्तराभाद्रपदा मूलश्रवणौ च सन्ति।

त्याज्यतिथिः वारश्च—व्यतिपाते भाद्रे रिक्तायां वैधृतियोगे भौमशनिबुधवारेषु मुष्टिसंग्रहणं त्यजेत्।

मुष्टिग्रहणस्यफलं सस्यसमृद्धिः अग्रहणफलं विफलता विपन्नता च—

सार्द्धं मुष्टिद्वयं मार्गे योऽच्छित्त्वा लवनं चरेत्।
पदे पदे विफलता तस्य धान्यं कुतो गृहे।[1]

(iii) **मेधिरोपणम्**—भास्करे वृश्चिके सति मार्गशीर्षमासे शुभेऽहनि कृषकेण क्षेत्रस्यैकभागे खननं कृत्वा गर्तं गोमयेन लेपयित्वा स्त्रीनाम्ना मेधिः कार्यः। मेधिस्तु खले बलीवर्दबन्धनस्तम्भः स्त्रीनाम्ना कृतो मेधिः सस्यवृद्धिकरो मतः, 'मेधेर्गुणेन कृषकः सस्यवृद्धिमाप्नुयात्' इति पराशरः।

मेधिः न्यग्रोधसप्तपर्णगम्भारीशाल्मली—उदुम्बरादिक्षीरवृक्षाणां काष्ठेन रचितः स्यात्। वैजयन्तीसमायुक्तो निम्बसर्षपरक्षितो धान्यकेशरसंयुक्तस्तृणकर्कटान्वितो गन्धपुष्पाभ्यामर्चितो मेधिः सस्यसुखप्रदो भवति।

मेधिरोपणस्य शुभाशुभकालः

पौषे मेधिर्न चारोप्यः क्रूराहे श्रवणे तथा।
सस्यवृद्धिकरो मार्गे पौषे शस्यक्षयप्रदः।।

यः कृषक आत्मनः शुभमिच्छेत् तेन कपित्थविल्ववंशनारिकेलकाष्ठानां मेधिर्नैव कार्यः।[3]

---

1. कृषिपाराशरः / 3/ 117-131/
2. कृषिपाराशरः / 3/ 134-140 /

(13) शस्यसम्वर्द्धनस्य मनोवैज्ञानिकोपाया:—

शस्यसम्वर्द्धकमनोवैज्ञानिकोपाया अपि वर्णिता: कृषिशास्त्रकारै: । तत्र सर्वेषु शुभकार्येषु कृषकस्य शुचिता प्रसन्नता भक्तिमत्ता तन्मयता च कृषिफलसिद्धिकारिण्यो भवन्ति। ऋग्वेदे कथितं यत् 'देवेषु धीमन्त: (श्रद्धावन्त:) कवयो सुम्न स्वस्थप्रसन्नचितेन सीरा युञ्जन्ति इति'।[1]

बीजवपनकाले निर्दिष्टा पराशरेणापि कृषकायामेव भाव: ।[2]

कृषकाणां मध्ये परस्परं सौहार्दं साम्मनस्यं वा कृषिसम्वर्द्धकं भवति। तत्र कृषकाणां मध्ये सौहार्दहर्षोल्लासोत्साहवृद्धये तेषां मनोरञ्जनाय च पौषे पुष्ययात्राया विधानम् कृषिपराशरे।

पुष्ययात्रा—धान्यस्य लवनात्प्राक्, पौषे समायोजनीय उत्सवोऽयम्। पुष्ययात्रान्योन्य-क्षेत्रसन्निधौ स्यात्। तत्र नानाविधामिषनिरामिषव्यञ्जनै: दधिभि: दुग्धैराज्यपायसपानकै: नानाफलै: मिष्टान्नैश्च बृद्धपुर: सरा: सर्वेजना: कदलीदले भोजयेयु: । तत आचम्यान्योन्यं सुगन्धिभि: चन्दनैश्चतु: समैश्च लेपनं कुर्यु:। नवाम्बरपरिधानवतो जना कर्पूरवासितं ताम्बूलमन्योन्यं भक्षयेयु: । तत: पुष्पैराभरणं कृत्वा शचीपतिं नमस्कृत्य गीतैर्नृत्यैर्वाद्यैश्च तत्र महोत्सवं कुर्य: । तत: हर्षिता सर्वे हस्तसंपुटकं विधाय भास्करम् वीक्ष्य मन्त्रचतुष्टयं पठेयु: । तत्र प्रथमे मन्त्रे सस्यसमृद्धये देवीलक्ष्मीं प्रति प्रार्थना द्वितीये विरोधीनामुपशमनम्, तृतीये चतुर्थे च संवत्सरं यावद् धान्यादिवृद्धिकामना—

धान्यवृद्धिर्यशोवृद्धि: प्रवृद्धिर्दारपुत्रयो: ।
राजसम्मानवृद्धिश्च गवां वृद्धिस्तथैव च।

तत: प्रमुदिता सर्वे व्रजेयु: स्वनिकेतनम्। पुष्यात्राया मुख्ये लक्ष्ये परस्परविरोधशमनं सौहार्दवर्द्धनञ्च येन परस्परं प्रति ईर्ष्याद्विषजन्यमानवीयोत्पातानामुपशमनं स्यादापदि विपदि वा सहाकारिता स्यात् —यथा जनै: पठितेन श्लोकार्थेन सूच्यते—

कर्मणा मनसा वाचा ये चास्माकं विरोधिन: ।
सर्वे ते प्रशमं यान्तु पुष्ययात्राप्रभावत: ।।

अत: सर्वै: कृषकै: प्रयत्नेन विधानतश्च सर्वविघ्नप्रशान्तये सस्यसम्वृद्धये च पुष्ययात्रा कार्या। ये धनगर्विता: कृषका: पुष्ययात्रां न कुर्वन्ति न विघ्नोपशमस्तेषां कुतस्तद्वत्सरे सुखम्।[3]

(14) सावधानतया कृषिकर्मावेक्षणम्—एतत्तु अत्यावश्यकं कृषिफलसिद्धये

1. सीरा युञ्जन्ति कवयो . . . धीरा देवेषु सुम्नया / ऋग्वेद: / 10/ 101/ 4/
2. कृषिपाराशर:/ 3/ 95–98
3. कृषिपाराशर:/3/ 141–156

यथाह पराशरः—

फलत्यवेक्षिता स्वर्णं दैन्यं सैवानवेक्षिता।
कृषिः कृषिपुराणज्ञ इत्युवाच पराशरः।।[1]

एवं नानोपायैः संवर्द्धिता कृषिः स्वर्णमेव फलति नात्र शंसयलवोऽपि।

---

1. कृषिपाराशरः / 3// 1/

9

कृषि-वानिकी

एकस्मिन्नेव क्षेत्रे धान्योत्पादनं वृक्षरोपणं पशुपालनञ्च अथवा स्वतन्त्ररूपेण वनरोपणं पशुपालनञ्च कृषिवानिकीति कथ्यते।

परिभाषा प्रयोजनं च—इयंतु शस्योत्पादनस्येदृशी बहूद्देशीयपद्धतिः वर्तते येन भूमिगतोर्वरतारक्षणेन सह कृष्यभूमेरधिकतमुपयोगो, ऽनुदिनं वर्द्धमानमानवीयाऽऽवश्यकतानां प्रतिपूर्तिः, पर्यावरणसंरक्षणं खनिजतैलादिनैसर्गिकोर्जास्रोतसां च संरक्षणं भवति। मानवीयप्रयत्नेन विनाऽपि जातानां वृक्षाणां समूहो 'वनम्' इति कथ्यते। कृषिवानिकी वनेन सह कर्षणपद्धतेर्योगस्य नववनप्रवर्तनस्य वा विधिः। पृथिव्या धारणशीलता-संरक्षणाय सस्येन सह वनानां पशुखाद्यानां च सम्वर्द्धनाय प्रयुज्यतेऽयं प्रविधिः।

पुरातने युगे प्रयोजनानीमानि निसर्गतयैव सिद्धयन्ति स्म यदा भूखण्डानां वनानाञ्च बाहुल्यं बभूव मानवावासानामल्पता च। यदा सुविस्तृतेषु क्षेत्रेष्वैकस्यैव कुटुम्बस्य भारो भवति स्म जननिवेश-समीप एव वनानि भवन्ति स्म तदा वनानि मानवीयावश्यकता पूरणाय शाद्वलानि च पशुभोज्यप्रदानाय क्षमाण्यासन्। क्रमशः जनसंख्याविस्फोटेन उपभोगलिप्सयाऽऽत्मकेन्द्रितप्रवत्त्या च मानवजातेः वनविनाशभूमिवन्ध्यत्वपर्यावरणप्रदूषणादि नानासमस्याः समुपस्थिताः। एतासां समाधातृरूपेणानुशंसितेयं कृषिपद्धतिः कृषितन्त्रज्ञैः पर्यावरणवैज्ञानिकैश्च।[1]

अधुनातनकृषिवैज्ञानिकाः कृषिवानिकीमेकामभिनवां कृषिपद्धतिं मन्यन्ते किन्तु प्राचीन भारतेऽपि परिज्ञातमासीत् विधिरयम्। ऋषिमुनीनां तपोवनानि, ब्राह्मणेभ्यः प्रदत्तान्यग्रहाराण्याश्रमाणि च कृषिवानिक्याः सर्वोत्तमोदाहरणान्यासन् यत्रावश्यकतानुरूपं शस्योत्पादनं वन्यवृक्षाणां पोषणं गोमृगादिपशूनां पालनञ्च बभूवुः।

कृषिवानिकी-प्रयोजनानि—कृषिवानिक्या निम्नाङ्कितानि प्रयोजनानि सन्ति—

(i) भूमिगतोर्वरता संरक्षणम् वृद्धिश्च।

(ii) भूमिगतोत्पादकतावृद्धिः।

(iii) भूमिक्षरण-स्खलन-अपरदनेभ्यो क्षेत्रक्षरणम्।

---

1. कृषिवानिकी, एस.एस. श्रीवास्तव, सेन्ट्रलबुक हाउस, रायपुर पृ. 64

(vi) अधोगतिप्राप्तवनभूमेः रक्षा।

(v) भूमेरधिकतमो दीर्घकालिकश्चोपयोगः।

(vi) तीव्रवायुवेग-वृष्टि-करका-आतपादिभ्यः शस्य संरक्षणम्।

(vii) जलसंरक्षणं सम्वर्द्धनञ्च।

(viii) वनसंरक्षणं वनसम्वर्द्धनञ्च।

(xi) वन्यप्राणीनां संरक्षणम्।

(x) वन्योत्पादानां वृद्धिः।

(xi) ग्राम्यपशुसम्वर्द्धनम्।

(xii) पर्यावरणप्रदूषण-नियन्त्रणम्।

(xiii) पर्यावरणसंरक्षण्।

(xiv) ग्रामनगरादीनां श्रीवृद्धिः

(xv) आयवृद्धिः जीवनस्तरस्योरुन्नयनञ्च।

इत्थं वनस्पतीनां बहुविधं प्रयोजनं समीक्ष्य श्रीमद्भागवते महर्षिणा व्यासेनोक्तम्—

पश्यैतान्महाभागान् परार्थैकान्तजीवितान्।
वातवर्षा तापहिमान् सहन्तो वारयन्ति नः।।
अहो एषां वरं जन्म सर्वप्राण्युपजीवनम्।
सुजनस्येव येषां वै विमुखा यान्ति नार्थिनः।।
पत्रपुष्पफलच्छायामूलवल्कलदारुभिः।
गन्धनिर्यासभस्मास्थितोक्मैः कामान् वितन्वते।।[1]

कृषिवानिकी-प्रतिरूपाणि—कृषिवानिक्या अधोलिखितानि प्रतिरूपाणि सन्ति—

(1) एकस्मिन् क्षेत्रे शस्योत्पादनं वृक्षारोपणञ्च—शस्येन सह वृक्षरोपणं द्विविधं,

(i) क्षेत्रे शस्यपंक्तिभिः सह मध्ये-मध्ये सुनियोजितरूपेण सालसरलचन्दनादि सारुदारुवर्गीयवृक्षाणाम् आम्रजम्बीरदाडिमादिफलपादपानां प्रियालपाकरसेमलसिरिसा-दिपशुभोज्यजातीयवृक्षाणां रोपणम्। यद्यपि एवंविधकृषेः सुस्पष्टं प्रमाणं नास्ति संस्कृतवाङ्मये तथाप्यप्रत्यक्षरूपेणास्य सङ्केतः प्राप्यते वात्स्यायनस्य कामसूत्रे—यत्रैकस्मिन्नेव भूखण्डे नानाशस्यानां शाककन्दमूलोषध्युपस्करेक्षुफलपुष्पादीनामुत्पादनं परिलक्ष्यते-परिपूतेषु च हरितशाकवप्रान्—इक्षुस्तम्बान्—अञ्जीरकसर्षपाजमोदशतपुष्पातमालगुल्मांश्च कारयेत्।

---

1. श्रीमद्भागवतम् / 10/ 22/ 24/

कुब्जकामलकमल्लिकाजाती कुरण्टकनवमालिकातगरनन्द्यावर्तजपागुल्मानन्यांश्च बहुपुष्पानबालकोशीरकपातालिकांश्च।

सर्वौषधीनां च बीजग्रहणं काले वापश्च।[1]

अस्यैकं रूपं मलयाद्रेरुपत्यकासु दृश्यते यत्र पूगचन्दनादिव्यावसायिकवृक्षैः तमालादिशोभाकारिवृक्षैश्च सह ताम्बूलैलामारिचादि[2] सस्यानामुत्पादनं भवति। अत्र ताम्बूलवल्लयः पूगवृक्षेष्वारोप्यन्ते एलालता चन्दनाश्रयेण रोहन्ति—

ताम्बूलवल्लीपरिणद्धपूगास्वेलालतालिङ्गितचन्दनासु।
तमालपत्रास्तरणासु रन्तुं प्रसीद शश्वन्मलयस्थलीषु।।[3]

एवं कलिङ्गेषु समुद्रतटीयभूमिषु तालनारिकेलादिवृक्षैः सह ताम्बूलस्य कृषिः क्रियते—

ताम्बूलीनां दलैस्तत्र रचिताऽऽपानभूमयः।
नारिकेलासवं योधा शात्रवं च पपुर्यशः।।[4]

(ii) **क्षेत्रमर्यादायां बहूद्देश्यीयवृक्षाणां रोपणम्**—संस्कृतवाङ्मये क्षेत्रसीमायां ग्रामसीमाया वा वृक्षारोपणस्यानुशंसा प्राप्यते। तत्र सीमायां रोप्या वृक्षा आसन्—न्यग्रोध—अश्वत्थ-किंशुक-शाल्मली-साल-ताल-शमी-बदरी, क्षीरिणी वृक्षा, यथा-उदुम्बरशिरीषप्लक्षाः अन्ये च वनस्पतयो यथा-वेणुवल्लीशरकुब्जकगुल्मादयो।[5] एषु—

1. न्यग्रोधाश्वत्थोदुम्बरादायो प्रदूषणनियंत्रकवृक्षाः सन्ति। पशुखाद्यरूपेणास्य पत्राणि प्रयुञ्जन्ते।
2. शाल्मली—काष्ठोपलब्धिरिन्धनं च। अस्य फलेन तूलमपि प्राप्यते।
3. सालः—गृहनिर्माणे, गृहोपकरणकृष्युपकरणादिनिर्माणे सालकाष्ठं प्रशस्तं मतम्।
4. तालः—फलयुक्तवृक्षः, पत्राणि वृन्तनिर्माणे प्रयुज्यन्ते।
5. किंशुकः—पत्राणि पुष्पाणि च नानाप्रयोजनेषु प्रयुञ्जन्ते।
6. बदरी—फल-काष्ठ-इन्धन-पशुखाद्य-कृष्युपकरणनिर्माण-छाया-भूमिसंरक्षण-सीमान्तरोपण-समूहरोपण-वृत्तिनिर्माण-लाक्षाकीटपालनादिनाना-प्रयोजनानां पूर्तिकरो बहूद्देशीयः पादपः।

---

1. कामसूत्रम्/ 4/ 1/ 6, 7, 29/
2. मारीचोद्भ्रान्तहारीता मलयाद्रेरुपत्यकाः/ रघुवंशम् / 4/ 46/
3. रघुवंशम्/ 6 /64/
4. रघुवंशम् / 4 / 42 /
5. मनुस्मृतिः / 8/ 248-247/ अर्थशास्त्रम् / 2/ 1/ 2/

7. वेणु—जलसंरक्षको मतः वेणुः, गृहनिर्माणे छदिसु प्रयुज्यते, करण्डककटादि-निर्माणेऽपि वेणुपट्टिकानां प्रयोगो भवति।

सर्वैरपि एतैः पादलतागुल्मादिभिः पर्यावरणशुद्धिः जलसंरक्षणं भूमिसंरक्षणं च साध्यन्ते। वृक्षाणां पत्रपुष्पाणि भूमिषु हरितसाररूपेण उर्वरतावर्द्धकानि भवन्ति।

(2) **एकस्मिन् क्षेत्रे वृक्षारोपणं पशुपालनं च**—कौटिल्यस्यार्थशास्त्रे विवीताध्याक्षप्रकरणेऽस्य प्रतिरूपस्य निर्देशः। अकृष्यायां भूमौ पशुभ्यो विवीतानि प्रयच्छेत्[1]। अनुदके कूपसेतुबन्धोत्सान् स्थापयेत् पुष्पकफलवाटांश्च।[2] भूमिच्छिद्रविधानस्यायमति महत्वपूर्णोपायो वर्तते। अकृष्यभूमेरुपयोगः पशुचारागाहरूपेण स्यात्। तत्र तडाग-कूपादिनिर्माणेन प्रथमं जलप्रबन्धनं तदनु पुष्पफलादिप्राप्यते पर्यावरणसंरक्षणाय च वृक्षारोपणम् कार्यम्। सेतुबन्धरचितजलाशयानां तटेषु फलपुष्पपादपानां रोपणं सहजं परिवेशस्य श्रीवृद्धिकरं च-भवतः। तपोवनानि खल्वस्य प्रतिरूपस्य श्रेष्ठोदाहरणानि सन्ति यत्र पुष्पफलैः समृद्धविटपा वृक्षा दयाभावेनरक्षिता भवन्ति गोकुलधनानां पोषणञ्च भवति।[3]

(3) **एकस्मिन-क्षेत्रे शस्योत्पादनं वृक्षरोपणं पशुपालनञ्च**—अस्य सर्वोत्तमं निदर्शनं वयं पश्यामः रामायणस्यारण्यकाण्डे पञ्चवट्याश्रमे, यत्र वनभूमेः समभागेषु यवादिशस्यानामुत्पादनं क्रियते प्रातःकाले सूर्यस्यबालरश्मिभिः शोभन्ते क्षेत्राणि—

वाष्पच्छन्नान्यरण्यानि यवगोधूमवन्ति च।
शोभन्तेऽभ्युदिते सूर्ये नदद्भिः क्रौञ्चसारसैः।।
खर्जूरपुष्पाकृतिभिः शिरोभिः पूर्णतण्डुलैः।
शोभन्ते किञ्चिदालम्बाः शालयः कनकप्रभाः।।[4]

अस्मिन्नेवारण्ये गिरिभूमि शोभतेऽधोलिखितैः फलपुष्पद्रुमैः लतागुल्मैश्च—

सालतालतमालखर्जूरपनसनीवारतिनिशपुन्नागचूत-अशोक-तिलककेतकचम्पक-स्यन्दनचन्दननीपपर्णासलकुचधव-अश्वकर्ण-खदिरशमीकिंशुकपाटलादिभिः।[5]

वने पशुभ्यस्तृणवती शाद्वला भूमिरपि विद्यते। हेमन्ते नीहारपातेन किञ्चित्प्रक्लिन्ना

---

1. अर्थशास्त्रम् 2/ 2/ 1/
2. अर्थशास्त्रम् / 2/34/ 6/
3. स्वप्नवासवदत्तम् / 1/ 12/
4. रामायणम्/ अरण्यकाण्डम् / 16/ 16–17/
5. रामायणम्/ अरण्यकाण्डम् / 16/ 16–18/

भूमिस्तरुणातपेनातीव शोभते।[1]

अस्मिन्नेव प्रसंङ्गे वन्योत्पादस्य मानवकृतोपयोगोऽपि दृश्यते यदा लक्ष्मणेन काष्ठवंश शाखाकुशकाशशरपर्णलतापाशमृत्तिकादिभिः रम्या पर्णशाला निर्मीयते—

पर्णशालां सुविपुलां तत्र संघातमृत्तिकाम्।
सुस्तम्भां मस्करैर्दीर्घैः कृतवंशां सुशोभनाम्।।
शमीशाखाभिरास्तीर्य दृढपाशावपाशिताम्।
कुशकाशशरैः पर्णैः सुपरिच्छादितां तथा।।[2]

इत्थं कृषिवानिक्या एकमादर्शनिदर्शनं प्रस्तुतं रामायणे। अधुनातनी कृषिवानिकी-पद्धतिरपि इमान्येव लक्ष्याणि साधयति-एकस्मिन्नेव भूखण्डे इत्थं शस्यनियोजनं स्याद् येनान्नफलशाकतृणकाष्ठसारादीनां प्राप्तिर्भवेत् भूमिजलवायुवनवन्यजीवादिपर्यावरणीय-घटकानां संरक्षणं च भवेत्।

(4) **ग्राम्यवृक्षरोपणम्**— ग्रामीणानां सहयोगेन शासकीयप्रयासेण च ग्रामेषु पशुतृणेन्धनकाष्ठफलपुष्पादिदैन्दिनावश्यकताप्रतिपूर्तय आर्थिकसमृद्धये ग्रमशोभायै च ग्राम्य-वृक्षारोपणं कृषि वानिक्या एको महत्वपूर्णः पक्षोऽस्ति। ग्रामे जलाशयतटेषु नदीबन्धेषु ग्रामसीमासु रिक्तभूमिषु वा रोपणीया अधोलिखिता वृक्षाः।

उदुम्बराश्वत्थवटचिञ्चाचन्दनजम्भलकदम्बाशोकबकुलबिल्वाम्रातककपित्थ राजा-दनाम्रपुन्नागतूदकाष्ठाम्लचम्लचम्पकनीपकोकाम्रसरलदाडिमाक्षोटभिस्सटशिंशपा-शिग्रुबदरनिम्बजम्बीरक्षीरका (खिरनी) खर्जूर देवकरञ्जफल्गुतापिच्छ (तमाल) सिम्भल-कुद्दाललवलीधात्री (आमलकी) क्रमुक (सुपारी) मातुलङ्गकलकुचनारि-केलरम्भादयस्तथाऽन्येऽपि सत्फलाः सुपुष्मा द्रुमाः।[3]

एते द्रुमा नानाप्रयोजनानि साध्यन्ति, स्थूलरूपेण प्रयोजनदृष्ट्याऽधोलिखितेषु वर्गेषु समापतन्ति—

(i) बहूद्देशीयवृक्षाः—काष्ठेन्धनपशुयवस् फलौषध-भूमिसंरक्षणछायाऽऽश्रयादिनाना-प्रयोजनपूरका वृक्षा 'बहुद्देशीया' इति कथ्यन्ते। उपर्युक्तग्राम्यवृक्षेषु धवपनसखदिर-बिल्वकपित्थनिम्बबदरकचनारतालसरु नारिकेलशिंशपधात्री सिम्भलाम्रशिग्रुश्वेत-चन्दनचिञ्चादयो बहूद्देशीयाः सन्ति।

---

1. रामायणम्/ अरण्यकाण्डम् / 16/ 20/
2. रामायणम्/ अरण्यकाण्डम् / 15/ 21-22/
3. शुक्रनीतिः/ चतुर्थाध्याये लोकधर्मनिरूपणप्रकरणम् / 48-51/

(ii) **भूम्युर्वरतावर्द्धकवृक्षाः**—चिञ्चारकञ्जशिंशपसरुशम्यादयो भूमिषु नाइट्रोजन-स्थिरकारका मताः।[1]

(iii) **प्रदूषणनियन्त्रकवृक्षाः**—विल्वकदम्बपनसनिम्बशिंशपामलताश धात्रीवटाश्वत्थन्यग्रोधाम्रबकुलाशोकचिञ्चा बदरादयोऽशुद्धवायुं स्वीकृत्य प्राणवायुं वितरन्ति।

(iv) **भूमिच्छिद्रशोधकवृक्षाः**—खदिरबिल्वशिरीषधवजम्बूदुम्बरकपित्थाम्रलकुचनिम्बकचनारशल्मली दाडिम सप्तपर्णपूगतालपलाशखर्जूर धात्रीचिञ्चाशिंशपबदरादयोऽनुर्वरभूमिम् अधोगतिप्राप्तभूमिम् वा शोधने प्रयुञ्जन्ते।

(v) **फलदायिवृक्षाः**—बिल्वाम्रातककपित्थाम्रदाडिमाक्षोटजम्बीरक्षीरिका खर्जूरधात्री-नारिकेलकदल्यादयो सत्फला द्रुमाः।

(vi) **सारदारुवर्गीयवृक्षा**—धवकदम्बचन्दनसालसरलशिंशपाम्रतूदकाष्ठधात्रीबदरीचिञ्चाशम्यदयो दारुवर्गीयाः सन्ति।

(vii) **पशुभोज्यप्रदवृक्षाः**—कदम्बशाल्मली-अश्वत्थाधात्रीलकुचशिंशपकपित्थशिग्रुचिञ्चादयः पशुखाद्यं प्रयच्छन्ति। अधोगतिप्राप्तभूम्यादिशोधने च प्रयुञ्जन्ते।

(viii) **शोभाकारिवृक्षाः**—कदम्बकचनारपलाशामलताशशाल्मलीचम्पक-पुन्नागाशोक-बकुलशिंशपतालादयो पुष्पैः पत्रैः वा ग्रामशोभां जनयन्ति।

(ix) **ओषधीयवृक्षाः**—निम्बधात्रीबिल्वचन्दनवटादिक्षीरिवृक्षाणाञ्चौषधीय-महत्त्वमप्यस्ति।

तत्रक्षीरिवृक्षगुणा यथा निरूपिता भावप्रकाशे—

क्षीरिवृक्षा हिमा वर्ण्या योनिरोगव्रणापहाः।
रुक्षाः कषाया मेदोघ्ना विसर्पामयनाशनाः।
शोथपित्तकफास्रघ्नाः स्तन्या भग्नास्थियोजकाः।
त्वक्पञ्चकं हिमं ग्राहि व्रणशोथविसर्पजित्।।[2]

(x) **छायादायितापहारिवृक्षाः**—अश्वत्थवटशिंशपाम्रादि सघनशीतलच्छयाप्रदा वृक्षाः सन्ति। अश्वत्थवटादीनां धार्मिक-सांस्कृतिकमहत्त्वमप्यस्ति। 'अश्वत्थः सर्ववृक्षाणामिति[3] कथयित्वाभगवता कृष्णेन सृष्टिधारणेऽश्वत्थमहत्त्वं प्रतिपादितम्।

---

1. कृषिवानिकी, एस. एस. श्रीवास्तव, पृ. 275
2. भावप्रकाशः / वटादिवर्गः/ 16-17/
3. भगवद्गीता/10/ 26/

वृक्षरोपणनियमाः—

ग्राम्यवृक्षरोपणेन ग्राम्यावश्यकतानां सम्पूर्तिः स्वस्थसुन्दरपर्यावरणनिर्माणं भूमिसंरक्षणं च करणीयम्। वृक्षरोपणे पालनीयानां नियमानां निरूपणमपि संस्कृतवाङ्मये प्राप्यते। एतेषां परिपालनेनैव वृक्षरोपणं सफलं भवति—

(i) गर्तखननम्—वृक्षरोपणाय कुद्दालेन खनित्रेण वा भूम्यां हस्तैकं गर्तं खनित्वा प्रस्तरेष्टकशर्करा— शकलादीनां निष्काषनं कर्तव्यम्। ततः मृत्तिकासह शुष्कं गोमयचूर्णं सम्मिश्र्य गर्तं पूरयेत्।

(ii) रोपणे आवश्यकमन्तरालम्—येषां वृक्षाणां मूलस्कन्धशाखादयो दूरं यावत् प्रसरन्ति तानुत्तमान् पादपान् विंशतिकरैः मध्यमान् पञ्चदशकरैः सामान्यान् दशहस्तैः कनिष्ठान् पञ्चभिः करैश्च संरोपयेत्।[1] वृक्षाणां पल्लवनाय सम्यगन्तरालमावश्यकमन्यथा ते परस्परभिपीडयन् सम्यक् फलपुष्पसमृद्धिं नैवाप्नुवन्ति।

(iii) रोपणकालः—अजातशाखान् शिशिरे जातशाखान् हिमागमे वर्षागमे च सुस्कन्धान् यथादिक्स्थान् प्ररोपयेत्। घृतोशीरतिलमधुविडङ्गक्षीरगोमयैश्चामूलस्कन्धं लिप्तानां पादपानां रोपणे रोगादिसंक्रमणं न जायते।

(iv) रोपणविधिः—रोपणकर्ता स्नानानुलेपनैः शुर्चिभूत्वा रोप्यतरोः पूजां कृत्वा तं पादपं रोपयेत्। इत्थमर्चनपूर्वकरोपितः पादपः पत्रैस्तैरेव जायते।[2]

(v) सेचनकालः—लघुपादपाःकञ्चित्कालं यावज्जलसेकमपेक्षन्तेऽतो रोपिता द्रुमाः ग्रीष्मे सायं-प्रातः, शीतकाले दिनान्तरे, वसन्ते पञ्चमेऽह्नि सेक्तव्याः। वर्षासु जलसेकं नापेक्षन्ते पादपाः। जलसेकाय पादपमूले आलवालरचनं हितं भवति।

(vi) पोषणम्—अजाविगोशकृद्भिरथवा मांसजलैः पोषणं कार्यम्।[3] इत्थं परिचरिता सम्यगवेक्षिताश्च वृक्षा यथासमये वृद्धिं प्राप्यामूल्यसम्पदो भवन्ति।

(5) द्रव्यवनरोपणम्—भूमिच्छिद्रशोधनायार्थलाभाय च द्रव्यवनरोपणं सुप्रचलित-मस्माकं देशे प्राचीनकालत एव। कौटिलीयार्थशास्त्रे शुक्रनीत्याञ्च राजकोशसमृद्धये द्रव्यवनरोपणस्य निर्देशः—

'कुप्यप्रदिष्टानां वा द्रव्यणामेकैकशो वा वनं निवेशयेत्।' इति कौटिल्यः।[4]

---

1. शुक्रनीतिः/ 4/ 46-47/
2. बृहत्संहिता/ 54/ 7-8
3. शुक्रनीतिः / 4/ 47,53/
4. अर्थशास्त्रम् / 2/ 2/ 3/

तत्र कुप्यवर्गे वृक्षगुल्मलतापादपादीनामधोलिखिता वर्गाः सन्ति—

(i) **सारदारुवर्गः**—शाक (सागौन) तिनिशधन्वनार्जुनमधूकतिलकसालशिंश-पारिमेदराजादनशिरीषखदिरसरलतालसर्जाश्वकर्णसोमवल्ककश (बबूल)—आम्रप्रियक-धवादयः सारदारुवर्गीया वृक्षाः।

(ii) **वेणुवर्गः**—उटज (सुषिरः) चिमिय (रन्ध्ररहितः सुदृढः) चाप (अल्पसुषिरः कर्कशश्च), वेणु (श्लक्ष्णसुशिरः) वंशसातीनकण्टकभाल्लूक (स्थूलायतः कण्टकश्च) आदि वेणुवर्गः।

(iii) **वल्लीवर्गः**—वेत्रशीकवल्लीवाशीश्यामलतानागलतादिवल् लीवर्गः।

(iv) **वल्कवर्गः**—मालतीमूर्वार्कशणगवेथुकातस्यादिवल्कवर्गः।

(v) **तृणवर्ग**—मुञ्जबल्बजादि तृणवर्गीया वनस्पतयो रज्जुनिर्माणे प्रयुञ्जन्ते।

(vi) **पत्रवर्गः**—तीलीतालभूर्जापत्रादयः पत्रवर्गः।

(vii) **पुष्पवर्गः**—किंशुककुसुम्भकुङ्कुमादिपुष्पवर्गः।

(viii) **ओषधवर्ग**—कन्दमूलफलादिरोषधवर्गः।

(ix) **विषवर्गश्च**—कालकूटवत्सनाभहालाहलमेषशृङ्गमुस्ताककुष्ठमहाविषवेल्लितक गौरार्द्रबालककमार्कटहैमवत कालिङ्गकदारदकाङ्कोल-सारक्रोष्ट्रकादीनि विषाणि।[1] विषाणामुपयोगोऽपि औषधरूपेण भवति।

एतानि सर्वाण्येव कुप्यानि सन्ति। एषामुत्पादनाय पृथक् पृथक् वनानां रोपणं कार्यम्। समूहे रोपितेष्वेकजातीयवृक्षेषु त्वरित्वृद्धिः समृद्धिश्च परिलक्ष्यते।

द्रव्यवनसंरक्षणम्—द्रव्यवनकर्माण्याटविकाः कुर्युः[2] द्रव्यवनपालाः संरक्षणं पोषणञ्च। तस्करेभ्यो द्रव्यवनानां संरक्षणमप्यावश्यकम्। एतदर्थं लुब्धकश्वगणिनः परिव्रजेयुरण्यानि। तस्करामित्राभ्यागमे शंखदुन्दुभिशब्दैः वनपालान् सूचयेयुः शैलवृक्षाधिरूढा वा शीघ्रवाहना वा। वनपालैरपि राज्ञे शत्रुतस्करादीनां सूचना देया। एतदर्थं गृहकपोतैर्मुद्रायुक्तैर्हारयेयुः सूचनां धूमाऽग्निपरम्परया वा इतिकौटिल्यः।[3]

कुप्याध्यक्षो द्रव्यवनपालैः कुप्यमानाययेत्। द्रव्यवनकर्मान्तांश्च प्रयोजयेत्।

---

1. अर्थशास्त्रम् / 2/ 17/ 2-8/
2. अर्थशास्त्रम् / 2/ 2/ 3/
3. अर्थशास्त्रम् / 2/ 34/ 6-7/

द्रव्यवनच्छिदामत्ययं (दण्डं) देयम्। आजीवपुररक्षार्थं च सर्वेषामेव द्रव्याणां शासकीये कोष्ठागारे संग्रहः कार्यः।[4]

सम्प्रति भारतदेशे कृषकेषु द्रव्यवनरोपणायाभिरुचिः परिलक्ष्यते। सारदारुवर्गीय-वृक्षाणामोषधीयपादपानाञ्च कृषिः वाणिज्यिकलाभदृष्ट्या बहुषु प्रान्तेषु प्रचलितमस्ति। शासकीयसंरक्षणेनपि द्रव्यवनानां विकासयोजनाश्चलन्ति। उत्तरप्रदेशस्य गोरखपुरक्षेत्रे षष्टिवर्षैः सालवनरोपणकार्यक्रमः सम्पादितः। शासनेन वनभूमिषु कानिचिद्भूखण्डानि निर्धनकृषकेभ्यो वितरितानि। तैः तेषु भूखण्डेषु शस्य कर्षणेन सह वनपालनकार्यमपि कृतम्। मध्यप्रदेशेऽपि विधिनानेन चन्दनवनानां विकासोऽभवत्। इत्थं कौटिल्य-प्रदर्शितद्रव्यवनविकासयोजना अद्यत्वेऽपि राष्ट्रसमृद्धये जनसमृद्धये चाऽनुकरणीयाः सन्ति।

(6) **नववनप्रवर्तनम्**—यथा शस्यं पच्यते पुनश्चोत्पद्यते, मर्त्यो म्रियते जायते च वृक्षाः छिद्यन्ते रुह्यन्ते च तथा वनान्यपि स्वयमेव जायन्ते, किन्तु यदा मानवीयहस्तक्षेपेणाति-दोहनेन वाऽवरुध्द्यते वनानां नैसर्गिकं पुनश्चक्रणं तदा नववनरोपणस्यावश्यकता सञ्जायते। चिरन्तकालत एव मानवैर्वनसम्पदः दोहनं कृतमेवातः पूर्वकृतानां रक्षणं नवानां प्रवर्तनञ्च राजधर्म इति मतः।[1]

'वने वन्यान् वृक्षान् संरोपयेन्नृपः' इति शुक्राचार्यस्याभिमतः। वने रोप्या वृक्षा अधोलिखिता सन्ति—

खदिराश्मन्तकाकाग्निमन्थस्योनाकबब्बुलतमालशालकुटजधवार्जुनपलाशसप्तपर्ण-शमीतुन्नदेवदारुविकङ्कतकरमर्द-इङ्गुदीभूर्जपत्रविषमुष्टिकरीरकशल्लकीकाशमरीपाठातिन्दुक बीजसारक हरीतकीभल्लातशम्पाकार्कपुष्कर-अरिमेदपीतद्रुशाल्मलिबिभीतकनरबेल-मधूका अन्ये च महावृक्षाः प्रतानवत्यः स्तम्बिन्यो गुल्मिन्यश्च वनस्पतयः।[2]

इत्थं वन्यवृक्षाणामेका विस्तृता सूची प्राप्यते शुक्रनीत्याम्। एषु खदिरशाकबब्बुलत-मालशालधवार्जुनकरीरशाल्मल्यादयो बहूद्देशीया वृक्षाः सन्ति। मधूकतिन्दुकखदिरादयो वन्योत्पाददृष्ट्यापयोगिनो भवन्ति। बिभीतकनरबेलहरीतक्यादय औषधीयमहत्वस्य वृक्षाः सन्ति। बब्बुलो अकृष्यभूमिविकासे विशेषोपयोगी मतः मरुदेशेषु भूमिसंरक्षणे सुरक्षा-पंक्तिरूपेण योज्यते। इंधन पशुभोज्यकाष्ठनिर्यासच्छाया हरीतिमादीनां प्राप्तिरपि भवति। भूर्जपत्रताडपत्रादीनि प्राचीन काले ग्रन्थलेखनाय प्रयुज्यन्ते स्म।

नववनरोपणेनाधोलिखितानि द्रव्याणि प्राप्यन्ते—

---

1. रक्षेत्पूर्वकृतान्राजा नवांश्चाभिप्रवर्तयेत्। अर्थशास्त्रम् / 2/ 1/ 20/
2. शुक्रनीतिः/ चतुर्थाध्याये लोकधर्मनिरूपणप्रकरणम्/ 4/ 58-52/

(i) सारदारुवेणुवल्लीवल्कतन्तुपत्रपुष्पौषधविषनिर्यासादयः।

(ii) गोधासेरकद्वीपिशिंमुमारसिंहव्याघ्रहस्ति-महिषचमरसृमरखड्गगोमृगगवयानां चर्मास्थिपित्तस्नायुदन्तशृङ्गखुरपुच्छानि। यतो हि वन्यप्राणीनां जीवनं वनाश्रितमेवातो लाभोऽयम् वनादेवावगन्तव्यम्।

(iii) सर्पविषं कीटविषञ्च।

(iv) कालायसताम्रवृत्तकांस्यसीसत्रपुवैकृन्तकारकूटादिलोहानि यतः पर्वतीयवनभूमिषु सञ्चीयन्ते खनिजानि।

(v) विदलमृत्तिकामयं भाण्डम्।

(vi) अङ्गारतुषभस्मानि मृगपशुपक्षिव्यालवाटाः काष्ठतृणवाटाश्च।[1]

अन्यानि, भूमि-जल-पर्यावरणसंरक्षणप्रभृतीनि प्रयोजनानि तु सिद्ध्यन्त्येव।

अतः परोपकारायैव जीवनमेषां ते वृक्षा बहुधा पूजिताः प्रशंसिताश्च संस्कृतवाङ्मये। कान्तारे वृक्षरोपणस्य महत्वं प्रतिपादयन् कथयन्ति पुराणकाराः—

अतीतानागतान् सर्वान् पितृवंशांस्तु तारयेत्।
कान्तारे वृक्षरोपी यः तस्मात् वृक्षांस्तु रोपयेत्।।
पुष्पिताः फलवन्तश्च तर्पयन्तीह मानवान्।
इहलोके परे चैव पुत्रास्ते धर्मतः स्मृताः।।[2]

इत्थं कृषिवानिकी कल्पलतेव सर्वकामान्पूरयति।

---

1. अर्थशास्त्रम् / 2/ 17/
2. शिवपुराणम् / 5/ 12/ 19, 21/

10

कृष्यौद्यानिकी

शाकपुष्पफलादीनां कृषि: कृष्यौद्यानिकीति कथ्यते। संस्कृतवाङ्मये शाकक्षेत्राणि 'षण्ड' इति नाम्ना फल-पुष्प क्षेत्राणि 'वाट' इत्यभिधानेन चाभिहितानि।[1] कृष्यौद्यानि-कीपद्धत्यां शाकपुष्पफलादीनां समन्वितरूपेण एकस्मिन्नेव क्षेत्रे, स्वतन्त्ररूपेण पृथक्-पृथक् वोत्पादनं क्रियते। उद्योनोपवनवाटिकादिनिवेशोऽपि कृष्यौद्यानिक्यन्तर्गतो विषय एव निरूपणं यस्य 'वृक्षायुर्वेद' इति शास्त्रे स्वतन्त्ररूपेण जातम्।[2] वृक्षायुर्वेदस्तु फलपुष्पोत्पादनस्य विज्ञानं सम्प्रति यत् कृष्यैद्यानिकीति निगद्यते।

तत्र कृष्यौद्यानिक्या निम्नाङ्कितानि प्रयोजनानि सन्ति—

(i) संपूरकाहाररूपेण 'मूलपत्रकरीराग्रफलकाण्डप्ररूढकत्वक्पुष्पकण्टकादि 'दशविधशाकोत्पादनम्।'शक्यतेऽनेनात्तुम्' इति व्युत्पत्या शाकस्य पूरकाहारत्वं द्योत्यते।

(ii) वनस्पतिजगतो यन्मधुरतमं हृद्यतमं रूपं तत्तु फलमेव। शरीरसंरक्षकशक्ति-दायकाहाररूपेण फलोत्पादनं कृष्यौद्यानिक्या मुख्यं लक्ष्यम्।

(iii) निसर्गस्य यत्सुन्दरतमं सुरभितमं कोमलतमं रूपं तत्तु पुष्पमेव। नानाविधपुष्पो-त्पादनमपि कृष्यौद्यानिक्या: प्रयोजनम्।

(iv) स्निगधहरितपल्लवानां शोभाधायकत्वमपि सहृदयमानवस्य कृत्तेऽभिनन्दनीयमे-वात: शोभावर्धकपादपानां रोपणमपि प्रयोजनम्।

(v) स्वास्थ्यन्तु सर्वेषामेव काम्यमतो विल्वामलकहरीतक्यादि-ओषधीयफला-नामुत्पादनम्।

(vi) मङ्गले सर्वफलसिद्धिरतो माङ्गलिकपादपानां रोपणम्।

(vii) पर्यावरणशुद्धि: भूमिच्छिद्रशोधनञ्च।

(viii) उपवनोद्यानवाटिकादिनिवेशनम्।

(ix) मनोरञ्जनं हृदयतर्पणं पुण्यार्जनञ्च।

इत्थं नानाप्रयोजनसाधकत्वेन सर्वेषु देशेषु कालेषु च वृक्षमहत्त्वं बहुगीतमस्ति। तत्र

---

1. तेषु पुष्पफलवाटषण्डकेदारान् . . . कुर्यु:। अर्थशास्त्रम् / 2/ 4/ 7/

सुप्रसिद्धमिदं सुभाषित्—

दशकूपसमावापी दशवपीसमो ह्रदः।
दशह्रदसमः पुत्रो दशपुत्रसमो द्रुमः।
बहुभिर्बत किं जीवितैः पुत्रैः धर्मार्थवर्जितैः।।
वरमेकः पथि तरुर्यत्र विश्रमते जनः।।[1]

तरवो देवानामप्याश्रयो भवन्ति—

पुरा कोलाहले युद्धे दानवैर्निर्जिताः सुराः।
वृक्षेषु विविशुस्तत्र सूक्ष्माप्राणपरीप्सया।।
तत्र विल्वे स्थितः शम्भूरश्वत्थे हरिराख्ययः।
शिरीषेऽभूत्सहस्राक्षो निम्बे देवः प्रभाकरः।
स तु तन्मयतां यातस्तस्मात्तं न विनाशयेत्।।[2]

वृक्षनाशे यथा पापः तथा रोपणे पुण्यमपि भवति यथा कथितं शिवपुराणे—

अरामच्छायाकर्तारौ मार्गे वा वृक्षरोपकाः।
व्रजन्ति यमलोकञ्च आतपेऽपि गत-क्लमाः।।[3]

प्राचीनभरते कृष्यौद्यानिकी पूर्तधर्मस्याङ्गरूपेण विकसिता। तत्रारामनिवेशो वृक्षरोपणं कूपवाप्यादिनिर्माणं 'पूतधर्मं,' इति मतं धर्मशास्त्रेषु—

वापीकूपतडागानि देवताऽऽयतनानि च।
अन्नप्रदानमारामाः पूर्तं धर्मं च मुक्तिदम्।[4]

(1) **उपवन (उद्यान)-निवेशः**—प्राचीनभारते उपवननिवेशो नगरनिवेशस्य भवन-वास्तोश्चानिर्वायमङ्गमासीत्। कृत्रिमं लघु वनम् 'उपवनम्' 'आराम' वा कथ्यते। सर्वेषामेव 'मनांसि रमन्तेऽत्रातः' आरामसंज्ञा सार्थकैव उपवनानाम्। अमात्यगणिका-दिगेहगतम् उपवनं 'वृक्षवाटिका, सामान्यगृहवाटिका 'निष्कुटा,' शासनने निवेशितं नगरस्थितमुपवनम् 'उद्यानमाक्रीड' वा कथ्यन्ते। तदेव राज्ञोऽन्तः पुरोचितं 'प्रमदवनम्'

1. बृहत्संहिता / अ. 54/
2. सुभाषितरत्नभाण्डागारम्/ 151 / 113–114/
3. पद्मपुराणम् / उत्तरखण्डम्/
4. शिवपुराणम्/ 5/ 11/ 67/
5. अग्निपुराणम्/ 81/ 2/

इति नाम्ना ज्ञायते।[1] इत्थं नानारूपैरुपवनस्य तत्तद्वैशिष्ट्यं द्योत्यते।

(2) उपवननिवेशस्थानानि— आरामनिवेशः कुत्र स्यादिति तु महत्वपूर्णः प्रश्नः। ग्रामे नगरे च गृहप्राङ्गणे राजभवने परिसरे देवायतने[2] नगरोपकण्ठे चारामाः स्युः। 'वासगृहे शुभम् उद्यानं स्याद्' इति मतं शुक्रस्य[3] आरामे फल-पुष्पशाकाद्युत्पादनाय प्रचुरं जलमावश्यकमतो जलशयसमीपे उपवनानि स्युः—

धान्यशाकमूलफलावापान् सेतुषु कुर्वीत्। इति कौटिल्यः।।[4]

'जलप्रान्तेष्वारामान् विनिवेशयेत्' इति वराहमिहिरश्च।[5] तत्र निम्नांकितेषु जलप्रान्तेषूपवननिवेशः स्यात्—

(i) आनूपे—दूर्वावीरणसंयुक्ते मृदुमृत्तिकान्विते आनूपे वृक्षाः रोप्याः।[6] आनूपे प्रचुरजलत्वात् सर्वविधपादपानां पल्लवनं सहजतया भवति।

(ii) नदीतटे—यस्मिन् देशे नद्यः सन्ति तत्र नदीतटे उद्याननिवेशो भवति यथा उज्जयिन्याम् शिप्रातरङ्गानिलकम्पिता उद्यानपरम्पराः।[7] गिरिनदीतटेषु च यूथिका-उद्यानानि।[7]

(iii) कूपादिसमीपे— अविद्यमाने हि नैसर्गिकजलस्रोतसि कूपं वापीं दीर्घिकां वा खानयित्वा उपवननिवेशः कार्यः।[9] यथा निर्दिष्टं कौटिल्येन-अनुदके कूपसेतुबन्धोत्सान्

---

1. गृहारामास्तु निष्कुटाः।
   आरामः स्यादुपवनं कृत्रिमं वनमेव यत्।
   अमात्यगणिकागेहोपवने वृक्षवाटिका।
   पुमानाक्रीड उद्यानं राज्ञः साधारणं वनम्।।
   स्यादेतदेव प्रमदवनमन्तः पुरोचितम्।। —अमरकोशः / 2/ 4/ 1-3/
2. कृत्वा प्रभूतं सलिलमारामान् विनिवेश्य च।
   देवतायतनं कुर्याद् यशोधर्माभिवृद्धये। बृहत्संहिता / 55/ 1/
3. वामभागेऽथोद्यानं कुर्याद् वासगृहे शुभम्। शुक्रनीतिः/4/ 52/
4. अर्थशास्त्रम् / 4/ 3/ 14/
5. बृहत्संहिता / 54/ 1/
6. दूर्वावीरणसंयुक्ताः सानूपा मृदुमृत्तिकाः।
   तत्र वाप्यः शुभा वृक्षाः सुगन्धिः फलशाखिनः।। -काश्यपसंहिता
7. रघुवंशम्/ 6/ 35/
8. विश्रान्तः सन्व्रज वननदीतीरजातानि सिञ्चन्।
   उद्यानानां नवजलकणैर्यूथिकाजालकानि। -मेघदूतम्/ 1/ 28/
9. मध्ये कूपं वापीं दीर्घिकां वा खानयेत्। कामसूत्रम् / 4/ 1/ 8/

स्थापयेत्, पुष्पफलवाटांश्च।[1]

(iv) वापीतटेषु—संस्कृतवाङ्मये वापीदीर्घिकादियुक्तोपवनानां बहुलं वर्णनं जातं, यथा—रामायणस्य अशोकवनिका—

वापीश्चविविधाकाराः पूर्णाः परमवारिणा।

तत्र वापीनां संस्कारः सरिद्भिर्भवति स्म—

दीर्घाभिर्द्रुमयुक्ताभिः सरिद्भिश्च समन्ततः।
अमृतोपमतोयाभिः शिवाभिरुपसंस्कृताः।।[2]

वापीप्रान्ते रोपणीया वृक्षाः सन्ति—

ककुभवटाम्रप्लक्षकदम्बनिचुलजम्बूवेतसनीपकुरबकतालाशोकमधूकबकुलादयः।[3]

(3) देशानुरूपं वृक्षनियोजनम्—उपवननिवेशाय फलपुष्पोत्पादनाय च देशानुरूपपादपानां ज्ञानमप्यावश्यकम्।

(i) आनूपजाः—तत्राधोलिखिता फलपुष्पपादपा-आनूपूजा सन्ति—जम्बूवेत-सवानीरकदम्बोदुम्बरार्जुनबीजपूरकमृद्वीकालकुचदाडिमवञ्जुलनक्तमालतिलकपनसति-मिराम्रातकाश्च।[4]

(ii) शुष्कदेशीयाः—खर्जूरबदरीपलाश-अमलताशकरञ्जैरण्डमधूकतूतचिञ्चाश्ले-ष्मातक पीतकर्णिकार अगस्तयपील्वादयः।

(iii) शीतदेशीयाः—सेवफलं कुङ्कुमं भूर्जपत्रदेवदारुनमेरु—अक्षोटादय उच्चपर्वतीय-क्षेत्रे जाता शीतदेशीयाः सन्ति।

(iv) वेलातटीयाः—नारिकेलतालतमालैलामारीचपूगफलकदल्यादयः समुद्रातटीयाः पादपाः।

(4) उपवने रोपणीया वृक्षा लतागुल्माश्च—

(i) माङ्गल्यवृक्षाः—अमङ्गलनाशाय सर्वकर्यार्थसिद्धये चोपवने प्रथमं माङ्गल्यवृक्षा रोपणीयाः। वराहमतेऽरिष्टाशोकपुन्नागशिरीषप्रियङ्गवो माङ्गलिकवृक्षाः सन्ति।[5] महर्षिकश्यपैरेभिः सह चम्पकोदुम्बरपारिजाताश्च परिगणिताः—

1. अर्थशास्त्रम् / 2 / 34 / 5/
2. रामायणम्/ सुन्दरकाण्डम्/ 14/ 22, 25/
3. बृहत्संहिता / 53/ 119/
4. बृहत्संहिता/ 54/ 10-11/
5. बृत्संहिता / 52/ 3/

अशोकचम्पकारिष्टपुन्नागश्च प्रियंगवः।
शिरीषोदुम्बराः श्रेष्ठाः पारिजातकमेव च।।
एते वृक्षाः शुभा ज्ञेयाः प्रथमं तांश्च रोपयेत्।।
देवालये तथोद्याने गृहेषूपवनेषु च।।

अन्यैः आम्रो बकुलश्च संख्यातौ। एते वृक्षाः स्वपुषपल्लवकाष्ठप्रदूषणनियंत्रकक्षमता सुगंधादिभिः जगतः बहुहितं कुर्वन्ति सर्वानानन्दं च वितरन्ति।

अरिष्टः पिचुमन्दपारिभद्रारिष्टादिनामानिनिम्बतरोः। परितः भद्रमातनुते' इति परिभद्रो स्वौषधीयगुणैरायुर्वेदेऽतिहितकारी मतः। श्रमतृट्कृमिनुत्शीतो निम्बः दूषितवायु-परिष्काराय प्राणवायुविसर्जनाय रजः कणावशोषाय सघनच्छायाप्रदानाय हीरतिमावर्द्धनाय च श्रेष्ठो मतः। पद्मपुराणे निम्बे सूर्यदेवताया वासः कथितः। अतो वराहमते रोपणीयेषु माङ्गलिकवृक्षेषु प्रथमो निम्बः।

अशोकः—सर्वेषाम् शोकहरोऽशोकः[1] हेमपुष्पताम्रपुष्पगन्धपुष्पादिनामभिर्ज्ञायते। अशोके वायुमण्डलतः धूलिसंग्रहणक्षमताऽत्यधिका भवति।[2] तरङ्गायितताम्रपल्लवैर्मनोहरैः पुष्पस्तवकैश्चायम् श्रीवृद्धिकरोऽपि भवत्यतः उपवनेषु बहुधा रोप्यते, यथा मेघदूते-यक्षगेहस्य वाटिकायां दृश्यते रक्ताशोकः।[3] रामायणेऽशोकवाटिकायां रक्तपीतनीलादिबहुजातीयाशोकानां सन्निधिः—

शातकुम्भनिभाः केचित् केचिदग्निशिखप्रभाः।
नीलाञ्जननिभाः केचित् तत्राशोकाः सहस्रशः।।[4]

पुन्नागचम्पकपारिजातादीनांपरिचयस्तु पूर्वमेव कृष्यपदार्थेति अध्याये पुष्पवर्गे प्रदत्तः।

(ii) शोभाकारिपुष्पवृक्षाः—तदनन्तरं देशकालानुरूपं मन्दारकर्णिकारतिलककुरबक सप्तपर्णोद्दालककिंशुकादिसर्वर्तुपुष्पाणि रोपणीयानि। अशोकमन्दारकुरबककर्णिकारकिंशुकादि-बहुपुष्पसमृद्धिसमन्विताः पादपाः सन्ति—

पुष्पभारातिभारैश्च स्पृशद्भिरिव मेदिनीम्।
कर्णिकारैः कुसुमितैः किंशुकैश्च सुपुष्पितैः।।
स देशः प्रभया तेषां प्रदीप्त इव सर्वतः।।[5]

1. समूलपुष्परचितैरशोकैः शोकनाशनैः। रामायणम्/ सुन्दरकाण्डम्/ 15/ 7/
2. कृषिवानिकी/ पृ. 197
3. मेघदूतम्/ 2/ 18
4. रामायणम्/ सुन्दरकाण्डम्/ 15/ 10/
5. रामायणम्/ सुन्दरकाण्डम् / 15/ 8-9/

एवमेव हस्तप्राप्यस्तवकनमितो बालमन्दारवृक्ष[1] उपवन शोभां परिवर्द्धयन् दूरादेव परिलक्ष्यते। पुंनागसप्तपर्णचम्पकोद्दालकादयो विवृद्धमूला शोभायमानाः सुपुष्पिता वृक्षाः सन्ति।[2]

(ii) **शोभाकारिगुल्मा**—शेफालिकाजपायूथिकास्थलपद्मपाटलरजनीगन्धादयः।

(i) शोभाकारिलताः—माधवीजातीनवमल्लिकाकुन्दादयः। लतागृहलतामण्ड-पादिरचनायामुपयोगो भवत्यासाम्।

(i) सुगन्धितवृक्षाः—चन्दनागुरूसालादयः, यथा अशोकवाटिकायां चन्दनसालादीनां वर्णनम्।[3]

(i) फलवृक्षाः— आम्रकदीलीजम्बूजम्बीरदाडिमबीजपूरकनारङ्गसेवपनसबदरी-विल्वकपित्थचिञ्चातालनारिकेलखर्जूरपूगादयः।

(5) **उपवनमहत्त्वम्**—इत्थमुपवननिवेशो वृक्षरोपणञ्च सर्वेषामेव प्राथमिकं कर्तव्यम्, तत्र वृक्षरोपणफलमित्थं वर्णितं पुराणादिशास्त्रेषु—

अश्वत्थमेकं पिचुमर्दमेकं द्वौ चम्पकौ त्रीण्यथ केसराणि।
तालाष्टकं श्रीफलसप्तकञ्च पञ्चाम्रवापी नरकं न पश्येत्॥

'उद्यानवत्सु पुरेषु सलिलोद्यानयुक्तेषु देशेषु नित्यं रमन्ते देवता।' इति मतं संहिताकाराणाम्।[4] प्राचीनभारते मदनमहोत्सवादि्युत्सवानामायोजनमुद्यानेषु भवति स्म। तत्राम्रमञ्जर्या भगवतःकुसुमायुधस्य पूजनं च शालभञ्जिकासहकारभञ्जिकादिदेश्याः क्रीडा अप्युपवनेषु सम्पाद्यन्ते। हंसकारण्डवचक्रवाकमयूरमृगादिपशुपक्षीणां पालनं च।

(6) वृक्षरोपणाय भूमि निर्माणम्—सर्वेषामेव वृक्षाणां रोपणाय मृद्वी भूर्हिता अतः खनित्रादिभिः भूमेः शोधनं करणीयं हानिकारकक्षुपतृणादिनिष्कासनान्तरं भूमौ तिलानि वपेत् यदा सुपुष्पिताः स्युः प्ररोहाणि तदा तान् मृद्नीयात्। भूमेरिदं प्रथमं परिकर्म। तदनु वृक्षारोपणाय गर्तनिर्माणमावश्यकम्।आम्रपनसजम्बूनिम्बादि महाद्रुमाणां कृते विंशतिर्हस्तैरन्तराले बीजपूरकदाडिमबकुलकदम्बादि— मध्यमानां षोडशहस्तैः कदलीकुरबककर्णिकारादि-अवराणां कृते द्वादशहस्तैः गर्तं कार्यम्। गर्तस्य दुग्धाम्भसा सेचनम् घृतयुक्तभस्मना लेपनं गोऽजाविशकृद्भिः पूरणं च पादपवृद्धिकराय भवति।[5]

---

1. मेघदूतम् / 2/ 15/
2. पुंनागाः सप्तपर्णाश्च चम्पकोद्दालकास्तथा।
   विवृद्धमूला बहवः शोभन्ते स्म सुपुष्पिताः। रामायणम्/ सुन्दरकाण्डम् / 15/9/
3. रामायणम्/ सुन्दरकाण्डम् / 14/ 3/ 43/
4. बृहत्संहिता / 55/ 3, 8/
5. बृहत्संहिता/ 55/ 2, 12, 24/

(7) **वृत्तिविधानम्**—पश्वादिभ्यः उपवनस्य सुरक्षार्थं वृत्तिविधानमावश्यकम्। वृत्त्यर्थ कण्टकयुक्तक्षुपगुल्मादयो समुचिता भवन्ति, यथा—दशार्णेषु केतकैः रचिता उपवनवृत्तयो वर्षाकाले सूचीयुक्तैः सुगन्धितैः पाण्डुष्पैः समाचिता भवन्ति—

पाण्डुच्छायोपवनवृत्तयः केतकैः सूचीभिन्नैः।[1]

कुरबकगुल्मान्यपि वृत्तिविधानाय प्रयुञ्जन्ते। पाटलैः पुष्पस्तवकैः कुरवकोऽतिमनोहरः प्रतीयते।[2] अस्य पत्रणि शाखा वा पशवो न भक्ष्यन्ति।

(8) बीजरोपणविधिः—वृक्षबीजानां नानारूपेण वपनं रोपणं वा भवति।

(i) **बीजपवनम्**—हेमाम्भसावृक्षबीजं सम्प्लुत्य स्नातः शुचिः मन्त्रेणानेन बीजं वापयेत्-

वसुधेति सुसीतेति पुण्यदेति धरेति च।
नमस्ते सुभगे नित्यं द्रुमोऽयं वर्द्धतामिति।।

आम्रादिशाखिबीजानां वपनात्नपूर्वं गर्तदाहो गोऽस्थिशकृद्भिः वपनं हितं भवति।[3]

(ii) **काण्डरोपणम्**—पनसाशोकदलीजम्बूलकुचदाडिमद्राक्षापालीवत बीजपूरअतिमुक्तकादिद्रुमाः काण्डरोप्याः सन्ति। मधुघृतसूकरवसाभिः शकृद्युक्ताभिः काण्डबीजानां छेदलोपः करणीयो बीजसंरक्षणाय।[4]

काण्डबीजनिर्माणाय गोमयेन प्रलेपिता शाखा मूलोच्छेदे पादपस्कन्धे वा रोपणीया। ततो मूले निर्मते सति गोमयेन प्रलिप्ता शाखा भूमौ प्ररोपणीया।[5]

(iii) पादपप्ररोपणम्—आजातशाखान् शिशिरे जातशाखानान् हिमागमे सुस्कन्धान् च वर्षागमे यथादिक्स्थान् प्ररोपयेत्। प्ररोपणात् पूर्वं यस्यां दिशायां तेषामविस्थितिरासीत् तस्यामेव दिशायां रोपणेन ते नवस्थानेऽपि शीघ्रमेव रोहन्ति।[6]

(iv) **पादपविरोपणम्**—रोपितं पादपं समूलमेवोद्धृत्यान्यत्रस्थानान्तरणं विरोपणमित्युच्यते। तत्कृते स्नानानुलेपनैः शुचिर्भूत्वा तरोः पूजां कृत्वा द्रुमं विरोपयेत् तदनु घृतोशीरतिलमधुविडङ्गक्षीर गोमयैः तं द्रुममामूलस्कन्धमुपलिप्य गर्ते रोपयेत्। इत्थं संस्कारसहरोपितो वृक्षस्तैरेव पत्रैर्जायते।[7]

---

1. मेघदूतम्/ 1/ 25/
2. मेघदूतम् /2/ 18/
3. अर्थशास्त्रम्/ 2/ 24/ 20/
4. अर्थशास्त्रम्/2/ 24/ 20/
5. बृहत्संहिता / 54/ 4-5/
6. बहत्संहिता / 54/ 6/
7. बृहत्संहिता / 54/ 7-8/

(v) रोपणनक्षत्राणि—

ध्रुवमृदुमूलविशाखा गुरुभं श्रवणस्तथाश्विनीहस्तः।
उक्तानि दिव्यदृग्भिः पादपसंरोपणे शुभानि।[1]

(9) पादसेचनम्—जलभूमिसंयोगादेव वर्द्धन्ते वृक्षाः अतः पादपसेकनियामानामपि विवरणं वृक्षायुर्वेदे। ऋत्वनुरूपं जलमावश्यकं भवति पादपानाम्, ग्रीष्मे दिवसि द्विवारं शीते दिनान्तरे च, वर्षायां भूमिशोषे जलसेकस्यावश्कताऽन्यथाऽनावश्यकमेव यतो जलधिक्यमपि हानिकरं भवति।

पादपानाम् सेचनविधेः परिज्ञानं महकाव्यनाट्यादिग्रन्थैर्भवति। लघुघटैः लतापादपादीनाम् सेचनं प्रायः कन्यकाभिः क्रियते स्म। संस्कृतकाव्यानां नायिका सीता[2] शकुन्तला[3] पार्वती[4] चास्यां वृक्षपरिचार्यायां व्यापृता वर्णिताः। तत्र सेचनस्याधोलिखिता विधयः सन्ति—

(i) बालपादपानां वृक्षकाणां लतागुल्मानाञ्च घटजलैः सेचनम्—प्राचीनकाले प्रायः कलशजलैर्बालपादपानां सेचनं भवति स्म, यथा वर्णितं शाकुन्तले—एतास्तपस्विकन्यकाः स्वप्रमाणानुरूपैः सेचनघटैः बालपादपेभ्यः पयो दातुम् इत एवाभिवर्तन्ते।[5]

एवं रघुवंशेऽपि बालचूतस्य सेचनम्—

एषा त्वया पेशलमध्ययाऽपि घटाम्बुसंवर्द्धितवालचूता।[6]

बालपादपानां सम्वर्द्धनाय जलमिदं पोषकदुग्धवद्भवति। लतापादपोपरिघटजलमा-वर्ज्य सेचनं भवति स्म तेन भ्रमरादीनां संभ्रमोऽपि, यथा ज्ञायते शाकुन्तलस्य सन्दर्भेण—

(इति कलशमावर्जयति) 'अम्मो सलिलसेकसम्भ्रमोद्गतो नवमालिकामुज्झित्वा वदनं मे मधुकरोऽभिवर्तते।[7]

(ii) वृक्षकाणां मूलदेशे आलवालनिर्माणं घटजलैः पूरणञ्च—जलापवाहो माभूदधिकं

---

1. बृहत्संहिता / 54/ 31/
2. (i) योऽस्याः करः श्रामयति दर्पणेऽपि स नैति खेदं कलशं वहन्त्याः। प्रतिमानाटकम् /5/ 3/

   (ii) पयोघटैराश्रमबालवृक्षान्संवर्द्धयन्ती स्वबलानुरूपैः। रघुवंशम् /14/ 78/
3. अभिज्ञानशाकुन्तलम् / 1/ 28/
4. अतन्द्रिता सा स्वयमेव वृक्षकान्घटस्तनप्रस्रवणैर्व्यवर्द्धयत्। कुमारसंभवम् /5/ 14/
5. अभिज्ञानशाकुन्तलम्/ अङ्कः 1/
6. रघुवशंम् / 13/ 34/
7. अभिज्ञानशाकुन्तलम् / अङ्कः 1/

कालं यावज्जलं वृक्षमूले तिष्ठेद् भूमितले प्रविशेच्चेति कृत्वा वृक्षानां मूलभागे आलवालनिर्माणस्य विधिरतिप्राचीनः खलु। आलवालप्रान्तेषु मृत्तिकेष्ट-कादिभिर्बन्धरचनाऽपि क्रियते, यथा ज्ञायते रघुवंशस्याधोलिखितेन सन्दर्भेण—

आधारबन्धप्रमुखैः प्रयत्नैः सवर्द्धितानां सुतनिर्विशेषम्।[1]

आलवालपूरणं घटजलैः भवति स्म, जलेनानेन विहगानामपि तृषाशमनं भवति—

सेकान्ते मुनिकन्याभिस्तत्क्षणोज्झितवृक्षकम्।
विश्वासाय विहंगानामालवालाम्बुपायिनाम्।।[2]

(iii) कुल्याजलैः वृक्षसेचनम्—बृहद्द्रुमाणां सेचनं कुल्याजलैर्भवति स्म। कुल्याम्भोभिः पवनचपलैः शाखिनो धौतमूलाः।[3] कुल्याजलैरेकेनैव कालेन बहूनां वृक्षाणां सेचनमनायासेनैव भवत्यत उद्यानेषु वृक्षसेचनस्यायं बहुप्रयुक्तो विधिः यथा ज्ञायते रघुवंशस्य सन्दर्भेण—

प्रत्येकं ह्लादयाञ्चक्रे कुल्येवोद्यानपादपान्।[4]

कुल्यायां जलापूर्तिः कूपवापीगृहदीर्घिकादिभ्यो भवति स्म।

(10) वृक्षचिकित्सा—वृक्षचिकित्सा तु वृक्षायुर्वेदस्य मुख्यो विषयः। आयुर्वेदः मानवानां कृते आयुष्यप्रदो वेदो मतः। वृक्षार्युवेदो वृक्षेभ्यो दीर्घमायुष्यम् निरामयं च प्रददाति। तत्र छेदनलेपनधूपनदोहददानादिनानाविधिभिर्भवत्यस्वस्थानां वृक्षाणां चिकित्सा।

(अ) रुग्णानां वृक्षाणां चिकित्सा—

(i) शाखाच्छेदनम्—दग्धं शुष्कं गलितं कीटसंक्रमितं वा वृक्षभागं वृक्षात् पृथक्करणमुद्यानपालकस्य प्रथमं कर्तव्यम्। वृक्षस्य प्राणरक्षायै निरामयाय चैतदावश्यकमतः चिकित्सकः शस्त्रेणादौ शाखान् विशोधयेत्।

(ii) लेपनम्—शेषासु शाखसु विडङ्घृतमृत्तिकाभिश्च लेपनं कुर्यात्।

(iii) सेचनम्—तदनु वृक्षपोषणाय क्षीरवारिणा वृक्षं सिञ्चयेत्।

(ब) बन्ध्यवृक्षाणां चिकित्सा—

सुतनिर्विशेषं पालितानां वृक्षाणां बन्ध्यत्वमतिदुःखकरमेव[5] भवति। वृक्षायुर्वेदो वन्ध्यत्वचिकित्सामपि कथयति। पुष्पागमसमये वृक्षाणां लतानां वाऽपुष्पता फलागमसमये

---

1. रघुवंशम् / 5/ 6/
2. रघुवशंम् / 1/ 51/
3. अभिज्ञानशाकुन्तलम् / 1/ 15 /
4. रघुवंशम्/ 12/ 3/
5. रघुवंशम् / 1/ 70/

फलाभावः फलाल्पता वा वृक्षायुर्वेदप्रोक्तविधिना निवारणीया भवन्ति—

फलनाशे कुलत्थैश्च माषैर्मुद्गैस्तिलैर्यवैः।
शृतशीतपयः सेकः फलपुष्पसमृद्धये।।
अविकाजशकृच्चूर्णस्याढके द्वे तिलाढकम्।
सक्तुप्रस्थो जलद्रोणो गोमांसतुलया सह।।
सप्तरात्रोषितैरेतैः सेकः कार्यो वनस्पतेः।
वल्मीगुल्मलतानां च फलपुष्पाय सर्वदा।[1]

(11) केचन् विस्मयजनकप्रयोगाः—वृक्षायुर्वेदे फलपुष्पसमृद्धये केचनाद्भुतप्रयोगा अपि वर्णिता, यथा—अकालफलपुष्पोत्पादनं, बीजतः पुष्पयुक्तपादपजननम्, कपित्थतिन्तिडीसहकारादिलता निर्माणम्, उप्तबीजात्तत्कालैव फलभारावनत-शाखाजननञ्च।

(i) बीजतः सपुष्पपादपोत्पादनम्—दशदिनानि यावत् प्रतिदिवसं दुग्धभावितं बीजं घृतहस्तैः संयोजयेत्। ततो गोमयेन बहुशो विरुक्षितं बीजं सूकरमृगमांसैश्च धूपयेत्। सूकरमांसवसासमन्वितं बीजं परिकर्मवत्यां भूमौ रोपयेत् क्षीरयुक्तजलैः सेचयेच्च। इत्थं रोपितं बीजं कुसुमयुक्तमेव जायते।[2]

(ii) बीजतः फलपुष्पभारान्वितशाखोत्पादनम्—अङ्कोलफलस्य श्लेष्मातकफलस्य वा कल्केनाथवा तैलेन बीजं शतशो भावयेत् तदनुकरकोन्मिश्रम्रदि वापयेत। तत्क्षणजन्मकं तद्बीजं फलभारान्विता शाखा भवित। नास्ति किञ्चिदत्राविश्वसनीयम्।[3]

(iii) एकेनैव दिवसेन फलदायकपादपजननम्—श्लेष्मातकस्य बीजानि निष्कुलीकृत्य अङ्कोलविज्जलादिभःभावयेत् तदनन्तरं छायायां शोषयेत्। इयं क्रिया सप्तवारं करणीया। तदनु महिषगोमये तानि घृष्ट्वा करीषेण चोपलिप्य करकाजलमिश्रिते भूमौ वपेत्। इत्थं न्युप्तान्यह्ना फलप्रदानि भवन्ति।[4]

(iv) तिन्तिडी-वल्लरी-जननम्—तिन्तिडी बृहदाकारवृक्षरूपेणैव परिदृश्यते। वृक्षा-युर्वेदप्रोक्तविधिना तिन्तिडीबीजाल्लताऽपि जनयितुं शक्यते।

व्रीहिमाषतिलसक्तुचूर्णानि पूतिमांसेन सम्मिश्र्य निर्मितेन द्रवेण सेचिता सततं हरिद्रया च धूपिता तिन्तिडी वल्लरीं करोति।[5]

(v) कपित्थवल्लीकरणम्—कपित्थवल्लीकरणस्य विधिरेवं वर्णिता बृहत्संहितायाम्—

1. बृहत्संहिता / 54/ 16–18/
2. बृहत्संहिता / 54/ 19–20/
3. बृहत्संहिता / 54/ 27–28/
4. बृहत्संहिता / 54/ 29–30/
5. बृहत्संहिता / 54/ 21/

कपित्थवल्लीकरणाय मूलान्यास्फोतधात्रीधव वासिकानाम्।
पलाशिनी वेतससूर्यवल्ली श्यामातिमुक्तै सहिताष्टमूली।
धीरे शृते चाप्यनया सुशीते तालाशत स्थाप्य कपित्थबीजम्
दिने दिने शोषितमर्कपदैर्मासं विधिस्त्वेष ततोऽधिरोप्यम्।।
हस्तायतं तद्द्विगुणं गंभीरं खात्वावटं प्रोक्तजलावपूर्णम्।
शुष्कं प्रदुग्धं मधुसर्पिषि तत् प्रलेपयेद् भस्मसमन्वितेन।
चूर्णीकृतैमाषतिलैर्यवैश्च प्रपूरयेन्मृत्तिकयान्तरस्थैः।
मत्स्यामिषाम्भसहितं च हन्याद् यावद् घनत्वं समुपागतं तत्।।
उप्तं च बीजं चतुरङ्गुलाधो मत्स्याम्भसा मांसजलैश्च सिक्तम्।
वल्ली भवत्याशु शुभप्रवाला विस्मापनी मण्डपमावृणोति।।[1]

शमीलता[2] सहकार[3] (आम्र) लतादीनां वर्णनमपि प्राप्यते संस्कृतकाव्यग्रन्थेषु।

(vi) **अकालपुष्पोद्गमः**—लतापादपेष्वकालपुष्पोद्गमाय संस्कृतवाङ्मये वृक्षदोहदस्य विधानं प्राप्यते। 'दोहद' शब्दस्तु कामनाऽभिलाषा वा इत्यर्थस्य वाचकः विशेषेण आसन्नसत्त्वाया अभिलाषायां गर्भचिह्ने वा रूढ़ः[4] वृक्षसंदर्भे अकालपुष्पोद्गमाय क्वचित् फलोद्गमायापि प्रयुज्यते। वस्तुतो दोहदप्रदानं वृक्षाणामभिलाषापूर्तेः विधानमस्ति। विधानेनानेन सन्तुष्टा हर्षिताश्च पादपा अकालेऽपि पुष्पसमृद्धिमुद्गिरन्ति। शब्दार्णवे दोहदस्वरूपमित्थं वर्णितम्—

तरुगुल्मलतादीनामकाले कुशलैः कृतम्।
पुष्पाद्युत्पादकं द्रव्यं दोहदं स्यात्तु तत्क्रिया।।

इत्थं दोहदे पुष्पाद्युत्पादकं द्रव्यं क्रिया च द्वेऽपि समाकलिते।

(अ) पुष्पाद्युत्पादकद्रव्येषु निम्नानि द्रव्याणि सन्ति—कुलत्थमुद्गमाषतिलयवादिचूर्णम्, सक्तुचूर्णम्, दुग्धमधुघृतानि, भस्म शीधु कस्तूरीकर्पूरैला, मत्स्यजलमा-

---

1. बृहत्संहिता / 54/ 22-26/
2. शमीलतां छेत्तुमृषिर्व्यवस्यति/ अभिज्ञानशाकुन्तलम्/ 1/ 18/
3. सहकारलतारसानां च / हर्षचरितम् / उ. 7/
4. सुदक्षिणा दोहदलक्षणं दधौ / रघु. / 3/ 1/ प्रजावती दोहदशंसिनी ते / रघुवंशम् / 14/ 45/

शुष्कमांसञ्च, गोसूकरमृगमांस–गोऽस्थि गोऽजाऽविशकृत्, विडङ्गस्नुहिक्षीरे च। कर्पूरमञ्जर्यां कस्तूरीकर्पूरैलादिसुगन्धितद्रव्याणां चम्पकसमृद्धये प्रयोगो दृश्यते—

युज्यते चम्पकलतायाः कस्तूरीकर्पूरैलाभिरालवालपरिपूरणम्।[1]

(ब) पुष्पाद्युत्पादकक्रिया—काव्यग्रन्थेषु सुन्दरीणां पदाघातहासनर्मवाक्यवीक्षण–नृत्यालिङ्गनादिक्रियाभिरकालपुष्पोद्गमस्य बहूनि निदर्शनानि लभ्यन्ते। मेघदूतस्य (2 18) मल्लिनाथीयटीकायामेधोलिखितानां दशपुष्पपादपानां दोहदक्रिया इत्थं वर्णिता—

स्त्रीणां स्पर्शात् प्रियङ्गुर्विकसति बकुलः शीधुगण्डूषसेकात्
पदाघातादशोकस्तिलककुरबकौ वीक्षणालिङ्गनाभ्याम्।
मन्दारो नर्मवाक्यात् पटुमृदु हसनाच्चम्पको वक्त्रवातात्
चूतो गीतान्नमेरुर्विकसति च पुरो नर्तनात्कर्णिकारः।।

नायं केवलं कविजगति प्रसिद्धः 'कविसमय' एव, वर्ततेऽत्र वैज्ञानिकं सत्यमपि। वनस्पतयोऽपि स्नेहप्रेममनोरञ्जनसत्कारादिमानवीयभावानपेक्षन्ते। एभिः क्रियाभिर्जायते त्वरित्वृद्धिः पादपानाम् यथा वर्णितं मालविकाग्निमित्रे—

नायं देव्या भाजनत्वं न नेयः सत्काराणामीदृशानामशोकः।
यः सावज्ञो माधवश्रीनियोगे पुष्पैः शंसत्यादरं त्वत्प्रयत्ने।।[2]

(स) मन्त्रशक्त्या–अकालपुष्पोद्गमः—मन्त्रशक्तिप्रभावेणापि अकाले फलपुष्पोद्गमः परिलक्ष्यते पादपेषु। यथा कर्पूरमञ्जर्यां भैरवानन्ददत्तमन्त्रप्रभावेण मधुसमयेऽपि भवनोद्याने केतकीपुष्पोद्गमः।[3] मंत्रप्रभावेण शस्यसमृद्धिस्तु निदर्शिता वैदिकेऽपि वाङ्मये।

इत्थं दोहदैः राजोद्यानेषु एकेनैव कालेन सर्वर्तुपुष्पाणां वैभवः सर्वदैव वसन्तश्रीश्च परिलक्ष्येते स्म।

(12) फलपष्पसमृद्धयेऽधुनातनप्रयोगाः—एवंविधाः केचनद्भुतप्रयोगाः केरलप्रदेशे मारिचैलाद्युत्पादनाय थम्पीथौमसमहोदयैः कृता। तैः गोमयपूर्णगोशृङ्गाणि भूमौ रोपितानि वृषभमूत्राशयेषु सहस्रपर्णिपुष्पाणि गोऽन्त्रेषु च कर्पूरं निधाय भूमौ वापितानि। इमान्युर्वरकरूपेण शस्यसंवृद्धिकराण्यभवन्ः कीटरोधकानि च। सन्दर्भेऽस्मिन् जैविककृषेः

1. कर्पूरमञ्जरी / प्रथमं जवनिकान्तरम्/
2. मालविकाग्निमित्रम् / 5/ 8/
3. भैरवानन्ददत्तमन्त्रप्रभाणवेण देवीभवनोद्याने केतकीलतयैकस्तावत् प्रसवो दर्शितः। – कर्पूरमञ्जरी/ द्वितीयं जवनिकान्तरम्/

प्रवक्ता आरक्षलमहोदया: कथयन्ति, ''जैविकोर्वरकप्रयोगस्य प्रमुखो लाभः शस्यस्य कीटेभ्यः संरक्षणमस्ति। जैविककृषौ शस्येषु कीटाक्रमणं नैव जायते।[1]

एवं फलपुष्पवाटैः शाकषण्डैश्च पूरकाहारप्राप्त्यार्थिकसमृद्धिपर्य्यावरणशुद्धिनगरस्य श्रीवृद्धिदेवाराधनादिप्रयोजनानि साध्यन्ते स्म।

1. इण्डिया टुडे, 12 जनवरी 2004 पृ. 43/

11

कृष्यौद्योगिकी

कृष्यौद्योगिकी कृषिविज्ञानस्य सा आयकरी शाखा वर्तते यस्यां कृष्युत्पादाश्रितव्यव-सायानामुद्योगानां वा निरूपणं भवति। सभ्यताया विकासक्रमे यदा प्रारब्धं मानवस्य कृषकजीवनं तदाप्रभृत्येवानुषङ्गिकरूपेण कृष्याश्रितोद्योगानामभ्युदयः। प्रारम्भे ग्रामेषु कृषकपरिवाणां गृहेष्वेव स्थापिता उद्योगाः कालन्तरे नगरेष्वौद्योगिककेन्द्राणां विकासो जातः। ग्रामे ग्राम्यजनैः स्वग्रहे कुटीरे वा लघुपरिमाणे कृष्युत्पादाश्रितवस्तुनिर्माणं ग्राम्योद्योगः कुटीरोद्योगो वेति कथ्यते। संस्कृतवाङ्मये हस्तोद्योगस्य कृते 'शिल्पम्' इति पदं व्यवह्रियते। क्रमशः प्रस्तूयते विवरणमेषाम्—

(1) माल्योद्योगः

माल्यशब्दः पुष्पे[1] पुष्पमालायां[2] च प्रयुज्यते। उद्यानेषु पुष्पवाटेषु वा बहुलपरिमाणेन सुगन्धितपुष्पोत्पादनं[3] पुष्पलवणं[4] विपणनं[5] माल्यग्रथनञ्च[6] प्राचीनभारतस्यैको महत्वपूर्णव्यवसायो हस्तशिल्पञ्चासताम्। बहुलमात्रया पुष्पोत्पादनाय धार्मिकप्रोत्साहनमपि प्राप्यते तत्कालीनवाङ्मये—

यान्ति पुष्पकयाने पुष्पारामकरा नराः।[7]

प्राचीनभारते माल्यं देवानां मानवानाञ्च नेपथ्यविधानस्य (वेशभूषाधारणस्य) अनिवार्याङ्गमासीत्। ऋग्वेदेऽश्विदेवौ पुष्करस्स्रग्धरौ[8] कथितौ। रामायणे सर्वेऽप्य-

---

1. विटपीमाल्यधारिणः / रामायणम् /अरण्यकाण्डम् / 73 / 20/
2. माल्येन तां निर्वचनं जघान / कुमारसंभवम् / 7 / 19/
3. वननदीतीरजातानि . . . उद्यानानां . . . यूथिकाजालकानि / मेघदूतम् / 1/ 28/
4. पुष्पलावीमुखानाम् / मेघदूतम् / 1/ 38/
5. रामायणम् / अयोध्याकाण्डम् / 72/ 41/
6. माल्यानां मुण्डमालादीनां देवतापूजनार्थ ग्रथनं विकल्पाः / कामसूत्रम् / 3/ 15, यशोधरस्य जयमङ्गला टीका।
7. शिवपुराणम् / 5/ 11/ 67/
8. ऋग्वेदः / 10/ 184/ 2/

योध्यावासिनः गन्धमाल्यधरा निरूपिताः—नाकुण्डली नामुकुटी नास्रग्वी नाल्पभोगवान्।[1] सौंदर्यप्रेमीनागरको माल्यधारणानन्तरमेव स्वदैन्दिनकर्त्तव्येषु नियुज्यते स्म।[2] पतिसमागमकाले[3] ऽन्ये चावसरेषु स्त्रियोऽपि माल्यानि धारयन्ति स्म। यथा ऋतुसंहारे—

मालाः कदम्बनवकेसरकेतकीभिरायोजिताः सिरसि बिभ्रति योषितोऽद्य।[4]

पुष्पाणां स्वतन्त्र—आभरण-रूपेण मालारूपेण च द्विविधमपि प्रयोगोऽभवत् यथा मेघदूते षड्ऋतुपुष्पैः वधूनां शृङ्गारः—

हस्ते लीलाकमलमलके बालकुन्दानुविद्धं
नीतालोध्रप्रसवरजसा पाण्डुतामानने श्रीः।
चूडापाशे नवकुरवकं चारुकर्णे शिरीषम्
सीमन्ते च त्वदुपगमजं यत्र नीपं वधूनाम्।।[5]

वासन्तिकपुष्पैः पार्वत्याः शृङ्गारश्च यथा वर्णितं कुमारसम्भवे—

अशोकनिर्भर्त्सितपद्मरागमाकृष्टहेमद्युतिकर्णिकारम्।
मुक्ताकलापीकृतसिन्दुवारं वसन्तपुष्पाभरणं वहन्ती।[6]

सुगन्धितपुष्पधारणं बहुप्रशंसितमायुर्वेदे—

सुगन्धिपुष्पपत्राणां धारणं कान्तिकारकम्।
पापरक्षोग्रहरं कामदं श्रीविवर्द्धनम्।।[7]

पुष्पाभरणनिर्माणम्—पुष्पाभरणरचना माल्यनिर्माणञ्च प्राचीनभारते लघूद्योगरूपेण विकसितम्। नानापुष्पाणां नानाविधमाला रच्यन्ते स्म। शेखरक[8]-आपीड[9]-अंसार्पितलम्बहार[10]—आजानुलम्बिनी कण्ठमालिका[11]—वैकक्ष्यकस्रग्[12] धरणीतलचुम्बिनी

---

1. रामायणम्/ बालकाण्डम् / 1/ 6/ 10
2. कामसूत्रम् / 1/ 4/ 5/
3. विविधकुसुमानुलेपनं ... इत्याभिगामिको वेषः / कामसूत्रम् / 4/ 1/ 24/
4. ऋतुसंहारम् / 2/ 21
5. मेघदूतम् / 2/ 2/
6. कुमारसंभवम् / 3/ 53/
7. भावप्रकाशः / दिनचर्यादिप्रकरणम्/ 98/
8. मालतीकुसुमशेखरोऽभिलक्ष्यते/ कादम्बरी / पृ. 27/
8. रामायणम् / अयोध्या०/ 93/ 13/
10. रघुवंशम्/ 6/ 6/
11. परिजातकुसुमपल्लवग्रथिताभिराजानुलम्बिनीभिः कण्ठमालिकाभिः/ कादम्बरी/ पृ. 435/
12. कार्मुकेणैव कौसुमेन दाम्ना विरचितवैकक्ष्यकविलासः / हर्षचरितम्/ उ.4

कण्ठकुसुममाला[1] —आप्रपदीनमाला[2] —वनमाला[3]—कौतुकमालिका[4]—मधूकमाला[5]—स्वयम्वरमाला[6]—बकुलमाला[7]—करवीरमाला[8]—वन्दनमाला[9]—तोरणस्रक्—केसरदामकाञ्ची[10]—विलासमेखला[11]—शिरीषावतंस[12]—कदम्बकर्णपूर[13]—कुन्दमाला[14] दिनानापुष्पाभरणानां रचना विशेषकौशलेन वर्णसंयोजनेन च भवति स्म।

माल्यनिर्माणे पञ्चविधसंरचनाः परिलक्ष्यन्ते–वेष्टिमं विततं संघात्यं ग्रन्थिमं प्रालम्बितं च।[15]

पुष्पमाल्यान्यधोलिखितेषु प्रयोजनेषु व्यवह्रियन्ते—

(i) देवाराधनं देवपूजनं वा—प्रकृतिप्रदत्तसर्वोत्तममुपायनं तु पुष्पमेव यत् स्वरूपरसगन्धैः सर्वान् तर्पयति। मानवेन देवाराधानाय प्रयुक्तमिदमुपायनम्। देवेभ्यः पुष्पाञ्जल्यर्पणंपुष्प–बलिप्रदानं पुष्पैः देवशृङ्गारचनमद्यावधिः सुप्रचलितमेव। कृषिपाराशरे हलप्रसारणकाले इन्द्रदेवाय शुक्लपुष्पाणामर्घ्यप्रदानम्, पुष्पैः पृथिवीपूजनं, नलरोपणे गन्धैः माल्यैः नलपूजनं, मुष्टिग्रहणावसरे गन्धैः पुष्पैः धान्यवृक्षकपूजा च दृश्यते।[16]

---

1. हर्षचरितम् / उ. 4 पृ. 224
2. आप्रपदीनां कण्ठे गुणकुसुममालाम्/ हर्षचरितम्/ उ. 5, पृ. 295/
3. ग्रथितमौलिरसौ वनमालया/ रघवुंशम् / 9/51/
4. स्वप्नवासवदत्तम् / अंकः 3/
5. रघुवंशम् /6/ 25/
6. रघुवंशम् / 6/ 25/
7. विद्धशालभञ्जिका /3/ 5/
8. मृच्छकटिकम् / 10 / 21/
9. आबद्धहरितवन्दनमालम् / कादम्बरी, पृ. 297/
10. कुमारसंभवम् / 3/ 55/
11. रघुवंशम्/ 8/ 64/
12. अभिज्ञानशाकुन्तलम् /1/ 4/
13. ऋतुसंहारम् / 2/ 25/
14. कुन्दमाला / अङ्कः 3, पृ. 67/
15. वेष्टिमं विततञ्चैव सङ्घात्यं ग्रन्थिमत्तथा।
    प्रालम्बितं तथा चैव माल्यं पञ्चविधं स्मृतम्।।
16. कृषिपाराशरः / 3/ 52 , 57, 119,126/

एवं रघुवंशे गन्धमाल्येन गोपूजनस्य निदर्शनमपि लभ्यते।[1]

(ii) **मानवीयप्रसाधनं सम्मानञ्च—** यथापूर्वमेव वर्णितं माल्यधारणं मानवीयनेपथ्यविधेरङ्गमासीत, यथा–रघुवंशे अतिथेः राज्याभिषेकप्रसङ्गे मौलिस्रग्वर्णनम्—

तेऽस्य मुक्तागुणोन्नद्धं मौलिमन्तर्गतस्रजम्।[2]

माल्यं सम्मानसूचकं मतम् 'मानं लातीति' माला शब्दस्य निर्वचनमपि इममेवार्थं पोषयत्यतो माल्यप्रदानं सम्मानप्रदर्शनार्थमपि भवति,यथा अभिज्ञानशाकुन्तले देवराजेन्द्रेण दुष्यन्ताय प्रदत्ता मन्दारमाला[3] विशेषसत्कारमभिव्यनक्ति।

(iii) शोभार्थं पुष्पैः तोरणरचनं[4] पुष्पशयनरचनं[5] पुष्पोपहार[6] रचनञ्च।

पुष्पाणामन्ये उपयोगाः—

(i) **गन्धयुक्तिषु प्रयोगः—**पटवास–मुखवासादिसुगन्धितद्रव्यनिर्माणे प्रपणकासवादिषु पद्मजातीनवमल्लिकाकेतकचम्पककुङ्कुमादिसुगन्धिपुष्पाणां प्रयोगो भवति।[7]

(ii) **सौन्दर्यप्रसाधनेषूपयोगः—**लोध्ररजकेतकरज–कुङ्कुमादीनां प्रयोगोऽङ्गरागरूपेण[8] भवति।

(iii) **रञ्जकद्रव्येषु प्रयोगः—**किंशुककुसुम्भकुङ्कुमादिपुष्पानामुपयोगो रञ्जकद्रव्यरूपेण भवति यथा ऋतुसंहारे कुसुम्भरागारुणितदुकूलानां कुङ्कुमरागगौरतन्वंशुकानाञ्चोल्लेखः।[9]

(iv) ओषधीयप्रयोगः—अशोकजपाकेतकीकर्णिकारबकुलकदम्बयूथिकादिपुष्पानामोषधीयप्रयोगोऽपि भवति। आयुर्वेदीयनिघण्टुग्रन्थेषु पुष्पाणामोषधीयमहत्त्वं बहुशो

---

1. रघुवंशम् / 2/ 1/
2. रघुवशंम् / 17/ 23/
3. स खलु मनोरथानामप्यभूमिर्विसर्जनावसरसत्कारः, . . . मन्दारमाला हरिणा पिनद्धा। –अभिज्ञानशाकुन्तलम्/सप्तमोऽङ्कः/
4. आबध्यमानधवलकुसुमदामशतम्/ कादम्बरी/ पृ. 220
5. नलिनीदलशयनमुकल्पयतः /कादम्बरी/ पृ. 466/
6. अलञ्चकार तां वेदिं गन्धपुष्पैः समन्ततः/ रामायणम्/ बालकाण्डम्/ 73/ 21/
7. कोतकीकुसुमवासितस्य खदिरस्यान्यो गन्धोद्गारः/विद्धशालभञ्जिका/ तृतीयोऽङ्कः/
8. क. नीपरजसाङ्गरागिण . . .प्रावृषि विहारविभ्रमः/ रघुवंशम्/ 19/ 17/
   ख. पयोधरैः कुङ्ककुमरागपिञ्जरैः/ऋतुसंहारम्/ 5/ 9/
9. ऋतुसंहारम् / 6/ 5/

निगदितं, यथा भावप्रकाशे यूथिकादिपुष्पाणामोषधीयगुणाः—

यूथिका—व्रणास्रमुखदन्ताक्षिशिरोरोगविषापहा।

चम्पको—विषक्रिमिहरः कृच्छ्रकफवातास्रपित्तजित्।

बकुलः—योनिशूलतृषादाहकुष्ठशोथास्रनाशनः।

केतकी—उष्णा तिक्तरसा ज्ञेया चक्षुष्या हेमकेतकी।

कर्णिकारः—रञ्जनः सुखदः शोथश्लेष्मास्रव्रणकुष्ठजित्।[1] इत्थं नाना प्रयोजनसिद्धये बहुपुष्पोत्पादनम् पुष्पमाल्यनिर्माणम् च प्राचीनभारतस्यैको लाभकरोद्योग आसीत्।

(2) गन्धयुक्तिः

चन्दनागुरुकालेयककुङ्कुमकक्कोलकूठकपूरैलालवङ्गतेजपत्रजायफलपारिजातादि-सुगन्धितकृष्यपदार्थैः प्राचीनभारते विकसितं गन्धयुक्तिशिल्पं। गन्धोपजीविशिल्पीनामुल्लेखो रामायणे[2] ऽर्थशास्त्रे काव्यग्रन्थेषु[3] च लभ्यते। अर्थशास्त्रस्य दुर्गनिवेशप्रकरणे पूर्वदिशि गन्धापणनिवेशस्य निर्देशः।[4] वराहमिहिरस्य बृहत्संहितायामधोलिखित-सुगन्धिद्रव्याणां निर्माणविधिरुपयोगश्च वर्णिते—

(i) गन्धोदकम्—मलयजरसकुङ्कुमोशीरकर्पूरादिद्रव्याणां जलेन सह मिश्रणेन संरच्यते गन्धोदकम्। गन्धोदकोपयोगः सुरभिस्नान[5]—दीर्घिका-क्रीडावापीकूपादिपूरण[6]—सौधतलप्रक्षालन[7]—हिमगृहशीतलीकरण[8]—शीतोपचारादि[9] प्रयोजनेषु भवति।

गन्धोदकेन गन्धचूर्णेन च सुगन्धितदन्तकाष्ठनिर्माणविधिरित्थं वर्णितः—

---

1. भावप्रकाशः / पुष्पवर्गः /
2. रामायणम्/ अयोध्याकाण्डम्/ 83/ 13/
3. उत्तरकादम्बरी / पृ. 10/
4. अर्थशास्त्रम् / 2/ 4/ 3/
5. क. सुरभिस्नानधूपानुविद्ध इव गन्धः/ चारुदत्तम्/ प्रथमोऽङ्कः।
   ख. गन्धोदकपूर्णकनकद्रोणी सनाथमध्याम् . . . एकान्तनिहितैरलिसुरभिगन्धसलिलपूर्णैः स्नानकलसैरुपशोभितां स्नानभूमिम्/ कादम्बरी कथामुखम् / पृ. 45/
6. गन्धोदककनकदीर्धिकासु/ कादम्बरी, पृ. 532
7. श्रीखण्डद्रवधौतसौधतलको रम्यः क्षणः वर्तते/ विद्धशालभञ्जिका / 2/ 23/
8. चन्दनरसेन प्रवर्त्यमाना गृहनदिकाः/ कादम्बरी, पृ. 612/
9. काञ्चनकलशसञ्चितानि हरिचन्दनोशीरघनसाराभिलिप्तानि तदभिषेक-कल्पितानि सलिलानि/ दशकुमारचरितम्/पूर्वपीठिका/ उ. 5, पृ. 121

दन्ताकाष्ठानि हरीतकीचूर्णसंयुते गोमूत्रे सप्ताहं यावन्निक्षिप्य पुनः एलात्वक्पत्राञ्जन-मधुमरिचनागपुष्पकूठमिश्रिते गन्धोदके किञ्चित् कालं विनिक्षिपेत् ततो जातीफलपत्रैलाक-पूरैः कृतयमैकशिखिभागैरवचूर्णितानि सूर्यमरीचिभिः शोषणीयानि।

अथ सुगन्धितदन्तकाष्ठगुणा यथा निरूपिता वराहेण—

वर्णप्रसादं वदनस्य कान्तिं वैशद्यमास्यस्य सुगन्धितां च।
संसेवितुः श्रोत्रसुखां च वाचं कुर्वन्ति काष्ठान्यसकृद्भवानाम्।[1]

(ii) **सुगन्धितकल्क-कषाय-शिरः स्नान-अङ्गराग-अनुलेपाश्च—** स्नानात् प्राक् सुगन्धितकल्ककषायादीनां प्रयोगो भवति स्म।[2] महाकविकालिदासेन अङ्गानां तैलीयभावहरणाय लोध्रकल्कस्योल्लेखः कृतः। कालेयकमिश्रिताङ्गरागोऽपि प्रयुज्यते स्म।[3] त्वक्कुष्ठरेणु-नालिकास्पृक्कारसतगरबालक-केसरपत्राणां समभागेन नृपतियोग्यशिरः स्नानं निर्मीयते।[4]

प्रियङ्गुकालीयक—कुङ्कुमचन्दनमृगनाभिरचितानुलेपः शरीरश्रीवृद्धये विलासिनीभिः प्रयुज्यते।[5] कर्पूरागुरुमृगनाभिचन्दनकक्कोलरचितानुलेपस्य संज्ञा यक्षकर्दमेत्यासीत्।[6]

हर्षचरिते बलाशनानामौषध्या सह कुङ्कुमकल्कमिश्रणेन निर्मितस्य मुखलेपस्य वर्णनम्।[7] प्राप्यते।

ऋत्वनुरूपं प्रलेपद्रव्यं प्रलेपगुणाश्चेत्थं निरूपिता भावप्रकाशे—

कुङ्कुमं चन्दनं चापि कृष्णागुरु च मिश्रितम्।
उष्णं वातकफध्वंसि शीतकाले तदिष्यते।।
चन्दनं घनसारेण बालकेन च मिश्रितम्।।
सुगन्धि परमं शीतमुष्णकाले प्रशस्यते।।
चन्दनं घुसृणोपेतं मृगनाभिसमायुतम्।।
न चोष्णं न वा शीतं वर्षाकाले तदिष्यते।[8]

1. बृहत्संहिता / 75/ 32-34/
2. कल्कांश्चूर्णकषायांश्च स्नानानि विविधानि च /रामायणम्/ अयोध्याकाण्डम् / 91/ 74/
3. तां लोध्रकल्केन हृताङ्गतैलामाश्यानकालेयककृताङ्गरागाम्/ कुमारसंभवम् / 7/ 9/
4. बृहत्संहिता / 75/ 5/
5. ऋतुसंहारम् / 6/ 14/
6. नैपधीयचरतिम्/ 21/ 7/
7. हर्षचरितम् / उ. पृ. 244/
8. भावप्रकाशः/दिनचर्यादिप्रकरणम्/ 94-96/

(iii) गन्धद्रव्य-पटवास-मुखवासादयः—वस्त्र[1] माल्य[2]-आभारणपात्र[3] शय्यादीनामधिवासनाय नानाप्रकाराणाणां गन्धद्रव्याणां योजना भवति स्म। वस्त्राधिवासनाय प्रयुक्तस्य गन्धद्रव्यस्य विशिष्टसंज्ञा 'पटवास' इत्यासीत्। त्वगुशीरगन्धपत्रैः सह सूक्ष्मैलाचूर्णमिश्रणेन मृगकर्पूरप्रबोधेन चोत्तमपटवासः सम्पद्यते।[4]

मुखसौरभ्यकरद्रव्यो मुखवासेति कथ्यते। मुखवासस्योपयोगो बहुधा ताम्बूलेन सहैव भवति।[5] कक्कोलपूगलवलीफलपारिजातैः सुवासितं ताम्बूलं बहुगुणकरं स्मृतम्—

कामं प्रदीपयति रूपमभिव्यनक्ति सौभाग्यमावहति वक्त्रसुगन्धितां च।
ऊर्जं करोति कफजांश्च निहन्ति रोगांस्ताम्बूलमवपरांश्च गुणान् करोति।।[6]

गंधयुक्तिविहितमुखवासगुटिकापि[7] सुप्रचलिताऽऽतीत्।

(iv) **पुष्पाणां-सुवासाः**—चम्पक-नीलोत्पल-बकुलादिपुष्पाणां गन्धसदृशसुरभि-निर्माणस्य कौशलमपि परिलक्ष्यते। स्मरोद्दीपकपुष्पसुवासयोगस्य द्रव्याणि विधिश्चेवं निरूपिता गन्धयुक्तिशास्त्रे—

गन्धपत्रतुरुष्कबालतगरैः समभागैः स्मरोद्दीपनोगन्धः, अयमेव सव्यामो गुग्गुलहिंगु-प्रधूपान्वित बकुलगन्धो भवति।

अनेन सह कुष्ठमिश्रणेन नीलोत्पलगन्धः, सचंदनः चम्पकपरिमलो, जातीत्वक-कुस्तुम्बुरुसहितोऽतिमुक्तकसुवासो जायते।[8]

(v) धूपः—गुग्गुलसालनिर्यासदेवदारुनिर्यासशतपुष्पाचन्दनप्रियंगु-अगुरुशंखचूर्ण-तुरुष्कलाक्षादिद्रव्यैः नानाविधधूपनिर्माणशिल्पं भारतदेशेस्यैको महत्त्वपूर्णोद्योग आसीत्। बृहत्संहितायां कोपच्छदसंज्ञक नरेन्द्रधूपनिर्माणविधिरित्थं वर्णितः—

भागैश्चतुर्भिः सितशैलमुस्ताः श्रीसर्जभागौ नवगुग्गुलू च।
कर्पूरबोधो मधुपिण्डितोऽयं कोपच्छदो नाम नरेन्द्रधूपः।।[9]

---

1. मृच्छकटिकम्/ प्रथमोऽङ्कः/
2. सौरभ्यानुबिद्धमाला /मृच्छकटिकम्/ प्रथमोऽङ्कः/
3. कर्पूरपल्लवरसेनाधिवासय गन्धपात्राणि / कादम्बरी / पृ. 532/
4. बृहत्संहिता/ 75/12/
5. गृहीतमुखवासताम्बूलः/ कामसूत्रम् / 1/ 4/ 5/
6. बृहत्संहिता / 75/ 35/
7. गन्धयुक्तिविहितां मुखवासगुटिकां कपोले निधाय/ कामसूत्रम् / 1/ 4/ 5
8. बृहत्संहिता / 75/ 7/
9. बृहत्संहिता / 75/ 11/

धूपस्तु दाहेन स्वसुगन्धिं वितरति। धूपधूमः केशसंस्काराय[1] शयनगृहराजपथ-वस्त्राद्यधिवासने[2] देवपूजायां च प्रयुज्यते।

(vi) **गन्धतैलम्**—अगुरु-सहकारादिसुगन्धितद्रव्येभ्यः सुगन्धिततैलनिष्कासनस्य प्रविधिरपि विज्ञातमासीत् प्राचीनभारते। गन्धतैलस्योपयोगः केशासंस्काराय दीपिकायाञ्च[3] भवति स्म। सुगन्धितसहकारनिर्मितसहकारतैलस्योल्लेखो[4] हर्षचरिते। प्राग्ज्योतिष्पुरे निर्मितं कृष्णागुरुतैलं वंशनलिकासु निक्षिप्यान्यान् देशान् प्रति नीयते स्म।[5]

चन्दनागुरुकर्पूरादिसुगन्धितद्रव्याणां संग्रहो राजकोशेऽभवत्। गणिकावासाः राजभवनानि च गन्धयुक्तिकेन्द्राण्यासन्। राजकीयसंरक्षणे विकसितं गन्धयुक्तिशिल्पं राष्ट्रस्य आयसाधनमासीदतो गन्धद्रव्याणां कृषिः बहुलपरिमाणे भवति स्म।

(3) विदलकर्म

वंशपट्टिकाकुशनडवेत्रादिभिः करण्डककटवरत्रासनयष्ट्यादिनिर्माणं विदलकर्म इति नाम्ना ज्ञायते। हस्तोद्योगरूपेणास्योल्लेखः वैदिकसाहित्येऽस्मिन् शिल्पे नियुक्ता स्त्री 'विदलकारी'ति नाम्ना पुरुषश्च 'विदलकार' इति संज्ञया सम्बोधितः।[6] अथर्ववेदे वंशपट्टिकानिष्कासनस्य विधिरपि प्रोक्तः।[7] प्राचीनभारते व्यावसायिकप्रयोजनेनापि वेत्रोत्पादनं भवति स्म। अर्थशास्त्रे उटजचिमयचापवंशादिनानावेणुजातीनां वेत्रवल्लीनां च समुल्लेखः। सुह्मदेशीयवेतस्[8] कामरूपदेशीयं वेत्रशिल्पं च सुप्रसिद्धे आसताम्। संस्कृतवाङ्मयोल्लिखितानि वंशवेत्ररचितान्युपकरणान्यधोलिखितानि सन्ति—

(i) **सान्नाह्यः (कवच) वरत्रश्च**—वंशत्वग्वेत्रैश्च निर्मितानां रज्जूनां संज्ञा 'वरत्र'

---

1. क धूपोष्मणा त्याजितमार्द्रभावम्/कुमारसंभवम् / 7/ 14/
   ख जालोद्गीर्णैरुपचितवपुः केशसंस्कारधूपैः/ मेघदूतम् 1/ 36/
2. कृतपुष्पोपहारश्च धूपगन्धाधिवासितः।
   राजमार्ग कृतः श्रीमान्पौरै रामाभिषेचने।। –रामायणम्/अयोध्या०/ 6/ 17/
3. महासुरभितैलदीपिकाः/ नैषधीयचरितम्/ 18/6/
4. हर्षचरितम्/चतुर्थोच्छ्वासः/ पृ. 373/
5. कृष्णागुरुतैलस्य स्थवीयसीर्वैणवीर्नाडीश्च/ हर्षचरितम् / सप्तमोच्छ्वासः / पृ. 675/
6. क. विदलकारीं यातुधानेभ्यः/ शुक्लयजुर्वेदः / 30/ 8/
   ख. तैत्तिरीयब्राह्मणम् / 3/ 4/ 51/
7. यथा नडं कशिपुने स्त्रियो भिन्दन्त्यश्मना / अथर्ववेदः/ 6/ 138/ 5/
8. रघुवंशम् / 4/ 35/

इत्यासीत्। सूत्राध्यक्षस्य पर्यवेक्षणे वरत्रैः सान्नाह्यनिर्माणं भवति स्म। वरत्रोपयोगो यानयुग्यबन्धनेऽपि क्रियते।[1]

(ii) **आसनम्**—वेत्रपट्टिकाभिः कलात्मकासननिर्माणं प्राचीनभारतस्याति प्रसिद्धं शिल्पमस्ति। राजसभायां ऋषिमुनीनां विद्वद्वर्याणाञ्च सत्कारो वेत्रासनेनैव भवति स्म।[2] हर्षचरिते प्राग्ज्योतिष्पुरकुमारेण श्रीहर्षदेवमुपायनीकृतानामसमदेशनिर्मितानां प्रियङ्गुप्रसवपिङ्गलत्वचां वेत्रमयासनानां समुल्लेखः।[3]

(iii) **वेत्रपट्टिका** (शीतलपाटी)—वेत्रपट्टिकाभिः रचितकटस्य संज्ञा वेत्रपट्टिकेति। ग्रीष्मे चन्दनशीतला वेत्रपट्टिका शयनोपवेशनादिषु प्रयुज्यते, यथा हषचरिते स्वयं श्रीहर्षदेवेन प्रयुक्ता वेत्रपट्टिका—

क्षितितलवितताममतिशिशिरमलयजरसलवलुलितां ... वेत्रपट्टिकामधिशयानः।[4]

(iv) **करण्डः**—वेत्रैः वंशैश्च नानाविधा बहुरागरञ्जिताः कलात्मककरण्डा निर्मीयन्ते। येषामुपयोगः मृदुकोमलवस्तूनां सन्निधानाय सुरक्षायै च भवति। कुण्डलीकृतक्षौमवस्त्र[5] पुष्पस्रुज[6] वर्तिकादि[7] निधानाय नानाप्रकाराणां करण्डानां वर्णनं प्राप्यते।

(v) **पिटकः** (पिटारी)—वंशपट्टिकाभिः पिटकनिर्माणं विदलकर्मणि प्रमुखतया भवति। नानाभक्तिषु (डिजाइनों में) रचितानामलङ्कृतपिटकानां विशिष्टसंज्ञा 'अभिन्नपुट' इत्यासीत्। अभिन्नपुटानामुपयोगो विवाहादिमङ्गलोत्सवेषु भवति स्म।[8]

(vi) **पिञ्जरः**—शुकसारिकादिक्रीडापतत्रीणां कृते सुवर्णरसच्छुरितवेत्रपिञ्जरः' संरच्यते यथा वर्णिता बाणभट्टेन हर्षचिरते चामीकररसचित्रपिञ्जराः।[9]

---

1. वरत्रा वैत्रवैणवीः सान्नाह्या बन्धनीयाश्च यानयुग्यस्य कारयेत् / अर्थशस्त्रम्/ 2/ 23/ 23/
2. परमेश्वरपार्श्ववर्तिनि वेत्रासनमधितिष्ठति/ हर्षचरितम्/ तृतीयोच्छ्वासः/
3. हर्षचरितम्/ सप्तमोच्छ्वासः/ पृ. 675/
4. हर्षचरितम् / तृतीयोच्छ्वासः/
5. वेत्रकरण्डकुण्डलीकृतानि क्षौमाणि / हर्षचरितम्/ सप्तमोच्छ्वासः/ पृ. 675/
6. पृथुकरण्डपरिगृहीताः सुमनः स्रजः/हर्षचरितम्/ चतुर्थोच्छ्वासः/ पृ. 373/
7. वर्तिकाकरण्डकं गृहीत्वा/ अभिज्ञानशाकुन्तलम् / अङ्कः 6/
8. अभिन्नपुटो वंशादिमयश्चतुष्कोणो पाटलाकृतिजालकैः क्रियते/ हर्षचरितम्/ चतुर्थोच्छ्वासः, शङ्करार्यः टीका/
9. हर्षचरितम्/ सप्तमोच्छ्वासः / पृ. 675/

(vii) **यष्टिः**—वेत्रनिर्मिता, सुवर्णपत्रादिभिरलङ्कृता[1] वेत्रयष्टिः बहुधा वर्णिता संस्कृतवाङ्मये। अन्तः पुररक्षककञ्चुकीभिः द्वाररक्षकप्रतिहारीभिश्च प्रयुज्यते वेत्रयष्टिः।

(viii) नलिका[2] तितउना[3] शूर्पाद्यन्योपकरणान्यपि रच्यन्ते। चापसंज्ञको धनुः[4] वंशेनैव निर्मीयते।

इत्थं कृष्टवंशवेत्राश्रितं शिल्पमिदमद्यत्वेऽपि भारतदेशस्यैकं बहूपयोगिहस्तशिल्प-मस्ति यस्योत्पादानामुपयोगः निर्धनस्य कुटीरतः राजप्रासादं यावद्भवति।

(4) वस्त्रनिर्माणम् कौशेयकीटपालनञ्च

सभ्यताया विकासेन सहैव मानवेन वस्त्रनिर्माणस्य शिल्पमप्यधिगतम्। ऋग्वेदे वस्त्रशिल्पीनां कृते 'तन्तुवायः' 'वासोवाय'[5] आदि पदानां प्रयोगः प्राप्यते। सूत्रकर्तनं तन्तुभिः वस्त्रनिर्माणञ्च प्रायः स्त्रीणां कर्म आसीत्[6] अर्थशास्त्रेऽपि सूत्रकर्तने स्त्रीणां नियोजनस्य निर्देशः। वस्त्रनिर्माणाय ऊर्णावल्ककार्पासतूलशणक्षौमादिनानाप्रकारणां सूत्राणां प्रयोगो भवति स्म।[7] एषां सूत्राणां चतस्रो योनयः कथिता अमरकोशे—

त्वक्फलक्रिमिरोमाणि च।

तत्र क्षौमदुकूलादिवस्त्राणि त्वक्सूत्रैः वल्कसूत्रैः वा निर्मीयन्ते कार्पासं बादरं च फलैः कौशेयं कृमिकोशोत्थं भवति राङ्कवं मृगरोमजम्।[8]

निरूपणमेषाम्—

(i) **क्षौमम्**—अतसीत्वक्सूत्रैः रचितमतिस्निग्धोज्ज्वलवस्त्रं क्षौममिति कथ्यते। विवाहादिमाङ्गलिकावसरेषु क्षौमवस्त्रधारणस्य प्रचलनं रामायणकालत आसीत्।

---

1. शातकौम्भीं वेत्रयष्टिमुन्मृष्टां धारयता/हर्षचरितम्/ द्वितीयोच्छ्वासः/
2. सहकारलतारसानां . . .स्थवीयसी वैणवीर्नाडीश्च/ हर्षचरितम्/सप्तमोच्छ्वासः/
3. मृत्परिशोधनवंशत्वक्तितउना/ हर्षचरितम्/ तृतीयोच्छ्वासः/
4. तालचापदारवशाङ्गर्गाणि धनूंषि/अर्थशास्त्रम्/ 2/ 18/ 5/
5. वासोवायो वीनामा वासांसि मर्मृजत्/ऋग्वेदः / 10/ 26/ 6/
6. उषासानक्ता वय्येव . . . तन्तुं ततं संवयन्ती/ ऋग्वेदः / 2/ 3/ 6/
7. ऊर्णावल्क कार्पासतूलशणक्षौमाणि च विधवा . . . कन्याप्रव्रजिता . . . रूपाजीवामातृकाभिर्वृद्धराजदासीभिः देवदासीभिश्च कर्तयेत्/ अर्थशास्त्रम् /2/ 23/ 2/
8. अमरकोशः /2/ 6/ 110-111/

कन्याधनरूपेण प्रदत्तेषु वस्तुषु क्षौमवसत्राण्यपि बभूवुः।[1]

क्षौमं वधूनेपथ्यस्य प्रमुखमङ्गमासीत् विवाहावसरे पार्वत्या धृतं नवक्षौमवस्त्रं शोभावृद्धये बभूव।[2] शकुन्तलायाः पतिगृहगमनावसरे तरुणाऽऽविष्कृतमासीदिन्दुपाण्डुमाङ्गल्यं क्षौमम्।[3]

श्री हर्षदेवं प्राग्ज्योतिषपुरकुमारेणोपायनीकृतेषु वस्तुषु शरच्चन्द्रमरीचिकान्तिशौचक्षम कुण्डलीकृतक्षौमवस्त्राण्यप्यासन्। सन्दर्भेणानेन प्रतीयते यद्- असमदेशस्य क्षौमवस्त्रं श्रेष्ठं सुप्रसिद्धञ्च आसीत्। अर्थशास्त्रे काशिकं वाराणस्यां निर्मित पौण्ड्रजञ्च कर्णाटके रचितं द्विविधक्षौमस्योल्लेखः।[4]

(ii) दूकूलम्—वनस्पतीनां मणिवत्स्निग्धवल्कतन्तुभिः रचितं दकूलं बहूमूल्यं वस्त्रामासीत्। अमरकोशे दूकूलं क्षौमस्य पर्याय एव[5] किन्तु साहित्यिकसन्दर्भैः द्वयोर्वैभिन्न्यं प्रतीयते।

तत्र वाङ्गकं दुकूलं श्वेतं स्निग्धं च भवति, पौण्ड्रकं मणिस्निग्धं श्यामं, सौवर्णकुड्यकं सूर्यवर्णम्।

दूकूलवस्त्रेषु तन्तुयोजनं नानरूपेषु भवति—

(i) मणिस्निग्धोदकवानं

(ii) चतुरश्रवानं

(iii) व्यामिश्रवानं च

एतेषामेकांशुकं तनुत्वात् श्रेष्ठं मतम् अध्यर्धं द्वित्रिचतुरंशुकं क्रमशः स्थूलतरम्।[6] कलहंसचिह्नितदुकूलवस्त्राणामुपयोगो विवाह[7] राज्याभिषेकादि[8] विशिष्टेष्वसरेषु भवति

---

1. अथ राजा विदेहानां ददौ कन्याधनं बहु।
   कम्बलानां च मुख्यानां क्षौमान् कोट्यम्बराणि च।। -रामायणम्/बालकाण्डम्/ 74/ 4/
2. कुमारसंभवम्/ 7/ 26/
3. अभिज्ञानशाकुन्तलम् / 4/ 4/
4. अर्थशास्त्रम् / 2/ 23/ 45/
5. क्षौमं दुकूलं स्याद् /अमरकोशः/ 2/6/ 113/
6. अर्थशास्त्रम् / 2/ 23/ 43-45/
7. कुमारसंभवम्/ 5/ 67/
8. रघुवंशम्/ 17/ 25/

स्म। बहुमूल्यानि दुकूलानि राजकोशे संग्रहणीयान्यासान्। अतितनुस्निग्धचन्द्रिकाशीतलदुकूलानां परिधानं ग्रीष्मे भवति हेमन्ते परित्यागश्च।[1]

(iii) कौशेयम्—कीटकोशजं वस्त्रं कौशेयमिति कथ्यते। अतिप्राचीनकालतो भारतदेशे कीटकोशैस्तन्तुनिर्माणं कौशेयवस्त्रवयनञ्च हस्तशिल्परूपेण सुप्रसिद्धमस्ति।

कौशेय-वस्त्रं कीटकोशजनिततन्तुभिः संरच्यतेऽतः कौशेयवस्त्रोत्पादनाय व्यावसायिकरूपेण कीटपालनं क्रियते। कोशरचना कीटग्रन्थिर्भिभवति। तूतलिकुचवटादिपादपानां पत्राणि कोमलशाखाश्च कीटानां भक्ष्याणि भवन्ति। कीटानां वृद्धिकाले कोशनिर्माणकाले च प्रचुरभोजनमपेक्ष्यतेऽतः तूतनागादिवृक्षाणामुत्पादनं बहुलमात्रया क्षेत्रेषु कृषिपद्धत्या भवति। पादपपत्रेषु कीटानां पोषणात्, कौशेयवस्त्रतन्तुः 'पत्रोर्णा' इति कथ्यते यथानिर्दिष्टं क्षीरस्वामिना—

लकुचवटादिपत्रेषु कृमिलालोर्णा कृतं पत्रोर्णम्।

कौटलीयेऽर्थशास्त्रे नानादेशजपत्रोर्णानाम् तासां योनिभूतवृक्षाणां चोल्लेखः—

मागधिका पौण्ड्रिका सौवर्णकुड्यका च पत्रोर्णाः। नागवृक्षो लिकुचो वकुलो वटश्च योनयः।

तत्र (i) नागवृक्षिका पत्रोर्णा पीतवर्णा (ii) लैकुची गोधूमवर्णा (iii) वाकुली श्वेतवर्णा वटवृक्षिका नवनीतवर्णा च। एतासां सौवर्णकुड्यका (असमदेशजा) पत्रोर्णा श्रेष्ठा।[2]

कौशेयवस्त्राणामेका संज्ञा पत्रोर्णमपि। अमरमते धौतकौशयं पत्रोर्णमिति कथ्यते।[3] बाणभट्टेन वस्त्रमिदं 'लालातन्तुजमिति' कथितम्।[4]

कौशेयवस्त्रनिर्माणस्य कौशलमति पुरातनं खलु। रामायणे देव्याः सीतायाः कौशेयोत्तरीयस्य वृक्षशाखासु संयुक्ततन्तूनामुल्लेखः—

उत्तरीयमिहासक्तं सुव्यक्तं सीतया तदा।
तथा ह्येते प्रकाशन्ते सक्ताः कौशेयतन्तवः।।[5]

उष्णस्पर्शकौशेयानामुपयोगो हेमन्ते भवति—

सरागकौशेयभूषितोरवः . . . भूषयन्तीव हिमागमं स्त्रियः।[6]

1. ऋतुसंहारम् / 1/ 4, 4/ 3/
2. अर्थशास्त्रम् / 2/ 11/
3. अमरकोशः / 2/ 6/ 113/ 46-47/
4. हर्षचरितम्/ चतुर्थोच्छ्वासः /
5. रामायणम्/ अरण्यकाण्डम्/
6. ऋतुसंहारम् / 5/ 8/

(ii) कार्पासिकम्—कर्पाससूत्रनिर्मितं वस्त्रं कार्पासिकमिति कथ्यते। सूत्रोत्पादनेन वस्त्रनिर्माणाय भारतदेशे कार्पासस्य कृषिर्भवति। माधुरमपरान्तकं कालिङ्गकं काशिकं वाङ्गकं वात्सकं माहिष्कं च कार्पासिकं श्रेष्ठं मतम्।[1]

इत्थं पुरातनकालेऽपि कृष्युत्पादाश्रितोद्योगेषु वस्त्रोद्योगः प्रमुखतम आसीत्।

(5) मधुमक्षिकापालनं मधूत्पादनं च

मधुमक्षिकापालनं मधूत्पादनं वा प्राचीनतमो ग्राम्योद्योगो वर्तते। आदिममानवेन स्ववन्यजीवने मधुसंग्रहस्य कौशलमधिगतमासीत्। मधु तु वनस्पतीनां सारभूतो मकरन्दरूपरसो यत् मधुमक्षिकाभिः मधुरं क्रियते। घृतदुग्धादिवन्मध्वपि पौष्टिकमायुष्यवर्धकं च मतम्। मानवीयाहारे यज्ञीयहविष्ये औषधीययोगे क्षेत्रकर्षणे च मधूपयोगस्य नैकानि निदर्शनानि ऋग्वेदे प्राप्यन्ते। सीता, नद्यः ओषधयः वायुमण्डलञ्च सर्वाण्येव मधुराणि स्युरित्यभिलाषा वैदिकऋषेः—

मधु वाता ऋतायते मधु क्षरन्ति सिन्धवः। माध्वीर्नः सन्त्वोषधीः।।
मधुनक्तमुतोषसो मधुमत्पार्थिवं रजः। मधु द्यौरस्तु नः पिताः।[2]

मधुमक्षिकाभिः नानापुष्पाणां रसान् सञ्चित्य छत्रेषु मधुनिर्माणं क्रियते। अरण्येषु नैसर्गिकरूपेणैव रचितानि वृक्षालम्बितानि मधुगोलकानि परिलक्ष्यन्ते[3] ग्रामेषु ग्राम्योद्योगरूपेण मधुमक्षिकापालनेन मधूत्पादनं क्रियते।

मधुनामानि गुणाश्च—माक्षिकमाध्वीकक्षौद्रसारघपुष्परसोद्भवादिनामानि मधोः। आयुर्वेदे मधुः शीतं लघु स्वादु ग्राहि विलेखनम् चक्षुष्यं दीपनं स्वर्यं व्रणशोधनं रोपणं सौकुमार्यकरं ह्लादि प्रसादजनकं वर्ण्यं मेधाकरं वृष्यं विशदं रोचनञ्च मतम्।[4]

मधुभेदाः—मधुमक्षिकाभिः पुष्परसैः निर्मीयते मध्वतोमुख्यतया मक्षिकाजातिभेदैः गौणतया च रसभेदैः मधूनामपि बहवो भेदा भवन्ति, यथा निर्दिष्टा भावप्रकाशेऽष्टौ— मधुजातयः—माक्षिकं भ्रामरं क्षौद्रं पौत्तिकं छात्रम् आर्ध्यम् औद्दालकं दालमिति। क्रमशो वर्णनमेषाम्—

(i) माक्षिकम्—पिङ्गवर्णैः महतीभिः मधुमक्षिकाभिः कृतं तैलवर्णं मधु

---

1. अर्थशास्त्रम् / 2/ 11/ 48/
2. शुक्लयजुर्वेदः / 13/ 27–28/
3. मधुगोलचलितसरघासंघातै/ हर्षचरितम्/ द्वितीयोच्छ्वासः, पृ. 151 /
4. भावप्रकाशः/ मधुवर्गः / 1–4/

माक्षिकमिति परिकीर्तितम्। माक्षिकं मधु श्रेष्ठं नेत्रामयहरं लघु कामलाऽर्शः क्षतश्वासकासक्षयविनाशनञ्च मतम्।

(ii) भ्रामरम्—प्रसिद्धेभ्यः षट्पदेभ्यः किञ्चित् सूक्ष्मैःअलिभिश्चितं स्फटिकाभमति-निर्मलं मधु भ्रामरं कथितम्। भ्रामरं रक्तपित्तघ्नं मूत्रजाड्यकरं गुरु स्वादुपाकमभिष्यन्दि विशेषात्पिच्छलं हिमं च स्मृतम्।

(iii) क्षौद्रम्—कपिलाः सूक्ष्मा मक्षिकाः क्षुद्राख्यास्तत्कृतं कपिलवर्णं मधु क्षौद्रमित्युक्तम्। गुणैः क्षौद्रं माक्षिकवत् विशेषात् प्रेमहनाशनं भवति।

(iv) पौत्तिकम्—या मशकोपमा लघूतरा महापीडिका कृष्णवर्णा वृक्षाणां पृथुकोटरान्तरान्तरगताः मक्षिका पुत्तिकेति निगदिता ताभिः कृतं सर्पिषतुल्यं मधु वनेचरजनैः पौत्तिकं संकीर्तितम्। पौत्तिकं मधु रुक्षोष्णं विदाहि मेहकृच्छ्रघ्नं ग्रन्थ्यादिक्षतशोषि च स्मृतम्।

(v) छात्रम्—प्रायो हिमवते वने पीताः कपिला वा वरटाः छत्रकाकारं गृहं कुर्वन्ति। छत्रकजं कपिलपीतं पिच्छिलं मधु छात्रं कथितम्। छात्रं मधु शीतलं गुरु स्वादुपाकं कृमिश्वित्ररक्तपित्तप्रमेहजित् भ्रमतृण्मोहविषहृत्तपर्णं गुणाधिकञ्च परिकीर्तितम्।

(vi) अर्घ्यम्—यन्मधूकवृक्षनिर्यासं स्रवति तदर्घ्यं मालवदेशे श्वेतकञ्च कथितम्। अन्येषां मते षटपदोपमा याः तीक्ष्णतुण्डाः पीता मक्षिका भवन्ति ता अर्घ्याः ताभिः कृतं मधु अर्घ्यमिति। अर्घ्यं मध्वतिचक्षुष्यं परं कफतित्तहरं कषायं कटुकं, पाके तिक्तं बलपुष्टिकृच्च मतम्।

(vii) औद्दालकम्—प्रायो वल्मीकमध्यस्थाः कपिलाः स्वल्पकीटकाः स्वल्पपरिमाणे कपिलं यन्मधु कुर्वन्ति तदौद्दालकं स्यात्। औद्दालकं मधु रुचिकरं स्वर्यं कुष्ठविषापहं कषायमुष्णमम्लञ्च भवति।

(viii) दालम्—पुष्पात् संश्रुत्य पतितं पत्रोपरि स्थितं मधु दालमिति निगदितं , स्वादे मुराम्लकषायञ्च भवति। दालं मधु दीपनीयं कफापहं रुच्यं छर्दिप्रमेहजिदधिकं मधुरं स्निग्धं बृंहणं गुरुभारिकञ्च स्मृतम्।

मधूच्छिष्टम् (मोम)—मधुमक्षिकाभिः गौणोत्पादरूपेण सिक्थकमपि प्राप्यते। मयनं मधुशेषं मदनकं मध्वाधारादिनामानि मधूच्छिष्टस्य, मधुच्छत्रकस्य वैशिष्ट्यं मधुसंरचनाप्रक्रियां च सूचयन्ति। सिक्थकं मधुमक्षिकाणामधोदरेषु निहितग्रन्थिभिरुत्पाद्यते।

मयनं मृदु सुस्निग्धं व्रणरोपणं भग्नसन्धानकृद्वातकुष्ठवीसर्पजिच्च भवति।[1] सौन्दर्य प्रसाधनरूपेण आलोकवर्तिकारूपेण च सिक्थकप्रयोगस्योदाहरणं वात्स्यायनस्य कामसूत्रे

1. भावप्रकाशः / मधुवर्गः / 6-30/

प्राप्यते नागरकस्य वासगृहे शयनस्य शिरोभागे वेदिकायाम् अनुलेपमाल्य-सौगन्धिकपुटिकादिभिः सह सिक्थकरण्डमपि सन्निहितंभवति स्म। नागरक ईषदार्द्रालक्तकपिण्डेन ओष्ठौ रञ्जयित्वा सिक्थकेण घृष्ट्वा प्रसाधनं सम्पादयति स्म।[1]

मधूच्छिष्टेन रागवर्धनमोष्ठयोः यथा वर्णितं कुमारसम्भवे—

किञ्चिन्मधूच्छिष्टविमृष्टरागः। कामप्यभिख्याम् . . . अपुष्यद् . . . अधरोष्ठः।।[2]

अधुनाऽपि सौन्दर्यप्रसाधननिर्माणे सिक्थकोपयोगो भवति।

इत्थं मधूत्पादनेन बहुहितकरं मधु प्राप्यते पुष्पवाटानामायोजनेन पुष्फलादिप्राप्तिः पर्यावरणसंरक्षणं श्रीवृद्धिश्च।

(6) लाक्षाकीटपालनं लाक्षोत्पादनञ्च

लाक्षाकीटानाम् पालनं बदरीपलाशपाकडादि वृक्षेषु भवति। अतिसूक्ष्मैः कीटैः वृक्षशाखासु स्वरक्षणार्थनिर्मितरक्ताभगाढपदार्थो लाक्षेति कथ्यते।

लाक्षानामानि गुणाश्च—पलङ्कषा-अलक्तको-यावो वृक्षामयो जतुरादिनामानि लाक्षायाः। आयुर्वेदे लाक्षा—वर्ण्या हिमा बल्या स्निग्धा लघुरनुष्णा कफपित्तास्रहिक्कासकासज्वर-प्रणुद् व्रणोरःक्षतवीसर्पकृमिकुष्ठगदापहा च मता।[3]

सर्वविधलाक्षासु आश्वत्थी लाक्षा श्रेष्ठा मता। लाक्षारसोपयोगः रञ्जकद्रव्यरूपेण वस्त्रादिरागे भवति। लाक्षालोहितकौशेयस्यनिरूपणम् कादम्बर्याम्।[4]

लाक्षारसः चरणरागे सुभगो भवति।[5] ओष्ठरागे चरणरागे च प्रयुक्तोऽलक्तकः लाक्षारसेनैव निर्मीयते।

लाक्षा वनेभ्यो वनेचरैः संगृह्यते कृषिवानिकीविधिना वनेषूत्पाद्यते च।

इत्थं कृष्यौद्योगिकी कृषिविज्ञानस्यैका महत्त्वावहा शाखा वर्तते यस्यां कृष्युत्पादाश्रितोद्योगानां निरूपणं भवति। प्राचीनभारतेऽपि राष्ट्रसमृद्ध्येऽस्या योगदानमासीत्।

1. कामसूत्रम् / 1/ 4/ 4-5/
2. कुमारसंभवम् / 7/ 18/
3. भावप्रकाशः, हीरतक्यादिवर्गः [illegible]93-195/
4. कादम्बरी/ शबरसेनापति[illegible]णेनम् / पृ. ३२
5. निष्ठ्यूतश्चरणोपर[illegible]सुभगो लाक्षारसः केनचित्/ अभिज्ञानशाकुन्तलम् / 4/ 4/

12

कृषिप्रबन्धनम्

अधिकतमशस्यलाभाय भूमि-जल-बीज-उर्वरक-श्रमिक-वित्तादिकृषिसंसाधनानां सम्यग् विनियोगः, कृष्यक्षेत्रचयनादारभ्य कृष्योत्पादविपणनपर्यन्तं कृषिप्रक्रियाणां सुनियोजितं सम्पादनञ्च 'कृषिप्रबन्धनम्' इति कथ्यते। कृषिप्रबन्धने नैकानि प्रयोजनान्यभिलक्ष्य योजनाबद्धरूपेण क्षेत्रकर्षणं शस्योत्पादनञ्च क्रियेते। मानवीयकौशलेन वैज्ञानिकप्रविधिना चाल्पतम् साधनेनाधिकतमार्जनस्य विज्ञानं प्रबन्धनमिति।

कृषिविज्ञानस्याङ्गरूपेण कृषिप्रबन्धनमपि सुविज्ञातमासीदस्माकं देशे। कौटिलीयेऽर्थ-शास्त्रे शुक्रनीत्यां च निबद्धं कृषिप्रबन्धनविज्ञानं प्राचीनभारतस्योन्नतकृषिपद्धतिम-भिव्यनक्ति। तत्र सन्ति खलु कृषिप्रबन्धस्य निम्नाङ्कितानि प्रयोजनानि—

(i) अधिकतमसस्योत्पादनम्।

(ii) पर्यावरणसंरक्षणपूर्वकं प्राकृतिकसंसाधनानां समुचितं दोहनम्।

(iii) न्यूनतमसंसाधनेनापि शस्योत्पादनम्।

(iv) सस्यसंवर्द्धनम्।

(v) राष्ट्रीय-आय-वर्द्धनम्।

(vi) व्यक्तिगत-आय-वर्द्धनम्।

(vii) जीवनस्तरस्योन्नयनम्।

(viii) दुर्भिक्षादि-आपत्प्रतिकारायाऽन्नभाण्डाराणां स्थापनम्।

(ix) उद्योगानां कृते मूलद्रव्योपलब्धिः।

(x) कृषिविज्ञानस्य सुनियोजितविकासश्च।

सैद्धान्तिकं पक्षमः— चतुश्चरणात्मकं कृषिप्रबन्धनम्। नियोजनम् संगठनम् अभिप्रेरणं नियन्त्रणं चास्य चत्वारि सोपानानि।

(अ) नियोजनम्

स्वान्तर्दृष्ट्या आयतिं पश्यन् हानिलाभे विचारयन् सर्वोत्तमकार्यपद्धतेश्चयनं नियोजन-मिति कथ्यते। नियोजनं चतुरङ्गं-लक्षयनिर्धारणं नीतिनिर्धारणं कार्यविधेः निर्धारणं संसाधनव्यवस्था च। नियोजनस्य चत्वार्यङ्गानि सन्ति—

(1) **लक्ष्यनिर्धारणम्**—नियोजनस्य प्रथमे चरणे सुस्पष्टलक्ष्यनिर्धारणमावश्यकं यतो हि लक्ष्यमनु प्रचलति कार्यविधिः। कृषिप्रबन्धे सुनिर्धारितानि लक्ष्याणि सन्ति—

(i) कृषेः सुसस्यता—कर्षकेण कर्षणविधिना क्षेत्रेषु यत् कृष्यते तत् सर्वं सुसस्यं स्यादिति लक्ष्यन्तु बहुपूर्वतो वैदिके वाङ्मयेऽपि परिलक्ष्यते। 'यथा नः सुभगाससि यथा नः सुफलाससि'[1], 'सुसस्याः कृषीस्कृधि: '[2] सुपिप्पला ओषधीः कर्तमस्मै,[3] आदिषु मन्त्रेषु सुसस्याय प्रार्थयन्ते ऋषयः।

कृषिप्रबन्धने सर्वेऽपि मानवीयप्रयत्नाः सस्यसम्पदे भवन्ति। कृषिपाराशरेऽपि पदे पदे परिलक्ष्यते लक्ष्यमिदं यथा हलप्रसारणकाले, बीजसंग्रहे सारप्रदानप्रसङ्गें निस्तृणीकरणसन्दर्भे च—

(i) निर्विघ्नां—सस्यसम्पत्तिं कुरु देव नमोऽस्तुते।

(ii) चराचरधृते देवि देहि मे वाञ्छितं फलम्।

(iii) हलप्रसारणं येन न कृतं मृगकुम्भयोः।
कुतस्तस्य कृषाणस्य फलाशा कृषिकर्मणि।

(iv) बीजे यत्नमतः कुर्याद् बीजमूलाः फलश्रियः।

(v) अनाकट्टं तु यद्धान्यं यथा बीजं तथैव हि।

(vi) धान्यवृद्धिं परां प्राप्य नन्दन्ति कृषका जनाः।

(vii) सस्यवृद्धिकरो मार्गे पौषे सस्यक्षयपदः।

(viii) वामावर्तेन सुखदं धान्यवृद्धिकरं परम्।[4]

आदिवचनेषु विधिनिषेधमाध्यमेन सस्यसंवर्द्धनं सस्यसम्पल्लाभो वा सर्वेषामेव कृषिप्रक्रियाणां प्रमुखं लक्ष्यं निर्धार्यते।

(ii) अन्नबाहुल्यम्—सर्वेषाम् कृते पर्याप्तं भोजनं स्यादिति तु मानवसमाजस्य चिरन्तनं लक्ष्यम्। लक्ष्यमिदं साध्यमन्नबाहुल्येनैव, फलतो बहु-अन्नोत्पादनमपि कृषिप्रबन्धनस्य लक्ष्यमस्ति, यथा निरूपितं तैत्तिरीयोपनिषदि-अन्नं बहु कुर्वीत। तद् व्रतम्। यया कया च विधया वह्वन्नं प्राप्नुयात्।[5] राष्ट्रेऽन्नभण्डाराणां बाहुल्यं स्यादिति

---

1. ऋग्वेदः /4/57 / 61/
2. शुक्लयजुर्वेदः / 4/ 10/
3. अथर्ववेदः/ 3/ 17/ 5/
4. कृषिपाराशरः/ 3/ 58, 60, 72, 87, 106, 124, 139/
5. तैत्तिरीयोपनिषद् / 3/ 9/ 1, 3/ 10/ 1/

लक्ष्यं सुस्पष्टमर्थशास्त्रे शुक्रनीत्यां चातः कोष्ठागारे धान्यसंग्रहस्य निर्देशः— शुद्धं पूर्णमभिनवं च धान्यं प्रतिगृहणीयात्।[1] ततोऽर्द्धमापदार्थं जनपदानां स्थापयेत्। अर्द्धमुपयुञ्जीत। नवेन चानवं शोधयेत्।[2]

(iii) धनसमृद्धिः स्वस्थं जीवनञ्च—कर्षणविधिना धनसमृद्धिलाभस्तेन जीवनस्तरस्योन्नयनं च कृषिप्रबन्धनस्याप्रत्यक्षं लक्ष्यम्। लक्ष्यमिदं निर्दिष्टं ऋग्वेदेऽपि, यदा ऋषिः कितवं द्यूतक्रीडातो निवारयन् कृषिवृत्तिमुपदिशति—

कृषिमित कृषस्व वित्ते रमस्व बहुमन्यमानः।[3]

अत्र वित्तार्जनं कृषेः लक्ष्यमतो कृषिप्रबन्धनस्यापि लक्ष्यम्।

कौटिल्यमते कोशसंग्राहक–कारकेषु कृषिरपि वर्तते—

कोशपूर्वाः सर्वारम्भः। . . . सस्यसम्पत्पण्यबाहुल्यं . . . कोशवृद्धिः।[4]

पराशरेणापि लक्ष्यमिदं निर्दिष्टमनेकशः—

सुस्था भवन्तु कृषका धनधान्यसमन्विताः।
धान्यवृद्धिर्यशोवृद्धिः प्रवृद्धिर्दारपुत्रयोः।
राजसम्मानवृद्धिश्च धनवृद्धिरहर्निशम्।
अस्माकमस्तु सततं यावत् पूर्णो न वत्सरः।।[5]

(iv) खाद्येतरसस्यानामुत्पादनम्—शणकार्पासचन्दनाद्यखाद्यपदार्थानामुत्पादनमपि कृषिप्रबन्धस्य लक्ष्यं भवति। कृषिवानिकीपद्धत्या वनसंरक्षणं सवर्द्धनं वा लक्ष्यं भवितुं शक्यते, यथा निर्दिष्टं कौटिल्येन–कुप्यप्रदिष्टानां च द्रव्याणामेकैकशो वा वनं निवेशयेत्।[6]

(v) कृषिसंरक्षणम् सम्वर्द्धनञ्च—कृषिप्रबन्धनस्येदमपि लक्ष्यं वर्तते यदाधि-भौतिकाधिदैविकमानवीयैश्चापदाभिः कृषेः संरक्षणं स्यात् संसाधनसमृद्धिभिः कृषेः सम्वर्द्धनञ्च भूयात्।

इत्थं सुस्पष्टं लक्ष्यनिर्धारणं नियोजनायाऽऽवश्यकं भवति। कृषिप्रबन्धने लक्ष्यमेकमपि भवितुं शक्यते एकाधिकं वा। तत्र क्रमशः प्राथमिकताक्रमेण कार्यपद्धतेश्चयनं क्रियते।

1. अर्थशास्त्रम्/ 2/ 5/ 9/
2. अर्थशास्त्रम् / 2/ 15/ 22/
3. ऋग्वेदः/ 10/ 34/ 13/
4. अर्थशास्त्रम्/ 2/ 8/ 1–3/
5. कृषिपाराशरः/ 3/ 123, 151–152/
6. अर्थशास्त्रम् / 2/ 2/ 3/

(2) नीतिनिर्धारणम्—लक्ष्यप्राप्तये नीतिनिर्धारणमावश्यकम्। कौटिल्यस्यार्थशास्त्रे लभ्यते कृषिप्रबन्धनविषये सुविचारिता, जनहितकरा, अर्थव्यवस्थानुरूपा कृषि-प्रोत्साहिका शासकीया नीतिः—

(i) राजा परचक्राटवीग्रस्तं व्याधिदुर्भिक्षपीडितं देशं परिहरेत्।

(ii) व्ययक्रीडाः वारयेत्।

(iii) दण्डविष्टिकरावाधैरुपहतां कृषिं रक्षेत्।

(iv) स्तेनव्यालविषग्राहैर्व्याधिभिश्च पशुव्रजान् रक्षेत्।

(v) वल्लभैः कार्मिकैः स्तेनैरन्तपालैः पशुसङ्घैश्च पीडितं क्षीयमाणं वणिक्पथं शोधयेत्।

(vi) पूर्वकृतान् द्रव्यद्विपवनं सेतुबन्धांश्च रक्षेत् नवांश्चाभिप्रवर्त्ययेत्।[1]

(vii) अनुग्रहपरिहारौ चैभ्यः कोशवृद्धिकरौ दद्यात् कोशोपघातकौ परिवर्जयेत्। निवृत्तपरिहारान् पितेवानुगृहणीयात्।[2]

राष्ट्ररक्षको नृपः पूर्वकृतकृषिसंसाधनानि रक्षेत् नवसाधनानि प्रवर्तयेच्च। एवं कृषिसंरक्षणं कृषिसम्वर्द्धनं च पुष्यतीयं नीतिः। प्रभुमंत्रोत्साहशक्तिसम्पन्नैश्शासकैरेव साध्यमेतत् महत्कर्म, अतः सम्यगेवोक्तं महर्षिवाल्मीकिना—

नाराजके जनपदे बीजमुष्टिः प्रकीर्यते।[3]

पुरातनकालेऽपि दायित्वमेतन्नृपस्यासीदधुनातनयुगेऽपि सर्वकारस्यास्ति। भारतदेशस्य कृषिमन्त्रालयो 'नीति-आयोग' श्च कृषिविकासाय नीतिनिर्धारणं कार्यक्रमाणां नियोजनञ्च कुरुतः। अस्माकं देशे हरितक्रान्तिः प्रचुरान्नभण्डारश्च शासकीयनीतेः फलानि सन्ति।

(3) कार्यविधेः निर्धारणम्—निर्धारितलक्ष्यप्राप्तये नीतीनां क्रियान्वयनाय च कार्यविधेर्निर्धारणमपेक्षितम्। नियोजनस्यास्मिन्नतिमहत्त्वपूर्णे तृतीये चरणेऽधोलिखितानां प्रक्रियाणां समावेशो भवति—

(i) सर्वेक्षणम्—कृषिविकासाय कृषिसंसाधनानां संभावनानामनुकूलप्रतिकूल-कारकाणाञ्च सर्वेक्षणं प्रथममाऽऽवश्यकम् कर्तव्यम्। सर्वेक्षणे देश-काल-भूमि-जल-बीज-श्रमिक-वित्तादीनामुपलब्धता, प्रकारः, क्षमता, गुणवत्तादि विचारणीयाः।

---

1. अर्थशास्त्रम्/ 2/ 1/ 17-20/
2. अर्थशास्त्रम्/ 4/ 2/ 8/
3. रामायणम्/ अयोध्या० / 67/ 10/

(ii) सूचीकरणम्—सर्वेक्षणानन्तरं संसाधनानां वर्गीकरणं सूचीकरणञ्च कार्य-विधेर्निर्धारकं द्वितीयं तत्त्वम्। संसाधनानां वर्गीकरणं वेदेष्वपि लभ्यते–यथाऽथर्ववेदे हैमवती: उत्स्या निष्यन्दा वर्ष्या धन्वन्या अनूप्याः खनित्रिमाः कुम्भभृताः प्रभृति जलवर्गाः।[1] एवमायुर्वेदे दिव्यपातालीयभौमादिजलभेदाः।

अर्थशास्त्रे भूमिसर्वेक्षणस्य सूचीकरणस्य च संदर्भाः प्राप्यन्ते। तत्र ग्राम्यभूमेः पञ्जीबद्ध विवरणसंग्रहस्य निर्देशः—

सीमावरोधेन ग्रामाग्रं कृष्टाकृष्टस्थलकेदारारामषण्डवाटवनवास्तुचैत्यदेवगृहसेतुबन्ध श्मशानसत्रप्रपापुण्यस्थानविवीतपथिसंख्यानेन क्षेत्राग्रं तेन सीम्नां क्षेत्राणां च मर्यादारण्यपथि-प्रमाण सम्प्रदानविक्रयानुग्रहपरिहारनिबन्धान् कारयेत्।

एवं ग्रम्यस्त्रीपुरुषपशूनाञ्च सर्वेक्षणम्—

एतावन्तः कर्षकगोरक्षकवैदेहककारुकर्मकरदासाश्चैतावच्च द्विपदचतुष्पदम् च। कुलानां च स्त्रीपुरुषाणां बालवृद्धकर्मचरित्राजीवव्ययपरिमाणं विद्यात्।[2]

सर्वेक्षणमिदं सूचीकरणंञ्च राजस्वव्यवस्थायां, कार्यपद्धतेर्निर्धारणे विकासयोजनानां परिचालने च सहायौ भवतः।

एवं कृषिकार्ये आवश्यकजलपरिमाणानुरूपं देशविभाजनम्–षोडशद्रोणं जाङ्गलानां वर्षप्रमाणमध्यर्धमानूपानाम्। अर्द्धत्रयोदशाश्मकानां, त्रयोविंशतिरवन्तीनाम्, अमितमपरान्तानाम्, हैमन्यानां च कुल्यावापानां च कालतः।[3]

इत्थं जलोपलब्धिः, जलावश्यकताभूमिस्वरूपमुपलब्धिश्च कृषिश्रमिकोपलब्धिः कार्यक्षमतादितत्त्वानां सम्यक् परिज्ञानं सर्वेक्षणेन सूचीकरेणन च भवति। अनने संसाधनानां नानाप्रयोजनेषु सुष्ठु नियोजनं शक्यम्।

(iii) योजनानिर्माणम्—संसाधनानां परिज्ञानान्तरं तेषां लक्ष्योन्मुखविनियोगाय योजनानां निर्धारणमावश्यकम्। कृषिप्रबन्धनेऽधोलिखिता योजनाः समागच्छन्ति—

(i) कर्षकप्रायग्रामनिवेशयोजना।

(ii) कृषकपरिवारेभ्यो कृष्यभूमिवितरणयोजना।

---

1. अथर्ववेदः/ 19/ 2/ 1–5/
2. अर्थशास्त्रम्/ 2/ 35/ 3–5/
3. अर्थशास्त्रम्/ /2/ 24/ 5/

(iii) धान्यपशुहिरण्यानुग्रहोऽनुदानयोजना वा।

(iv) जलसंसाधनविकासयोजना।

(v) आपदि करमुक्ति-योजना।

(vi) बीजसंग्रहणयोजना।

(vii) जलसंसाधनानुरूपसस्ययोजना।

(viii) आपत्प्रतिकारयोजना।

(ix) वणिक्पथ-पण्यपत्तनादिविस्तारयोजना।

(x) भूमिच्छिद्रविधानयोजनाश्च।[1]

कौटिल्यमते जलसंसाधनानुरूपसस्ययोजना इत्थं कार्या—

(अ) **देवमातृके देशे शस्ययोजना**—देवमातृके देशे वर्षात्रृतुमभिलक्ष्य शस्योजनाः कार्याः। तत्र शालिव्रीहिकोद्रवतिलप्रियङ्गुदारकवरकाः पूर्ववापाः। मुद्गमाषशैम्ब्या वर्षामध्यवापाः। कुसुम्भमसूरकुलत्थयवगोधूमकलायातसीसर्षपाः पश्चाद्वापाः।[2]

(ब) **अदेवमातृके देशे शस्ययोजना**—कौटिल्यमते नदीसरोवरकूपादिजलस्रोतयुक्ते देशे सस्ययोजना एवं भवितुं शक्यते—

(i) नदीनां सैकते तटे वल्लीफलानां रोपणम्।

(ii) मृद्वीका-इक्ष्वोः नदीप्रवाहेण सिञ्चिते प्रदेशे रोपणम्।

(iii) शाकमूलादीनां कूपपर्यन्तप्रदेशे रोपणम्।

(iv) हरितकानां हरिणिपर्यन्ते रोपणम्।

(v) गन्धभैषज्योशीह्रीबेरपिण्डालुकादीनाम् सेतुबन्धयुक्तक्षेत्रे वपनम्।

(vi) यथास्वं भूमिषु स्थाल्यमानूप्यञ्च शस्योत्पादनम्।[3]

इत्थं कृषिप्रबन्धनेऽधिकतमर्थलाभाय योजनाबद्धरूपेण शस्योत्पादनं क्रियते। एवं भूच्छिद्रविधानायाकृष्यभूमिविकासाय वाऽधोलिखिता योजनाः सन्ति—

(i) अनुदके क्षेत्रे जलसंसाधनानां विकासेन फलपुष्पोत्पादनम्—यथा निर्दिष्टं कौटिल्येन-'अनुदके कूपसेतुबन्धोत्सान् स्थापयेत् पुष्प-फलवाटांश्च'।[4]

(ii) चन्दनादिद्रव्यवनविकासः—'द्रव्याणमेकैकशो वा वनं निवेशयेत्।'

---

1. अर्थशास्त्रम्/ 2/ 1, 2/ 2, 2/ 24/
2. अर्थशास्त्रम् / 2/ 24/ 12/
3. अर्थशास्त्रम्/ 2/ 24/ 19/
4. अर्थशास्त्रम् / 2/ 34/ 6/

(iii) ग्राम्यपशूभ्यः चारणस्थलस्य विकासः—'अकृष्याणां भूमौ पशुभ्यो विवीतानि प्रयच्छेत्।'

(iv) विहारार्थं मृगवनविकासः—'मृगवनं विहारार्थ . . . कारयेत्।'

(v) अभयारण्यविकासः—'सर्वातिथिमृगं प्रत्यन्ते चान्यमृगवनं . . . निवेशयेत्।'

(vi) तपोवनविकासः—'ब्राह्मणेभ्यो ब्रह्मसोमारण्यानि तपोवनानि च तपस्विभ्यो . . . प्रयच्छेत्।

(vii) हस्तिवनविकासश्च।

इत्थं योजना निर्माय योजनानां क्रियान्वयनाय भौतिकार्थिकजैविकसंसाधनव्यवस्था नियोजनास्यान्तिमं चरणं भवति। समर्थैः कृषकैः स्वयमेव वित्त-बीज-हल-श्रमिकादिव्यवस्थाः क्रियन्ते। असमर्थेभ्यो राजकीयमनुदानं ऋणं वा प्रदीयते।

जलसंसाधनानां व्यवस्था व्यक्तिगतस्तरेण, सामाजिकसहयोगेन शासकीयसहयोगेन च भवति। क्षेत्रेषु वर्षाजलावरोधाय जलसंचयाय च मृत्तिकोपलादिभिः सेतुबन्धनिर्माणं स्वयं कृषकेनैव क्रियते। नदिकासु बन्धनिर्माणं ताडागादिखननम् सामाजिकसहयोगेन भवति। विषयेऽस्मिन् कौटिल्यस्य निर्देशः-जनैः सङ्घीभूयक्रियमाणात् सेतुबन्धादपक्रामतः जनस्य भृत्याः उक्षाणश्च कर्म कुर्युः। राजा बलात् तैः कर्म कारयेत्। व्ययकर्मणि च अंशभाक् स्यात्। अन्यथा जललाभं न लभेत्।

राजा सहोदकमाहार्योदकं वा सेतुं बन्धयेत्। अन्येषां वा बध्नतां भूमिमार्गवृक्षोपकरणानुग्रहं कुर्यात्।[1]

प्राचीनभारते जलसंसाधनानां विकासाय संरक्षणाय वा वित्तव्यवस्था राजकोशतो भवति स्म, यथा ज्ञायते गिरिनगरे रुद्रदाम्नः प्रस्तराभिलेखेन—

'महाक्षत्रपेण रुद्रदाम्ना . . . धर्मकीर्तिवृद्ध्यर्थं चापीडयित्वा करविष्टिप्रणयक्रियाभिः पौरजानपदं जनं स्वात्मकोशान्महता धनौघेन . . . सेतुं विधाय . . . सुदर्शनतरं कारितम्।'

(ख) संगठनम्

प्रबन्धनस्य द्वितीयं प्रमुखं तत्त्व संगठनं ननु। नियोजनं यदि प्रबन्धनस्य मस्तिष्कमस्ति तर्हि संगठनं शरीरमिति कथयितुं शक्यते संगठने मानवीयसंगठनस्य विशिष्टा भूमिका भवति।

---

1. अर्थशास्त्रम्/ 2/ 2/ 4/
2. अर्थशास्त्रम्/ 2/ 2/ 10/

मानवीयसंगठने कुशलप्रबन्धनायावश्कानि तत्त्वनि सन्ति—

(i) पृथक्-पृथग् विभागानां निर्धारणम्,

(ii) विभागीयाधिकारीणां कार्मिकाणां च योग्यतानुरूपं चयनम्।

(iii) नियुक्तिः प्रशिक्षणमधिकारनिर्धारणञ्चः।

(iv) कार्यभारार्पणम् दायित्वनिर्धारणञ्च।

(v) संगठनस्य शीर्षतोऽधोभागपर्यन्तं पारस्परिकसमन्वयः।

अर्थशास्त्रस्य 'अध्यक्षप्रचार' इति द्वितीयेऽधिकरणे विस्तृतं विवेचनमेतेषां घटकानाम्। 'आमात्यसम्पदोपेताः सर्वाध्यक्षाः शक्तितः कर्मसु नियोज्याः। कर्मसु चैषां नित्यं परीक्षां कारयेत्।'

अध्यक्षाणां विषयेऽधोलिखिनां तथ्यानां ज्ञानं परीक्षणञ्चावश्यकम्—कर्तारं कारणं देशं कालं कार्यं प्रक्षेपमुदयं च।' ते यथासंदेशमसंहता अविगृहीताः कर्माणि कुर्युः।' 'यश्चैषां यथा दिष्टमर्थं सविशेषं वा करोति स स्थानमानौ लभेत्।[1]

शासकीयस्तरे कृषिप्रबन्धने संगठनस्य घटका भवन्त्यधोलिखिता अधिकारिणः कर्मचारिणश्च—

(1) **सीताध्यक्षस्तत् सहयोगिनश्च—**

शासकीयकृषेः प्रबन्धनं सीताध्यक्षेण तत्सहयोगिभिश्च क्रियते स्म। एतेषां कृते कृषितंत्रस्य वृक्षायुर्वेदस्य च ज्ञानमावश्यकमासीत्। यथाकालं सर्वबीजसंग्रहणं, बहुहलपरिकृष्टायां शासकीयभूमिषु दासकर्मकरदण्डप्रतिकर्तृभिर्बीजवापनं कर्षणयंत्रोपकरणबलीवर्दादीनां व्यवस्थापनं संसाधनादृष्ट्या सस्योजनानिर्माणं, कर्मानुरूपं कारुभ्यो भक्तवेतनप्रदानं, यथाकालम् सस्यसंग्रहणं कृषिव्यवस्थानां पर्यवेक्षणमादिकं सीताध्यक्ष्यस्य दायित्वान्यासन्।[2]

(2) **द्रव्यवनपालः—**

चन्दनादिद्रव्यवनानां निवेशः पालनं व्यवस्था च 'द्रव्यवनपालैः' क्रियते स्म।[3]

(3) **विवीताध्यक्षः—**

ग्राम्य पशुभ्योविवीतव्यवस्था विवीताध्यक्षस्य दायित्वमासीत्। विवीताध्यक्षस्य

---

1. अर्थशास्त्रम्/ 2/ 4/ 1–3/
2. अर्थशास्त्रम्/ 2/ 24/
3. अर्थशास्त्रम्/ 2/ 17/ 1/

कर्तव्यानीत्थं निर्दिष्टानि कौटिल्येन—

(i) भयान्तरेषु च विवीतं स्थापयेत्। चोरव्यालभयान्निम्नारण्यानि शोधयेत्।

(ii) अनुदके कूपसेतुबन्धोत्सान् स्थापयेत्, पुष्पफलवाटांश्च।

(iii) द्रव्यहस्तिवनाजीवं वर्तनीं चोररक्षणम्।

(iv) सार्थातिवाह्यं गोरक्ष्यं व्यवहारं च कारयेत्।[1]

(4) **गोऽध्यक्षः**—

कृषेः जैविकसंसाधनानां व्यवस्था गोऽध्यक्षस्य दायित्वमासीत् गवादिशासकीयपशूनां पालनव्यवस्था गोऽध्यक्षस्य पर्यवेक्षणे सम्पाद्यते स्म। तत्र गोऽध्यक्ष्यस्य कृते—वेतनोपग्राहिक—करप्रतिकार-भग्नोत्सृष्टक-भागानुप्रविष्टक-व्रजपर्यग्र-नष्ट-विनष्ट-क्षीरघृतसञ्जातादिपशुवर्गाणां ज्ञानमावश्यकमासीत्।

गोऽध्यक्षेण गोपालकपिण्डारक (महिषपालकः)—दोहक (दुग्धदोहकः)—मन्थक (दधिमन्थकः)—लुब्धक (हिंसकेभ्यः पशुंरक्षकः)— आदिभिः वेतनेन गोपालनं कार्यते स्म।[2]

(5) **गोपालकः**—

गोपालकाय कर्तव्यनिर्देशोऽपि अर्थशास्त्रे—

(i) बालवृद्धव्याधितानां गोपालकाः प्रतिकुर्यः।

(ii) लुब्धकश्वगणिव्यालस्तेनादिबाधाभ्यः पशून् रक्षयन्त ऋतुविभक्तमरण्यं चारयेयुः।

(iii) सर्पव्यालत्रासनार्थं गोचरानुपातज्ञानार्थं च त्रस्नूनां घण्टातूर्यं च बध्नीयुः।

(iv) समव्यूढतीर्थकर्दमग्राहमुदकमवतारयेयुः पालयेयुश्च।

(v) वर्षाशरद्धेमन्तानुभयतः कालं दुह्युः। शिशिरवसन्तग्रीष्मानेककालम्।

घृतदुग्धादिसमृद्धये पशूनां सम्यक् पालनं भवेत्—

'भूमितृणोदकविशेषाद्धि क्षीरघृतवृद्धिर्भवति' इति कौटिल्यः।[3]

(6) **समाहर्ता**—जनपदेभ्यो राजस्वव्यवस्था समाहर्ताया अधिकारे भवति स्म। समाहर्ता दुर्गं राष्ट्रं खनिं सेतुं वनं व्रजं वणिक्पथं चावेक्षेत। इति कौटिल्यः।[4] अस्यां

---

1. अर्थशास्त्रम् / 2/ 34/ 5–8/
2. अर्थशास्त्रम् / 2/ 29/ 1–2/
3. अर्थशास्त्रम्/ 2/ 29/ 14–21/
4. अर्थशास्त्रम्/ 2/ 6/ 1/

व्यवस्थायां कृषिराजस्वमपि समापतति। तेन जनपदानां राजस्वदृष्टया पृथक्-पृथक् विभाजनं निबन्धनं च क्रियते स्म।

समाहर्ता चतुर्धा जनपदं विभज्य ज्येष्ठमध्यमकनिष्ठविभागेन ग्रामाग्रं परिहारकमायुधीयं धान्यपशुहिरण्यकुप्यविष्टिप्रतिकरमिदमेतदिति निबन्धयेत्।[1]

(7) **गोपः**—समाहर्त्रा प्रदिष्टो गोपो ग्रामाणां व्यवस्था पालनञ्च करोति स्म-तत्प्रदिष्टः पञ्चग्रामीं दशग्रामीं वा गोपश्चियन्तयेत्। समाहर्ता गोपेन क्षेत्राणां सीम्नां मर्यादारण्यपथि-प्रमाणसम्प्रदानविक्रय-अनुग्रपरिहारादीनां विवरणं करद-अकरदगृहाणां संख्या च पञ्चीबद्धं कारयेत्,[2] इति कौटिल्यः।

इत्थं शासकीयस्तरे कृषिप्रबन्धने मानवीयसंगठनस्य नैकान्यङ्गानि संलग्ना भवन्ति।

अधिकारिकर्मकरयोः पारस्परिकसमन्वयः संगठनस्यातिमहत्वपूर्णमङ्गम् एतदर्थे संदेशस्य विशिष्टा भूमिका भवति। कालोचिताः शासनदेशाः संगठनस्य संघटकाः कार्यविधिनिर्धारकाश्च भवन्ति। अस्ति खलु परस्परसमन्वयविषये निर्देशः कौटिल्यस्य—

'अध्यक्षाः संख्यायक (गणक) लेखकरूपदर्शकनीवीग्राहकोत्तराध्यक्षसखाः कर्माणि कुर्युः'।[3] परस्परं प्रति साम्मनस्यं प्रबन्धस्य साफल्यं भवत्यतः कृषिपाराशरेऽपि क्षेत्रपति-कर्षक-कर्मकरादीनां मध्यं साम्मनस्यकृते पुष्ययात्राकथनं बीजवापादि-विशिष्टेष्ववसरेषु सहभोजविधानञ्च।

(ग) अभिप्रेरणम्

अभिप्रेरणन्तु प्रबन्धनस्य हृदय एव। उद्देश्योऽस्य कार्यसिद्धये मानवस्येच्छाशक्तेरभि-प्रेरणम् वर्तते। तत्राभिप्रेरणं द्विविधम्—धनात्मकं ऋणात्मकञ्च। दानमानपुरस्कारादिभिः प्रोत्साहनम् धनात्मकमभिप्रेरणमस्ति दण्डभयं ऋणामत्मकमभिप्रेरणञ्च।

(1) **धनात्मकमभिप्रेरणम्**—प्रबन्धने धनात्मकमभिप्रेरणं विशेषेण फलदायकं भवति। कौटिल्यमते यदि कश्चिज्जनो जनसमूहो वा जलसंसाधनव्यवस्थायां लोकहितकरं कर्म करोति प्रस्तावयति बुद्धिं वा दादाति सः पूज्यो मान्योऽनुग्रहणीयश्च भवेत्—

(i) अन्येषां वा बन्धतां भूमिमार्गवृक्षोपकरेणानुग्रहं कुर्यात्।[4]

---

1. अर्थशास्त्रम् / 2/ 35/ 1/
2. अर्थशास्त्रम् / 2/ 37/ 2-3/
3. अर्थशास्त्रम् / 2/ 9/ 12/
4. अर्थशास्त्रम् / 2/ 1/ 24/

(ii) राजा देशहितान् सेतून् कुर्वतां पथि संक्रमान्।
ग्रामशोभाश्च रक्षाश्च तेषां प्रियहितं चरेत्।।[1]

इत्थं येऽधिकारिण: कर्मकराश्च निष्ठया स्वकीयकर्तव्यं पालयन्ति ते पुरस्कर्तव्या:—

(i) यश्चैषां यथादिष्टमर्थं सविशेषं वा करोति स स्थानमानौ लभेत।

(ii) न भक्षयन्ति ये त्वर्थान् न्यायतो वर्द्धयन्ति च।
नित्याधिकारा: कार्यास्ते राज्ञ: प्रियहिते रता: ।[2]

भारतीयपरंपरायां पुण्यस्यावधारणाऽपि धनात्मकमभिप्रेरणमस्ति। अनेनैव प्राचीनभारते लोकहितकारिसमाजव्यवस्था प्रशासनव्यवस्था च विकसिते। कृषिकर्मण्यधिकाधिकजन-समूहस्य निवेश: स्युरिति भावनया कृषिकर्म पुण्यप्रदं स्वर्गप्रदं च कथितं कृषिशास्त्रेषु।

(2) **ऋणात्मकमभिप्रेरणम्**—पापभयेन दण्डभयेन वा कर्तव्ये नियोजनं ऋणात्मकमभिप्रेरणमस्ति। प्राचीनभारते जनमनसि पापभयमासीत्। बहुधाऽकर्तव्येषु-प्रवृत्ति: पाप भयेनैव न भवति स्म। येषां नास्ति पापभयं तेषां कृते दण्डविधानमस्ति। दण्डमहत्त्वं प्रतिपादयन् कथयति कौटिल्य:—

यथार्हदण्ड: पूज्य:। सुविज्ञातप्रणीतो हि दण्ड: प्रजा धर्मार्थकामैर्योजयति ।[3]

कृषिप्रबन्धनेऽपि अकर्तव्यकारिणं प्रति दण्डव्यवस्था विद्यते, यथा निर्दिष्टं कौटिल्येन—

(i) अकृषतामाच्छिद्यान्येभ्य: प्रयच्छेत्। अकृषन्तोऽपहीनं (नष्टं धनं शस्यं वा) दद्यु: ।[4]

(ii) कृषिकर्मकराणां कर्मफलविनिपाते तत्फलहानं दण्ड: ।[5]

(iii) कर्मोदकमार्गमुचितं रुन्धत: कुर्वतोऽनुचितं वा पूर्वसाहसण्ड: ।[6]

इत्थं द्विविधमेवाभिप्ररेणम् कार्यसिद्धिकरं स्मृतम्।

(घ) नियंत्रणं पर्यवेक्षणञ्च

प्रबन्धनस्येदमन्तिमं महत्त्वपूर्णं चरणं, येन विना प्रारब्धोऽपि कार्यो विफलतां गच्छति। परियोजनानां सम्यगवेक्षणेन समीक्षणेन परीक्षणेन च कार्यासिद्धिर्भवति। तत्र प्रबन्धनस्य

1. अर्थशास्त्रम् / 3 / 10/ 26/
2. अर्थशास्त्रम्/ 2/ 9/ 3, 9/
3. अर्थशास्त्रम् / 1/ 3/ 4/
4. अर्थशास्त्रम्/ 2/ 1/ 8/
5. अर्थशास्त्रम् / 2/ 24/ 4/
6. अर्थशास्त्रम् / 3/ 10/ 1/

सर्वेष्वेव पक्षेषु चरणेषु च सावधानतया पर्यवेक्षणं समस्तकार्यप्रक्रियायाश्च नियंत्रणमावश्यकम् यथा वित्तीयनियंत्रणम्, संगठननियंत्रणम् संसाधननियंत्रणञ्च। मतमिदं न केवलं कौटिल्यस्यापितु पराशरस्यापि—

फलत्यवेक्षिता स्वर्णं दैन्यं सैवानवेक्षिता।
कृषिः कृषिपुराणज्ञ इत्युवाच पराशरः।।

कृषिर्गावो वणिग्विद्याः स्त्रियो राजकुलानि च।
क्षणेनैकेन सीदन्ति मुहूर्तमनवेक्षणात्।।[1]

प्रबन्धने पर्यवेक्षणं स्वयं प्रबन्धकेन कर्तव्यम् गुप्तचरमाध्यमेन वा कार्यम्। तत्त्वानां परीक्षणन्तु स्वयमेव कर्तव्यम्। तत्रकृषिविषये मतः कृषितत्त्वज्ञानाम्—

पितुरन्तः पुरं दद्यान्मातुर्दद्यान्महानसम्।
गोषु चात्मसमं दद्यात् स्वयमेव कृषिं व्रजेत्।।[2]

कृषिप्रबन्धनं लघुस्तरे स्याद् व्यापके वा प्रबन्धकेन कृतमवेक्षणमेव फलदायी भवति।

कस्यापि क्षेत्रस्य प्रबन्धने सफलताऽसफलताया निर्धारके द्वे तत्त्वे खलु—(i) नेतृत्वम् (i) नीतिनिर्धारणञ्च। तत्र नेतृगणा वर्णिता अर्थशास्त्रस्य प्रकृतिसंपत्प्रकरणे स्वामिगुणनिरूपणप्रसङ्गे-कृतज्ञः स्थूललक्षो महोत्साहोऽदीर्घसूत्रः शक्यसामन्तो दृढबुद्धिरक्षुद्रपरिषत्को विनयकाम इत्याभिगामिका गुणाः।

(ii) शुश्रूषाश्रवणग्रहणधारणविज्ञानोहापोहतत्त्वाभिनिवेशाःप्रज्ञागुणाः।

(iii) शौर्यममर्षः शीध्रता दाक्ष्यं चोत्साहगुणाः।[3]

इत्थं बहुगुणसम्पन्नप्रबन्धकस्य नेतृत्वे व्यापकोद्देश्यं लोकहितं च परिलक्ष्य निर्धारिताभिर्नीतिभिः सस्यसम्पत् एव।

प्राचीनभारते कृषिप्रबन्धनम्-व्यावहारिकं पक्षम् -

कौटिलीयमर्थशास्त्रं प्रबन्धविज्ञानस्य सर्वोत्तमं निदर्शनं वर्तते। ग्रन्थेऽस्मिन् शासन-प्रबन्धस्याङ्गरूपेण कृषिप्रबन्धस्य निरूपणं जातम्। अनेन प्राचीनभारते प्रबन्धनकौशलस्य परिचयः प्राप्यते।

---

1. कृषिपराशरः/ 3 / 1, 3/
2. कृषिपारशरः / 3/ 2(
3. अर्थशास्त्रम् (६/ 1/ 2-4/

कृषिप्रबन्धनस्योद्देश्यम्—

तत्र हि अर्थरूपपुरुषार्थसाधिका कृषिः सस्यप्रदानात् कोशोपकारिणीति मता। सर्वेषां कृते वृत्तिर्जीविका वा राष्ट्रस्य लक्ष्यं भवति। कृषेः श्रेष्ठवृत्तित्वाल्लक्ष्यमिदं कृषिकर्मणा सम्पाद्यते। कस्यापि राष्ट्रस्योन्नतार्थव्यवस्थायाः केन्द्रे समुन्नता कृषिरपि भवति यया औद्योगिक-वाणिज्यिकप्रगतय आवश्यकं मूलद्रव्याणामापूर्तिः क्रियते। इत्थमर्थशास्त्रे कृषिप्रबन्धनस्य लक्ष्योऽस्ति-सस्यसमृद्धि-माध्यमेन, राष्ट्रस्यार्थिकविकासः। अत्रार्थशास्त्रास्य परिभाषाप्रसङ्गे अर्थशब्दस्यैको विशिष्टोऽर्थोऽपि लभ्यते—

'मनुष्याणां वृत्तिरर्थः, मनुष्यवती भूमिरित्यर्थः' तस्याः पृथिव्याः (मनुष्यवद्भूमेः) लाभपालनोपायः शास्त्रमर्थशास्त्रमिति।[1]

इत्थमर्थशास्त्रस्य समग्रमपि विधानमर्थशब्दस्येमम् व्यापकमर्थमभिलक्ष्य प्रवर्तते। फलतो मनुष्यवद्भूमेः पालनार्थ मनुष्याणां वृत्त्यर्थञ्च राज्यप्रबन्धने कृषिप्रबन्धनस्यापि महत्त्वावहं स्थानं वर्तते।

कृषिपबन्धनस्य स्वरूपम्—

(i) **शूद्रकर्षकप्रायग्रामनिवेशः**—शस्योत्पादानाय ग्रामाणि भवन्ति खल्वादर्श-स्थानानि यत्र विस्तृतकृष्यक्षेत्राणामवस्थितिः निसर्गतया भवति। अतो जनपदनिवेशे ग्रामनिवेशे वा कर्षकबहुलपरिवाणां निवेशः कृषिप्रबन्धनस्यातिमहत्वपूर्णं प्राथमिकमङ्गम्। शूद्रपरिवाणां निवासः सीर-कुद्दाल-खनित्र-शूर्प-पिटकादिकृष्युपकरणनिर्माणाय कृषिकर्मणिसहयोगाय चाऽऽवश्यकम्। ग्रामेषु परस्परं सौह्रार्दं स्युः भूमेरतिक्रमणं मा भूयादिति कृत्वा नदीशैलवनगृष्टिदरीसेतुवृक्षादिभिः ग्रामसीमाः शाल्मलीशमीवटादिवृक्षैः क्षेत्राणाञ्च सीमा निर्धारिताः स्युः। प्रबन्धनसौकर्याय ग्रामे परिवाणां न्यूनतमाधिकतमा च संख्या सुनिश्चिता स्यात्—

शूद्रकर्षकप्रायं कुलशतावरं पञ्चशतकुलपरं ग्रामं क्रोशद्विक्रोशसीमानमन्योन्यारक्षं निवेशयेत्। यत्र कर्षपरिवाराणांसंख्याधिका भवति तत् ग्रामं श्रेष्ठमिति अभिमतं कौटिल्यस्य। अत्रापि न्यूनतमसंख्या शतम् अधिकतमपञ्चशतं स्यात्।[2]

तत्र चाणक्यटीकायां ग्राम्यभूमिविभागसंबन्धेऽपि निर्देशः—

ग्रामादर्द्धं कुलक्षेत्रमर्द्धार्द्धं गोनिवासभूः।
धनुः सहस्रमात्रन्तु पुण्यस्थानय शेषयेत्।।

---

1. अर्थशास्त्रम्/ 15/ 1/ 1/
2. अर्थशास्त्रम्/ 2/ 1/ 2/

(ii) **कृषकेभ्यःशस्योत्पादनाय भूमिप्रदानम्**—कर्षणाय कृषकेभ्यो भूमिप्रदानं भूस्वामित्वनिर्धारणमुत्पादितशस्यस्य राजभागनिर्धारणमादिकं कृषिप्रबन्धनस्य द्वितीयमङ्गमस्ति। अस्मिन् विषये कौटिल्यस्य निर्देशेन ज्ञायते यत् करपरिवर्ते कृतक्षेत्राणि कृषकेभ्यो एकपुरुषं यावत् कर्षणाय दीयन्ते स्म। क्षेत्राणां व्यक्तिगतस्वामित्वमुत्तराधिकारः क्रय-विक्रय-न्यासाधिकारो वा नाऽऽसीत्।

अकृतक्षेत्रं (खिल्यां भूमिम्) यदि स्वयं कृषकेन स्वपरिश्रमेण कृषियोग्यं कृतं तर्हि तस्मिन् क्षेत्रे तस्य स्वामित्वं भवति स्म।

"करदेभ्यः कृतक्षेत्राण्यैकपुरुषिकाणि प्रयच्छेत्। अकृतानि कर्तृभ्यो नादेयात् (सौष्ठवसाधकेभ्यः करदेभ्यो न गृहणीयात्) सर्वविधस्वाम्येव तेष्वेव स्थापयेदित्यर्थः) अकर्षतामाच्छिद्य (हत्वा) अन्येभ्यः प्रयच्छेत्। तदभावे ग्रामभृतकवैदेहकाः (ग्रामाधिकारिणो वणिजश्च) कृषेयुः। अकृषन्तो (कृषिमकुर्वन्तः) अवहीनं (नष्टं) दद्युः"[1] इति कौटिल्यः

(iii) अनुग्रहः परिहारश्च—लोककल्याणकारिप्रबन्धनस्येदमावश्यकमभिप्रेरकमङ्गम्। यदि कश्चित्कृषकः भूमिं स्वीकृत्य संसाधनाभावेन क्षेत्रमकृषति तर्हि बीजपशुवित्तादिभिरनुग्रहः करणीयः किञ्चित्कालं यावत् करपरिहारश्च कार्यः। स्वास्थ्यवृद्धयर्थं दीयमानं द्रव्यमनुग्रहः। दौस्थ्यपरिहारेण स्वास्थ्यसिद्धयर्थं दीयमानं द्रव्यं परिहारः। कर्षका राज्ञे कृषिफलप्राप्त्यनन्तरं तानि धान्यानि सुखेन दद्युः। अनुग्रहपरिहारविषये सुस्पष्टा नीतिः कौटिल्यस्य-यत् तौ कोशवृद्धिकरौ दद्यात्। राजकोशवर्द्धने यथा पर्यवस्येतां तथा दद्यात् कोशोपघातिकौ वर्जयेत्। यतः अल्पकोशो हि राजा पौरजानपदानेव ग्रसते। निवेशसमकालं यथागतिकं वा परिहारं दद्यात्। ग्रामे प्रथमकुलस्थापनसमये परिहारं दद्यात् नवागतेभ्यो कुलेभ्यो वा परिहारं दद्यात्। निवृत्तपरिहारान् (प्रत्यर्पित-परिहारद्रव्यान्) पितेवानुग्रह्णीयात्।[2]

(iv) कृषिजल-प्रबन्धनम्—

सस्यसेकाय जलप्रबन्धनं कृषि प्रबन्धनस्यैकं महत्त्वपूर्णमङ्गम्। कौटिलीयेऽर्थशास्त्रे जलप्रबन्धनविषये व्यापकव्यवस्था नियमाश्च शसकीयजागरूकतां प्रबन्धकौशलञ्च सूचयन्ति। तत्र राज्ये कृषिकार्याय त्रिविधसेतवः स्युः। शासनरचितो, व्यक्तितगत-प्रयासेननिर्मितः सामूहिकसहयोगैः कृतश्च। राजा ग्रामेषु सहोदकं-नित्यप्रवृत्तोदकं नद्यादौ सेतुं बन्धयेत्। आहार्योदकं नद्यादितो-वर्षासु तुङ्गस्थलेभ्यः समानेयजलं सेतुं वा बन्धयेत्।

1. अर्थशास्त्रम्/ 2/ 1/ 6-7/
2. अर्थशास्त्रम् / 2/ 1/ 8/

अन्येषां वा जनानां सेतुं रचयतां प्रभूतजलावरोधयोग्यस्थल- जलप्रवेशनिर्गममार्ग-सारदारुकुद्दालखनित्रादि-उपकरण-प्रदानेनोपकारं कुर्यात्। सम्भूयसेतुबन्धादपक्रामतः कर्मकरबलीवर्दाः कर्म कुर्युः। व्ययकर्मणि च भागी स्यात्। न चांशं लभेत।[1] कृषकाः क्रमेण वारनिर्धारणपूर्वकं तटाकजलस्योपयोगं कुर्युः। अवारे यः कृषकः सेतुभ्यां जलं गृह्णाति स दण्ड्यः स्यात्। असावपि कृषको, दण्ड्यो भवेत् यः स्ववारे जलं गृह्णन्प्रमादेन अन्यस्य जलमुपरुन्धति।[2]

पश्चान्निविष्टमधरतटाकं नोपरितटाकस्य केदारमुदकेनाप्लावयेत्। उपरि निविष्टं नाधरतटाकस्य पूरास्रावं वारयेद् अन्यत्रत्रिवर्षोपरतकर्मणः। तस्यातिक्रमे पूर्वः साहसदण्डस्तटाकवामनं (तटाकजलनिःसारणं) च। संसाधनानामनुपयोगो व्यर्थता अनुचितोपयोगो वा राष्ट्रविकासाय घातका भवन्त्यतो निश्चितकालं यावत् संसाधनानुपयोगे स्वामित्वलोपस्य नियमः—

पञ्चवर्षोपरतकर्मणः सेतुबन्धस्य स्वाम्यं लुप्येतान्यत्रापद्भ्यः।[3]

मत्स्यप्लवहरितपण्यानां सेतुषु राजा स्वाम्यं गच्छेत्।[4]

दुर्गनिवेशेऽपि कर्मान्तक्षेत्रवशेन कुटुम्बिनां सीमानं स्थापयेत्। तेषु पुष्पफलवाटषण्ड-केरदारान्धान्यपण्यनिचयांश्च जना राजानुज्ञाताः कुर्युः। तत्र शस्यसेकाय दशकुलीवाटं कूपस्थानं स्यात्।[5]

(v) **सेचनसाधनानुरूपा करव्यवस्था**—

सेचनसुविधादृष्ट्या राजभागरूपेण कृष्युत्पादस्य पृथक् पृथगांशो देयो भवति—'स्वसेतुभ्यो हस्तप्रावर्तितममुदकभागं पञ्चमं दद्युः। स्कन्धप्रावर्तिमं चतुर्थम्।'[6]

(vi) **कर-परिहारः**—तटाकसेतुबन्धानां नवप्रवर्तने पञ्चवर्षिकपरिहारः भग्नोत्सृष्टानां चातुर्वर्षिकः समुपारूढानां त्रैवार्षिकश्च।[7]

(vii) **कृषिऋण-नियमाः**—यदि केनापि कृषकेण कृषिकार्यार्थं ऋणं गृह्यते तर्हि

1. अर्थशास्त्रम् / 2/ 1/ 10/
2. अर्थशास्त्रम्/ 3/ 9/10/
3. अर्थशास्त्रम् / 3/ 9/ 14–15/
4. अर्थशास्त्रम्/ 2/ 1/ 11/
5. अर्थशास्त्रम्/ 2/ 4/ 7/
6. अर्थशास्त्रम् / 2/ 24 / 15–18/
7. अर्थशास्त्रम् / 3/ 9/ 16/

सस्यनिष्पतौ एवऋणवृद्धिः (ब्याज) देया भवति। वृद्धिस्तु मूलधनस्यार्द्धं भवेदतोऽधिकम् न भवेत्। 'धान्यवृद्धिः सस्यनिष्पतावुपार्धा, परं मूल्यकृता वर्धेत।'

अग्राह्या कर्मकालेषु कर्षका राजापुरुषाश्च। स्त्री वाऽप्रतिश्राविणी पतिकृतमृणमन्यत्र गोपालकार्धसीतिकेभ्यः।[1]

तत्र पतिकृते ऋणविषये स्त्री उत्तरदायिनी न भवति। ऋणविषये कृषिकर्मणि नियुक्तो कर्षकोऽबन्ध्यो भवति। इत्थमुदारऋणव्यवस्था कृषिवृत्तिप्रोत्साहनाय परिलक्ष्यते प्राचीनभारते।

(viii) कृषिविवादानामुपशनम्—कृषिविषयकविवादानामुपशामनमपि प्रबन्धकानां दायित्वमस्ति। अस्मिन् विषयेऽधिकृता ग्रामवृद्धाः सामन्तवृद्धाश्च। क्षेत्रविवादांनां निर्णयः सामन्तग्रामवृद्धा कुर्युः। तेषां द्वैधीभावे धार्मिकपुरुषा निर्णयं कुर्युः। मध्यस्थं वा गृहणीयः। यदि कथमपि विवादशमनं न भवति तदा विवादग्रस्तं क्षेत्रं राजा हरेत् प्रनष्टस्वामिकं क्षेत्रमपि राजा गृहणीयात्।[2]

क्षेत्रविवादविषये स्मृतिग्रन्थानामपि इदमेव मतम् यथा प्रोक्तं याज्ञवल्क्यस्मृत्याम्—

सीम्नो विवादे क्षेत्रस्य सामन्ताः स्थविरादयः।
गोपाः सीमाकृषाणा ये सर्वे च वनगोचराः।।
नयेयुरेतेसीमानं स्थलाङ्गारतुषद्रुमैः।
सेतुवल्मीकनिम्नास्थिचैत्याद्यैरुपलक्षितम्।।[3]

एवं विवादशमने सति ग्रामेषु पारस्परिकं हिंसा-हत्यादिकं न भवति स्म।

आधारपरिवाहकेदारोपभोगैः परक्षेत्रकृष्टबीजहिंसायां यथोपघातं मूल्यं दद्युः। केदारारामसेतुबन्धानां परस्परहिंसायां हिंसाद्विगुणो दण्डः।[4]

(xi) पादप-पुष्प-वनादीनां-सरंक्षणाय दण्डव्यवस्था—

वनसंरक्षणाय ऋणात्मकाभिप्रेरणान्तर्गतमपराधानुरूपं दण्डविधानमेवं ज्ञायते। पुरोपवन वनस्पतीनां पुष्पफलच्छायावतां प्ररोहच्छेदने षट्पणः। क्षुद्रशाखाच्छेदने द्वादशपणः। पीनशाखाच्छेदने चतुर्विशतिपणः। स्कन्धवधे पूर्वसाहसदण्डः। पुष्पफलच्छायावद्गुल्म-लतास्वर्द्धदण्डः। पुण्यस्थानतपोवनश्मशानद्रुमेषु च।

सीमावृक्षेषु चैत्येषु द्रुमेष्वालक्षितेषु च।
त एव द्विगुणा दण्डाः कार्या राजवनेषु च।[5]

---

1. अर्थशास्त्रम्/ 3/ 11/ 4, 11/
2. अर्थशास्त्रम् / 3/ 9/ 8/
3. यज्ञवल्कयस्मृति / व्यवहाराध्यायः / 150-151/
4.. अर्थशास्त्रम् /3/ 9/ 13/
5. अर्थशास्त्रम्/ 3/ 19/ 25-26/

(x) आपत्-प्रतिकारः—दुर्भिक्षातिवृष्टि-शस्यव्याधि-कीटमूषाद्यापदेभ्यः कृषिरक्षणम् शासकीयकर्तव्यमस्ति। दुर्भिक्षे कृषकपरिवाराणां रक्षणायाधोलिखितानां कर्तव्यानां निर्देशः-दुर्भिक्षे राजा बीजभक्तोपग्रहं कृत्वाऽनुग्रहं कुर्यात्। दुर्गसेतुकर्म वा भक्तानुग्रहेण। भक्तसंविभागं वा (अशक्तानां कृते भक्तव्यवस्था स्यात्) देशनिक्षेपं वा (दुर्भिक्षरहितेदेशे वा तान् प्रेषयेत्)। मित्राणि वा व्यपाश्रयेत। कर्षनं वमनं वा कुर्यात्। निष्पन्नसस्यमन्यविषयं वा सजनपदो यायात्। समुद्रसरस्तटाकानि वा संश्रयेत्। धान्यशाकमूलफलावापान् सेतुषु कुर्वीत।

सर्वत्र चोपहतान् पितेवानुगृह्णीयात्।[1]

दण्डविष्टिकरादिवाधैरपि कृषिसंरक्षणं कर्तव्यम्।

पण्यव्यवस्था

कृष्यपदार्थानां क्रयविक्रयाय आपणानां व्यवस्था वारिपथस्थलपथयोश्च विकासः पण्यनियमानां निर्धारणं पण्यवस्तुषु शुल्कनिर्धारणमादिकमपि कृषिप्रबन्धनस्याङ्गम्। राजपुरुषाः कार्मिका राजवल्लभाः स्तेनादयो वणिजान् पीडयन्ति, तेभ्यो पशुसंघैश्च क्षीयमाणवणिक्पथशोधनं शासनस्य कर्तव्यमस्ति। राजकोशवृद्धय आवश्यकमिदं यज्जातिभूमिषु पण्यानां विक्रयो मा भूयात्। नियमव्यतिक्रमे दण्डः स्यात्—

(i) पुष्पफलवाटेभ्यः पुष्पफलादाने चतुष्पञ्चाशत्पणो दण्डः।

(ii) षण्डेभ्यः शाकमूलकन्दादाने पादोनं द्विपञ्चाशत्पणः।

(iii) क्षेत्रेभ्यः सर्वसस्यादाने त्रिपञ्चाशत्पणः। पणोऽध्यर्द्धपणश्च सीतात्ययः[2]

राजा राष्ट्रपीडाकरं हानिकारकं विक्रेयवस्तूच्छिन्द्यात् उपकारकं शुल्कमुक्तं च कुर्यात्—

राष्ट्रपीडाकरं भाण्डमुच्छिन्द्यादफलं च यत्।
महोपकारकमुच्छुल्कं कुर्याद्बीजं तु दुर्लभम्।। इति कौटिल्यः।[3]

उत्तरदायिशासनस्येदमावश्यकं दायित्वमिति कौटिल्यस्य मतम्। विक्रेयवस्तुनो गुणवत्तानियन्त्रणायशासनस्य कर्तव्यमिदम्।

---

1. अर्थशास्त्रम् / 4/ 3/ 13, 14, 18/
2. अर्थशास्त्रम् / 2/ 22/ 10-12/
3. अर्थशास्त्रम् /2/ 21/ 24/

कृषिप्रबन्धने राष्ट्रनीतिः सर्वत्रैव प्रजोपकारिणी कोषवर्द्धिणी च स्युः।

इत्थं जनपदेषु कर्षकग्रामस्थापनादारभ्य कृष्योत्पादविक्रयं यावत् कृषिप्रबन्धनस्य सर्वासामङ्गानां सुचारुसंचालनं व्यवस्थापनं च प्राचीनभारते कृषिप्रबन्धनेन भवति स्म। शासकीयस्तरे कृषिप्रबन्धनेन खाद्योत्पादने आत्मनिर्भरता, सस्यसमृद्धिः, धनसमृद्धिः, कोशवृद्धिः सम्पन्नराष्ट्र निर्माणादिलक्ष्याणि साधनीयान्यासन्। प्रबन्धनेन, मानवीयकौशलेन वैज्ञानिकप्रविधिना च प्राकृतिकसंसाधनानि समृद्धिरूपलक्ष्यसिद्धये प्रकर्षेण बध्यन्ते ननु।

सन्दर्भ-ग्रन्थानुक्रमणिका

१. अथर्ववेद:

२. अभिज्ञानशाकुन्तलम्

३. अमरकोश:

४. अर्थशास्त्रम्

५. अष्टाङ्गहृदयम्

६. आदिपुराणम्

७. उत्तररामचरितम्

८. उपवनविनोद:

९. ऋग्वेद:

१० ऋतुसंहारम्

११. ऐतरेयारण्यकम्

१२. ऐतरेयब्राह्मणम्

१३. कठोपनिषद्

१४. कादम्बरी

१५. कामसूत्रम्

१६. काव्यमीमांसा

१७. काश्यपसंहिता

१८. किरातार्जुनीयम्

१९. कुमारसंभवम्

२०. कृषिपद्धति:

२१. कृषिपाराशर:

२२. गर्गसंहिता

२३. गोलिभगृह्यसूत्रम्

२४. चरकसंहिता

२५. छान्दोग्योपनिषद्

२६. तर्कभाषा

२७. तैत्तिरीयसंहिता

२८. निघण्टु:

२९. निष्क्रान्ता: सर्वे

३०. नैषधीयचरितम्

३१. पारस्करगृह्यसूत्रम्

३२. बृहत्संहिता

३३. भगवद्गीता

३४. भागवतपुराणम्

३५. भावप्रकाश:

३६. मत्स्यपुराणम्

३७. मनुस्मृति:

३८. मालविकाग्निमित्रम्

३९. मेघदूतम्

४०. याज्ञवल्क्यस्मृति:

४१. वाचस्पत्यम्

४२. वायुपुराणम्

४३. विश्वकर्मावास्तुशास्त्रम्

४४. विष्णुपुराणम्

४५. वृक्षायुर्वेद:

४६. वृष्टिप्रबोध

४७. वेदविज्ञानश्रीः
४८. वैशेषिकसूत्रम्
४९. रघुवंशम्
५०. रामायणम्
५१. शतपथब्राह्मणम्
५२. शुक्रनीतिः
५३. स्कन्दपुराणम्
५४. स्वप्नवासवदत्तम्
५५. हर्षचरितम्
५६. कृषिवानिकी-
५७. वैदिक इण्डेक्स
५८. हिन्दूसभ्यता-राधाकुमुद मुकर्जी
५९. इण्डिया टुडे, १२ जनवरी २००४
६०. सार्वदेशिक, ७ जुलाई १९९१